新时代高职数学系列教材

线性代数与概率统计

中国职业技术教育学会 组编

□ 主　编　黄国建　张忠毅　蔡鸣晶　骈俊生
□ 副主编　缪　蕙　崔　进　白洁静　郭　萍

中国教育出版传媒集团
高等教育出版社·北京

内容提要

本教材是新时代高职数学系列教材之一，高等职业教育新形态一体化教材。

本教材参照《高等职业教育专科数学课程标准（征求意见稿）》，聚焦高职数学课程未来发展方向，反映高职数学课程教学改革成果和成功经验，改进课程内容设置，深度融入了数学文化及数学思想方法，培养学生数学学科核心素养。教材注重立德树人、德技并修，充分发挥数学在形成世界观、人生观、价值观等方面的独特作用。

本教材以学以致用为主线进行编排，突出数学技术与专业技能融合，精选素材，版面灵动，契合高职学生学习特点。本教材包含线性代数与概率统计两部分，共七章。线性代数部分包括行列式、矩阵及其运算、线性方程组、特征值与特征向量；概率统计部分包括随机事件与概率、随机变量及其分布、数理统计初步。书末附有全书相关章节的数学实验。

本教材融入党的二十大精神，在选取素材时注重展现数学知识与科技创新成果的关联，体现时代特征，如以中国高铁、信息安全、智能制造、航空航天、现代金融等为背景的案例设计；同时，本教材也特别注重对中华优秀传统文化的展示，如《九章算术》中的线性方程组问题，等等。

本教材中的二维码链接微课程，学生可以利用移动终端随扫随学，同时配套建设了优质的数字化教学资源，学生可在“爱课程 • 中国大学 MOOC”进行线上学习。教师如需获取本教材授课用 PPT、习题答案等资源，请登录“高等教育出版社产品信息检索系统”(http://xuanshu.hep.com.cn) 免费下载。

本书既可作为高职院校、成人高校各专业线性代数、概率统计课程教材，也可作为工程技术人员的参考书。

图书在版编目（CIP）数据

线性代数与概率统计 / 中国职业技术教育学会组编；黄国建等主编. -- 北京 : 高等教育出版社, 2024. 11（2025. 9重印）. -- ISBN 978-7-04-062934-7

Ⅰ. O151. 2; O21

中国国家版本馆 CIP 数据核字第 2024U1V944 号

Xianxing Daishu yu Gailü Tongji

项目总策划　贾瑞武

策划编辑　马玉珍　　责任编辑　马玉珍　　封面设计　王　洋　　版式设计　李彩丽

责任绘图　裴一丹　　责任校对　刘丽娴　　责任印制　刘弘远

出版发行	高等教育出版社	网　址	http://www.hep.edu.cn
社　址	北京市西城区德外大街4号		http://www.hep.com.cn
邮政编码	100120	网上订购	http://www.hepmall.com.cn
印　刷	唐山市润丰印务有限公司		http://www.hepmall.com
开　本	850mm × 1168mm　1/16		http://www.hepmall.cn
印　张	19		
字　数	390 千字	版　次	2024 年 11 月第 1 版
购书热线	010-58581118	印　次	2025 年 9 月第 2 次印刷
咨询电话	400-810-0598	定　价	49.80 元

物 料 号　62934-00

新时代高职数学系列教材
编审委员会

主任

鲁　昕　中国职业技术教育学会　会长
教育部　原副部长

顾问

袁亚湘　中国科学院　院士

执行主任

刘建同　中国职业技术教育学会　常务副会长兼秘书长
郝志峰　汕头大学　校长、教授
贾瑞武　高等教育出版社　副总编辑、编审

副主任（按姓氏笔画排序）

王天泽　华北水利水电大学　教授
方文波　华中师范大学　教授
严守权　中国人民大学　教授
李忠华　同济大学　教授
李继成　西安交通大学　教授
徐　兵　北京航空航天大学　教授

总　序

党的二十大报告指出："教育、科技、人才是全面建设社会主义现代化国家的基础性、战略性支撑。"学习贯彻党的二十大精神，要求职业教育必须坚持以习近平新时代中国特色社会主义思想为指导，全面贯彻党的教育方针，着力推进中国式现代化，扎根中国大地办教育，培养一代又一代拥护中国共产党领导和我国社会主义制度、立志为中国特色社会主义事业奋斗终身的有用人才。进入新时代以来，党和国家进一步加强了职业教育工作，先后出台了一系列推动现代职业教育体系建设改革的政策举措，印发了《关于加快发展现代职业教育的决定》《国家职业教育改革实施方案》《关于推动现代职业教育高质量发展的意见》《关于深化现代职业教育体系建设改革的意见》等重要文件，为新征程上我国现代职业教育的改革发展指明了方向。

2023 年 5 月 29 日，在二十届中央政治局第五次集体学习会上，习近平总书记强调指出，要把服务高质量发展作为建设教育强国的重要任务。统筹职业教育、高等教育、继续教育，推进职普融通、产教融合、科教融汇，源源不断培养高素质技术技能人才、大国工匠、能工巧匠。这是新征程上党和国家事业对职业教育提出的新要求，为落实这一要求，职业教育必须进行深刻的变革。加强基础理论学习，补齐知识化短板是这一变革的应有之义。数学课程作为高职院校学生的公共基础课程，具有基础性、应用性、职业性和发展性的特点，是补齐知识化短板的重要内容。教材是实施课程教学的主要工具，高职数学教材应反映类型特色和人才培养目标，反映新时代对高素质技能人才的要求，成为学生获得数学基础知识和基本技能、掌握基本数学思想、积累基本数学活动经验、形成理性思维和科学精神的重要载体。

为贯彻落实 2022 年全国教育工作会议精神，大力发展适应新技术和产业变革需要的职业教育，2022 年 1 月，中国职业技术教育学会专门组织了加强职业教育文化基础课程体系建设的说课研讨会，提出要聚焦新技术和产业变革，补齐职业教育文化知识短板，着力提高职业教育内涵质量，以更好落实职业教育立德树人根本任务，为此建议组织编写"新时代高职数学系列教材"。

本系列教材全面贯彻党的教育方针，牢牢把握正确政治方向和价值导向，以打造培根铸魂、启智增慧的精品教材为目标。系列教材注重中高本衔接和一体化设计，包括高等数学、线性代数、概率论与数理统计等多本教材，涵盖高职专科和职业本科领域的数学知识。

同时, 教材的编写也充分考虑了学生的实际需求和学习特点, 注重理论与实践相结合, 注重教材的可读性和实用性。系列教材充分体现了深化职业教育 “三教” 改革的精神, 编写理念独具匠心, 内容、体例焕然一新。具体特色如下:

1. 落实立德树人根本任务, 贯彻党的二十大精神

系列教材紧紧围绕为党育人、为国育才根本目标, 全面落实立德树人根本任务, 着力深化课程思政建设。教材融入了我国数学家的伟大贡献, 介绍了中国传统的数学文化, 宣传了我国新时代取得的科学技术的卓越成就, 精选党的二十大报告中提出的关键核心技术, 战略性新兴产业, 载人航天、探月探火、深海深地探测、超级计算机、卫星导航、量子信息、核电技术、新能源技术、大飞机制造、生物医药等重大成果, 以小切口展现大时代, 以小故事反映大主题, 增强学生民族自豪感, 厚植学生爱国主义情怀, 培养学生的责任担当和使命感。

2. 坚持课程标准指导, 重构知识体系, 加强文化素质教育

系列教材编写遵照最新课程标准要求, 深刻体现数学学科核心素养的内涵、育人价值、表现形式和层次水平, 将教材知识内容、逻辑结构、数字资源等聚焦于培养和发展学生的数学核心素养。教材强化知识与技能、过程与方法、情感态度与价值观的整合; 强化数学与其他学科以及现实社会的联系; 强化学生发现与提出问题并加以分析、解决实际问题的综合素质。

3. 体现职业教育类型定位, 凸显与产业、专业的紧密联系

系列教材内容加强了与产业活动、专业课程和职业应用相关的教学情境, 注重选择和设计与行业企业相关联的教学案例, 注重跨学科交叉与融合, 增强学生应用数学的意识。通过选择或建立合适的数学模型解决生产生活中的问题, 培养学生运用数学工具解决实际问题的能力, 以帮助学生养成用数学的眼光观察世界、用数学的思维分析世界、用数学的语言表达世界的能力。

4. 加大数字技术赋能, 融合丰富的课程资源

系列教材充分体现数字技术的应用, 介绍数学软件, 利用数学软件或计算工具进行数据的计算、统计和分析, 绘制函数图像和统计图表等, 帮助学生理解数学知识, 使学生感悟利用信息技术学习数学的优势, 丰富研究问题的方法。以新形态教材为核心, 提供数字学习资源、在线自测和题库等, 高效、直观、生动地呈现教学内容。充分利用 “智慧职教” “爱课程 (中国大学 MOOC)” 平台获取教学资源, 提高课堂教学的信息化程度, 改变传统的教学方式和学习方式, 让学生在开放、个性化、有趣味性、交互性的学习氛围中快乐学习。

系列教材由中国职业技术教育学会担纲策划, 高等教育出版社牵头组织, 邀请普通本科、职业本科、高职 “双高” 院校的 30 余位数学学科专家、教研专家和骨干教师承担编审工作, 在认真学习我国职业教育相关政策文件, 总结近年来高职数学教育改革成果以及吸收多种较为成熟的数学教学改革成功经验的基础上, 按照相关专业人才培养方案和课程标准的要求编写而成。可以相信, 凝聚了各方智慧和经验的 “新时代高职数学系列教材” 必将担当起培养高素质技能人才的重任，必将肩负起落实党的教育方针、传承民族文化、服务国家发展战略、办好人民满意教育的使命。

我们相信，随着系列教材的不断推广和普及，更多的高职学生的文化素质必将会有一个大的提升，尤其在数学方面取得新进展，由此带动职业教育质量的进一步提高。同时，我们也期望系列教材能够成为学校和企业推进产教深度融合的重要抓手，为我国职业教育高质量发展做出积极的贡献。

2023 年 6 月

前　言

高科技的本质是数学技术。数学作为现代产业体系的基础性支撑，在推进新型工业化，加快建设制造强国、质量强国、航天强国、交通强国、网络强国、数字中国中有着不可或缺的重要作用。随着我国数字经济的快速发展和高等职业教育改革的不断深化，国家对高职人才培养提出了更高更新的要求，越来越多高职院校在相关专业开设了线性代数、概率统计等数学课程。线性代数作为重要的数学基础课程，其基本概念、理论、方法具有较强的逻辑性、抽象性和广泛的实用性。概率统计主要研究和探索随机现象的规律，是一门实践性很强的数学课程。通过对线性代数与概率统计课程中解决问题的思想、方法和技巧的学习，可以进一步发展学生的科学思维方法和定量分析意识，提升数学建模、数学计算和数据分析能力。这些数学能力和素养，将会对学生未来职业生涯发展持续发挥重要作用。

我们深知优秀数学教材对培养数字经济时代高素质技能人才意义重大，为此，在编写过程中我们认真学习了我国高职教育的相关政策文件，参照《高等职业教育专科数学课程标准（征求意见稿）》，在深入细致的前期调研基础上，认真研讨高职数学课程未来发展方向，总结近年来高职数学课程改革成果，借鉴经验、继承优点、优化完善，凝练数学核心素养，改进课程内容设置，深入挖掘数学课程德技并修的育人价值，以充分发挥数学学习在形成世界观、人生观、价值观等方面的独特作用。本书主要特色如下。

1. 学以致用，突出数学在高科技和专业中的应用

本书在知识点展开脉络上，以问题驱动理念进行设计，每章都按照“案例 → 概念理论 → 计算 → 应用”的逻辑线路编排、组织教学单元。从专业或生活的实际案例出发，引导学生抽象出本章要解决的一个典型数学问题，通过学习解决该问题需要掌握的数学知识和运算技能，提高学生数学建模和逻辑推理能力，进而解决案例中的数学问题，以锻炼学生运用数学方法分析问题、解决问题的能力，增强数学应用与实践创新能力，达到预定的学习目标。

本教材融入党的二十大精神，特别注意选取先进制造业、交通运输、科技创新、乡村振兴、金融等领域的相关素材融入教材，反映了我国战略性新兴产业不断发展壮大等新时代中国特色社会主义建设的伟大成就。

2. 立德树人，深度融入数学思想方法与数学文化

数学不仅是运算和推理的工具，也是表达和交流的语言，更承载了独特的思想和文化，是人类文明的重要组成部分，具有对学生进行思维训练和能力培养的素质教育功能。教材除了将主要育人目标在每一章开头的学习目标中特别列出，还通过核心概念和理论的背景介绍，融入数学思想方法、数学文化、中国历代数学成就等多种课程育人元素，让学生感悟知识的起源与发展过程，用数学和科学研究成果以及数学家和数学史趣事开阔学生视野，激发学习兴趣与好奇心，增加教材可读性。教材结合相关内容，适时地以“小点睛”栏目点拨各知识点所蕴含的数学思想方法等数学文化元素，发挥数学学科独特的育人价值与功能，培养学生辩证唯物主义思维能力与正确的世界观、人生观、价值观，提升学生思维品质和科学精神，激发学生的学习动力与民族自豪感，发挥教材素质教育功能，落实立德树人根本任务。

3. 重点突出，遵循高职学生认知规律和学习特点

为满足不同学校及不同基础学生的需求，教材内容的取舍都是建立在精心调查研究基础上的。在保持线性代数与概率统计学科体系的前提下，力求通俗化叙述抽象概念，简化理论证明，加强直观说明和几何解释；力求将数学技术与专业融合，分层拓展，对接学生学习需求。

在版面编排方面注意突出重点，更好地传递信息，增加趣味性和易读性，以契合高职学生的认知规律和学习特点，吸引学生注意力，提高学习效率。教材以每章开头的“学习目标”栏目提示学习任务；“小贴士”栏目对重要内容进行补充说明或对知识点和解题方法进行归纳整理；“请思考”栏目激发学生深化知识能力；“小点睛”栏目点拨数学知识中蕴含的数学思想方法；“本章小结”版块归纳该章主要知识点并进行典型例题分析，帮助学生自学与复习；每章节所配备的习题及复习题按照难易程度递进编排，以使学生根据各自具体情况进行课后自学、复习、巩固和提高；数学实验帮助学生学会借助数学软件完成复杂运算、图形绘制等人工相对困难的工作，培养学生运用计算机解决数学问题的能力。

4. 资源丰富，配套建设在线课程等优质数字化教学资源

配套建设的数字化教学资源与教材一体化设计、精心打造，形成了与教材互联互通的新形态一体化优质教学资源。教材通过二维码与打造的优质数字化教学资源相连通，可以随扫随学，习题答案也可扫描二维码查看。学生可在“爱课程・中国大学 MOOC”进行线上学习，为线上线下混合式教学创造了有利条件，有效拓展了教与学的时间和空间。

感谢老师和同学们选择本书作为教材，以上的介绍旨在为教或学中更好地运用本教材提供参考，希望同学们在数学学习中勇于钻研、善于思考、脚踏实地、不断进步！

本教材由南京信息职业技术学院数学教学团队编写。我们对热情关心和指导本书编写的领导、专家、同行和编辑致以最诚挚的感谢！敬请专家、同行和广大读者继续关心支持本教材建设，为进一步提升教材质量提供宝贵意见！

编者

2024 年 6 月

目 录

第 7 章 数理统计初步 209

附录 1 数学实验 247

第 1 章 行列式

【学习目标】

- 掌握 n 阶行列式的定义, 熟悉余子式和代数余子式的概念, 熟练掌握三角形、对角形等特殊行列式
- 掌握行列式的常用性质及代数余子式组合定理
- 掌握行列式计算的两种常用方法: “降阶法” 和 “化三角形法”
- 了解求解线性方程组的克拉默法则

行列式是线性代数中一个基本运算，在关于逆矩阵、矩阵的秩、向量组线性相关性等问题的讨论中，有广泛的应用.

在数学发展中，为了求解二元及三元线性方程组，人们引入二阶和三阶行列式，来简洁地表示线性方程组的解. 类似的讨论可以推广到 n 元线性方程组，因而需要引入 n 阶行列式的概念. 本章采用递归定义的方式，简明地定义 n 阶行列式；进而讨论行列式的性质，为计算行列式提供演绎的依据；然后重点介绍了“降阶法”和“化三角形法”两个基本的行列式计算方法；最后，作为行列式的一个应用，介绍了克拉默法则.

【情境与问题】

确定直线方程 在平面直角坐标系中，一条直线 $y=ax+b$ 经过两个已知点 (x_1,y_1)，(x_2,y_2)，求该直线方程.

解 求直线方程 $y=ax+b$ 也就是求 a,b 的值. 将两个已知点的坐标代入直线方程得

$$\begin{cases} ax_1+b=y_1, & (1)\\ ax_2+b=y_2. & (2)\end{cases}$$

用消元法消去 b，即用 (1) − (2) 得：$a(x_1-x_2)=y_1-y_2$，当两个已知点为不同点时，$x_1-x_2\neq 0$，解得 $a=\dfrac{y_1-y_2}{x_1-x_2}$. 将其代入 (1) 式或者 (2) 式，均可解出 $b=\dfrac{y_2x_1-y_1x_2}{x_1-x_2}$，则求得直线方程为

$$y=\frac{y_1-y_2}{x_1-x_2}x+\frac{y_2x_1-y_1x_2}{x_1-x_2}.$$

如果把 a,b 的分母记为 $D=\begin{vmatrix} x_1 & 1\\ x_2 & 1\end{vmatrix}=x_1-x_2$，分子分别记为 $D_1=\begin{vmatrix} y_1 & 1\\ y_2 & 1\end{vmatrix}=y_1-y_2$，$D_2=\begin{vmatrix} x_1 & y_1\\ x_2 & y_2\end{vmatrix}=x_1y_2-x_2y_1$，则当 $D\neq 0$ 时，$a=\dfrac{D_1}{D},b=\dfrac{D_2}{D}$. 这里的 D 是由方程组未知量 a,b 的系数排列并计算而来的，而 D_1 和 D_2 分别是由方程组的右端项替换掉系数对应的列构成的，我们称之为行列式，这便是本章我们要讨论的主题.

更一般地，上述直线方程确定实质上是求解一个二元线性方程组. 那么对一般的 n 元线性方程组，是否也可以借助行列式简洁地表示其解呢？

1.1 行列式的定义

1.1.1 二阶和三阶行列式的定义

行列式的定义

我们规定记号：$\begin{vmatrix} a & b\\ c & d\end{vmatrix}=ad-bc$，并称之为二阶行列式，其中 a,b,c,d 四个数称为二阶行列式的元素；横排称为行，竖排称为列. 从左上角到右下角的对角线称为主对角线，从右上角到左下角的对角线称为次对角线.

例如，解二元一次方程组：

$$\begin{cases} a_{11}x_1 + a_{12}x_2 = b_1, \\ a_{21}x_1 + a_{22}x_2 = b_2. \end{cases}$$

利用消元法可知, 当 $a_{11}a_{22} - a_{12}a_{21} \neq 0$ 时, 求得方程组的解为

$$x_1 = \frac{b_1a_{22} - b_2a_{12}}{a_{11}a_{22} - a_{12}a_{21}}, \quad x_2 = \frac{a_{11}b_2 - a_{21}b_1}{a_{11}a_{22} - a_{12}a_{21}}.$$

令 $D = \begin{vmatrix} a_{11} & a_{12} \\ a_{21} & a_{22} \end{vmatrix} = a_{11}a_{22} - a_{12}a_{21}$,

$$D_1 = \begin{vmatrix} b_1 & a_{12} \\ b_2 & a_{22} \end{vmatrix} = b_1a_{22} - b_2a_{12}, \quad D_2 = \begin{vmatrix} a_{11} & b_1 \\ a_{21} & b_2 \end{vmatrix} = a_{11}b_2 - a_{21}b_1.$$

当 $a_{11}a_{22} - a_{12}a_{21} \neq 0$, 即系数行列式 $D \neq 0$ 时, 方程组的解可简洁地记为

$$x_1 = \frac{D_1}{D}, \quad x_2 = \frac{D_2}{D}.$$

我们把由 9 个元素排成三行三列写成的算式

$$\begin{aligned} D &= \begin{vmatrix} a_{11} & a_{12} & a_{13} \\ a_{21} & a_{22} & a_{23} \\ a_{31} & a_{32} & a_{33} \end{vmatrix} \\ &= (-1)^{1+1}a_{11}\begin{vmatrix} a_{22} & a_{23} \\ a_{32} & a_{33} \end{vmatrix} + (-1)^{1+2}a_{12}\begin{vmatrix} a_{21} & a_{23} \\ a_{31} & a_{33} \end{vmatrix} + (-1)^{1+3}a_{13}\begin{vmatrix} a_{21} & a_{22} \\ a_{31} & a_{32} \end{vmatrix} \\ &= a_{11}(a_{22}a_{33} - a_{23}a_{32}) - a_{12}(a_{21}a_{33} - a_{23}a_{31}) + a_{13}(a_{21}a_{32} - a_{22}a_{31}) \\ &= a_{11}a_{22}a_{33} - a_{11}a_{23}a_{32} - a_{12}a_{21}a_{33} + a_{12}a_{23}a_{31} + a_{13}a_{21}a_{32} - a_{13}a_{22}a_{31} \end{aligned}$$

称为三阶行列式, 其中 $\begin{vmatrix} a_{22} & a_{23} \\ a_{32} & a_{33} \end{vmatrix}$ 是原行列式 D 中划去元素 a_{11} 所在的第一行、第一列后剩下的元素按原来顺序组成的二阶行列式, 称它为元素 a_{11} 的余子式, 记作 M_{11}, 即 $M_{11} = \begin{vmatrix} a_{22} & a_{23} \\ a_{32} & a_{33} \end{vmatrix}$.

类似地, 记 $M_{12} = \begin{vmatrix} a_{21} & a_{23} \\ a_{31} & a_{33} \end{vmatrix}$, $M_{13} = \begin{vmatrix} a_{21} & a_{22} \\ a_{31} & a_{32} \end{vmatrix}$.

利用同样的方法, 可得到 $M_{21}, M_{22}, \cdots, M_{33}$.

我们把

$$A_{ij} = (-1)^{i+j}M_{ij} \quad (i, j = 1, 2, 3)$$

称为元素 a_{ij} 的代数余子式.

于是, 三阶行列式也可以表示为

$$D = \begin{vmatrix} a_{11} & a_{12} & a_{13} \\ a_{21} & a_{22} & a_{23} \\ a_{31} & a_{32} & a_{33} \end{vmatrix} = a_{11}A_{11} + a_{12}A_{12} + a_{13}A_{13} = \sum_{j=1}^{3} a_{1j}A_{1j},$$

即计算三阶行列式可以转化为计算二阶行列式.

利用三阶行列式的概念，当三元一次方程组

$$\begin{cases} a_{11}x_1 + a_{12}x_2 + a_{13}x_3 = b_1, \\ a_{21}x_1 + a_{22}x_2 + a_{23}x_3 = b_2, \\ a_{31}x_1 + a_{32}x_2 + a_{33}x_3 = b_3 \end{cases}$$

的系数行列式 $D \neq 0$ 时，它的解也可以简洁地表示为

$$x_1 = \frac{D_1}{D}, \quad x_2 = \frac{D_2}{D}, \quad x_3 = \frac{D_3}{D}.$$

其中 D_1, D_2, D_3 是将方程组中的系数行列式 D 的第 1、2、3 列分别换为右端常数列而得到的三阶行列式. 同学们可以自行验证.

1.1.2 n 阶行列式的定义

定义 1.1.1 由 n^2 个元素排成 n 行 n 列写成的算式 $D = \begin{vmatrix} a_{11} & a_{12} & \cdots & a_{1n} \\ a_{21} & a_{22} & \cdots & a_{2n} \\ \vdots & \vdots & & \vdots \\ a_{n1} & a_{n2} & \cdots & a_{nn} \end{vmatrix}$ 称为 n 阶行列式，简称行列式，其中 a_{ij} 为 D 的第 i 行第 j 列的元素 $(i, j = 1, 2, \cdots, n)$.

当 $n = 1$ 时，规定：$D = |a_{11}| = a_{11}$.

当 $n \geqslant 2$ 时，$n-1$ 阶行列式已定义，则 n 阶行列式可按任意第 i 行 $(i = 1, 2, \cdots, n)$ 展开

$$D = a_{i1}A_{i1} + a_{i2}A_{i2} + \cdots + a_{in}A_{in} = \sum_{j=1}^{n} a_{ij}A_{ij},$$

其中 A_{ij} 为元素 a_{ij} 的代数余子式.

小点睛

行列式的定义有多种方式，我们采用的是递归定义的方式，即先定义一阶行列式，用一阶行列式去定义二阶行列式，用二阶行列式去定义三阶行列式，依此类推. 这种定义的方式，我们在高等数学中高阶导数的定义里也见过.

例 1 计算行列式 $D = \begin{vmatrix} 1 & -1 & 0 \\ 4 & -5 & -3 \\ 2 & 3 & 6 \end{vmatrix}$.

解

$$D = \begin{vmatrix} 1 & -1 & 0 \\ 4 & -5 & -3 \\ 2 & 3 & 6 \end{vmatrix} = (-1)^{1+1}\begin{vmatrix} -5 & -3 \\ 3 & 6 \end{vmatrix} - (-1)^{1+2}\begin{vmatrix} 4 & -3 \\ 2 & 6 \end{vmatrix} = 9.$$

小贴士

这是一个三阶行列式. 当我们依定义按第一行展开时, 只算了两个二阶行列式, 因为元素 0 乘以任何数仍为 0. 这为后面行列式的计算提供了一些启发.

例 2 主对角线下方元素全为零的行列式称为上三角形行列式, 也称为上三角行列式.

$$D=\begin{vmatrix} a_{11} & a_{12} & \cdots & a_{1n} \\ 0 & a_{22} & \cdots & a_{2n} \\ \vdots & \vdots & & \vdots \\ 0 & 0 & \cdots & a_{nn} \end{vmatrix}=a_{11}a_{22}\cdots a_{nn}.$$

证明 将上三角行列式按第一列展开, $D=a_{11}A_{11}$.

代数余子式 A_{11} 也是上三角行列式. 仍按第一列展开,

$$D=a_{11}A_{11}=a_{11}a_{22}A'_{11}\left(A'_{11}=\begin{vmatrix} a_{33} & \cdots & a_{3n} \\ \vdots & & \vdots \\ 0 & \cdots & a_{nn} \end{vmatrix}\right).$$

依此类推 $D=a_{11}a_{22}\cdots a_{nn}$.

小贴士

(1) 主对角线上方元素全为零的行列式称为下三角形行列式, 也称为下三角行列式. 同理可得,

$$\begin{vmatrix} a_{11} & 0 & \cdots & 0 \\ a_{21} & a_{22} & \cdots & 0 \\ \vdots & \vdots & & \vdots \\ a_{n1} & a_{n2} & \cdots & a_{nn} \end{vmatrix}=a_{11}a_{22}\cdots a_{nn}.$$

(2) 主对角线上方、下方的元素全为零的行列式称为对角形行列式, 也称为对角行列式. 对角行列式作为上三角行列式或下三角行列式的特例, 显然有

$$\begin{vmatrix} a_{11} & 0 & \cdots & 0 \\ 0 & a_{22} & \cdots & 0 \\ \vdots & \vdots & & \vdots \\ 0 & 0 & \cdots & a_{nn} \end{vmatrix}=a_{11}a_{22}\cdots a_{nn}.$$

(3) 三角形行列式的值 "一望而知". 这启发我们, 如果能将要计算的行列式转化为三角形行列式, 问题将迎刃而解.

例 3　求下列行列式

电子作业本

$$D=\begin{vmatrix} a & 0 & 0 & b \\ 0 & c & d & 0 \\ 0 & 0 & e & 0 \\ f & 0 & 0 & g \end{vmatrix}.$$

解　$$D=\begin{vmatrix} a & 0 & 0 & b \\ 0 & c & d & 0 \\ 0 & 0 & e & 0 \\ f & 0 & 0 & g \end{vmatrix}=(-1)^{1+1}a\begin{vmatrix} c & d & 0 \\ 0 & e & 0 \\ 0 & 0 & g \end{vmatrix}+(-1)^{1+4}b\begin{vmatrix} 0 & c & d \\ 0 & 0 & e \\ f & 0 & 0 \end{vmatrix}=aceg-bcef.$$

例 4　写出四阶行列式 $\begin{vmatrix} 1 & 0 & 5 & -4 \\ 15 & -9 & 6 & 13 \\ -2 & 3 & 12 & 7 \\ 10 & -14 & 8 & 11 \end{vmatrix}$ 的元素 a_{32} 的余子式和代数余子式.

解　去掉行列式中 a_{32} 所在的第三行和第二列剩余的三阶行列式即为 a_{32} 的余子式

$$M_{32}=\begin{vmatrix} 1 & 5 & -4 \\ 15 & 6 & 13 \\ 10 & 8 & 11 \end{vmatrix}=-453.$$

代数余子式 $A_{32}=(-1)^{3+2}M_{32}=453$.

习题 1.1

1. 填空题.

(1) 已知四阶行列式 D 中的第三列元素分别为 $1,3,2,2$, 它们对应的余子式分别为 $3,2,1,1$, 则 $D=$________.

(2) 行列式 $\begin{vmatrix} -3 & 0 & 4 \\ 5 & 0 & 3 \\ 2 & -2 & 1 \end{vmatrix}$ 中元素 2 的代数余子式为________.

(3) n 阶行列式中元素 a_{ij} 的代数余子式 A_{ij} 与余子式 M_{ij} 之间的关系是________.

(4) $\begin{vmatrix} \sin\theta & -\cos\theta \\ \cos\theta & \sin\theta \end{vmatrix}=$________.

(5) $\begin{vmatrix} 0 & 0 & 1 & 0 \\ 0 & 1 & 0 & 0 \\ 0 & 0 & 0 & 1 \\ 1 & 0 & 0 & 0 \end{vmatrix}=$________.

2. 计算下列行列式.

(1) $\begin{vmatrix} n+1 & n \\ n & n-1 \end{vmatrix}$.　　(2) $\begin{vmatrix} a & b & c \\ b & c & a \\ c & a & b \end{vmatrix}$.　　(3) $\begin{vmatrix} 0 & 0 & 0 & a \\ 0 & 0 & b & 0 \\ 0 & c & 0 & 0 \\ d & 0 & 0 & 0 \end{vmatrix}$.

3. 求解二元线性方程组 $\begin{cases} 5x_1 - 3x_2 = 12, \\ 2x_1 + x_2 = 1. \end{cases}$

1.2 行列式的性质

1.2.1 转置行列式的概念

定义 1.2.1 如果把 n 阶行列式

$$D = \begin{vmatrix} a_{11} & a_{12} & \cdots & a_{1n} \\ a_{21} & a_{22} & \cdots & a_{2n} \\ \vdots & \vdots & & \vdots \\ a_{n1} & a_{n2} & \cdots & a_{nn} \end{vmatrix}$$

行列式的性质

中的行与列互换, 得到新的行列式

$$D^{\mathrm{T}} = \begin{vmatrix} a_{11} & a_{21} & \cdots & a_{n1} \\ a_{12} & a_{22} & \cdots & a_{n2} \\ \vdots & \vdots & & \vdots \\ a_{1n} & a_{2n} & \cdots & a_{nn} \end{vmatrix},$$

则称行列式 D^{T} 为 D 的转置行列式. 显然 D 也是 D^{T} 的转置行列式.

1.2.2 行列式的性质

性质 1 行列式 D 与它的转置行列式 D^{T} 相等, 即 $D = D^{\mathrm{T}}$.

例如, $\begin{vmatrix} a & b \\ c & d \end{vmatrix} = \begin{vmatrix} a & c \\ b & d \end{vmatrix} = ad - bc.$

小贴士

由此性质可以看出, 行列式中行和列所处的地位是一样的, 所以, 凡是行列式中对行成立的性质, 对列也同样成立.

行列式的递归定义也可拓展到按任意一行或任意一列展开.

性质 2 行列式的任意两行 (或列) 互换, 那么行列式改变符号, 即

$$\begin{vmatrix} a_{11} & a_{12} & \cdots & a_{1n} \\ \vdots & \vdots & & \vdots \\ a_{i1} & a_{i2} & \cdots & a_{in} \\ \vdots & \vdots & & \vdots \\ a_{j1} & a_{j2} & \cdots & a_{jn} \\ \vdots & \vdots & & \vdots \\ a_{n1} & a_{n2} & \cdots & a_{nn} \end{vmatrix} \xlongequal{r_i \leftrightarrow r_j} - \begin{vmatrix} a_{11} & a_{12} & \cdots & a_{1n} \\ \vdots & \vdots & & \vdots \\ a_{j1} & a_{j2} & \cdots & a_{jn} \\ \vdots & \vdots & & \vdots \\ a_{i1} & a_{i2} & \cdots & a_{in} \\ \vdots & \vdots & & \vdots \\ a_{n1} & a_{n2} & \cdots & a_{nn} \end{vmatrix}.$$

这里, $r_i \leftrightarrow r_j$ 表示将第 i 行和第 j 行互换. 若是第 i 列和第 j 列互换, 则用 $c_i \leftrightarrow c_j$ 表示.

性质 3 行列式某一行 (或列) 的公因子可以提到行列式记号的外面, 即

$$\begin{vmatrix} a_{11} & a_{12} & \cdots & a_{1n} \\ \vdots & \vdots & & \vdots \\ ka_{i1} & ka_{i2} & \cdots & ka_{in} \\ \vdots & \vdots & & \vdots \\ a_{n1} & a_{n2} & \cdots & a_{nn} \end{vmatrix} \xlongequal{r_i \div k} k \begin{vmatrix} a_{11} & a_{12} & \cdots & a_{1n} \\ \vdots & \vdots & & \vdots \\ a_{i1} & a_{i2} & \cdots & a_{in} \\ \vdots & \vdots & & \vdots \\ a_{n1} & a_{n2} & \cdots & a_{nn} \end{vmatrix}.$$

这里, $r_i \div k$ 表示将第 i 行的公因子 k 提到行列式记号外面. 而 $c_i \div k$ 表示将第 i 列的公因子 k 提到行列式记号外面. 将上述等式两边的行列式均按第 i 行展开便可证相等.

推论 1 如果行列式中有一行 (或列) 的全部元素都是零, 那么这个行列式为零.

性质 4 如果行列式中两行 (或列) 对应元素全部相同, 那么行列式为零, 即

$$\begin{array}{r} \\ \\ i\text{ 行} \\ \\ j\text{ 行} \\ \\ \\ \end{array} \begin{vmatrix} a_{11} & a_{12} & \cdots & a_{1n} \\ \vdots & \vdots & & \vdots \\ a_{i1} & a_{i2} & \cdots & a_{in} \\ \vdots & \vdots & & \vdots \\ a_{i1} & a_{i2} & \cdots & a_{in} \\ \vdots & \vdots & & \vdots \\ a_{n1} & a_{n2} & \cdots & a_{nn} \end{vmatrix} = 0.$$

性质 4 可由性质 2 证得, 因为 $D \xlongequal{r_i \leftrightarrow r_j} -D$, 所以 $D = 0$.

推论 2 如果行列式中两行 (或列) 对应元素成比例, 那么行列式为零.

性质 5 若行列式的某一行 (或列) 的元素都是两数之和, 例如

$$D = \begin{vmatrix} a_{11} & a_{12} & \cdots & a_{1n} \\ \vdots & \vdots & & \vdots \\ b_{i1}+c_{i1} & b_{i2}+c_{i2} & \cdots & b_{in}+c_{in} \\ \vdots & \vdots & & \vdots \\ a_{n1} & a_{n2} & \cdots & a_{nn} \end{vmatrix},$$

则 D 等于下列两个行列式之和:

$$D = \begin{vmatrix} a_{11} & a_{12} & \cdots & a_{1n} \\ \vdots & \vdots & & \vdots \\ b_{i1} & b_{i2} & \cdots & b_{in} \\ \vdots & \vdots & & \vdots \\ a_{n1} & a_{n2} & \cdots & a_{nn} \end{vmatrix} + \begin{vmatrix} a_{11} & a_{12} & \cdots & a_{1n} \\ \vdots & \vdots & & \vdots \\ c_{i1} & c_{i2} & \cdots & c_{in} \\ \vdots & \vdots & & \vdots \\ a_{n1} & a_{n2} & \cdots & a_{nn} \end{vmatrix}.$$

将 D 按第 i 行展开, 便可化为两个行列式之和.

性质 6　将行列式某一行 (或列) 的各元素乘同一数后加到另一行 (或列) 对应的元素上去, 那么行列式不变, 即

$$\begin{vmatrix} a_{11} & a_{12} & \cdots & a_{1n} \\ \vdots & \vdots & & \vdots \\ a_{i1} & a_{i2} & \cdots & a_{in} \\ \vdots & \vdots & & \vdots \\ a_{j1}+ka_{i1} & a_{j2}+ka_{i2} & \cdots & a_{jn}+ka_{in} \\ \vdots & \vdots & & \vdots \\ a_{n1} & a_{n2} & \cdots & a_{nn} \end{vmatrix} = \begin{vmatrix} a_{11} & a_{12} & \cdots & a_{1n} \\ \vdots & \vdots & & \vdots \\ a_{i1} & a_{i2} & \cdots & a_{in} \\ \vdots & \vdots & & \vdots \\ a_{j1} & a_{j2} & \cdots & a_{jn} \\ \vdots & \vdots & & \vdots \\ a_{n1} & a_{n2} & \cdots & a_{nn} \end{vmatrix}.$$

后面, 我们用 $r_j + kr_i$ 表示将第 i 行的 k 倍加到第 j 行对应的元素上, 即倍加变换. 同理, 用 $c_j + kc_i$ 表示将第 i 列的 k 倍加到第 j 列上. 通过这个记号, 将被修改的行 r_j 或列 c_j 写在前面, 可以避免误用该性质.

性质 7　行列式 D 等于它的任意一行 (或列) 中所有元素与其对应的代数余子式乘积之和, 即

$$D = \sum_{k=1}^{n} a_{ik}A_{ik} \quad 或 \quad D = \sum_{k=1}^{n} a_{kj}A_{kj} \quad (i, j = 1, 2, \cdots, n).$$

性质 8　行列式 D 中任意一行 (或列) 的元素与另一行 (或列) 对应元素的代数余子式乘积之和等于零, 即当 $i \neq j$ 时,

$$\sum_{k=1}^{n} a_{ik}A_{jk} = 0 \quad 或 \quad \sum_{k=1}^{n} a_{ki}A_{kj} = 0.$$

由性质 7 和性质 8, 我们可以得到一个非常有用的定理:

定理 1.2.1 (代数余子式组合定理)　设 n 阶行列式中元素 a_{ij} 的代数余子式为 A_{ij}, 则

$$\sum_{k=1}^{n} a_{ik}A_{jk} = \begin{cases} D, & i = j, \\ 0, & i \neq j \end{cases} \quad 或 \quad \sum_{k=1}^{n} a_{ki}A_{kj} = \begin{cases} D, & i = j, \\ 0, & i \neq j. \end{cases}$$

例 1　计算 $D = \begin{vmatrix} 0 & 1 & 2 & 3 \\ 1 & 2 & 3 & 4 \\ 2 & 3 & 4 & 5 \\ 3 & 4 & 5 & 6 \end{vmatrix}$.

解　$D \xlongequal{r_1 \leftrightarrow r_2} -\begin{vmatrix} 1 & 2 & 3 & 4 \\ 0 & 1 & 2 & 3 \\ 2 & 3 & 4 & 5 \\ 3 & 4 & 5 & 6 \end{vmatrix} \xlongequal{r_3 - 2r_1} -\begin{vmatrix} 1 & 2 & 3 & 4 \\ 0 & 1 & 2 & 3 \\ 0 & -1 & -2 & -3 \\ 3 & 4 & 5 & 6 \end{vmatrix} = 0.$

例 2 证明

$$\begin{vmatrix} a^2 & (a+1)^2 & (a+2)^2 & (a+3)^2 \\ b^2 & (b+1)^2 & (b+2)^2 & (b+3)^2 \\ c^2 & (c+1)^2 & (c+2)^2 & (c+3)^2 \\ d^2 & (d+1)^2 & (d+2)^2 & (d+3)^2 \end{vmatrix} = 0.$$

证明 设此行列式为 D, 先运用性质把 D 化简, 得

$$D = \begin{vmatrix} a^2 & (a+1)^2 & (a+2)^2 & (a+3)^2 \\ b^2 & (b+1)^2 & (b+2)^2 & (b+3)^2 \\ c^2 & (c+1)^2 & (c+2)^2 & (c+3)^2 \\ d^2 & (d+1)^2 & (d+2)^2 & (d+3)^2 \end{vmatrix}$$

$$\xlongequal[c_4-c_1]{\substack{c_2-c_1 \\ c_3-c_1}} \begin{vmatrix} a^2 & 2a+1 & 4a+4 & 6a+9 \\ b^2 & 2b+1 & 4b+4 & 6b+9 \\ c^2 & 2c+1 & 4c+4 & 6c+9 \\ d^2 & 2d+1 & 4c+4 & 6d+9 \end{vmatrix} \xlongequal[c_4-3c_2]{c_3-2c_2} \begin{vmatrix} a^2 & 2a+1 & 2 & 6 \\ b^2 & 2b+1 & 2 & 6 \\ c^2 & 2c+1 & 2 & 6 \\ d^2 & 2d+1 & 2 & 6 \end{vmatrix} = 0.$$

小贴士

性质的运用, 可以使行列式的计算变得更加简单.

习题 1.2

1. 填空题.

(1) 设 $D = \begin{vmatrix} a_1 & b_1 & c_1 \\ a_2 & b_2 & c_2 \\ a_3 & b_3 & c_3 \end{vmatrix} = 2$, 则 $\begin{vmatrix} 2a_1 & 4a_1-3b_1 & c_1 \\ 2a_2 & 4a_2-3b_2 & c_2 \\ 2a_3 & 4a_3-3b_3 & c_3 \end{vmatrix} = (\quad)$.

(2) 若 $\begin{vmatrix} a_{11} & a_{12} \\ a_{21} & a_{22} \end{vmatrix} = a$, 则 $\begin{vmatrix} a_{12} & ka_{22} \\ a_{11} & ka_{21} \end{vmatrix} = (\quad)$.

(3) 如果 $D = \begin{vmatrix} a_{11} & a_{12} & a_{13} \\ a_{21} & a_{22} & a_{23} \\ a_{31} & a_{32} & a_{33} \end{vmatrix} \neq 0$, 则 $M = \begin{vmatrix} 3a_{11} & 4a_{21}-a_{31} & -a_{31} \\ 3a_{12} & 4a_{22}-a_{32} & -a_{32} \\ 3a_{13} & 4a_{23}-a_{33} & -a_{33} \end{vmatrix} = (\quad)$.

2. 计算题.

(1) 已知行列式 $D = \begin{vmatrix} 103 & 100 & 204 \\ 199 & 200 & 395 \\ 301 & 300 & 600 \end{vmatrix}$, 求 D.

(2) 已知行列式 $D=\begin{vmatrix}a+b & c & 1\\ b+c & a & 1\\ c+a & b & 1\end{vmatrix}$, 求 D.

1.3 行列式的计算

行列式常用的计算方法有两种: “降阶法” 和 “化三角形法”.

降阶法是根据 1.2 节性质 7 选择零元素最多的行 (或列), 按这一行 (或列) 展开; 或利用行列式的性质把某一行 (或列) 的元素化为仅有一个非零元素, 然后再按这一行 (或列) 展开.

行列式的计算

例 1　计算

$$D=\begin{vmatrix}1 & 2 & 3\\ -2 & 0 & 0\\ 4 & 5 & 7\end{vmatrix}.$$

解　$D=(-1)^{2+1}(-2)\begin{vmatrix}2 & 3\\ 5 & 7\end{vmatrix}=-2.$

例 2　计算

$$D=\begin{vmatrix}-2 & 3 & 1\\ -4 & -1 & 4\\ 2 & 3 & 5\end{vmatrix}.$$

解

$$D=\begin{vmatrix}-2 & 3 & 1\\ -4 & -1 & 4\\ 2 & 3 & 5\end{vmatrix}\xlongequal[r_3+r_1]{r_2-2r_1}\begin{vmatrix}-2 & 3 & 1\\ 0 & -7 & 2\\ 0 & 6 & 6\end{vmatrix}\xlongequal{r_3\div 6}6\begin{vmatrix}-2 & 3 & 1\\ 0 & -7 & 2\\ 0 & 1 & 1\end{vmatrix}$$

$$=(-1)^{1+1}(-2)\cdot 6\begin{vmatrix}-7 & 2\\ 1 & 1\end{vmatrix}=108.$$

化三角形法是利用行列式的性质, 把行列式逐步转化为等值的上 (或下) 三角形行列式, 这时行列式的值就等于主对角线上元素的乘积.

把行列式化为上 (或下) 三角形行列式的一般步骤是:

(1) 若 $a_{11}\neq 0$, 将第一行分别乘 $-\dfrac{a_{21}}{a_{11}},-\dfrac{a_{31}}{a_{11}},\cdots,-\dfrac{a_{n1}}{a_{11}}$ 加到第 $2,3,\cdots,n$ 行对应的元素上, 把第一列 a_{11} 以下的元素全部化为零. 但应注意尽量避免将元素化为分数, 否则会给后面的计算增加困难; 若 $a_{11}=0$, 则通过互换两行 (或列) 使 $a_{11}\neq 0$.

(2) 与此类似, 把主对角线 $a_{22}, a_{33}, \cdots, a_{n-1,n-1}$ 以下的元素全部化为零, 即可得上三角形行列式.

例 3 计算

$$D=\begin{vmatrix}2&0&1&-1\\-5&1&3&-4\\1&-5&3&-3\\3&1&-1&2\end{vmatrix}.$$

解

$$D\xlongequal{c_1\leftrightarrow c_3}-\begin{vmatrix}1&0&2&-1\\3&1&-5&-4\\3&-5&1&-3\\-1&1&3&2\end{vmatrix}\xlongequal[r_4+r_1]{\substack{r_2-3r_1\\r_3-3r_1}}-\begin{vmatrix}1&0&2&-1\\0&1&-11&-1\\0&-5&-5&0\\0&1&5&1\end{vmatrix}$$

电子作业本

$$\xlongequal{r_3\div(-5)}5\begin{vmatrix}1&0&2&-1\\0&1&-11&-1\\0&1&1&0\\0&1&5&1\end{vmatrix}\xlongequal[r_4-r_2]{r_3-r_2}5\begin{vmatrix}1&0&2&-1\\0&1&-11&-1\\0&0&12&1\\0&0&16&2\end{vmatrix}$$

$$\xlongequal{r_4-\frac{4}{3}r_3}5\begin{vmatrix}1&0&2&-1\\0&1&-11&-1\\0&0&12&1\\0&0&0&\frac{2}{3}\end{vmatrix}=5\times 8=40.$$

例 4 计算

$$D=\begin{vmatrix}3&1&1&1\\1&3&1&1\\1&1&3&1\\1&1&1&3\end{vmatrix}.$$

解

$$D\xlongequal{r_1+r_2+r_3+r_4}\begin{vmatrix}6&6&6&6\\1&3&1&1\\1&1&3&1\\1&1&1&3\end{vmatrix}\xlongequal{r_1\div 6}6\begin{vmatrix}1&1&1&1\\1&3&1&1\\1&1&3&1\\1&1&1&3\end{vmatrix}\xlongequal[r_4-r_1]{\substack{r_2-r_1\\r_3-r_1}}6\begin{vmatrix}1&1&1&1\\0&2&0&0\\0&0&2&0\\0&0&0&2\end{vmatrix}=48.$$

小贴士

计算行列式, 首先需要观察行列式元素的特点, 然后再寻求解题方法.

例 5 计算

$$D=\begin{vmatrix} a & b & c & d \\ a & a+b & a+b+c & a+b+c+d \\ a & 2a+b & 3a+2b+c & 4a+3b+2c+d \\ a & 3a+b & 6a+3b+c & 10a+6b+3c+d \end{vmatrix}.$$

解 通过观察, 从第四行开始, 后行减前行,

$$D \xlongequal[r_2-r_1]{\substack{r_4-r_3\\ r_3-r_2}} \begin{vmatrix} a & b & c & d \\ 0 & a & a+b & a+b+c \\ 0 & a & 2a+b & 3a+2b+c \\ 0 & a & 3a+b & 6a+3b+c \end{vmatrix} \xlongequal[r_3-r_2]{r_4-r_3} \begin{vmatrix} a & b & c & d \\ 0 & a & a+b & a+b+c \\ 0 & 0 & a & 2a+b \\ 0 & 0 & a & 3a+b \end{vmatrix}$$

$$\xlongequal{r_4-r_3} \begin{vmatrix} a & b & c & d \\ 0 & a & a+b & a+b+c \\ 0 & 0 & a & 2a+b \\ 0 & 0 & 0 & a \end{vmatrix} = a^4.$$

小贴士

这里要注意, 几个运算写在一起的时候, 次序一般不能颠倒.

习题 1.3

1. 计算下列行列式.

(1) $\begin{vmatrix} 3 & 1 & -1 & 2 \\ -5 & 1 & 3 & -4 \\ 2 & 0 & 1 & -1 \\ 1 & -5 & 3 & -3 \end{vmatrix}$.

(2) $\begin{vmatrix} 1 & 2 & 3 & 4 \\ 1 & 0 & 1 & 2 \\ 3 & -1 & -1 & 0 \\ 1 & 2 & 0 & -5 \end{vmatrix}$.

(3) $\begin{vmatrix} 4 & 1 & 1 & 1 \\ 1 & 4 & 1 & 1 \\ 1 & 1 & 4 & 1 \\ 1 & 1 & 1 & 4 \end{vmatrix}$.

(4) $\begin{vmatrix} -ab & ac & ae \\ bd & -cd & de \\ bf & cf & -ef \end{vmatrix}$.

(5) $\begin{vmatrix} 0 & 2 & 1 & 3 \\ 2 & 4 & 1 & 5 \\ 1 & 1 & 2 & 3 \\ 3 & 2 & 4 & 5 \end{vmatrix}$.

2. 求线性方程组 $\begin{cases} x_1 + x_2 + x_3 + x_4 = 1, \\ 2x_1 + 3x_2 + 4x_3 + 5x_4 = 1, \\ 4x_1 + 9x_2 + 16x_3 + 25x_4 = 1, \\ 8x_1 + 27x_2 + 64x_3 + 125x_4 = 1 \end{cases}$ 的解.

1.4 克拉默法则

克拉默法则

回到本章一开始提出的问题, 设 n 元线性方程组

$$\begin{cases} a_{11}x_1 + a_{12}x_2 + \cdots + a_{1n}x_n = b_1, \\ a_{21}x_1 + a_{22}x_2 + \cdots + a_{2n}x_n = b_2, \\ \cdots\cdots\cdots\cdots \\ a_{n1}x_1 + a_{n2}x_2 + \cdots + a_{nn}x_n = b_n, \end{cases} \tag{1.4.1}$$

其中 a_{ij} 是第 i 个方程第 j 个未知数的系数, b_i 是第 i 个方程的常数项, $i=1,2,\cdots,n, j=1,2,\cdots,n$.

若常数项 $b_1, b_2, \cdots, b_n$ 不全为零, 则称方程组 (1.4.1) 为非齐次线性方程组;

若常数项 $b_1, b_2, \cdots, b_n$ 全为零, 则称方程组 (1.4.1) 为齐次线性方程组.

记线性方程组 (1.4.1) 的系数行列式为 D, D_j 为用常数列代替 D 的第 j 列元素所得到的 n 阶行列式, 即

$$D = \begin{vmatrix} a_{11} & a_{12} & \cdots & a_{1n} \\ a_{21} & a_{22} & \cdots & a_{2n} \\ \vdots & \vdots & & \vdots \\ a_{n1} & a_{n2} & \cdots & a_{nn} \end{vmatrix}, \quad D_j = \begin{vmatrix} a_{11} & \cdots & a_{1,j-1} & b_1 & a_{1,j+1} & \cdots & a_{1n} \\ a_{21} & \cdots & a_{2,j-1} & b_2 & a_{2,j+1} & \cdots & a_{2n} \\ \vdots & & \vdots & \vdots & \vdots & & \vdots \\ a_{n1} & \cdots & a_{n,j-1} & b_n & a_{n,j+1} & \cdots & a_{nn} \end{vmatrix}.$$

与二元、三元线性方程组类似, n 元线性方程组 (1.4.1) 的解由下面定理来确定:

定理 1.4.1 (克拉默法则) 若线性方程组 (1.4.1) 的系数行列式 $D \neq 0$, 则方程组有唯一解

$$x_j = \frac{D_j}{D} \quad (j=1,2,\cdots,n).$$

证明 用 D 的第 j 列元素的代数余子式 $A_{1j}, A_{2j}, \cdots, A_{nj}$ 依次乘方程组 (1.4.1) 的 n 个方程

$$\begin{cases} (a_{11}x_1 + a_{12}x_2 + \cdots + a_{1n}x_n)\, A_{1j} = b_1 A_{1j}, \\ (a_{21}x_1 + a_{22}x_2 + \cdots + a_{2n}x_n)\, A_{2j} = b_2 A_{2j}, \\ \cdots\cdots\cdots\cdots \\ (a_{n1}x_1 + a_{n2}x_2 + \cdots + a_{nn}x_n)\, A_{nj} = b_n A_{nj}, \end{cases}$$

再把 n 个方程依次相加, 得

$$\left(\sum_{k=1}^{n} a_{k1}A_{kj}\right) x_1 + \cdots + \left(\sum_{k=1}^{n} a_{kj}A_{kj}\right) x_j + \cdots + \left(\sum_{k=1}^{n} a_{kn}A_{kj}\right) x_n = \sum_{k=1}^{n} b_k A_{kj},$$

由代数余子式的性质可知, 上面等式中左边 x_j 的系数等于 D, 而其余 $x_i(i\neq j)$ 的系数均为 0; 而等式右边即为 D_j, 于是上式等价于

$$D\cdot x_j=D_j\quad (j=1,2,\cdots,n).$$

当 $D\neq 0$ 时, 方程组 (1.4.1) 有唯一的解

$$x_j=\frac{D_j}{D}\quad (j=1,2,\cdots,n).\tag{1.4.2}$$

反过来, 将解 (1.4.2) 代入方程组 (1.4.1), 容易验证

$$\sum_{j=1}^{n}a_{ij}\frac{D_j}{D}=b_i\quad (i=1,2,\cdots,n),$$

即 (1.4.2) 式是方程组 (1.4.1) 的解.

对于齐次线性方程组

$$\begin{cases}a_{11}x_1+a_{12}x_2+\cdots+a_{1n}x_n=0,\\ a_{21}x_1+a_{22}x_2+\cdots+a_{2n}x_n=0,\\ \qquad\cdots\cdots\cdots\cdots\\ a_{n1}x_1+a_{n2}x_2+\cdots+a_{nn}x_n=0,\end{cases}\tag{1.4.3}$$

这时行列式 D_j 的第 j 列元素全为零, 有 $D_j=0(j=1,2,\cdots,n)$. 所以当方程组的系数行列式 $D\neq 0$ 时, 由克拉默法则可知它有唯一解

$$x_j=0\quad (j=1,2,\cdots,n).$$

若线性方程组的解 $x_j(j=1,2,\cdots,n)$ 全部为零就称为零解 (平凡解), 若不全为零就称为非零解 (非平凡解).

由克拉默法则, 容易得到下面的推论:

推论 1 若齐次线性方程组 (1.4.3) 的系数行列式 $D\neq 0$, 则方程组只有零解.

推论 2 若齐次线性方程组 (1.4.3) 有非零解, 则其充要条件是系数行列式 $D=0$.

例 解线性方程组

$$\begin{cases}x_1+x_2+x_3=5,\\ 2x_1+x_2-x_3+x_4=1,\\ x_1+2x_2-x_3+x_4=2,\\ x_2+2x_3+3x_4=3.\end{cases}$$

解 方程组的系数行列式

$$D=\begin{vmatrix}1&1&1&0\\2&1&-1&1\\1&2&-1&1\\0&1&2&3\end{vmatrix}=18\neq 0.$$

因此由克拉默法则知, 此方程组有唯一解. 经计算

$$D_1=\begin{vmatrix}5&1&1&0\\1&1&-1&1\\2&2&-1&1\\3&1&2&3\end{vmatrix}=18,\quad D_2=\begin{vmatrix}1&5&1&0\\2&1&-1&1\\1&2&-1&1\\0&3&2&3\end{vmatrix}=36,$$

$$D_3=\begin{vmatrix}1&1&5&0\\2&1&1&1\\1&2&2&1\\0&1&3&3\end{vmatrix}=36,\quad D_4=\begin{vmatrix}1&1&1&5\\2&1&-1&1\\1&2&-1&2\\0&1&2&3\end{vmatrix}=-18,$$

所以线性方程组的解

$$x_1=\frac{18}{18}=1,\quad x_2=\frac{36}{18}=2,$$
$$x_3=\frac{36}{18}=2,\quad x_4=\frac{-18}{18}=-1.$$

小贴士

用克拉默法则解线性方程组时有两个限制条件: 一是方程个数与未知量个数相等, 二是方程组的系数行列式不等于零. 用克拉默法则解 n 个方程 n 个未知量的线性方程组时, 需要计算 $n+1$ 个 n 阶行列式, 计算量是相当大的. 因而克拉默法则作为行列式的一个应用, 只有理论价值, 本书后面会专门讨论线性方程组的求解问题.

习题 1.4

利用克拉默法则求解下列方程组.

(1) $\begin{cases}2x_1+x_2+2x_3=1,\\2x_1+x_2-x_3=2,\\-3x_1+3x_2+2x_3=3.\end{cases}$

(2) $\begin{cases}x_1+x_2+x_3=1,\\x_2+x_3+x_4=0,\\x_1+2x_2-x_4=-1,\\2x_1+x_3-3x_4=1.\end{cases}$

1.5 知识拓展

1.5.1 排列与对换

由 n 个不同的自然数 $1,2,\cdots,n$ 按照任何一种顺序排成一列 $(j_1j_2\cdots j_n)$ 称为一个 n 元排列.

n 元排列的总数是 $n!$, 一般记为 P_n, 即 $P_n=n!$.

将 $1,2,\cdots,n$ 按从小到大的顺序得到的排列 $(12\cdots n)$ 称为标准排列.

在任意一个排列 $(j_1j_2\cdots j_n)$ 中, $j_1,j_2,\cdots,j_n$ 的顺序可能与标准排列不同, 不一定按照从小到大的顺序排列, 可能排列中前面的某个 j_p 会比后面的某个 j_q 大, 每出现一对这样的 (j_p,j_q), 称为一个逆序.

排列 $(j_1j_2\cdots j_n)$ 中逆序的个数称为这个排列的逆序数. 逆序数为奇数的排列称为奇排列, 逆序数为偶数的排列称为偶排列.

例 1 求排列 32514 的逆序数.

解 在排列中, 3 排在首位, 逆序数为 0, 记 $t_1=0$;

2 前面比它大的数有一个是 3, 即 $(3,2)$, 逆序数为 1, 记 $t_2=1$;

5 是最大的数, 逆序数为 0, 记 $t_3=0$;

1 前面比它大的数有 $3,2,5$, 即 $(3,1),(2,1),(5,1)$, 逆序数为 3, 记 $t_4=3$;

4 前面比它大的数有一个 5, 即 $(5,4)$, 逆序为 1, 记 $t_5=1$.

因此, 这个排列的逆序数 $t=t_1+t_2+t_3+t_4+t_5=5$.

在一个排列中, 将某两个数位置互换, 其余数的位置不变, 称为这个排列的一次对换.

定理 1.5.1 任一个排列经过一次对换, 必改变其奇偶性.

定理 1.5.2 每个排列都可以经过有限次对换变成标准排列. 同一个排列变成标准排列的次数 s 不唯一, 但是 s 的奇偶性是唯一的, 并且与排列的奇偶性相同.

推论 奇排列对换成标准排列的对换次数为奇数, 偶排列对换成标准排列的次数为偶数.

以三阶行列式为例:

$$D=\begin{vmatrix}a_{11}&a_{12}&a_{13}\\a_{21}&a_{22}&a_{23}\\a_{31}&a_{32}&a_{33}\end{vmatrix}$$

$$=a_{11}a_{22}a_{33}-a_{11}a_{23}a_{32}-a_{12}a_{21}a_{33}+a_{12}a_{23}a_{31}+a_{13}a_{21}a_{32}-a_{13}a_{22}a_{31}. \qquad (1)$$

(1) 式中每一项恰好是三个元素的乘积, 这三个元素位于不同行、不同列. 因此任一项除正负号外, 可以写成 $a_{1p_1}a_{2p_2}a_{3p_3}$. 这里的第一个下标即为行下标, 它是标准排列 (123), 逆序为 0. 第二个下标为列下标, 排列为 $(p_1p_2p_3)$, 它是 $1,2,3$ 这三个数的某个排列, 这个排列有六种: 带正号的三项列标排列是 $(123),(231),(312)$, 这三个排列均是偶排列; 带负号的三项列标排列是 $(132),(213),(321)$, 均是奇排列. 因此可以看出各项所带的正负号与列下标排列的奇偶性有关, 表示为 $(-1)^t$, t 为列下标排列的逆序数, 即

$$D=\begin{vmatrix}a_{11}&a_{12}&a_{13}\\a_{21}&a_{22}&a_{23}\\a_{31}&a_{32}&a_{33}\end{vmatrix}=\sum(-1)^t a_{1p_1}a_{2p_2}a_{3p_3}.$$

这里因为行下标是标准排列, 所以对正负号没有影响.

一般的 n 阶行列式可以表示为

$$D=\begin{vmatrix}a_{11} & a_{12} & \cdots & a_{1n}\\ a_{21} & a_{22} & \cdots & a_{2n}\\ \vdots & \vdots & & \vdots\\ a_{n1} & a_{n2} & \cdots & a_{nn}\end{vmatrix}=\sum(-1)^t a_{1_{p_1}}a_{2p_2}\cdots a_{np_n}.$$

例 2　求行列式 $D=\begin{vmatrix}0 & 0 & 0 & a_1\\ 0 & 0 & a_2 & 0\\ 0 & a_3 & 0 & 0\\ a_4 & 0 & 0 & 0\end{vmatrix}$.

解　因为每一行只有一个非零元素, 所以按行取每个非零元素相乘才会出现非零项, 即

$$D=(-1)^{t(4321)}a_1a_2a_3a_4=(-1)^{1+2+3}a_1a_2a_3a_4=a_1a_2a_3a_4,$$

其中 $t(4321)$ 表示列下标排列 (4321) 的逆序数.

1.5.2　计算行列式的特殊方法

在行列式的计算中, "数学归纳法" 是比较实用的技巧. 该方法从低阶到高阶进行归纳, 通常用来进行命题的证明.

例 3　证明 n 阶范德蒙德行列式

$$D_n=\begin{vmatrix}1 & 1 & \cdots & 1\\ x_1 & x_2 & \cdots & x_n\\ x_1^2 & x_2^2 & \cdots & x_n^2\\ \vdots & \vdots & & \vdots\\ x_1^{n-1} & x_2^{n-1} & \cdots & x_n^{n-1}\end{vmatrix}=\prod_{1\leqslant j<i\leqslant n}(x_i-x_j).$$

证明　利用数学归纳法.

当 $n=2$ 时, $D_2=\begin{vmatrix}1 & 1\\ x_1 & x_2\end{vmatrix}=x_2-x_1=\prod\limits_{1\leqslant j<i\leqslant 2}(x_i-x_j)$.

结论成立.

现假设对于 $n-1$ 阶范德蒙德行列式结论成立, 即

$$D_{n-1}=\begin{vmatrix}1 & 1 & \cdots & 1\\ x_1 & x_2 & \cdots & x_{n-1}\\ \vdots & \vdots & & \vdots\\ x_1^{n-2} & x_2^{n-2} & \cdots & x_{n-1}^{n-2}\end{vmatrix}=\prod_{1\leqslant j<i\leqslant n-1}(x_i-x_j),$$

那么

$$D_n \xlongequal[\substack{\cdots \\ r_2-x_1r_1}]{\substack{r_n-x_1r_{n-1} \\ r_{n-1}-x_1r_{n-2}}} \begin{vmatrix} 1 & 1 & \cdots & 1 \\ 0 & x_2-x_1 & \cdots & x_n-x_1 \\ 0 & x_2(x_2-x_1) & \cdots & x_n(x_n-x_1) \\ \vdots & \vdots & & \vdots \\ 0 & x_2^{n-2}(x_2-x_1) & \cdots & x_n^{n-2}(x_n-x_1) \end{vmatrix}$$

$$= \begin{vmatrix} x_2-x_1 & x_3-x_1 & \cdots & x_n-x_1 \\ x_2(x_2-x_1) & x_3(x_3-x_1) & \cdots & x_n(x_n-x_1) \\ \vdots & \vdots & & \vdots \\ x_2^{n-2}(x_2-x_1) & x_3^{n-2}(x_3-x_1) & \cdots & x_n^{n-2}(x_n-x_1) \end{vmatrix}$$

$$\xlongequal[\substack{\cdots \\ c_{n-1}\div(x_n-x_1)}]{\substack{c_1\div(x_2-x_1) \\ c_2\div(x_3-x_1)}} (x_2-x_1)(x_3-x_1)\cdots(x_n-x_1) \begin{vmatrix} 1 & 1 & \cdots & 1 \\ x_2 & x_3 & \cdots & x_n \\ \vdots & \vdots & & \vdots \\ x_2^{n-2} & x_3^{n-2} & \cdots & x_n^{n-2} \end{vmatrix},$$

上式最后一个行列式是 $n-1$ 阶范德蒙德行列式, 由归纳假设,

$$\begin{vmatrix} 1 & 1 & \cdots & 1 \\ x_2 & x_3 & \cdots & x_n \\ \vdots & \vdots & & \vdots \\ x_2^{n-2} & x_3^{n-2} & \cdots & x_n^{n-2} \end{vmatrix} = \prod_{2\leqslant j<i\leqslant n}(x_i-x_j),$$

于是

$$D_n = (x_2-x_1)(x_3-x_1)\cdots(x_n-x_1)\prod_{2\leqslant j<i\leqslant n}(x_i-x_j) = \prod_{1\leqslant j<i\leqslant n}(x_i-x_j).$$

例 4　计算

$$D = \begin{vmatrix} 1 & 1 & 1 & 1 \\ 1 & 2 & 3 & 4 \\ 1 & 2^2 & 3^2 & 4^2 \\ 1 & 2^3 & 3^3 & 4^3 \end{vmatrix}.$$

解　由例 3, 这是一个范德蒙德行列式, 所以

$$D = (2-1)(3-1)(4-1)(3-2)(4-2)(4-3) = 12.$$

本章小结

1. 本章从二阶、三阶行列式开始介绍, 在此基础上归纳给出 n 阶行列式的定义. 通过余子式和代数余子式的引入, n 阶行列式的计算可以通过某行或者某列各元素与其对应代数余子式的乘积之和得到. 但是这样计算行列式比较烦琐, 计算量比较大. 于是我们给出行列式的八个性质及两个推论, 通过这些性质和推论, 可以将行列式进行化简, 变得相对简单. 计算行列式的两种常用方法为

(1) 降阶法: 选择零元素最多的行 (或列), 按这一行 (或列) 展开; 或利用行列式的性质把某一行 (或列) 的元素化为仅有一个非零元素, 然后再按这一行 (或列) 展开.

(2) 化三角形法: 利用行列式的性质, 把行列式逐步转化为等值的上 (或下) 三角形行列式, 这时行列式的值就等于主对角线上元素的乘积.

2. 求解 n 元线性方程组的克拉默法则, 则是利用计算行列式, 当系数行列式 $D \neq 0$ 时, n 元线性方程组的解 $x_j = \dfrac{D_j}{D}(j = 1, 2, \cdots, n)$, 其中 D 是线性方程组的系数行列式, D_j 为用常数列代替 D 的第 j 列元素所得到的 n 阶行列式.

复习题 1

一、填空题

1. $\begin{vmatrix} 1234 & 234 \\ 2469 & 469 \end{vmatrix} =$ ________;

2. $\begin{vmatrix} 1 & 2 & 1 \\ 2 & 4 & 2 \\ 10 & 14 & 13 \end{vmatrix} =$ ________;

3. $\begin{vmatrix} 1 & 2000 & 2001 & 2002 \\ 0 & -1 & 0 & 2003 \\ 0 & 0 & -1 & 2004 \\ 0 & 0 & 0 & 2005 \end{vmatrix} =$ ________;

4. $\begin{vmatrix} 1 & 5 & 25 \\ 1 & 7 & 49 \\ 1 & 8 & 64 \end{vmatrix} =$ ________;

5. $\begin{vmatrix} 0 & 1 & 1 \\ 1 & 0 & 1 \\ 1 & 1 & 0 \end{vmatrix} =$ ________;

6. $\begin{vmatrix} 0 & 1 & 2 & 2 \\ 2 & 2 & 2 & 0 \\ 1 & 3 & 0 & 0 \\ 1 & 0 & 0 & 0 \end{vmatrix} =$ ________.

二、选择题

1. 如果 $D = \begin{vmatrix} a_{11} & a_{12} & a_{13} \\ a_{21} & a_{22} & a_{23} \\ a_{31} & a_{32} & a_{33} \end{vmatrix} = M \neq 0$, 则 $D_1 = \begin{vmatrix} 2a_{11} & 2a_{13} & 2a_{12} \\ 2a_{21} & 2a_{23} & 2a_{22} \\ 2a_{31} & 2a_{33} & 2a_{32} \end{vmatrix} = (\quad)$.

A. $2M$ B. $-2M$ C. $8M$ D. $-8M$

2. 设 $A=\begin{vmatrix}2&0&8\\-3&1&5\\2&9&7\end{vmatrix}$, 则代数余子式 $A_{12}=($ $)$.

A. -31　　B. 31　　C. 0　　D. -11

3. 已知四阶行列式 D 中第三列元素依次为 $-1,2,0,1$, 它们的余子式依次分别为 $5,3,-7,4$, 则 $D=$ ( ).

A. -15　　B. 15　　C. 0　　D. 1

4. 设行列式 $D=\begin{vmatrix}1&2&5\\1&5&-2\\2&4&a\end{vmatrix}=0$, 则 $a=($ $)$.

A. -2　　B. 5　　C. 10　　D. 0

三、计算行列式

1. $D=\begin{vmatrix}0&a_{12}&0&0\\0&0&0&a_{24}\\a_{31}&0&0&0\\0&0&a_{43}&0\end{vmatrix}$;

2. $D=\begin{vmatrix}1&2&-1&2\\3&0&1&-1\\1&-2&0&4\\-2&-4&1&-1\end{vmatrix}$;

3. $D=\begin{vmatrix}1+x&1&1&1\\1&1-x&1&1\\1&1&1+y&1\\1&1&1&1-y\end{vmatrix}$;

4. $D=\begin{vmatrix}5&3&-1&2&0\\1&7&2&5&2\\0&-2&3&1&0\\0&-4&-1&4&0\\0&2&3&5&0\end{vmatrix}$;

5. 计算 n 阶行列式 $D=\begin{vmatrix}x&a&\cdots&a\\a&x&\cdots&a\\\vdots&\vdots&&\vdots\\a&a&\cdots&x\end{vmatrix}$.

四、当 k 为何值时, $\begin{vmatrix}k&3&4\\-1&k&0\\0&k&1\end{vmatrix}=0$

五、解线性方程组 $\begin{cases}2x_1+x_2+3x_3-x_4=0,\\x_1+3x_2+2x_3=-1,\\2x_2+x_3+x_4=1,\\3x_1-x_2-2x_4=1\end{cases}$

第 2 章 矩阵及其运算

【学习目标】

- 理解矩阵的概念，掌握矩阵的线性运算、乘法运算、转置运算、方阵的行列式，以及运算规律
- 理解逆矩阵的概念，掌握逆矩阵的性质以及方阵可逆的充分必要条件
- 理解伴随矩阵的概念，会用伴随矩阵求可逆矩阵的逆矩阵
- 了解分块矩阵的概念及分块矩阵的运算
- 掌握矩阵的初等变换，了解矩阵等价的定义
- 会用初等行变换求可逆矩阵的逆矩阵
- 理解矩阵的秩的概念，会用初等行变换求矩阵的秩

矩阵是线性代数的主要内容之一, 是处理许多实际问题的重要数学工具. 在自然科学、工程技术和国民经济的许多领域中都有着广泛的应用.

【情境与问题】

信息编码 (密码) 案例

一个通用的传递信息的方法是对字母表中的每个字母赋予一个整数值, 把信息作为一串整数发送. 例如, "send money" 这个信息可能被编码为

$$5,\quad 8,\quad 10,\quad 21,\quad 7,\quad 2,\quad 10,\quad 8,\quad 3.$$

其中字母 s 由整数 5 表示, 字母 e 由整数 8 表示, 等等. 但是, 这种编码方式很容易被破译, 在一段较长的信息中, 我们能根据字母出现的相对频率猜测哪个字母对应哪个数字. 例如, 如果在编码信息中, 8 出现的频率最高, 那么它可能代表英文中出现频率最高的字母 e.

我们可以用矩阵乘法对信息进行进一步的伪装. 设 $\boldsymbol{A}$ 是所有元素均为整数的矩阵, 且其行列式为 1 或者 -1, 我们可以用这个矩阵对信息进行变换, 变换后的信息将很难破译, 为演示这个技术, 令 $\boldsymbol{A}=\begin{pmatrix}1&2&1\\2&5&3\\2&3&2\end{pmatrix}$, 把需要编码的信息放置在 3 行 3 列的矩阵 $\boldsymbol{B}$ 的各列上

$$\boldsymbol{B}=\begin{pmatrix}5&21&10\\8&7&8\\10&2&3\end{pmatrix},$$

将矩阵 $\boldsymbol{A}$ 与 $\boldsymbol{B}$ 相乘, 根据矩阵乘积的结果发送新的编码.

你知道发送出的新编码是什么吗? 收获编码后又应该如何破译编码呢? 这两个问题将分别在矩阵的乘法和矩阵的逆这两部分内容中给予解答.

2.1 矩阵的概念

2.1.1 矩阵的定义

矩阵的概念

引例 一个学习小组 5 名同学的期末考试成绩如下 (表 2.1):

表 2.1

单位: 分

人员	考试科目			
	高等数学	线性代数	大学英语	大学物理
王涵	90	86	70	74
周亮	60	72	90	80
李继	83	80	86	78
吴瑞	77	81	88	82
林祥	75	75	80	71

为了简便起见，我们可以将该成绩表表示为一个 5 行 4 列的数表：

$$\begin{pmatrix} 90 & 86 & 70 & 74 \\ 60 & 72 & 90 & 80 \\ 83 & 80 & 86 & 78 \\ 77 & 81 & 88 & 82 \\ 75 & 75 & 80 & 71 \end{pmatrix},$$

这就是一个矩阵.

定义 2.1.1 由 $m \times n$ 个元素 $a_{ij}(i=1,2,\cdots,m;j=1,2,\cdots,n)$ 排列成的一个 m 行 n 列 (横称行，纵称列) 的有序矩形数表，并加圆括号或方括号标记

$$\begin{pmatrix} a_{11} & a_{12} & \cdots & a_{1n} \\ a_{21} & a_{22} & \cdots & a_{2n} \\ \vdots & \vdots & & \vdots \\ a_{m1} & a_{m2} & \cdots & a_{mn} \end{pmatrix} \text{ 或 } \begin{bmatrix} a_{11} & a_{12} & \cdots & a_{1n} \\ a_{21} & a_{22} & \cdots & a_{2n} \\ \vdots & \vdots & & \vdots \\ a_{m1} & a_{m2} & \cdots & a_{mn} \end{bmatrix}$$

称为一个 m 行 n 列矩阵，即 $m \times n$ (行数写在前面) 矩阵，一般用大写黑体 (粗体) 字母表示，记为 $\boldsymbol{A},\boldsymbol{B},\boldsymbol{C}\cdots$，也可简记为 $\boldsymbol{A}_{m\times n}$ 或 $(a_{ij})_{m\times n}$. 矩阵中的数 $a_{ij}(i=1,2,\cdots,m;j=1,2,\cdots,n)$ 称为矩阵的第 i 行第 j 列元素.

小贴士

矩阵可以用圆括号或方括号标记，但是不能用大括号标记.

如火车时刻表，职工的工资表，课程表，销售商品的数量、价格表，科学实验的数据表等均可用矩阵表示.

$$\begin{pmatrix} 2 & 4 & 4 & 0 \\ 14 & 0 & 0 & 4 \\ 1 & 2 & 1 & 10 \end{pmatrix}, \quad \begin{pmatrix} \text{一} & \text{二} & \text{三} & \text{四} & \text{五} \\ 1 & 2 & 1 & 3 & 1 \\ 3 & 2 & 3 & 2 & 4 \end{pmatrix}, \cdots.$$

矩阵按元素的取值类型可分为实矩阵 (元素都是实数)、复矩阵 (元素是复数) 和超矩阵 (元素本身是矩阵或其他更一般的数学对象). 本书中的矩阵除特别说明外，都是实矩阵.

定义 2.1.2 如果两个矩阵的行数和列数对应相等，则称这两个矩阵为同型矩阵. 如果两个矩阵是同型矩阵，且对应位置上的元素均相等，则称两个矩阵相等，记为 $\boldsymbol{A}=\boldsymbol{B}$.

小贴士

矩阵与行列式虽然在形式上有些类似，但它们有着本质的区别.

① 行列式是一种运算，其结果是一个确定的数或者代数式，而矩阵仅仅是一个数表；

② 行列式的行数与列数必须相同，而矩阵的行数与列数可以不同.

2.1.2 特殊矩阵

(1) 当 $m=1$ 时, 矩阵 $\boldsymbol{A}=(a_{11}\quad a_{12}\quad\cdots\quad a_{1n})$ 称为行矩阵, 也称为 n 维行向量.

当 $n=1$ 时, 矩阵 $\boldsymbol{A}=\begin{pmatrix}a_{11}\\a_{21}\\\vdots\\a_{m1}\end{pmatrix}$ 称为列矩阵, 也称为 m 维列向量.

(2) 当 $m=n$ 时, 矩阵 $\boldsymbol{A}=\begin{pmatrix}a_{11}&a_{12}&\cdots&a_{1n}\\a_{21}&a_{22}&\cdots&a_{2n}\\\vdots&\vdots&&\vdots\\a_{n1}&a_{n2}&\cdots&a_{nn}\end{pmatrix}$ 称为 n 阶矩阵, 或者 n 阶方阵, 也可记为 $\boldsymbol{A}_{n\times n}$.

(3) 零矩阵: 所有元素全为零的 $m\times n$ 矩阵, 称为零矩阵, 记为 $\boldsymbol{O}_{m\times n}$.

小贴士

不同型的零矩阵是不相等的. 例如,

$$\begin{pmatrix}0&0&0\\0&0&0\end{pmatrix}\neq\begin{pmatrix}0&0\\0&0\\0&0\end{pmatrix}.$$

前者是 2×3 的零矩阵 $\boldsymbol{O}_{2\times3}$, 后者是 3×2 的零矩阵 $\boldsymbol{O}_{3\times2}$.

(4) 负矩阵: 在矩阵 $\boldsymbol{A}=(a_{ij})_{m\times n}$ 中各个元素的前面都添加上负号 (即取相反数) 得到的矩阵, 称为 $\boldsymbol{A}$ 的负矩阵, 记为 $-\boldsymbol{A}$, 即 $-\boldsymbol{A}=(-a_{ij})_{m\times n}$.

显然, $\boldsymbol{A}$ 也是 $-\boldsymbol{A}$ 的负矩阵.

(5) 三角形矩阵

① 上三角形矩阵

主对角线下方的元素全部是零的 n 阶方阵, 称为 n 阶上三角形矩阵, 记为 $\boldsymbol{U}$, 即

$$\boldsymbol{U}=\begin{pmatrix}a_{11}&a_{12}&\cdots&a_{1n}\\0&a_{22}&\cdots&a_{2n}\\\vdots&\vdots&&\vdots\\0&0&\cdots&a_{nn}\end{pmatrix}.$$

② 下三角形矩阵

主对角线上方的元素全部是零的 n 阶方阵, 称为 n 阶下三角形矩阵, 记为 $\boldsymbol{L}$, 即

$$\boldsymbol{L}=\begin{pmatrix}a_{11}&0&\cdots&0\\a_{21}&a_{22}&\cdots&0\\\vdots&\vdots&&\vdots\\a_{n1}&a_{n2}&\cdots&a_{nn}\end{pmatrix}.$$

小贴士

上 (或下) 三角形矩阵的主对角线下 (或上) 方的元素一定是零, 而其他元素可以是零也可以不是零.

(6) 对角矩阵: 若一个 n 阶方阵除了主对角线以外的其余元素均为零, 只有主对角线存在非零元素, 则称其为 n 阶对角矩阵, 记为 $\boldsymbol{\Lambda}$. 对角矩阵是非零元素只能在对角线上出现的方阵, 即

$$\boldsymbol{\Lambda}=\begin{pmatrix} a_{11} & 0 & \cdots & 0 \\ 0 & a_{22} & \cdots & 0 \\ \vdots & \vdots & & \vdots \\ 0 & 0 & \cdots & a_{nn} \end{pmatrix}.$$

显然, 由主对角线上的元素就足以确定对角矩阵本身, 因此常将对角矩阵记为

$$\boldsymbol{\Lambda}=\operatorname{diag}(a_{11},a_{22},\cdots,a_{nn}).$$

当然允许 $a_{11},a_{22},\cdots,a_{nn}$ 中的某些元素为零.

(7) 数量矩阵: 主对角线上元素都是非零常数 a 的 n 阶对角矩阵, 称为 n 阶数量矩阵, 记为 $\boldsymbol{S}$, 即

$$\boldsymbol{S}=\begin{pmatrix} a & 0 & \cdots & 0 \\ 0 & a & \cdots & 0 \\ \vdots & \vdots & & \vdots \\ 0 & 0 & \cdots & a \end{pmatrix}.$$

(8) 单位矩阵: 主对角线上元素是 1 的 n 阶数量矩阵, 称为 n 阶单位矩阵, 记为 $\boldsymbol{I}$ 或 $\boldsymbol{E}$, 有时为区分维数也可记为 $\boldsymbol{I}_n$ 或 $\boldsymbol{E}_n$, 即

$$\boldsymbol{E}_n=\begin{pmatrix} 1 & 0 & \cdots & 0 \\ 0 & 1 & \cdots & 0 \\ \vdots & \vdots & & \vdots \\ 0 & 0 & \cdots & 1 \end{pmatrix}.$$

单位矩阵的元素 $e_{ij}=\begin{cases} 1, & i=j, \\ 0, & i\neq j \end{cases} \quad (i,j=1,2,\cdots,n).$

例 1 n 个变量 $x_1,x_2,\cdots,x_n$ 与 m 个变量 $y_1,y_2,\cdots,y_m$ 之间的关系式

$$\begin{cases} y_1=a_{11}x_1+a_{12}x_2+\cdots+a_{1n}x_n, \\ y_2=a_{21}x_1+a_{22}x_2+\cdots+a_{2n}x_n, \\ \qquad\cdots\cdots\cdots\cdots \\ y_m=a_{m1}x_1+a_{m2}x_2+\cdots+a_{mn}x_n, \end{cases}$$

表示一个从变量 $x_1, x_2, \cdots, x_n$ 到变量 $y_1, y_2, \cdots, y_m$ 的线性变换, 其中 a_{ij} 为常数, 该线性变换的系数 a_{ij} 构成矩阵 $\boldsymbol{A}=(a_{ij})_{m\times n}$.

例如, 二次方程 $x_1^2+2x_2^2+6x_3^2-2x_1x_2+4x_1x_3-6x_2x_3=1$. 利用线性变换 $\begin{cases}y_1=x_1-x_2+2x_3,\\ y_2=\qquad x_2-\ x_3,\\ y_3=\qquad\qquad x_3,\end{cases}$ 即线性变换矩阵为 $\begin{pmatrix}1 & -1 & 2\\ 0 & 1 & -1\\ 0 & 0 & 1\end{pmatrix}$, 即可得到方程 $y_1^2+y_2^2+y_3^2=1$, 它表示空间中的球面.

又如: 矩阵 $\begin{pmatrix}\cos\alpha & -\sin\alpha\\ \sin\alpha & \cos\alpha\end{pmatrix}$ 对应的线性变换为 $\begin{cases}x_1=x\cos\alpha-y\sin\alpha,\\ y_1=x\sin\alpha+y\cos\alpha,\end{cases}$ 把 xOy 面上的向量 $\overrightarrow{OM}=(x,y)$ 变换为向量 $\overrightarrow{OM}=(x_1,y_1)$. 设 $\overrightarrow{OM}$ 的长度为 r, 辐角为 θ, 即

$$\begin{cases}x=r\cos\theta,\\ y=r\sin\theta,\end{cases}$$

那么

$$\begin{cases}x_1=r(\cos\alpha\cos\theta-\sin\alpha\sin\theta)=r\cos(\theta+\alpha),\\ y_1=r(\sin\alpha\cos\theta+\cos\alpha\sin\theta)=r\sin(\theta+\alpha),\end{cases}$$

表示 $\overrightarrow{OM}$ 的长度为 r, 辐角为 $\theta+\alpha$, 这是把向量 $\overrightarrow{OM}$ 以逆时针方向旋转 α 的旋转变换 (图 2.1).

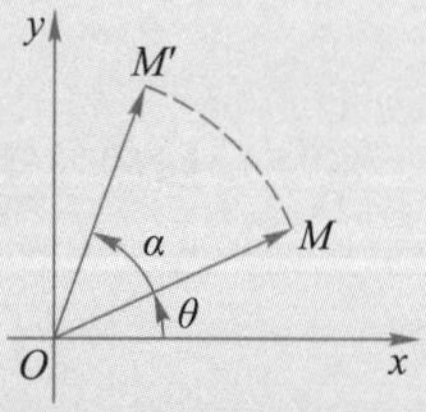

图 2.1

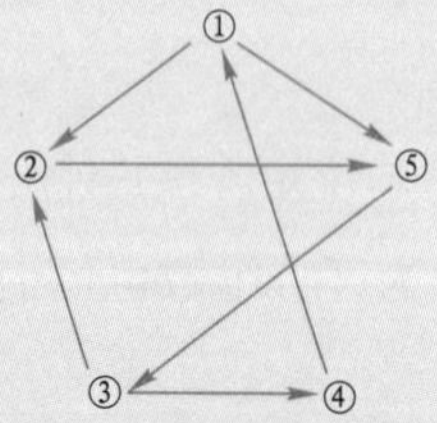

图 2.2

例 2　5 个物流中心之间的运输线路如图 2.2 所示, 定义

$$a_{ij}=\begin{cases}1, & \text{从 } i \text{ 到 } j \text{ 有 1 条单向线路},\\ 0, & \text{从 } i \text{ 到 } j \text{ 没有单向线路},\end{cases}$$

则图 2.2 可用矩阵表示: $\boldsymbol{A}=\begin{pmatrix}0 & 1 & 0 & 0 & 1\\ 0 & 0 & 0 & 0 & 1\\ 0 & 1 & 0 & 1 & 0\\ 1 & 0 & 0 & 0 & 0\\ 0 & 0 & 1 & 0 & 0\end{pmatrix}$.

小贴士

上面的矩阵在图论中称为邻接矩阵，是表示顶点之间相邻关系的矩阵. 利用图的邻接矩阵，可以对图进行相关的运算.

2.2 矩阵的运算

2.2.1 矩阵的加法

定义 2.2.1 设 $\boldsymbol{A}=(a_{ij})_{m\times n}$, $\boldsymbol{B}=(b_{ij})_{m\times n}$ 是两个 $m\times n$ 矩阵，则它们的和 $\boldsymbol{A}+\boldsymbol{B}$ 也是一个 $m\times n$ 的矩阵，规定：

矩阵的运算（一）

$$\boldsymbol{A}+\boldsymbol{B}=(a_{ij})_{m\times n}+(b_{ij})_{m\times n}=(a_{ij}+b_{ij})_{m\times n}$$
$$=\begin{pmatrix} a_{11}+b_{11} & a_{12}+b_{12} & \cdots & a_{1n}+b_{1n} \\ a_{21}+b_{21} & a_{22}+b_{22} & \cdots & a_{2n}+b_{2n} \\ \vdots & \vdots & & \vdots \\ a_{m1}+b_{m1} & a_{m2}+b_{m2} & \cdots & a_{mn}+b_{mn} \end{pmatrix}$$

称矩阵 $\boldsymbol{A}+\boldsymbol{B}$ 为 $\boldsymbol{A}$ 与 $\boldsymbol{B}$ 的和.

定义中蕴含了同型矩阵是矩阵相加的必要条件，故在确认记号 $\boldsymbol{A}+\boldsymbol{B}$ 有意义时，即已承认了 $\boldsymbol{A}$ 与 $\boldsymbol{B}$ 是同型矩阵的事实.

小贴士

两个同型矩阵相加等于对应位置上的元素相加.

例如，$\begin{pmatrix} 3 & 2 & 1 \\ 4 & 5 & 6 \end{pmatrix}+\begin{pmatrix} 2 & -2 & -1 \\ 1 & 2 & 0 \end{pmatrix}=\begin{pmatrix} 5 & 0 & 0 \\ 5 & 7 & 6 \end{pmatrix}$，$\begin{pmatrix} 2 \\ 1 \\ -3 \end{pmatrix}+\begin{pmatrix} 1 \\ 8 \\ 2 \end{pmatrix}=\begin{pmatrix} 3 \\ 9 \\ -1 \end{pmatrix}$.

若 $\boldsymbol{A}=(a_{ij})_{m\times n}$, $\boldsymbol{B}=(b_{ij})_{m\times n}$ 是两个 $m\times n$ 矩阵，由矩阵加法和负矩阵的概念，规定：

$$\boldsymbol{A}-\boldsymbol{B}=(a_{ij})_{m\times n}-(b_{ij})_{m\times n}=(a_{ij}-b_{ij})_{m\times n},$$

称 $\boldsymbol{A}-\boldsymbol{B}$ 为 $\boldsymbol{A}$ 与 $\boldsymbol{B}$ 的差.

设 $\boldsymbol{A},\boldsymbol{B},\boldsymbol{C}$ 都是 $m\times n$ 矩阵，$\boldsymbol{O}$ 是同型的零矩阵，则矩阵的加法满足以下运算规则：

(1) 加法交换律 $\boldsymbol{A}+\boldsymbol{B}=\boldsymbol{B}+\boldsymbol{A}$;

(2) 加法结合律 $(\boldsymbol{A}+\boldsymbol{B})+\boldsymbol{C}=\boldsymbol{A}+(\boldsymbol{B}+\boldsymbol{C})$;

(3) 零矩阵满足 $\boldsymbol{A}+\boldsymbol{O}=\boldsymbol{O}+\boldsymbol{A}=\boldsymbol{A}$;

(4) 存在矩阵 $-\boldsymbol{A}$，满足 $\boldsymbol{A}-\boldsymbol{A}=\boldsymbol{A}+(-\boldsymbol{A})=\boldsymbol{O}$.

2.2.2 矩阵的数乘

定义 2.2.2 设 λ 是一个实数, $\boldsymbol{A}=(a_{ij})_{m\times n}$ 是一个 $m\times n$ 矩阵, 规定:

$$\lambda\boldsymbol{A}=(\lambda a_{ij})_{m\times n}=\begin{pmatrix}\lambda a_{11} & \lambda a_{12} & \cdots & \lambda a_{1n}\\ \lambda a_{21} & \lambda a_{22} & \cdots & \lambda a_{2n}\\ \vdots & \vdots & & \vdots\\ \lambda a_{m1} & \lambda a_{m2} & \cdots & \lambda a_{mn}\end{pmatrix},$$

称矩阵 $\lambda\boldsymbol{A}$ 为数 λ 与矩阵 $\boldsymbol{A}$ 的数量乘积, 或简称为矩阵的数乘.

小贴士

用数 λ 乘一个矩阵 $\boldsymbol{A}$, 需要用数 λ 乘矩阵 $\boldsymbol{A}$ 的每一个元素.

特别地, 当 $\lambda=-1$ 时, 即得到 $\boldsymbol{A}$ 的负矩阵 $-\boldsymbol{A}$.

【请思考】

数乘矩阵与数乘行列式的区别是什么?

设常数 α,β 和同型矩阵 $\boldsymbol{A},\boldsymbol{B}$, 则矩阵的数乘满足以下运算规则:

(1) 数对矩阵的分配律 $\alpha(\boldsymbol{A}+\boldsymbol{B})=\alpha\boldsymbol{A}+\alpha\boldsymbol{B}$;

(2) 矩阵对数的分配律 $(\alpha+\beta)\boldsymbol{A}=\alpha\boldsymbol{A}+\beta\boldsymbol{A}$;

(3) 数与矩阵的结合律 $(\alpha\beta)\boldsymbol{A}=\alpha(\beta\boldsymbol{A})=\beta(\alpha\boldsymbol{A})$;

(4) 数 0, 1 与矩阵满足 $0\boldsymbol{A}=\boldsymbol{O}$, $1\boldsymbol{A}=\boldsymbol{A}$.

矩阵的加法与数乘合起来, 统称为矩阵的线性运算.

显然, 数量矩阵 $\boldsymbol{S}=\begin{pmatrix}a & 0 & \cdots & 0\\ 0 & a & \cdots & 0\\ \vdots & \vdots & & \vdots\\ 0 & 0 & \cdots & a\end{pmatrix}=a\begin{pmatrix}1 & 0 & \cdots & 0\\ 0 & 1 & \cdots & 0\\ \vdots & \vdots & & \vdots\\ 0 & 0 & \cdots & 1\end{pmatrix}=a\boldsymbol{E}$.

例 1 设 $\boldsymbol{A}=\begin{pmatrix}3 & -1 & 2 & 0\\ 1 & 5 & 7 & 9\\ 2 & 4 & 6 & 8\end{pmatrix}$, $\boldsymbol{B}=\begin{pmatrix}7 & 5 & -2 & 4\\ 5 & 1 & 9 & 7\\ 3 & 2 & -1 & 6\end{pmatrix}$, 求满足关系式 $\boldsymbol{A}+2\boldsymbol{X}=\boldsymbol{B}$ 的矩阵.

解 $\boldsymbol{X}=\dfrac{1}{2}(\boldsymbol{B}-\boldsymbol{A})=\dfrac{1}{2}\left[\begin{pmatrix}7 & 5 & -2 & 4\\ 5 & 1 & 9 & 7\\ 3 & 2 & -1 & 6\end{pmatrix}-\begin{pmatrix}3 & -1 & 2 & 0\\ 1 & 5 & 7 & 9\\ 2 & 4 & 6 & 8\end{pmatrix}\right]$

$$=\frac{1}{2}\begin{pmatrix}4 & 6 & -4 & 4\\ 4 & -4 & 2 & -2\\ 1 & -2 & -7 & -2\end{pmatrix}=\begin{pmatrix}2 & 3 & -2 & 2\\ 2 & -2 & 1 & -1\\ \frac{1}{2} & -1 & -\frac{7}{2} & -1\end{pmatrix}.$$

2.2.3 矩阵的乘法

引例 某工厂生产三种产品, 每种产品均有两类主要成本, 如表 2.2 所示.

表 2.2 生产单位产品的成本　　　　单位: 百元

成本	产品		
	甲	乙	丙
原料费	1	3	2
加工费	4	5	2

上半年和下半年的产量如表 2.3 所示.

表 2.3 产量

产品	时间	
	上半年	下半年
甲	400	300
乙	250	200
丙	300	200

问: 该工厂一年的总成本是多少?

我们用矩阵的方法来考虑这个问题. 用 $\boldsymbol{A}, \boldsymbol{B}$ 分别表示成本矩阵和产量矩阵, 则

$$\boldsymbol{A}=\begin{pmatrix}1 & 3 & 2\\ 4 & 5 & 2\end{pmatrix},\quad \boldsymbol{B}=\begin{pmatrix}400 & 300\\ 250 & 200\\ 300 & 200\end{pmatrix}.$$

上半年的原料费 $c_{11}=1\times 400+3\times 250+2\times 300=1\,750$, 即用矩阵 $\boldsymbol{A}$ 的第一行元素与矩阵 $\boldsymbol{B}$ 的第一列元素对应相乘再相加;

下半年的原料费 $c_{12}=1\times 300+3\times 200+2\times 200=1\,300$, 即用矩阵 $\boldsymbol{A}$ 的第一行元素与矩阵 $\boldsymbol{B}$ 的第二列元素对应相乘再相加;

上半年的加工费 $c_{21}=4\times 400+5\times 250+2\times 300=3\,450$, 即用矩阵 $\boldsymbol{A}$ 的第二行元素与矩阵 $\boldsymbol{B}$ 的第一列元素对应相乘再相加;

下半年的加工费 $c_{22}=4\times 300+5\times 200+2\times 200=2\,600$, 即用矩阵 $\boldsymbol{A}$ 的第二行元素与矩阵 $\boldsymbol{B}$ 的第二列元素对应相乘再相加.

于是得到总成本矩阵

$$\boldsymbol{C}=\begin{pmatrix}1\,750 & 1\,300\\ 3\,450 & 2\,600\end{pmatrix},$$

则矩阵 $\boldsymbol{C}$ 是矩阵 $\boldsymbol{A}$ 与 $\boldsymbol{B}$ 的一个运算, 定义为矩阵 $\boldsymbol{A}$ 与 $\boldsymbol{B}$ 的乘积.

定义 2.2.3 设 $\boldsymbol{A}$ 是一个 $m\times s$ 矩阵, $\boldsymbol{B}$ 是一个 $s\times n$ 矩阵, $\boldsymbol{C}$ 是一个 $m\times n$ 矩阵,

$$
\boldsymbol{A}=\begin{pmatrix} a_{11} & a_{12} & \cdots & a_{1s} \\ a_{21} & a_{22} & \cdots & a_{2s} \\ \vdots & \vdots & & \vdots \\ a_{m1} & a_{m2} & \cdots & a_{ms} \end{pmatrix},\quad \boldsymbol{B}=\begin{pmatrix} b_{11} & b_{12} & \cdots & b_{1n} \\ b_{21} & b_{22} & \cdots & b_{2n} \\ \vdots & \vdots & & \vdots \\ b_{s1} & b_{s2} & \cdots & b_{sn} \end{pmatrix},\quad \boldsymbol{C}=\begin{pmatrix} c_{11} & c_{12} & \cdots & c_{1n} \\ c_{21} & c_{22} & \cdots & c_{2n} \\ \vdots & \vdots & & \vdots \\ c_{m1} & c_{m2} & \cdots & c_{mn} \end{pmatrix},
$$

其中 $c_{ij}=a_{i1}b_{1j}+a_{i2}b_{2j}+\cdots+a_{is}b_{sj}=\sum\limits_{k=1}^{s}a_{ik}b_{kj}(i=1,2,\cdots,m;j=1,2,\cdots,n)$, 即乘积矩阵 $\boldsymbol{C}=\boldsymbol{AB}$ 中的第 i 行第 j 列元素等于 $\boldsymbol{A}$ 的第 i 行元素与 $\boldsymbol{B}$ 的第 j 列对应元素的乘积之和, 则矩阵 $\boldsymbol{C}$ 称为矩阵 $\boldsymbol{A}$ 与 $\boldsymbol{B}$ 的乘积, 记为 $\boldsymbol{C}=\boldsymbol{AB}$.

小贴士

在矩阵的乘法定义中, 要求左矩阵的列数与右矩阵的行数相等, 否则不能做乘法运算, 并且矩阵 $\boldsymbol{C}$ 的行数等于矩阵 $\boldsymbol{A}$ 的行数, 矩阵 $\boldsymbol{C}$ 的列数等于矩阵 $\boldsymbol{B}$ 的列数, 即 $\boldsymbol{A}_{m\times s}\boldsymbol{B}_{s\times n}=\boldsymbol{C}_{m\times n}$.

例 2 已知 $\boldsymbol{A}=\begin{pmatrix} 1 & 0 & 3 & -1 \\ 2 & 1 & 0 & 2 \end{pmatrix}$, $\boldsymbol{B}=\begin{pmatrix} 4 & 1 & 0 \\ -1 & 1 & 3 \\ 2 & 0 & 1 \\ 1 & 3 & 4 \end{pmatrix}$, 求 $\boldsymbol{AB}$.

解

$$
\begin{aligned}
c_{11}&=1\times4+0\times(-1)+3\times2+(-1)\times1=9,\\
c_{12}&=1\times1+0\times1+3\times0+(-1)\times3=-2,\\
c_{13}&=1\times0+0\times3+3\times1+(-1)\times4=-1,\\
c_{21}&=2\times4+1\times(-1)+0\times2+2\times1=9,\\
c_{22}&=2\times1+1\times1+0\times0+2\times3=9,\\
c_{23}&=2\times0+1\times3+0\times1+2\times4=11,
\end{aligned}
$$

所以 $\boldsymbol{AB}=\begin{pmatrix} 9 & -2 & -1 \\ 9 & 9 & 11 \end{pmatrix}$.

小贴士

因为矩阵 $\boldsymbol{B}$ 的列数与矩阵 $\boldsymbol{A}$ 的行数不相等, 所以乘积 $\boldsymbol{BA}$ 没有意义.

例 3 设 $\boldsymbol{A}$ 是一个 $1\times n$ 的行矩阵, $\boldsymbol{B}$ 是一个 $n\times 1$ 的列矩阵, 且

$$
\boldsymbol{A}=(a_1\quad a_2\quad \cdots\quad a_n),\quad \boldsymbol{B}=\begin{pmatrix} b_1 \\ b_2 \\ \vdots \\ b_n \end{pmatrix}.
$$

求 $\boldsymbol{AB}$ 和 $\boldsymbol{BA}$.

解 $\boldsymbol{AB} = a_1b_1 + a_2b_2 + \cdots + a_nb_n$.

$$\boldsymbol{BA} = \begin{pmatrix} b_1a_1 & b_1a_2 & \cdots & b_1a_n \\ b_2a_1 & b_2a_2 & \cdots & b_2a_n \\ \vdots & \vdots & & \vdots \\ b_na_1 & b_na_2 & \cdots & b_na_n \end{pmatrix}.$$

小贴士

计算结果表明，乘积矩阵 $\boldsymbol{AB}$ 是一个一阶矩阵，$\boldsymbol{BA}$ 是一个 n 阶矩阵. 一般而言，运算结果是一个一阶矩阵时，可以将其作为一个数看待.

例 4 $\boldsymbol{A} = \begin{pmatrix} 1 & 1 \\ -1 & -1 \end{pmatrix}$，$\boldsymbol{B} = \begin{pmatrix} 1 & -1 \\ -1 & 1 \end{pmatrix}$，求 $\boldsymbol{AB}$ 和 $\boldsymbol{BA}$.

解 $\boldsymbol{AB} = \begin{pmatrix} 0 & 0 \\ 0 & 0 \end{pmatrix}$，$\boldsymbol{BA} = \begin{pmatrix} 2 & 2 \\ -2 & -2 \end{pmatrix}$.

由以上几例可知，给定两个矩阵 $\boldsymbol{A}$ 和 $\boldsymbol{B}$，它们的乘积矩阵 $\boldsymbol{AB}$ 和 $\boldsymbol{BA}$ 未必都有意义，即使都有意义时，也未必相等. 矩阵乘法运算一般不满足交换律. 因此，在进行乘法运算时，一定要注意乘法的次序，不能随意改变. 对乘积 $\boldsymbol{AB}$，通常说“用 $\boldsymbol{A}$ 左乘 $\boldsymbol{B}$”或“用 $\boldsymbol{B}$ 右乘 $\boldsymbol{A}$”.

凡事有例外. 若两个矩阵 $\boldsymbol{A}$ 和 $\boldsymbol{B}$ 满足乘法交换律，即

$$\boldsymbol{AB} = \boldsymbol{BA},$$

则称矩阵 $\boldsymbol{A}$ 和 $\boldsymbol{B}$ 是可交换相乘的矩阵，简称为可交换的.

特别地，n 阶数量矩阵与所有 n 阶方阵可交换，反之，能够与所有 n 阶方阵可交换的矩阵一定是 n 阶数量矩阵.

单位矩阵 $\boldsymbol{E}$ 是矩阵乘法的幺元，起着类似于数 1 在数的乘法中的作用. 在满足矩阵相乘的条件时，对任意矩阵 $\boldsymbol{A}_{m\times n}$ 总有

$$\boldsymbol{E}_m\boldsymbol{A}_{m\times n} = \boldsymbol{A}_{m\times n}\boldsymbol{E}_n = \boldsymbol{A}.$$

零矩阵 $\boldsymbol{O}$ 是矩阵乘法的零元，起着类似于数 0 在数的乘法中的作用. 在满足矩阵相乘的条件时，对任意矩阵 $\boldsymbol{A}$ 总有

$$\boldsymbol{OA} = \boldsymbol{AO} = \boldsymbol{O},$$

即零矩阵与任何矩阵的乘积都是零矩阵，反之则未必. 也就是说，当 $\boldsymbol{AB} = \boldsymbol{O}$ 时，不可

确定 $\boldsymbol{A}$ 和 $\boldsymbol{B}$ 中至少有一个是零矩阵. 例如, 例 4 中, $\boldsymbol{A} \neq \boldsymbol{O}$, $\boldsymbol{B} \neq \boldsymbol{O}$, 但 $\boldsymbol{AB} = \boldsymbol{O}$. 即两个非零矩阵的乘积可能是零矩阵, 也就是说矩阵乘法中存在非零的零因子.

例 5 设 $\boldsymbol{A} = \begin{pmatrix} 2 & 4 \\ -3 & -6 \end{pmatrix}$, $\boldsymbol{B} = \begin{pmatrix} -1 & 4 \\ 2 & -1 \end{pmatrix}$, $\boldsymbol{C} = \begin{pmatrix} 1 & 0 \\ 1 & 1 \end{pmatrix}$, 求 $\boldsymbol{AB}$ 和 $\boldsymbol{AC}$.

解 $\boldsymbol{AB} = \begin{pmatrix} 6 & 4 \\ -9 & -6 \end{pmatrix}$, $\boldsymbol{AC} = \begin{pmatrix} 6 & 4 \\ -9 & -6 \end{pmatrix}$.

即 $\boldsymbol{AB} = \boldsymbol{AC}$ 且 $\boldsymbol{A} \neq \boldsymbol{O}$, 但 $\boldsymbol{B} \neq \boldsymbol{C}$.

一般地, 当乘积矩阵 $\boldsymbol{AB} = \boldsymbol{AC}$, 且 $\boldsymbol{A} \neq \boldsymbol{O}$ 时, 不能消去矩阵 $\boldsymbol{A}$ 而得到 $\boldsymbol{B} = \boldsymbol{C}$, 即矩阵乘法不满足消去律.

综上, 一般地, 矩阵乘法不满足交换律和消去律, 而且两个非零矩阵的乘积有可能是零矩阵. 这些都是矩阵乘法与数的乘法不同的地方, 但矩阵乘法也有与数的乘法相似的地方. 矩阵乘法满足以下运算规则:

(1) 乘法结合律 $(\boldsymbol{AB})\boldsymbol{C} = \boldsymbol{A}(\boldsymbol{BC})$;

(2) 左乘分配律 $\boldsymbol{A}(\boldsymbol{B}+\boldsymbol{C}) = \boldsymbol{AB} + \boldsymbol{AC}$, 右乘分配律 $(\boldsymbol{A}+\boldsymbol{B})\boldsymbol{C} = \boldsymbol{AC} + \boldsymbol{BC}$;

(3) 数乘结合律 $\lambda(\boldsymbol{AB}) = (\lambda\boldsymbol{A})\boldsymbol{B} = \boldsymbol{A}(\lambda\boldsymbol{B})$.

现在来解决本章开头提出的信息编码 (密码) 案例中发送出的新编码问题. 将矩阵 $\boldsymbol{A} = \begin{pmatrix} 1 & 2 & 1 \\ 2 & 5 & 3 \\ 2 & 3 & 2 \end{pmatrix}$ 与 $\boldsymbol{B} = \begin{pmatrix} 5 & 21 & 10 \\ 8 & 7 & 8 \\ 10 & 2 & 3 \end{pmatrix}$ 相乘, 得到 $\boldsymbol{C} = \boldsymbol{AB} = \begin{pmatrix} 31 & 37 & 29 \\ 80 & 83 & 69 \\ 54 & 67 & 50 \end{pmatrix}$.

这样就给出了用于传输的编码信息: $31, 80, 54, 37, 83, 67, 29, 69, 50$.

继续看一些矩阵乘法应用的例子.

例 6 (电子原材料) 随着数字技术的进步和社会经济水平的不断提高, 我国智能手机行业正处于快速发展阶段. 某智能手机公司首先由原材料铜、锌、玻璃和塑料生产出晶体管、电阻、按钮、外壳和手机芯片, 然后由 5 种产品生产 T-1, T-2 和 T-3 三种类型的手机 (在公司里, 原材料、中间产品和最终产品的种类比这儿多得多. 为了避免庞大的矩阵, 只列出很少的种类). 表 2.4 所示是生产中间产品所需的原材料数量的数据.

表 2.4

	晶体管	电阻	按钮	外壳	芯片
铜	2	2	0	0	3
锌	1	1	0	0	2
玻璃	1	2	0	1	1
塑料	0	0	1	3	0

由第 1 列知, 每个晶体管需要 2 个单位的铜、1 个单位的锌、1 个单位的玻璃, 第 1 行的 3 表示, 每个手机芯片需要 3 个单位的铜.

表 2.5 给出了每个手机所需的中间产品的数量.

表 2.5

	T-1	T-2	T-3
晶体管	5	6	10
电阻	7	8	16
按钮	20	25	45
外壳	1	1	1
芯片	4	6	10

上面两组数据分别记为矩阵 $\boldsymbol{A}, \boldsymbol{B}$, 即

$$\boldsymbol{A}=\begin{pmatrix}2&2&0&0&3\\1&1&0&0&2\\1&2&0&1&1\\0&0&1&3&0\end{pmatrix},\quad \boldsymbol{B}=\begin{pmatrix}5&6&10\\7&8&16\\20&25&45\\1&1&1\\4&6&10\end{pmatrix}.$$

为了构造原材料与最终产品的关系矩阵, 我们知道每个 T-1 需 5 个晶体管、7 个电阻、20 个按钮、1 个外壳和 4 个芯片 ($\boldsymbol{B}$ 的第 1 列), 而每件产品所需铜的用量由 $\boldsymbol{A}$ 的第 1 行的相应项给出, 所以

$$2\times 5+2\times 7+0\times 20+0\times 1+3\times 4=36$$

表示 T-1 所需铜的总量. 而上式就是 $\boldsymbol{A}$ 的第 1 行和 $\boldsymbol{B}$ 的第 1 列的积.

类似地, $\boldsymbol{A}$ 的第 1 行与 $\boldsymbol{B}$ 的第 2 列的积可以计算出 T-2 所需的铜的总量

$$2\times 6+2\times 8+0\times 25+0\times 1+3\times 6=46.$$

所以, 如果每一种手机所需每种原材料的矩阵是

$$\boldsymbol{C}=\begin{pmatrix}c_{11}&c_{12}&c_{13}\\c_{21}&c_{22}&c_{23}\\c_{31}&c_{32}&c_{33}\\c_{41}&c_{42}&c_{43}\end{pmatrix},$$

其中 c_{ij} 是 $\boldsymbol{A}$ 的第 i 行和 $\boldsymbol{B}$ 的第 j 行的积. 直接计算可得

$$\boldsymbol{C}=\begin{pmatrix}36&46&82\\20&26&46\\24&29&53\\23&28&48\end{pmatrix}.$$

这样不同的手机所需的原材料的数据如表 2.6 所示.

表 2.6

原材料	手机		
	T-1	T-2	T-3
铜	36	46	82
锌	20	26	46
玻璃	24	29	53
塑料	23	28	48

例 7　(交通问题) 设有 A,B,C 三国, 它们的城市 A_1,A_2,A_3; B_1,B_2,B_3; C_1,C_2 之间的交通连接情况 (不考虑国内交通) 如图 2.3 所示. 试求 A 国各城市与 C 国各城市间可行交通路线条数.

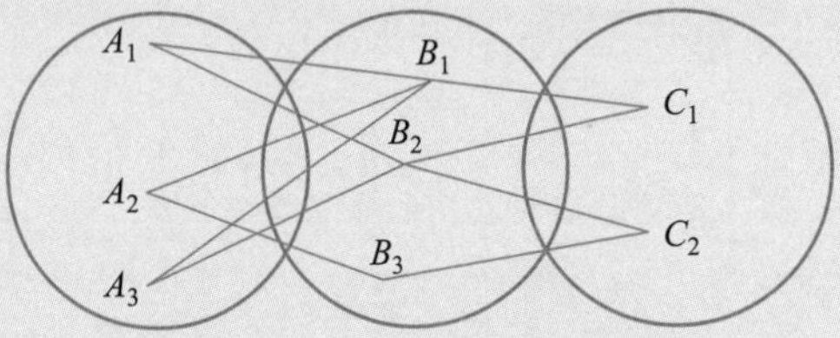

图 2.3

解　根据图 2.3, A 国和 B 国城市之间交通连接情况可用矩阵

$$\begin{array}{c} \\ \boldsymbol{M}= \end{array}\begin{array}{c} \\ A_1\\ A_2\\ A_3 \end{array}\begin{array}{c} \begin{array}{ccc} B_1 & B_2 & B_3 \end{array}\\ \begin{pmatrix} 1 & 1 & 0\\ 1 & 0 & 1\\ 1 & 1 & 0 \end{pmatrix}\end{array}$$

表示, 其中

$$m_{ij}=\begin{cases}1, & A_i \text{ 与 } B_j \text{ 相连},\\ 0, & A_i \text{ 与 } B_j \text{ 不相连}.\end{cases}$$

同样, B 国和 C 国城市之间的交通情况可用矩阵

$$\begin{array}{c} \\ \boldsymbol{N}= \end{array}\begin{array}{c} \\ B_1\\ B_2\\ B_3 \end{array}\begin{array}{c} \begin{array}{cc} C_1 & C_2 \end{array}\\ \begin{pmatrix} 1 & 0\\ 1 & 1\\ 0 & 0 \end{pmatrix}\end{array}$$

表示.

用 $\boldsymbol{P}$ 来表示矩阵 $\boldsymbol{M}$ 与 $\boldsymbol{N}$ 的乘积, 那么可算出

$$P = MN = \begin{pmatrix} 1 & 1 & 0 \\ 1 & 0 & 1 \\ 1 & 1 & 0 \end{pmatrix} \begin{pmatrix} 1 & 0 \\ 1 & 1 \\ 0 & 1 \end{pmatrix} = \begin{pmatrix} 2 & 1 \\ 1 & 1 \\ 2 & 1 \end{pmatrix}.$$

由 $\boldsymbol{P}$ 矩阵可得: A_1 与 C_1 间有 2 条交通路线; A_1 与 C_2 间有 1 条交通路线; A_2 与 C_1 和 C_2 间各有 1 条交通路线; A_3 与 C_1 间有 2 条交通路线; A_3 与 C_2 间有 1 条交通路线.

下面引入矩阵乘幂的概念.

若 $\boldsymbol{A}$ 是 n 阶方阵, 则 $\boldsymbol{A}^m$ 是 $\boldsymbol{A}$ 的 m 次幂, 即 m 个 $\boldsymbol{A}$ 相乘, 其中 m 是正整数. 当 $m=0$ 时, 规定 $\boldsymbol{A}^0 = \boldsymbol{E}$. 对矩阵的乘幂, 有

$$\boldsymbol{A}^p \boldsymbol{A}^q = \boldsymbol{A}^{p+q}, \quad (\boldsymbol{A}^p)^q = \boldsymbol{A}^{pq},$$

其中 p, q 是任意自然数. 由于矩阵乘法不满足交换律, 因此, 一般地有

$$(\boldsymbol{AB})^m \neq \boldsymbol{A}^m \boldsymbol{B}^m, \quad (\boldsymbol{A}+\boldsymbol{B})^2 \neq \boldsymbol{A}^2 + 2\boldsymbol{AB} + \boldsymbol{B}^2.$$

【请思考】

矩阵 $\boldsymbol{A}, \boldsymbol{B}$ 满足什么条件才能有 $(\boldsymbol{AB})^m = \boldsymbol{A}^m \boldsymbol{B}^m$ 成立?

例 8 设矩阵 $\boldsymbol{A} = \begin{pmatrix} 1 & -1 \\ 2 & 0 \end{pmatrix}$, $\boldsymbol{B} = \begin{pmatrix} 1 & 0 \\ 0 & -1 \end{pmatrix}$, 求 $(\boldsymbol{AB})^3$.

解 因为 $\boldsymbol{AB} = \begin{pmatrix} 1 & -1 \\ 2 & 0 \end{pmatrix} \begin{pmatrix} 1 & 0 \\ 0 & -1 \end{pmatrix} = \begin{pmatrix} 1 & 1 \\ 2 & 0 \end{pmatrix}$, 所以

$$(\boldsymbol{AB})^3 = \begin{pmatrix} 1 & 1 \\ 2 & 0 \end{pmatrix}^3 = \begin{pmatrix} 1 & 1 \\ 2 & 0 \end{pmatrix}^2 \begin{pmatrix} 1 & 1 \\ 2 & 0 \end{pmatrix} = \begin{pmatrix} 3 & 1 \\ 2 & 2 \end{pmatrix} \begin{pmatrix} 1 & 1 \\ 2 & 0 \end{pmatrix} = \begin{pmatrix} 5 & 3 \\ 6 & 2 \end{pmatrix}.$$

矩阵乘幂的应用: 一个婚姻状况计算的简单模型.

例 9 在某个城镇中, 每年有 30% 的已婚女性离婚,20% 的单身女性结婚. 城镇中有 8 000 位已婚女性和 2 000 位单身女性, 假设所有女性的总数为一常数, 1 年后有多少已婚女性和单身女性? 2 年后呢?

解 可用如下方式构造矩阵 $\boldsymbol{A}$. 矩阵 $\boldsymbol{A}$ 的第一行元素分别为 1 年后仍处于婚姻状态的已婚女性和已婚的单身女性的百分比, 第二行元素分别为 1 年后离婚的已婚女性和未婚的单身女性的百分比.

因此 $\boldsymbol{A}=\begin{pmatrix}0.70 & 0.20\\ 0.30 & 0.80\end{pmatrix}$. 若令 $\boldsymbol{X}=\begin{pmatrix}8\,000\\ 2\,000\end{pmatrix}$, 则 1 年后已婚女性和单身女性人数可以用 $\boldsymbol{A}$ 乘以 $\boldsymbol{X}$ 计算.

$$\boldsymbol{AX}=\begin{pmatrix}0.70 & 0.20\\ 0.30 & 0.80\end{pmatrix}\begin{pmatrix}8\,000\\ 2\,000\end{pmatrix}=\begin{pmatrix}6\,000\\ 4\,000\end{pmatrix}.$$

1 年后将有 6 000 位已婚女性, 4 000 位单身女性.

要求 2 年后已婚女性和单身女性人数可以用 $\boldsymbol{A}^2$ 乘以 $\boldsymbol{X}$ 计算.

$$\boldsymbol{A}^2\boldsymbol{X}=\boldsymbol{A}(\boldsymbol{AX})=\begin{pmatrix}0.70 & 0.20\\ 0.30 & 0.80\end{pmatrix}\begin{pmatrix}6\,000\\ 4\,000\end{pmatrix}=\begin{pmatrix}5\,000\\ 5\,000\end{pmatrix}.$$

2 年后, 一半的女性将已婚, 一半的女性将单身. 一般地, n 年后已婚女性和单身女性的数量可由 $\boldsymbol{A}^n$ 乘以 $\boldsymbol{X}$ 求得.

2.2.4 矩阵的转置

矩阵的运算（二）

定义 2.2.4 将矩阵 $\boldsymbol{A}$ 的行与列按顺序互换所得到的矩阵, 称为矩阵 $\boldsymbol{A}$ 的转置矩阵, 记为 $\boldsymbol{A}^{\mathrm{T}}$ (或 $\boldsymbol{A}'$), 即

$$\boldsymbol{A}=\begin{pmatrix}a_{11} & a_{12} & \cdots & a_{1n}\\ a_{21} & a_{22} & \cdots & a_{2n}\\ \vdots & \vdots & & \vdots\\ a_{m1} & a_{m2} & \cdots & a_{mn}\end{pmatrix},\quad \boldsymbol{A}^{\mathrm{T}}=\begin{pmatrix}a_{11} & a_{21} & \cdots & a_{m1}\\ a_{12} & a_{22} & \cdots & a_{m2}\\ \vdots & \vdots & & \vdots\\ a_{1n} & a_{2n} & \cdots & a_{mn}\end{pmatrix}.$$

矩阵的转置方法与行列式类似, 但是, 若矩阵不是方阵, 则矩阵转置后, 行、列数都变了, 各元素的位置也变了, 所以通常 $\boldsymbol{A}\neq\boldsymbol{A}^{\mathrm{T}}$.

转置矩阵满足以下运算规则:

(1) $(\boldsymbol{A}^{\mathrm{T}})^{\mathrm{T}}=\boldsymbol{A}$;

(2) $(\boldsymbol{A}+\boldsymbol{B})^{\mathrm{T}}=\boldsymbol{A}^{\mathrm{T}}+\boldsymbol{B}^{\mathrm{T}}$;

(3) $(\lambda\boldsymbol{A})^{\mathrm{T}}=\lambda\boldsymbol{A}^{\mathrm{T}}$;

(4) $(\boldsymbol{AB})^{\mathrm{T}}=\boldsymbol{B}^{\mathrm{T}}\boldsymbol{A}^{\mathrm{T}}$, $(\boldsymbol{ABC})^{\mathrm{T}}=\boldsymbol{C}^{\mathrm{T}}\boldsymbol{B}^{\mathrm{T}}\boldsymbol{A}^{\mathrm{T}}$,

其中 $\boldsymbol{A},\boldsymbol{B},\boldsymbol{C}$ 是矩阵, λ 是常数.

运算规则 (4) 可以推广到多个矩阵的情形: 若已知矩阵 $\boldsymbol{A}_1,\boldsymbol{A}_2,\cdots,\boldsymbol{A}_m$, 则有

$$(\boldsymbol{A}_1\boldsymbol{A}_2\cdots\boldsymbol{A}_m)^{\mathrm{T}}=\boldsymbol{A}_m^{\mathrm{T}}\cdots\boldsymbol{A}_2^{\mathrm{T}}\boldsymbol{A}_1^{\mathrm{T}}.$$

小贴士

若干个矩阵的乘积的转置等于它们的转置的乘积, 但相乘的顺序相反.

例 10 设 $\boldsymbol{A}=\begin{pmatrix}1&3&-2\\0&-1&4\end{pmatrix}$, $\boldsymbol{B}=\begin{pmatrix}1&-1&7\\4&3&0\\2&1&2\end{pmatrix}$, 求 $(\boldsymbol{AB})^{\mathrm{T}}$.

这里给出两种解法.

解法一 因为

$$\boldsymbol{AB}=\begin{pmatrix}1&3&-2\\0&-1&4\end{pmatrix}\begin{pmatrix}1&-1&7\\4&3&0\\2&1&2\end{pmatrix}=\begin{pmatrix}9&6&3\\4&1&8\end{pmatrix},$$

于是

$$(\boldsymbol{AB})^{\mathrm{T}}=\begin{pmatrix}9&4\\6&1\\3&8\end{pmatrix}.$$

解法二 由于

$$\boldsymbol{B}^{\mathrm{T}}=\begin{pmatrix}1&4&2\\-1&3&1\\7&0&2\end{pmatrix},\quad \boldsymbol{A}^{\mathrm{T}}=\begin{pmatrix}1&0\\3&-1\\-2&4\end{pmatrix},$$

所以

$$(\boldsymbol{AB})^{\mathrm{T}}=\boldsymbol{B}^{\mathrm{T}}\boldsymbol{A}^{\mathrm{T}}=\begin{pmatrix}1&4&2\\-1&3&1\\7&0&2\end{pmatrix}\begin{pmatrix}1&0\\3&-1\\-2&4\end{pmatrix}=\begin{pmatrix}9&4\\6&1\\3&8\end{pmatrix}.$$

定义 2.2.5 若方阵 $\boldsymbol{A}_{n\times n}$ 满足 $\boldsymbol{A}^{\mathrm{T}}=\boldsymbol{A}$, 则称 $\boldsymbol{A}$ 是对称矩阵; 若方阵 $\boldsymbol{A}_{n\times n}$ 满足 $\boldsymbol{A}^{\mathrm{T}}=-\boldsymbol{A}$, 则称 $\boldsymbol{A}$ 是反对称矩阵.

由定义知, 对称矩阵的元素满足

$$a_{ij}=a_{ji}\quad (i,j=1,2,\cdots,n),$$

反对称矩阵的元素满足

$$\begin{cases}a_{ij}=-a_{ji}, & i\neq j,\\ a_{ij}=0, & i=j\end{cases}\quad (i,j=1,2,\cdots,n).$$

显然矩阵

$$\boldsymbol{A}=\begin{pmatrix}2&3&-1&4\\3&4&1&-5\\-1&1&0&9\\4&-5&9&7\end{pmatrix}$$

是对称矩阵. 而矩阵

$$
\boldsymbol{B}=\begin{pmatrix}0&1&2\\-1&0&3\\-2&-3&0\end{pmatrix},\quad \boldsymbol{C}=\begin{pmatrix}0&3&-1&4\\-3&0&1&-5\\1&-1&0&9\\-4&5&-9&0\end{pmatrix}
$$

都是反对称矩阵.

例 11 设 $\boldsymbol{A}$ 和 $\boldsymbol{B}$ 是 n 阶对称矩阵, $\boldsymbol{C}$ 是 n 阶反对称矩阵, α,β 是常数. 试证:

(1) $\boldsymbol{A},\boldsymbol{B}$ 的线性运算 $\alpha\boldsymbol{A}+\beta\boldsymbol{B}$ 是对称矩阵;

(2) $\boldsymbol{AB}$ 是对称矩阵的充要条件是 $\boldsymbol{A}$ 与 $\boldsymbol{B}$ 可交换;

(3) $\boldsymbol{BC}+\boldsymbol{CB}$ 是反对称矩阵;

(4) $\boldsymbol{C}^2$ 是对称矩阵.

证明 由题意知, $\boldsymbol{A}^{\mathrm{T}}=\boldsymbol{A}$, $\boldsymbol{B}^{\mathrm{T}}=\boldsymbol{B}$, $\boldsymbol{C}^{\mathrm{T}}=-\boldsymbol{C}$. 所以

(1) $(\alpha\boldsymbol{A}+\beta\boldsymbol{B})^{\mathrm{T}}=(\alpha\boldsymbol{A})^{\mathrm{T}}+(\beta\boldsymbol{B})^{\mathrm{T}}=\alpha\boldsymbol{A}^{\mathrm{T}}+\beta\boldsymbol{B}^{\mathrm{T}}=\alpha\boldsymbol{A}+\beta\boldsymbol{B}$, 故 $\alpha\boldsymbol{A}+\beta\boldsymbol{B}$ 是对称矩阵.

(2) 必要性 $\boldsymbol{AB}=(\boldsymbol{AB})^{\mathrm{T}}=\boldsymbol{B}^{\mathrm{T}}\boldsymbol{A}^{\mathrm{T}}=\boldsymbol{BA}$, 即 $\boldsymbol{A}$ 与 $\boldsymbol{B}$ 可交换.

充分性 $(\boldsymbol{AB})^{\mathrm{T}}=(\boldsymbol{BA})^{\mathrm{T}}=\boldsymbol{A}^{\mathrm{T}}\boldsymbol{B}^{\mathrm{T}}=\boldsymbol{AB}$, 即 $\boldsymbol{AB}$ 是对称矩阵.

(3)
$$
\begin{aligned}
(\boldsymbol{BC}+\boldsymbol{CB})^{\mathrm{T}}&=(\boldsymbol{BC})^{\mathrm{T}}+(\boldsymbol{CB})^{\mathrm{T}}=\boldsymbol{C}^{\mathrm{T}}\boldsymbol{B}^{\mathrm{T}}+\boldsymbol{B}^{\mathrm{T}}\boldsymbol{C}^{\mathrm{T}}\\
&=-\boldsymbol{CB}-\boldsymbol{BC}=-(\boldsymbol{BC}+\boldsymbol{CB}),
\end{aligned}
$$
即 $\boldsymbol{BC}+\boldsymbol{CB}$ 是反对称矩阵.

(4) $(\boldsymbol{C}^2)^{\mathrm{T}}=\boldsymbol{C}^{\mathrm{T}}\boldsymbol{C}^{\mathrm{T}}=(-\boldsymbol{C})(-\boldsymbol{C})=\boldsymbol{C}^2$, 即 $\boldsymbol{C}^2$ 是对称矩阵.

2.2.5 方阵的行列式

小贴士

只有方阵才能定义行列式.

定义 2.2.6 n 阶方阵 $\boldsymbol{A}=(a_{ij})_{n\times n}$ 元素按照原来的相对位置构成的 n 阶行列式, 记作 $\det\boldsymbol{A}$, 或者 $|\boldsymbol{A}|$, 即

$$
\det\boldsymbol{A}=|\boldsymbol{A}|=\begin{vmatrix}a_{11}&a_{12}&\cdots&a_{1n}\\a_{21}&a_{22}&\cdots&a_{2n}\\\vdots&\vdots&&\vdots\\a_{n1}&a_{n2}&\cdots&a_{nn}\end{vmatrix}.
$$

n 阶方阵 $\boldsymbol{A}$、$\boldsymbol{B}$ 的行列式具有以下性质:

(1) $|\boldsymbol{A}^{\mathrm{T}}|=|\boldsymbol{A}|$;

(2) $|k\boldsymbol{A}|=k^n|\boldsymbol{A}|$ (k 是常数);

(3) $|\boldsymbol{AB}|=|\boldsymbol{A}||\boldsymbol{B}|$.

性质 (1) 和 (2) 可由行列式的性质直接得到, 性质 (3) 的证明从略, 我们用一个简单的例子来说明.

电子作业本

例如, 设

$$A=\begin{pmatrix}2&3\\-3&7\end{pmatrix},\quad B=\begin{pmatrix}4&-1\\-2&3\end{pmatrix},$$

$$AB=\begin{pmatrix}2&7\\-26&24\end{pmatrix},\quad |AB|=\begin{vmatrix}2&7\\-26&24\end{vmatrix}=230,$$

$$|A|=\begin{vmatrix}2&3\\-3&7\end{vmatrix}=23,\quad |B|=\begin{vmatrix}4&-1\\-2&3\end{vmatrix}=10,\quad |A||B|=230.$$

显然, $|AB|=|A||B|$.

推广: 设 $A_1,A_2,\cdots,A_m$ 是 m 个 n 阶方阵, 则 $|A_1A_2\cdots A_m|=|A_1||A_2|\cdots|A_m|$.

小贴士

设 A,B 都是 n 阶方阵, 一般而言 $AB\neq BA$, 但是因为 $|AB|=|A||B|$, 所以 $|AB|=|BA|$.

一般地,

$$|A+B|\neq|A|+|B|.$$

定义 2.2.7 设 A 是 n 阶方阵, 如果 $|A|\neq 0$, 则称 A 为非奇异矩阵 (或非退化矩阵); 如果 $|A|=0$, 则称 A 为奇异矩阵 (或退化矩阵).

【请思考】

前面我们说过, 一般地, 矩阵乘法不满足消去律, 即当乘积矩阵 $AB=AC$, 且 $A\neq O$ 时, 不能消去矩阵 A 而得到 $B=C$. 对于 n 阶方阵 A,B,C, 由 $|AB|=|AC|$ 且 $|A|\neq 0$, 是否能得到 $|B|=|C|$?

习题 2.2

1. 计算矩阵的乘积.

(1) $\begin{pmatrix}1\\-1\\2\\3\end{pmatrix}\begin{pmatrix}3&2&-1&0\end{pmatrix}$;　　(2) $\begin{pmatrix}1&2&3&4\end{pmatrix}\begin{pmatrix}3\\2\\1\\0\end{pmatrix}$;

(3) $\begin{pmatrix}2&1&4&0\\1&-1&3&4\end{pmatrix}\begin{pmatrix}1&3&1\\0&-1&2\\1&-3&1\\4&0&-2\end{pmatrix}$;　　(4) $\begin{pmatrix}x_1&x_2&x_3\end{pmatrix}\begin{pmatrix}a_{11}&a_{12}&a_{13}\\a_{21}&a_{22}&a_{23}\\a_{31}&a_{32}&a_{33}\end{pmatrix}\begin{pmatrix}x_1\\x_2\\x_3\end{pmatrix}$;

(5) $\begin{pmatrix} a_{11} & a_{12} & a_{13} \\ a_{21} & a_{22} & a_{23} \\ a_{31} & a_{32} & a_{33} \end{pmatrix}\begin{pmatrix} 1 & 0 & 0 \\ 0 & 1 & 1 \\ 0 & 0 & 1 \end{pmatrix}$; (6) $\begin{pmatrix} 1 & 2 & 1 & 0 \\ 0 & 1 & 0 & 1 \\ 0 & 0 & 2 & 1 \\ 0 & 0 & 0 & 3 \end{pmatrix}\begin{pmatrix} 1 & 0 & 3 & 1 \\ 0 & 1 & 2 & -1 \\ 0 & 0 & -2 & 3 \\ 0 & 0 & 0 & -3 \end{pmatrix}$.

2. 设 $\boldsymbol{A}=\begin{pmatrix} 1 & 1 & 1 \\ -1 & 1 & 1 \\ 1 & -1 & 1 \end{pmatrix}, \boldsymbol{B}=\begin{pmatrix} 1 & 2 & 1 \\ 1 & 3 & -1 \\ 2 & 1 & 4 \end{pmatrix}$.

(1) 求 $\boldsymbol{AB}-2\boldsymbol{A}$; (2) 求 $\boldsymbol{AB}-\boldsymbol{BA}$; (3) $(\boldsymbol{A}+\boldsymbol{B})(\boldsymbol{A}-\boldsymbol{B})=\boldsymbol{A}^2-\boldsymbol{B}^2$ 吗?

3. 设 $\boldsymbol{A}=\begin{pmatrix} 1 & 1 & 1 \\ 1 & 1 & -1 \\ 1 & -1 & 1 \end{pmatrix}, \boldsymbol{B}=\begin{pmatrix} 1 & 2 & 3 \\ -1 & -2 & 4 \\ 0 & 5 & 1 \end{pmatrix}$, 求 $\boldsymbol{A}^{\mathrm{T}}\boldsymbol{B}$ 及 $|\boldsymbol{A}^{\mathrm{T}}\boldsymbol{B}|$.

4. 设 $\boldsymbol{A},\boldsymbol{B}$ 为 n 阶方阵, 且 $\boldsymbol{A}$ 为对称矩阵, 证明: $\boldsymbol{B}^{\mathrm{T}}\boldsymbol{AB}$ 也是对称矩阵.

2.3 矩阵的逆

2.3.1 可逆矩阵与逆矩阵

在数的乘法中, 对于不等于零的数 a 总存在唯一的数 b, 使 $ab=ba=1$, b 就是 a 的倒数, 即 $b=\dfrac{1}{a}=a^{-1}$, 也可以写成 $a\cdot a^{-1}=a^{-1}\cdot a=1$. 由此可进一步通过乘法来定义除法, $b\div a=\dfrac{b}{a}=b\cdot\dfrac{1}{a}=b\cdot a^{-1}$. 类比到矩阵的运算中, 并注意到单位矩阵 $\boldsymbol{E}$ 在矩阵乘法中的作用与数 1 类似, 由此我们引入逆矩阵的定义.

矩阵的逆（一）

定义 2.3.1 对于 n 阶方阵 $\boldsymbol{A}$, 若存在 n 阶方阵 $\boldsymbol{B}$, 满足

$$\boldsymbol{AB}=\boldsymbol{BA}=\boldsymbol{E},$$

则称矩阵 $\boldsymbol{A}$ 为可逆矩阵, 简称 $\boldsymbol{A}$ 可逆, 称 $\boldsymbol{B}$ 为 $\boldsymbol{A}$ 的逆矩阵, 记为 $\boldsymbol{A}^{-1}$, 即 $\boldsymbol{A}^{-1}=\boldsymbol{B}$.

由定义可知, $\boldsymbol{A}$ 与 $\boldsymbol{B}$ 一定是同阶的方阵, 而且 $\boldsymbol{A}$ 若可逆, 则 $\boldsymbol{A}$ 的逆矩阵是唯一的.

这是因为, 若矩阵 $\boldsymbol{B}$ 和 $\boldsymbol{C}$ 都是 $\boldsymbol{A}$ 的逆矩阵, 则有 $\boldsymbol{AB}=\boldsymbol{BA}=\boldsymbol{E}$, $\boldsymbol{AC}=\boldsymbol{CA}=\boldsymbol{E}$, 那么

$$\boldsymbol{B}=\boldsymbol{BE}=\boldsymbol{B}(\boldsymbol{AC})=(\boldsymbol{BA})\boldsymbol{C}=\boldsymbol{EC}=\boldsymbol{C},$$

所以 $\boldsymbol{A}$ 的逆矩阵是唯一的.

由于在逆矩阵的定义中, 矩阵 $\boldsymbol{A}$ 与 $\boldsymbol{B}$ 的地位是平等的, 因此也可以称 $\boldsymbol{B}$ 为可逆矩阵, 称 $\boldsymbol{A}$ 为 $\boldsymbol{B}$ 的逆矩阵, 即 $\boldsymbol{B}^{-1}=\boldsymbol{A}$, 也就是说, $\boldsymbol{A}$ 与 $\boldsymbol{B}$ 互为逆矩阵.

由逆矩阵定义, 可直接证明可逆矩阵具有以下性质:

性质 1 若矩阵 $\boldsymbol{A}$ 可逆, 则 $\boldsymbol{A}$ 的逆矩阵唯一.

性质 2 若矩阵 $\boldsymbol{A}$ 可逆, 则 $\boldsymbol{A}^{-1}$ 也可逆, 且 $(\boldsymbol{A}^{-1})^{-1}=\boldsymbol{A}$.

性质 3 若矩阵 $\boldsymbol{A}$ 可逆, 数 $\lambda\neq 0$, 则 $\lambda\boldsymbol{A}$ 也可逆, 且 $(\lambda\boldsymbol{A})^{-1}=\lambda^{-1}\boldsymbol{A}^{-1}$.

性质 4　若 n 阶矩阵 $\boldsymbol{A}$ 和 $\boldsymbol{B}$ 都可逆, 则 $\boldsymbol{AB}$ 也可逆, 且 $(\boldsymbol{AB})^{-1}=\boldsymbol{B}^{-1}\boldsymbol{A}^{-1}$.

推论　若同阶矩阵 $\boldsymbol{A}_1,\boldsymbol{A}_2,\cdots,\boldsymbol{A}_m$ 都可逆, 则乘积矩阵 $\boldsymbol{A}_1\boldsymbol{A}_2\cdots\boldsymbol{A}_m$ 也可逆, 且

$$(\boldsymbol{A}_1\boldsymbol{A}_2\cdots\boldsymbol{A}_m)^{-1}=\boldsymbol{A}_m^{-1}\cdots\boldsymbol{A}_2^{-1}\boldsymbol{A}_1^{-1}.$$

特别地, 有 $(\boldsymbol{ABC})^{-1}=\boldsymbol{C}^{-1}\boldsymbol{B}^{-1}\boldsymbol{A}^{-1}$.

小贴士

若干个可逆矩阵的积也是可逆的, 其逆等于这些矩阵的逆按相反顺序的乘积.

性质 5　若矩阵 $\boldsymbol{A}$ 可逆, 则 $\boldsymbol{A}^{\mathrm{T}}$ 也可逆, 且 $(\boldsymbol{A}^{\mathrm{T}})^{-1}=(\boldsymbol{A}^{-1})^{\mathrm{T}}$.

若三个矩阵 $\boldsymbol{A},\boldsymbol{B},\boldsymbol{C}$ 满足 $\boldsymbol{AB}=\boldsymbol{AC}$, 且 $\boldsymbol{A}$ 可逆, 则在等式两边左乘 $\boldsymbol{A}$ 的逆矩阵 $\boldsymbol{A}^{-1}$, 可得 $\boldsymbol{A}^{-1}\boldsymbol{AB}=\boldsymbol{A}^{-1}\boldsymbol{AC}$, 即 $\boldsymbol{EB}=\boldsymbol{EC}$, 从而 $\boldsymbol{B}=\boldsymbol{C}$. 这说明利用逆矩阵可以实现"约简", 换言之, 矩阵的乘法并非没有消去规则, 但消去规则必须通过逆矩阵的乘法来实现, 可逆才有消去律. 当然, 在等式两边乘逆矩阵时应当注意分清左乘还是右乘.

逆矩阵为求解矩阵方程带来了方便. 比如线性方程组 $\boldsymbol{Ax}=\boldsymbol{B}$ 中, 若 $\boldsymbol{A}$ 可逆, 则等式两边同时左乘 $\boldsymbol{A}^{-1}$, 可得 $\boldsymbol{A}^{-1}\boldsymbol{Ax}=\boldsymbol{A}^{-1}\boldsymbol{B}\Rightarrow\boldsymbol{x}=\boldsymbol{A}^{-1}\boldsymbol{B}$. 可事先求出逆矩阵 $\boldsymbol{A}^{-1}$, 只需做一次乘法, 即可求得所有变量的值. 又如矩阵方程 $\boldsymbol{AXB}=\boldsymbol{C}$ 中, 若 $\boldsymbol{A},\boldsymbol{B}$ 均可逆, 则等式两边同时左乘 $\boldsymbol{A}^{-1}$, 右乘 $\boldsymbol{B}^{-1}$ 可得: $\boldsymbol{X}=\boldsymbol{A}^{-1}\boldsymbol{CB}^{-1}$.

小贴士

逆矩阵相当于矩阵的"倒数", 但是因为矩阵的乘法有左乘、右乘之分, 所以不允许以分数线表示逆矩阵.

在什么条件下方阵可逆呢? 如果可逆, 那么又该如何求逆矩阵呢? 下面我们就来讨论这两个问题.

2.3.2　可逆矩阵的判别及求法

在介绍可逆矩阵的判别之前, 先给出两个相关概念.

定义 2.3.2　设有 n 阶方阵 $\boldsymbol{A}=\begin{pmatrix} a_{11} & a_{12} & \cdots & a_{1n} \\ a_{21} & a_{22} & \cdots & a_{2n} \\ \vdots & \vdots & & \vdots \\ a_{n1} & a_{n2} & \cdots & a_{nn} \end{pmatrix}$, A_{ij} 是元素 a_{ij} 的代数余子式, 称

$$\boldsymbol{A}^*=\begin{pmatrix} A_{11} & A_{21} & \cdots & A_{n1} \\ A_{12} & A_{22} & \cdots & A_{n2} \\ \vdots & \vdots & & \vdots \\ A_{1n} & A_{2n} & \cdots & A_{nn} \end{pmatrix}$$

为 $\boldsymbol{A}$ 的伴随矩阵.

由第 1 章定理 1.2.1 代数余子式组合定理可得:

$$\boldsymbol{A}\boldsymbol{A}^* = \boldsymbol{A}^*\boldsymbol{A} = \begin{pmatrix} |\boldsymbol{A}| & 0 & \cdots & 0 \\ 0 & |\boldsymbol{A}| & \cdots & 0 \\ \vdots & \vdots & & \vdots \\ 0 & 0 & \cdots & |\boldsymbol{A}| \end{pmatrix} = |\boldsymbol{A}|\boldsymbol{E}_n.$$

如果 $|\boldsymbol{A}| \neq 0$, 则

$$\boldsymbol{A}\left(\frac{1}{|\boldsymbol{A}|}\boldsymbol{A}^*\right) = \left(\frac{1}{|\boldsymbol{A}|}\boldsymbol{A}^*\right)\boldsymbol{A} = \boldsymbol{E}_n.$$

另外, 如果 $\boldsymbol{A}$ 可逆, 即存在矩阵 $\boldsymbol{B}$, 使得 $\boldsymbol{AB} = \boldsymbol{E}$, 两边取行列式得 $|\boldsymbol{A}||\boldsymbol{B}| = 1$, 所以 $|\boldsymbol{A}| \neq 0$.

定理 2.3.1 (逆矩阵的存在定理) n 阶矩阵 $\boldsymbol{A}$ 可逆的充分必要条件是 $|\boldsymbol{A}| \neq 0$, 且当方阵 $\boldsymbol{A}$ 可逆时, 有

$$\boldsymbol{A}^{-1} = \frac{1}{|\boldsymbol{A}|}\boldsymbol{A}^*.$$

逆矩阵的存在定理不但给出了判别一个矩阵 $\boldsymbol{A}$ 是否可逆的一种方法, 并且给出了求逆矩阵 $\boldsymbol{A}^{-1}$ 的一种方法——伴随矩阵法.

小贴士

可逆矩阵与非奇异矩阵 (非退化矩阵) 是等价的概念.

例 1 判断矩阵

$$\boldsymbol{A} = \begin{pmatrix} 1 & 2 & 3 \\ 2 & 2 & 1 \\ 3 & 4 & 3 \end{pmatrix}$$

是否可逆; 若可逆, 求其逆矩阵.

解 $|\boldsymbol{A}| = \begin{vmatrix} 1 & 2 & 3 \\ 2 & 2 & 1 \\ 3 & 4 & 3 \end{vmatrix} = 2$, 故 $\boldsymbol{A}$ 可逆.

计算

$$\begin{aligned} &A_{11} = 2, \quad A_{12} = -3, \quad A_{13} = 2; \\ &A_{21} = 6, \quad A_{22} = -6, \quad A_{23} = 2; \\ &A_{31} = -4, \quad A_{32} = 5, \quad A_{33} = -2; \end{aligned}$$

得

$$A^* = \begin{pmatrix} 2 & 6 & -4 \\ -3 & -6 & 5 \\ 2 & 2 & -2 \end{pmatrix},$$

所以

$$A^{-1} = \frac{1}{2}\begin{pmatrix} 2 & 6 & -4 \\ -3 & -6 & 5 \\ 2 & 2 & -2 \end{pmatrix} = \begin{pmatrix} 1 & 3 & -2 \\ -\frac{3}{2} & -3 & \frac{5}{2} \\ 1 & 1 & -1 \end{pmatrix}.$$

例 2　判断矩阵

$$A = \begin{pmatrix} 2 & -3 & 8 \\ 2 & 12 & -2 \\ 1 & 3 & 1 \end{pmatrix}$$

是否可逆; 若可逆, 求其逆矩阵.

解　由于

$$|A| = \begin{vmatrix} 2 & -3 & 8 \\ 2 & 12 & -2 \\ 1 & 3 & 1 \end{vmatrix} = 0,$$

所以 A 不可逆.

例 3　求矩阵 $A = \begin{pmatrix} a_1 & 0 & 0 \\ 0 & a_2 & 0 \\ 0 & 0 & a_3 \end{pmatrix}$, $a_1a_2a_3 \neq 0$ 的逆矩阵.

解　由于 $|A| = a_1a_2a_3 \neq 0$, 所以 A 可逆.

$$\begin{aligned} &A_{11} = a_2a_3, \quad A_{12} = 0, \quad A_{13} = 0; \\ &A_{21} = 0, \quad A_{22} = a_1a_3, \quad A_{23} = 0; \\ &A_{31} = 0, \quad A_{32} = 0, \quad A_{33} = a_1a_2; \end{aligned}$$

得

$$A^* = \begin{pmatrix} a_2a_3 & 0 & 0 \\ 0 & a_1a_3 & 0 \\ 0 & 0 & a_1a_2 \end{pmatrix},$$

所以

$$A^{-1} = \frac{1}{a_1a_2a_3}\begin{pmatrix} a_2a_3 & 0 & 0 \\ 0 & a_1a_3 & 0 \\ 0 & 0 & a_1a_2 \end{pmatrix} = \begin{pmatrix} \frac{1}{a_1} & 0 & 0 \\ 0 & \frac{1}{a_2} & 0 \\ 0 & 0 & \frac{1}{a_3} \end{pmatrix}.$$

小贴士

我们不难得到结论: 一般地, 对角矩阵 $\boldsymbol{A}=\mathrm{diag}(a_1,a_2,\cdots,a_n)$ 当 $a_1a_2\cdots a_n\neq 0$ 时, $\boldsymbol{A}^{-1}=\mathrm{diag}(a_1^{-1},a_2^{-1},\cdots,a_n^{-1})$.

利用逆矩阵定义判断或证明矩阵 $\boldsymbol{A}$ 可逆时, 需要验证两个关系式 $\boldsymbol{AB}=\boldsymbol{BA}=\boldsymbol{E}$ 成立. 如果已知 $\boldsymbol{A}$ 和 $\boldsymbol{B}$ 都是方阵, 只需验证一个关系式 $\boldsymbol{AB}=\boldsymbol{E}$ 或 $\boldsymbol{BA}=\boldsymbol{E}$ 成立, 即可断定 $\boldsymbol{A}$ 与 $\boldsymbol{B}$ 都可逆, 且 $\boldsymbol{A}^{-1}=\boldsymbol{B},\boldsymbol{B}^{-1}=\boldsymbol{A}$. 事实上, 当 $\boldsymbol{A}$ 与 $\boldsymbol{B}$ 为方阵时, 若 $\boldsymbol{AB}=\boldsymbol{E}$, 则 $|\boldsymbol{AB}|=|\boldsymbol{A}||\boldsymbol{B}|=|\boldsymbol{E}|=1$, 自然 $|\boldsymbol{A}|\neq 0$, 即 $\boldsymbol{A}$ 可逆, 且 $\boldsymbol{B}=\boldsymbol{EB}=\boldsymbol{A}^{-1}\boldsymbol{AB}=\boldsymbol{A}^{-1}$.

例 4 设方阵 $\boldsymbol{A}$ 满足 $\boldsymbol{A}^3=\boldsymbol{O}$, 求证 $\boldsymbol{E}-\boldsymbol{A}$ 可逆, 且 $(\boldsymbol{E}-\boldsymbol{A})^{-1}=\boldsymbol{A}^2+\boldsymbol{A}+\boldsymbol{E}$.

证明 $(\boldsymbol{E}-\boldsymbol{A})(\boldsymbol{A}^2+\boldsymbol{A}+\boldsymbol{E})=\boldsymbol{A}^2+\boldsymbol{A}+\boldsymbol{E}-\boldsymbol{A}^3-\boldsymbol{A}^2-\boldsymbol{A}=\boldsymbol{E}-\boldsymbol{A}^3+\boldsymbol{O}=\boldsymbol{E}-\boldsymbol{A}^3$, 因 $\boldsymbol{A}^3=\boldsymbol{O}$, 所以由上式得

$$(\boldsymbol{E}-\boldsymbol{A})(\boldsymbol{A}^2+\boldsymbol{A}+\boldsymbol{E})=\boldsymbol{E},$$

所以 $\boldsymbol{E}-\boldsymbol{A}$ 可逆, 且

$$(\boldsymbol{E}-\boldsymbol{A})^{-1}=\boldsymbol{A}^2+\boldsymbol{A}+\boldsymbol{E}.$$

例 5 设 n 阶方阵 $\boldsymbol{A}$ 满足 $\boldsymbol{A}^2-2\boldsymbol{A}-4\boldsymbol{E}=\boldsymbol{O}$, 求 $(\boldsymbol{A}+\boldsymbol{E})^{-1}$.

解 由 $\boldsymbol{A}^2-2\boldsymbol{A}-4\boldsymbol{E}=\boldsymbol{O}$ 得 $\boldsymbol{A}^2-2\boldsymbol{A}-3\boldsymbol{E}=\boldsymbol{E}$, 即 $(\boldsymbol{A}+\boldsymbol{E})(\boldsymbol{A}-3\boldsymbol{E})=\boldsymbol{E}$, 所以 $(\boldsymbol{A}+\boldsymbol{E})$ 可逆, 且 $(\boldsymbol{A}+\boldsymbol{E})^{-1}=\boldsymbol{A}-3\boldsymbol{E}$.

通过前面的例子可以看出, 利用伴随矩阵法求矩阵的逆的计算量很大, 所以仅用于三阶及以下的矩阵求逆, 对于四阶及以上的矩阵我们可以用矩阵的初等变换法求逆矩阵.

2.3.3 矩阵的初等变换

在第 1 章中, 我们已经看到了行 (列) 变换在行列式计算中的重要作用. 对于矩阵也有类似的变换.

定义 2.3.3 对矩阵施行下列三种变换, 统称为矩阵的初等行变换:

(1) 互换变换: 将矩阵的两行互换位置 (互换 i,j 两行, 记为 $r_i\leftrightarrow r_j$).

(2) 倍乘变换: 以非零常数 k 乘矩阵某一行的所有元素 (第 i 行乘 k, 记为 $r_i\times k$).

(3) 倍加变换: 把矩阵某一行所有元素乘同一非零常数 k 加到另一行对应的元素上去 (第 j 行 k 倍加到第 i 行上, 记为 r_i+kr_j).

若将定义中的 "行" 换成 "列", 则称之为初等列变换, 所用的记号是把 "r" 换成 "c".

矩阵的初等行变换和初等列变换统称为矩阵的初等变换.

若矩阵 $\boldsymbol{A}$ 经过若干次初等变换变成矩阵 $\boldsymbol{B}$, 则称矩阵 $\boldsymbol{A}$ 与 $\boldsymbol{B}$ 是等价矩阵, 记为

$A \sim B$.

由于矩阵的初等变换改变了矩阵的元素, 因此初等变换前后的矩阵是不相等的, 应该用 "→" 连接而不可用 "=" 连接.

矩阵经过初等行变换后, 其元素可以发生很大的变化, 但是其本身所具有的许多特性是保持不变的.

定理 2.3.2 若 n 阶矩阵 A 经过若干次初等变换变为 n 阶矩阵 B, 则当 $|A| \neq 0$ 时, 必有 $|B| \neq 0$, 反之亦然.

> **小贴士**
>
> 两个等价矩阵的可逆性是相同的.

设想对矩阵行列式 $|A|$ 施行初等变换, 若将互换变换、倍乘变换或倍加变换作用于行列式, 则行列式的值仅仅是改变符号、非零倍乘或保持不变, 总之初等变换不改变行列式的非零性. 因此能通过初等变换检验矩阵的可逆性.

如何将矩阵的初等变换用数学符号来表示呢? 我们先引入初等矩阵的概念.

定义 2.3.4 对单位矩阵 E 施行一次初等变换得到的矩阵称为初等矩阵.

电子作业本

对应于三种初等变换, 有三种类型的初等矩阵:

(1) 初等互换矩阵: $E(i,j)$ 是由单位矩阵第 i 行 (列) 与第 j 行 (列) 对换位置而得到的;

(2) 初等倍乘矩阵: $E(i(k))$ 是以数 $k \neq 0$ 乘单位矩阵的第 i 行 (列) 而得到的;

(3) 初等倍加矩阵: $E(i,j(k))$ 是把单位矩阵第 j 行的 k 倍加到第 i 行上或第 i 列的 k 倍加到第 j 列上而得到的.

> **小贴士**
>
> 需注意初等倍加矩阵对行和对列的定义的区别.

例如, $E(1,2) = \begin{pmatrix} 0 & 1 & 0 \\ 1 & 0 & 0 \\ 0 & 0 & 1 \end{pmatrix}$, $E(1(2)) = \begin{pmatrix} 2 & 0 & 0 \\ 0 & 1 & 0 \\ 0 & 0 & 1 \end{pmatrix}$, $E(1,2(-2)) = \begin{pmatrix} 1 & -2 & 0 \\ 0 & 1 & 0 \\ 0 & 0 & 1 \end{pmatrix}$.

由初等矩阵的定义易知, 初等矩阵都是可逆的, 其逆矩阵仍为初等矩阵, 且

$$E^{-1}(i,j) = E(i,j), \quad E^{-1}(i(k)) = E\left(i\left(\frac{1}{k}\right)\right), \quad E^{-1}(i,j(k)) = E(i,j(-k)).$$

例 6 设 3 阶方阵 $A = \begin{pmatrix} 1 & 2 & 3 \\ 4 & 5 & 6 \\ 7 & 8 & 9 \end{pmatrix}$, 试求 $E(1,2)A$, $AE(1(2))$, $E(1,2(-1))A$.

解

$$E(1,2)A = \begin{pmatrix} 0 & 1 & 0 \\ 1 & 0 & 0 \\ 0 & 0 & 1 \end{pmatrix}\begin{pmatrix} 1 & 2 & 3 \\ 4 & 5 & 6 \\ 7 & 8 & 9 \end{pmatrix} = \begin{pmatrix} 4 & 5 & 6 \\ 1 & 2 & 3 \\ 7 & 8 & 9 \end{pmatrix},$$

$$\boldsymbol{AE}(1(2))=\begin{pmatrix}1&2&3\\4&5&6\\7&8&9\end{pmatrix}\begin{pmatrix}2&0&0\\0&1&0\\0&0&1\end{pmatrix}=\begin{pmatrix}2&2&3\\8&5&6\\14&8&9\end{pmatrix},$$

$$\boldsymbol{E}(1,2(-2))\boldsymbol{A}=\begin{pmatrix}1&-2&0\\0&1&0\\0&0&1\end{pmatrix}\begin{pmatrix}1&2&3\\4&5&6\\7&8&9\end{pmatrix}=\begin{pmatrix}-7&-8&-9\\4&5&6\\7&8&9\end{pmatrix}.$$

可以再算算 $\boldsymbol{AE}(1,2),\boldsymbol{E}(1(2))\boldsymbol{A},\boldsymbol{AE}(1,2(-1))$.

通过计算不难发现, 初等矩阵左乘 (右乘) 一个矩阵, 相当于对该矩阵进行一次相应的初等行 (列) 变换.

定理 2.3.3 对 $m\times n$ 矩阵 $\boldsymbol{A}$ 施行一次初等行变换, 相当于左乘一个相应的 m 阶初等矩阵; 对 $m\times n$ 矩阵 $\boldsymbol{A}$ 施行一次初等列变换, 相当于右乘一个相应的 n 阶初等矩阵.

定理 2.3.3 可用下表描述.

用初等矩阵表示初等行变换	用初等矩阵表示初等列变换
$\boldsymbol{A}\xrightarrow{r_i\leftrightarrow r_j}\boldsymbol{B}$, 则 $\boldsymbol{B}=\boldsymbol{E}(i,j)\boldsymbol{A}$	$\boldsymbol{A}\xrightarrow{c_i\leftrightarrow c_j}\boldsymbol{B}$, 则 $\boldsymbol{B}=\boldsymbol{A}\cdot\boldsymbol{E}(i,j)$
$\boldsymbol{A}\xrightarrow{r_i\times k}\boldsymbol{B}$, 则 $\boldsymbol{B}=\boldsymbol{E}(i(k))\boldsymbol{A}$	$\boldsymbol{A}\xrightarrow{c_i\times k}\boldsymbol{B}$, 则 $\boldsymbol{B}=\boldsymbol{A}\cdot\boldsymbol{E}(i(k))$
$\boldsymbol{A}\xrightarrow{r_i+k\cdot r_j}\boldsymbol{B}$, 则 $\boldsymbol{B}=\boldsymbol{E}(i,j(k))\boldsymbol{A}$	$\boldsymbol{A}\xrightarrow{c_j+k\cdot c_i}\boldsymbol{B}$, 则 $\boldsymbol{B}=\boldsymbol{A}\cdot\boldsymbol{E}(i,j(k))$

由定理 2.3.3 容易得到结论: 设 $\boldsymbol{A},\boldsymbol{B}$ 均为 $m\times n$ 矩阵, 则

小贴士

这个性质可以简称 “左行右列”.

$\boldsymbol{A}\sim\boldsymbol{B}\Leftrightarrow\boldsymbol{A}$ 经过有限次初等变换变成 $\boldsymbol{B}$

$\Leftrightarrow$ 存在有限个 m 阶初等矩阵 $\boldsymbol{P}_1,\boldsymbol{P}_2,\cdots,\boldsymbol{P}_s$ 和有限个 n 阶初等矩阵 $\boldsymbol{Q}_1,\boldsymbol{Q}_2,\cdots\boldsymbol{Q}_t$ 使得 $\boldsymbol{P}_s\cdots\boldsymbol{P}_2\boldsymbol{P}_1\boldsymbol{A}\boldsymbol{Q}_1\boldsymbol{Q}_2\cdots\boldsymbol{Q}_t=\boldsymbol{B}$

$\Leftrightarrow$ 存在 m 阶可逆矩阵 $\boldsymbol{P}$ 和 n 阶可逆矩阵 $\boldsymbol{Q}$, 使得 $\boldsymbol{PAQ}=\boldsymbol{B}$.

推论 任何可逆矩阵经过有限次初等行变换都能化为单位矩阵, 即

$\boldsymbol{A}$ 可逆 $\Leftrightarrow$ 存在有限个初等矩阵 $\boldsymbol{P}_1,\boldsymbol{P}_2,\cdots,\boldsymbol{P}_s$, 使得 $\boldsymbol{P}_s\cdots\boldsymbol{P}_2\boldsymbol{P}_1\boldsymbol{A}=\boldsymbol{E}$

$\Leftrightarrow$ 存在可逆矩阵 $\boldsymbol{P}$, 使得 $\boldsymbol{PA}=\boldsymbol{E}$.

2.3.4 用初等行变换求逆矩阵

矩阵的逆（二）

前面我们说过, 用伴随矩阵法求 n 阶可逆矩阵的逆矩阵是一种常见的方法, 但它只适用于求阶数较低的方阵的逆矩阵, 因为这种方法需要计算 n^2 个 $n-1$ 阶行列式, 当阶数 n 较大时, 它的计算量是很大的. 下面介绍求逆矩阵的另一种方法——初等行变换法.

由推论和定理 2.3.3 可知, 对于任意一个 n 阶可逆矩阵 $\boldsymbol{A}$, 一定存在一组初等矩阵 $\boldsymbol{P}_1,\boldsymbol{P}_2,\cdots,\boldsymbol{P}_s$, 使得

$$\boldsymbol{P}_s\cdots\boldsymbol{P}_2\boldsymbol{P}_1\boldsymbol{A}=\boldsymbol{E},$$

对上式两边右乘 $\boldsymbol{A}^{-1}$, 得

$$\boldsymbol{P}_s\cdots\boldsymbol{P}_2\boldsymbol{P}_1\boldsymbol{A}\boldsymbol{A}^{-1}=\boldsymbol{E}\boldsymbol{A}^{-1}=\boldsymbol{A}^{-1},$$

即

$$\boldsymbol{A}^{-1}=\boldsymbol{P}_s\cdots\boldsymbol{P}_2\boldsymbol{P}_1\boldsymbol{E}.$$

也就是说, 若经过一系列的初等行变换可以把可逆矩阵 $\boldsymbol{A}$ 化成单位矩阵 $\boldsymbol{E}$, 则将一系列同样的初等行变换作用到 $\boldsymbol{E}$ 上, 就可以把 $\boldsymbol{E}$ 化成 $\boldsymbol{A}^{-1}$. 因此, 我们就得到了用初等行变换求逆矩阵的方法: 在矩阵 $\boldsymbol{A}$ 的右边写一个同阶的单位矩阵 $\boldsymbol{E}$, 构成一个 $n\times 2n$ 矩阵 $(\boldsymbol{A},\boldsymbol{E})$, 用初等行变换将左半部分的 $\boldsymbol{A}$ 化成单位矩阵 $\boldsymbol{E}$, 与此同时, 右半部分的 $\boldsymbol{E}$ 就被化成了 $\boldsymbol{A}^{-1}$, 即

$$(\boldsymbol{A},\boldsymbol{E})\xrightarrow{\text{初等行变换}}(\boldsymbol{E},\boldsymbol{A}^{-1})$$

例 7 判断矩阵 $\boldsymbol{A}=\begin{pmatrix}1&2&-2\\2&-3&2\\-2&-1&1\end{pmatrix}$ 是否可逆, 若可逆, 求出 $\boldsymbol{A}^{-1}$.

解

$$(\boldsymbol{A},\boldsymbol{E})=\left(\begin{array}{ccc:ccc}1&2&-2&1&0&0\\2&-3&2&0&1&0\\-2&-1&1&0&0&1\end{array}\right)\xrightarrow[r_3+2r_1]{r_2-2r_1}\left(\begin{array}{ccc:ccc}1&2&-2&1&0&0\\0&-7&6&-2&1&0\\0&3&-3&2&0&1\end{array}\right)$$

$$\xrightarrow[\frac{1}{3}r_2]{r_2\leftrightarrow r_3}\left(\begin{array}{ccc:ccc}1&2&-2&1&0&0\\0&1&-1&\frac{2}{3}&0&\frac{1}{3}\\0&-7&6&-2&1&0\end{array}\right)\xrightarrow[(-1)\times r_3]{r_3+7r_2}\left(\begin{array}{ccc:ccc}1&2&-2&1&0&0\\0&1&-1&\frac{2}{3}&0&\frac{1}{3}\\0&0&1&-\frac{8}{3}&-1&-\frac{7}{3}\end{array}\right)$$

$$\xrightarrow[r_1+2r_3]{r_2+r_3}\left(\begin{array}{ccc:ccc}1&2&0&-\frac{13}{3}&-2&-\frac{14}{3}\\0&1&0&-2&-1&-2\\0&0&1&-\frac{8}{3}&-1&-\frac{7}{3}\end{array}\right)\xrightarrow{r_1-2r_2}\left(\begin{array}{ccc:ccc}1&0&0&-\frac{1}{3}&0&-\frac{2}{3}\\0&1&0&-2&-1&-2\\0&0&1&-\frac{8}{3}&-1&-\frac{7}{3}\end{array}\right).$$

所以, $\boldsymbol{A}$ 可逆, 且 $\boldsymbol{A}^{-1}=\begin{pmatrix}-\frac{1}{3}&0&-\frac{2}{3}\\-2&-1&-2\\-\frac{8}{3}&-1&-\frac{7}{3}\end{pmatrix}$.

小贴士

由定理 2.3.2 知, 用初等行变换法求给定的 n 阶方阵 $\boldsymbol{A}$ 的逆矩阵 $\boldsymbol{A}^{-1}$, 并不需要事先验证 $\boldsymbol{A}$ 是否可逆. 在对矩阵 $(\boldsymbol{A},\boldsymbol{E})$ 进行初等行变换的过程中, 若 $(\boldsymbol{A},\boldsymbol{E})$ 的左半部分出现了零行, 说明矩阵 $\boldsymbol{A}$ 的行列式 $|\boldsymbol{A}|=0$, 可以判定矩阵 $\boldsymbol{A}$ 不可逆. 若 $(\boldsymbol{A},\boldsymbol{E})$ 中的左半部分能化成单位矩阵 $\boldsymbol{E}$, 说明矩阵 $\boldsymbol{A}$ 的行列式 $|\boldsymbol{A}|\neq 0$, 可以判定矩阵 $\boldsymbol{A}$ 是可逆的, 而且这个单位矩阵 $\boldsymbol{E}$ 右边的矩阵就是 $\boldsymbol{A}$ 的逆矩阵 $\boldsymbol{A}^{-1}$. 它是由单位矩阵 $\boldsymbol{E}$ 经过同样的初等行变换得到的.

例 8　设矩阵 $\boldsymbol{X}$ 满足矩阵方程 $\boldsymbol{AX}=2\boldsymbol{X}+\boldsymbol{B}$, 其中

$$\boldsymbol{A}=\begin{pmatrix}4&0&0\\0&1&-1\\0&1&4\end{pmatrix},\quad \boldsymbol{B}=\begin{pmatrix}3&6\\1&1\\2&-3\end{pmatrix}.$$

求矩阵 $\boldsymbol{X}$.

解法一　由 $\boldsymbol{AX}=2\boldsymbol{X}+\boldsymbol{B}$, 得 $\boldsymbol{AX}-2\boldsymbol{X}=\boldsymbol{B}$, 即

$$(\boldsymbol{A}-2\boldsymbol{I})\boldsymbol{X}=\boldsymbol{B}.\tag{$*$}$$

矩阵

$$\boldsymbol{A}-2\boldsymbol{E}=\begin{pmatrix}2&0&0\\0&-1&-1\\0&1&2\end{pmatrix}$$

显然可逆, 为了从 $(*)$ 式解出 $\boldsymbol{X}$, 用 $(\boldsymbol{A}-2\boldsymbol{E})^{-1}$ 左乘 $(*)$ 式两端, 得

$$\boldsymbol{X}=(\boldsymbol{A}-2\boldsymbol{E})^{-1}\boldsymbol{B}.$$

计算可得

$$(\boldsymbol{A}-2\boldsymbol{E})^{-1}=\begin{pmatrix}\frac{1}{2}&0&0\\0&-2&-1\\0&1&1\end{pmatrix},$$

代入, 得

$$\boldsymbol{X}=(\boldsymbol{A}-2\boldsymbol{E})^{-1}\boldsymbol{B}=\begin{pmatrix}\frac{1}{2}&0&0\\0&-2&-1\\0&1&1\end{pmatrix}\begin{pmatrix}3&6\\1&1\\2&-3\end{pmatrix}=\begin{pmatrix}\frac{3}{2}&3\\-4&1\\3&-2\end{pmatrix}.$$

解法二　同解法一, 得到 $\boldsymbol{X}=(\boldsymbol{A}-2\boldsymbol{E})^{-1}\boldsymbol{B}$.

$$(\boldsymbol{A}-2\boldsymbol{E},\boldsymbol{B})=\left(\begin{array}{ccc:cc}2&0&0&3&6\\0&-1&-1&1&1\\0&1&2&2&-3\end{array}\right)\xrightarrow[\substack{r_2\times(-1)\\r_3-r_2}]{r_1\times\frac{1}{2}}\left(\begin{array}{ccc:cc}1&0&0&\frac{3}{2}&3\\0&1&1&-1&-1\\0&0&1&3&-2\end{array}\right)$$

$$\xrightarrow{r_2-r_3}\left(\begin{array}{ccc:cc}1&0&0&\frac{3}{2}&3\\0&1&0&-4&1\\0&0&1&3&-2\end{array}\right),$$

所求矩阵 $\boldsymbol{X}=\begin{pmatrix}\frac{3}{2}&3\\-4&1\\3&-2\end{pmatrix}$.

小贴士

求 $\boldsymbol{A}^{-1}\boldsymbol{B}$, 一种方法先求出 $\boldsymbol{A}^{-1}$, 再作 $\boldsymbol{A}^{-1}\boldsymbol{B}$; 另一种方法, $(\boldsymbol{A},\boldsymbol{B}) \xrightarrow{\text{初等行变换}} (\boldsymbol{E},\boldsymbol{A}^{-1}\boldsymbol{B})$, 此种方法会略简单, 少作矩阵乘法运算.

【请思考】

如何用初等行变换法求 $\boldsymbol{B}\boldsymbol{A}^{-1}$?

现在来解决本章开头提出的信息编码 (密码) 案例中破译编码的问题. 因为发送的新编码是由矩阵 $\boldsymbol{A},\boldsymbol{B}$ 相乘得到的, 即 $\boldsymbol{C}=\boldsymbol{A}\boldsymbol{B}$, 那么等式两边左乘 $\boldsymbol{A}^{-1}$ 可得

$$\boldsymbol{A}^{-1}\boldsymbol{C}=\boldsymbol{A}^{-1}\boldsymbol{A}\boldsymbol{B}\Rightarrow \boldsymbol{B}=\boldsymbol{A}^{-1}\boldsymbol{C},$$

因为 $\boldsymbol{A}=\begin{pmatrix}1&2&1\\2&5&3\\2&3&2\end{pmatrix}$, 通过计算可得 $\boldsymbol{A}^{-1}=\begin{pmatrix}1&-1&1\\2&0&-1\\-4&1&1\end{pmatrix}$, 那么

$$\boldsymbol{B}=\boldsymbol{A}^{-1}\boldsymbol{C}=\begin{pmatrix}1&-1&1\\2&0&-1\\-4&1&1\end{pmatrix}\begin{pmatrix}31&37&29\\80&83&69\\54&67&50\end{pmatrix}=\begin{pmatrix}5&21&10\\8&7&8\\10&2&3\end{pmatrix}.$$

这样就破译出编码: 5, 8, 10, 21, 7, 2, 10, 8, 3.

习题 2.3

1. 求下列方阵的逆矩阵.

(1) $\boldsymbol{A}=\begin{pmatrix}\cos\theta&-\sin\theta\\\sin\theta&\cos\theta\end{pmatrix}$;　　(2) $\boldsymbol{A}=\begin{pmatrix}1&2&-1\\3&4&-2\\5&-4&1\end{pmatrix}$;

(3) $\boldsymbol{A}=\begin{pmatrix}3&2&1\\3&1&5\\3&2&3\end{pmatrix}$;　　(4) $\boldsymbol{A}=\begin{pmatrix}3&-2&0&-1\\0&2&2&1\\1&-2&-3&-2\\0&1&2&1\end{pmatrix}$.

2. 解下列矩阵方程.

(1) $\begin{pmatrix}2&5\\1&3\end{pmatrix}\boldsymbol{X}=\begin{pmatrix}4&-6\\2&1\end{pmatrix}$;

(2) $\boldsymbol{X}\begin{pmatrix}2&1&-1\\2&1&0\\1&-1&1\end{pmatrix}=\begin{pmatrix}1&-1&3\\4&3&2\end{pmatrix}$;

(3) $\begin{pmatrix} 4 & 1 & -2 \\ 2 & 2 & 1 \\ 3 & 1 & -1 \end{pmatrix} \boldsymbol{X} = \begin{pmatrix} 1 & -3 \\ 2 & 2 \\ 3 & -1 \end{pmatrix}$;

(4) $\begin{pmatrix} 1 & 4 \\ -1 & 2 \end{pmatrix} \boldsymbol{X} \begin{pmatrix} 2 & 0 \\ -1 & 1 \end{pmatrix} = \begin{pmatrix} 3 & 1 \\ 0 & -1 \end{pmatrix}$.

3. 设 $\boldsymbol{A} = \begin{pmatrix} 1 & -1 & 0 \\ 0 & 1 & -1 \\ -1 & 0 & 1 \end{pmatrix}$, $\boldsymbol{AX} = 2\boldsymbol{X} + \boldsymbol{A}$, 求 $\boldsymbol{X}$.

4. 设 $\boldsymbol{A} = \begin{pmatrix} 1 & 0 & 1 \\ 0 & 2 & 0 \\ 1 & 0 & 1 \end{pmatrix}$, 且 $\boldsymbol{AB} + \boldsymbol{E} = \boldsymbol{A}^2 + \boldsymbol{B}$, 求 $\boldsymbol{B}$.

5. 设方阵 $\boldsymbol{A}$ 满足 $\boldsymbol{A}^2 - \boldsymbol{A} - 2\boldsymbol{E} = \boldsymbol{O}$, 证明 $\boldsymbol{A}$ 及 $\boldsymbol{A} + 2\boldsymbol{E}$ 都可逆, 并求 $\boldsymbol{A}^{-1}$ 及 $(\boldsymbol{A} + 2\boldsymbol{E})^{-1}$.

6. 设矩阵 $\boldsymbol{A}, \boldsymbol{B}$ 及 $\boldsymbol{A} + \boldsymbol{B}$ 都可逆, 证明 $\boldsymbol{A}^{-1} + \boldsymbol{B}^{-1}$ 也可逆, 并求其逆阵.

7. 设 $\boldsymbol{A}$ 为 3 阶矩阵, $|\boldsymbol{A}| = \dfrac{1}{2}$, 求 $|(2\boldsymbol{A})^{-1} - 5\boldsymbol{A}^*|$.

2.4 矩阵的秩

矩阵的秩

矩阵的秩是矩阵的一个重要数字特征, 不仅与讨论可逆矩阵的问题密切相关, 而且在讨论线性方程组的解的情况中也有重要的应用.

2.4.1 矩阵秩的概念

定义 2.4.1 设 $\boldsymbol{A}$ 是一个 $m \times n$ 矩阵, 在 $\boldsymbol{A}$ 中任意选取 k 行 k 列交点上的 k^2 个元素, 按原来次序组成的 k 阶行列式, 称为矩阵 $\boldsymbol{A}$ 的一个 k 阶子式, 记为 $D_k(\boldsymbol{A})$, 其中 $1 \leqslant k \leqslant \min\{m, n\}$.

矩阵 $\boldsymbol{A}_{m\times n}$ 的 k 阶子式 $D_k(\boldsymbol{A})$ 共有 $\mathrm{C}_m^k \mathrm{C}_n^k$ 个.

例如, 矩阵 $\boldsymbol{A} = \begin{pmatrix} 0 & 2 & 1 & 3 \\ 3 & 4 & 2 & 0 \\ 5 & 5 & 0 & 2 \end{pmatrix}$. 取 1,3 行与 1,2 列, 得到一个二阶子式 $\begin{vmatrix} 0 & 2 \\ 5 & 5 \end{vmatrix}$; 取 1,2,3 行与 1,2,4 列, 得到一个三阶子式 $\begin{vmatrix} 0 & 2 & 3 \\ 3 & 4 & 0 \\ 5 & 5 & 2 \end{vmatrix}$.

定义 2.4.2 矩阵 $\boldsymbol{A}$ 的非零子式的最高阶数称为矩阵 $\boldsymbol{A}$ 的秩, 记为 $\mathrm{rank}(\boldsymbol{A})$ 或 $r(\boldsymbol{A})$.

规定: 零矩阵 $\boldsymbol{O}$ 的秩为零, 即 $r(\boldsymbol{O}) = 0$.

由矩阵秩的定义, 可以知道以下结论:

(1) 对于任何 $m \times n$ 矩阵 $\boldsymbol{A}$, 都有唯一确定的秩, 且 $0 \leqslant r(\boldsymbol{A}) \leqslant \min\{m, n\}$.

(2) 矩阵 $\boldsymbol{A}$ 的秩等于其转置矩阵 $\boldsymbol{A}^{\mathrm{T}}$ 的秩, 即 $r(\boldsymbol{A})=r(\boldsymbol{A}^{\mathrm{T}})$.

(3) 若矩阵 $\boldsymbol{A}$ 中有一个 r 阶子式不为零, 则 $r(\boldsymbol{A})\geqslant r$; 若矩阵 $\boldsymbol{A}$ 的所有 $r+1$ 阶子式 (若存在时) 全等于零, 则 $r(\boldsymbol{A})\leqslant r$.

此结论也可叙述为: 若 $r(\boldsymbol{A})=r$, 则矩阵 $\boldsymbol{A}$ 中至少有一个 $D_r(\boldsymbol{A})\neq 0$, 而所有的 $D_{r+1}(\boldsymbol{A})=0$.

(4) 对于 n 阶方阵 $\boldsymbol{A}$, 若 $\boldsymbol{A}$ 可逆, 则 $|\boldsymbol{A}|\neq 0\Leftrightarrow r(\boldsymbol{A})=n$; 反之, 若 $\boldsymbol{A}$ 奇异, 则 $|\boldsymbol{A}|=0\Leftrightarrow r(\boldsymbol{A})<n$.

可逆矩阵又称满秩矩阵, 奇异矩阵又称为降秩矩阵.

(5) 对于 $m\times n$ 矩阵 $\boldsymbol{A}$, 当 $r(\boldsymbol{A})=m$ 时, 称为行满秩矩阵; 当 $r(\boldsymbol{A})=n$ 时, 称为列满秩矩阵.

例 1 求矩阵 $\boldsymbol{A}=\begin{pmatrix}1&3&-1&-2\\2&-1&2&2\\3&2&1&1\end{pmatrix}$ 的秩.

解 取 $\boldsymbol{A}$ 的 1,2,3 行, 2,3,4 列, 得到一个三阶子式

$$\begin{vmatrix}3&-1&-2\\-1&2&2\\2&1&1\end{vmatrix}=5,$$

又 $r(\boldsymbol{A})\leqslant 3$, 所以 $r(\boldsymbol{A})=3$.

2.4.2 矩阵秩的计算

若按照矩阵秩的定义计算矩阵的秩, 由于要计算很多行列式, 这是相当麻烦的事. 矩阵的秩只涉及子式是否为零, 并不需要知道子式的准确值, 而初等变换不改变行列式是否为零的性质, 因此可以利用初等变换来求矩阵的秩.

定理 2.4.1 矩阵的初等变换不改变矩阵的秩. 即若 $\boldsymbol{A}\sim\boldsymbol{B}$, 则 $r(\boldsymbol{A})=r(\boldsymbol{B})$.

通过前面的学习我们知道:

$\boldsymbol{A}\sim\boldsymbol{B}\Leftrightarrow$ 存在 m 阶可逆矩阵 $\boldsymbol{P}$ 和 n 阶可逆矩阵 $\boldsymbol{Q}$, 使得 $\boldsymbol{PAQ}=\boldsymbol{B}$.

可以得到下面的结论:

推论 设 $\boldsymbol{A}$ 是 $m\times n$ 矩阵, $\boldsymbol{P},\boldsymbol{Q}$ 分别是 m 阶和 n 阶可逆矩阵, 则

$$r(\boldsymbol{A})=r(\boldsymbol{PA})=r(\boldsymbol{AQ})=r(\boldsymbol{PAQ}).$$

根据此定理, 在求矩阵 $\boldsymbol{A}$ 的秩时, 可以利用矩阵的初等行变换尽量化简 $\boldsymbol{A}$, 然后对化简后的矩阵求秩.

定义 2.4.3 满足下列两个条件的矩阵称为行阶梯形矩阵, 记为 $\boldsymbol{J}$.

(1) 若矩阵有零行 (元素全部为 0 的行), 零行全部在下方;

(2) 各非零行的首非零元 (第一个不为 0 的元素, 也称为主元) 的列标随着行标的递增而严格增加.

小贴士

条件 (2) 也可以这样叙述: 不全为 0, 并且从左开始第一个不为零的元素位于第 i 列, 则它下方的所有行 (如果存在) 的前 i 个元素全是 0.

例如, $\begin{pmatrix} 0 & -1 & 1 & 5 \\ 0 & 0 & 3 & 0 \end{pmatrix}$, $\begin{pmatrix} 2 & 0 & 0 & 1 \\ 0 & 0 & 3 & 7 \\ 0 & 0 & 0 & 0 \end{pmatrix}$, $\begin{pmatrix} 1 & 2 & 0 & 5 & 0 \\ 0 & 2 & 4 & 6 & 8 \\ 0 & 0 & 1 & 2 & 3 \end{pmatrix}$ 等都是行阶梯形矩阵, $\begin{pmatrix} 2 & 0 & 0 & 1 \\ 0 & 0 & 3 & 7 \\ 0 & 0 & 1 & 0 \end{pmatrix}$, $\begin{pmatrix} 1 & 2 & 0 & 5 & 0 \\ 0 & 0 & 0 & 6 & 8 \\ 0 & 0 & 1 & 2 & 3 \end{pmatrix}$ 等都不是行阶梯形矩阵.

小贴士

行阶梯形矩阵的特点是: 可画出一条阶梯线, 线的下方全为 0; 每个台阶只有一行, 台阶数即是非零行的行数, 阶梯线的竖线 (每段竖线的长度为一行) 后面的第一个元素为非零元, 也就是主元.

例 2 求行阶梯形矩阵 $\boldsymbol{A} = \begin{pmatrix} 1 & 2 & 0 & 1 & 3 \\ 0 & -2 & 1 & 0 & 0 \\ 0 & 0 & 0 & 1 & 5 \\ 0 & 0 & 0 & 0 & 0 \end{pmatrix}$ 的秩.

解 取 $\boldsymbol{A}$ 的 $1, 2, 3$ 行, $1, 2, 4$ 列, 得到一个三阶子式

$$\begin{vmatrix} 1 & 2 & 1 \\ 0 & -2 & 0 \\ 0 & 0 & 1 \end{vmatrix} = -2 \neq 0,$$

又因为 $\boldsymbol{A}$ 的任意四阶子式都为 0, 所以 $r(\boldsymbol{A}) = 3$.

小贴士

通过这道例题不难看出, 对于一个行阶梯形矩阵, 只需选它的主元所在列所得到的子式一定是一个非零的上三角形行列式.

对于矩阵的秩, 有下面的结论.

定理 2.4.2 设 $\boldsymbol{A}$ 是 $m \times n$ 矩阵, 则 $r(\boldsymbol{A}) = r$ 的充分必要条件是通过初等行变换能把 $\boldsymbol{A}$ 化成具有 r 个非零行的行阶梯形矩阵 $\boldsymbol{J}$.

小贴士

由定理我们可以得到计算矩阵秩的方法:
① 将矩阵通过初等行变换化为行阶梯形矩阵;
② 该行阶梯形矩阵非零行的行数就是原矩阵的秩.

例 3　求矩阵 $\boldsymbol{A}=\begin{pmatrix}1&-1&2&1&0\\2&-2&4&-2&0\\3&0&6&-1&1\\0&3&0&0&1\end{pmatrix}$ 的秩.

解　我们用初等行变换把 $\boldsymbol{A}$ 化成行阶梯形:

$$\boldsymbol{A}\xrightarrow[r_3-3r_1]{r_2-2r_1}\begin{pmatrix}1&-1&2&1&0\\0&0&0&-4&0\\0&3&0&-4&1\\0&3&0&0&1\end{pmatrix}\xrightarrow{r_4-r_3}\begin{pmatrix}1&-1&2&1&0\\0&0&0&-4&0\\0&3&0&-4&1\\0&0&0&4&0\end{pmatrix}$$

$$\xrightarrow{r_4+r_2}\begin{pmatrix}1&-1&2&1&0\\0&0&0&-4&0\\0&3&0&-4&1\\0&0&0&0&0\end{pmatrix}\xrightarrow{r_2\leftrightarrow r_3}\begin{pmatrix}1&-1&2&1&0\\0&3&0&-4&1\\0&0&0&-4&0\\0&0&0&0&0\end{pmatrix}.$$

电子作业本

由于行阶梯形矩阵中非零行的个数为 3, 所以 $r(\boldsymbol{A})=3$.

例 4　设矩阵 $\boldsymbol{A}=\begin{pmatrix}1&2&3&1\\2&3&a&-1\\3&0&2&b\end{pmatrix}$ 的秩为 2, 求 a,b 的值.

解　我们用初等行变换把 $\boldsymbol{A}$ 化成行阶梯形:

$$\boldsymbol{A}\xrightarrow[r_3-3r_1]{r_2-2r_1}\begin{pmatrix}1&2&3&1\\0&-1&a-6&-3\\0&-6&-7&b-3\end{pmatrix}\xrightarrow{r_3-6r_2}\begin{pmatrix}1&2&3&1\\0&-1&a-6&-3\\0&0&29-6a&b+15\end{pmatrix}.$$

因为 $r(\boldsymbol{A})=2$, 所以 $\begin{cases}29-6a=0,\\b+15=0,\end{cases}$ 解得 $\begin{cases}a=\dfrac{29}{6},\\b=-15.\end{cases}$

习题 2.4

1. 利用初等行变换将下列矩阵化为行阶梯形, 并求矩阵的秩.

(1) $\boldsymbol{A}=\begin{pmatrix}3&1&0&2\\1&-1&2&-1\\1&3&-4&4\end{pmatrix}$;　　(2) $\boldsymbol{A}=\begin{pmatrix}3&2&-1&-3&-1\\2&-1&3&1&-3\\7&0&5&-1&-8\end{pmatrix}$;

(3) $\boldsymbol{A}=\begin{pmatrix}2&1&8&3&7\\2&-3&0&7&-5\\3&-2&5&8&0\\1&0&3&2&0\end{pmatrix}$.

2. 设 $\boldsymbol{A}=\begin{pmatrix}1&-2&3k\\-1&2k&-3\\k&-2&3\end{pmatrix}$, 问 k 为何值时, 可使 (1) $r(\boldsymbol{A})=1$; (2) $r(\boldsymbol{A})=2$; (3) $r(\boldsymbol{A})=3$?

2.5 知识拓展

2.5.1 矩阵理论的发展史

矩阵 (matrix) 是一个按照长方阵列排列的复数或实数集合. 矩阵的研究历史悠久, 拉丁方阵和幻方在史前年代已有人研究.

根据世界数学发展史, 矩阵概念产生于 19 世纪 50 年代, 是为了解线性方程组的需要而产生的. 在公元前我国就已经有了矩阵的萌芽. 东汉前期的《九章算术》一书中已经有所描述, 用分离系数法表示线性方程组, 得到了其增广矩阵. 在消元过程中, 使用的把某行乘以某一非零实数、从某行中减去另一行等运算技巧, 相当于矩阵的初等变换. 只是当时没有将它作为一个独立的概念加以研究, 而仅用它解决实际问题, 所以没能形成独立的矩阵理论.

1850 年, 英国数学家西尔维斯特 (Sylvester, 1814—1897) 在研究方程的个数与未知量的个数不相同的线性方程组时, 由于无法使用行列式, 所以引入了矩阵的概念.

1855 年, 英国数学家凯莱 (Cayley, 1821—1895) 在研究线性变换下的不变量时, 为了简洁、方便, 引入了矩阵的概念. 凯莱被公认为矩阵论的奠基人. 他开始将矩阵作为独立的数学对象研究时, 许多与矩阵有关的性质已经在行列式的研究中被发现了, 这也使得凯莱认为矩阵的引进是十分自然的. 他说: “我决然不是通过四元数而获得矩阵概念的; 它或是直接从行列式的概念而来, 或是作为一个表达线性方程组的方便方法而来的.” 他从 1858 年开始, 发表了《矩阵论的研究报告》等一系列关于矩阵的专门论文, 研究了矩阵的运算律、矩阵的逆以及转置和特征多项式方程. 1858 年, 凯莱在《矩阵论的研究报告》中, 定义了两个矩阵相等、相加以及数与矩阵的数乘等运算和算律, 同时, 定义了零矩阵、单位阵等特殊矩阵, 更重要的是在该文中他给出了矩阵相乘、矩阵可逆等概念, 以及利用伴随阵求逆阵的方法; 证明了有关的算律, 如矩阵乘法有结合律, 没有交换律, 两个非零阵乘积可以为零矩阵等结论; 定义了转置阵、对称阵、反对称阵等概念.

1878 年, 德国数学家弗罗贝尼乌斯 (Frobenius, 1849—1917) 在他的论文中引入了 λ 矩阵的行列式因子、不变因子和初等因子等概念, 证明了当且仅当它们有相同的不变因子和初等因子时两个 λ 矩阵等价, 同时给出了正交矩阵的定义. 1879 年, 他又在自己的论文中引进了矩阵秩的概念.

矩阵的理论发展非常迅速, 到 19 世纪末, 矩阵理论体系已基本形成. 到 20 世纪, 矩阵理论得到了进一步的发展. 目前, 它已经发展成为在物理、控制论、机器人学、生物学、经济学等学科有大量应用的数学分支.

2.5.2 矩阵的分块

一个给定的矩阵, 可以根据需要用贯穿整个矩阵的横线或竖线把它划分成若干个子块(或称子矩阵), 即构成了分块矩阵.

分块的方式有许多种, 例如给定矩阵

$$\boldsymbol{A}=\begin{pmatrix}1&0&0&3\\0&1&0&-1\\0&0&1&0\\0&0&0&1\end{pmatrix},$$

可列举出以下三种不同的分块方式:

$$\left(\begin{array}{cc:cc}1&0&0&3\\0&1&0&-1\\ \hdashline 0&0&1&0\\0&0&0&1\end{array}\right);\quad\left(\begin{array}{ccc:c}1&0&0&3\\0&1&0&-1\\0&0&1&0\\ \hdashline 0&0&0&1\end{array}\right);\quad\left(\begin{array}{c:c:c:c}1&0&0&3\\0&1&0&-1\\0&0&1&0\\0&0&0&1\end{array}\right).$$

在第一个分块矩阵中, 左上角和右下角子块都是二阶单位矩阵 $\boldsymbol{E}_2$, 左下角子块是二阶零矩阵 $\boldsymbol{O}$, 若记 $\boldsymbol{A}_1=\begin{pmatrix}0&3\\0&-1\end{pmatrix}$, 则 $\boldsymbol{A}=\begin{pmatrix}\boldsymbol{E}_2&\boldsymbol{A}_1\\\boldsymbol{O}&\boldsymbol{E}_2\end{pmatrix}$.

在第二个分块矩阵中, 左上角子块和右下角子块分别是三阶单位矩阵 $\boldsymbol{E}_3$ 和一阶单位矩阵 $\boldsymbol{E}_1$, 左下角子块是 1×3 零矩阵 $\boldsymbol{O}$, 若记 $\boldsymbol{A}_2=\begin{pmatrix}3\\-1\\0\end{pmatrix}$, 则 $\boldsymbol{A}=\begin{pmatrix}\boldsymbol{E}_3&\boldsymbol{A}_2\\\boldsymbol{O}&\boldsymbol{E}_1\end{pmatrix}$.

在第三个分块矩阵中, 若记 $\boldsymbol{e}_1=\begin{pmatrix}1\\0\\0\\0\end{pmatrix}$, $\boldsymbol{e}_2=\begin{pmatrix}0\\1\\0\\0\end{pmatrix}$, $\boldsymbol{e}_3=\begin{pmatrix}0\\0\\1\\0\end{pmatrix}$, $\boldsymbol{u}=\begin{pmatrix}3\\-1\\0\\1\end{pmatrix}$, 则 $\boldsymbol{A}=(\boldsymbol{e}_1\ \boldsymbol{e}_2\ \boldsymbol{e}_3\ \boldsymbol{u})$, 这里 $\boldsymbol{e}_1,\boldsymbol{e}_2,\boldsymbol{e}_3$ 都是一个分量为 1, 其余分量为 0 的列向量, 这种向量称为基本单位向量.

对矩阵 $\boldsymbol{A}$ 的分块, 当然不止这三种方式. 分块矩阵也可以理解为是以若干个子块为元素组成的矩阵.

小点睛

对于行数和列数较高的矩阵 $\boldsymbol{A}$，运算时采用分块法，可以使大矩阵的运算化成小矩阵的运算，体现了化整为零的思想.

分块矩阵运算时，可以把子块当作数量元素处理，这样可以简化矩阵的运算.

1. **分块矩阵的加法**

设矩阵 $\boldsymbol{A},\boldsymbol{B}$ 为同型矩阵，分块方法也相同，如：

$$\boldsymbol{A}=\begin{pmatrix}\boldsymbol{A}_{11} & \boldsymbol{A}_{12} & \cdots & \boldsymbol{A}_{1s}\\ \boldsymbol{A}_{21} & \boldsymbol{A}_{22} & \cdots & \boldsymbol{A}_{2s}\\ \vdots & \vdots & & \vdots\\ \boldsymbol{A}_{r1} & \boldsymbol{A}_{r2} & \cdots & \boldsymbol{A}_{rs}\end{pmatrix},\quad \boldsymbol{B}=\begin{pmatrix}\boldsymbol{B}_{11} & \boldsymbol{B}_{12} & \cdots & \boldsymbol{B}_{1s}\\ \boldsymbol{B}_{21} & \boldsymbol{B}_{22} & \cdots & \boldsymbol{B}_{2s}\\ \vdots & \vdots & & \vdots\\ \boldsymbol{B}_{r1} & \boldsymbol{B}_{r2} & \cdots & \boldsymbol{B}_{rs}\end{pmatrix},$$

其中子块 $\boldsymbol{A}_{ij}$ 与 $\boldsymbol{B}_{ij}$ 的行数、列数分别相同，那么

$$\boldsymbol{A}+\boldsymbol{B}=\begin{pmatrix}\boldsymbol{A}_{11}+\boldsymbol{B}_{11} & \boldsymbol{A}_{12}+\boldsymbol{B}_{12} & \cdots & \boldsymbol{A}_{1s}+\boldsymbol{B}_{1s}\\ \boldsymbol{A}_{21}+\boldsymbol{B}_{21} & \boldsymbol{A}_{22}+\boldsymbol{B}_{22} & \cdots & \boldsymbol{A}_{2s}+\boldsymbol{B}_{2s}\\ \vdots & \vdots & & \vdots\\ \boldsymbol{A}_{r1}+\boldsymbol{B}_{r1} & \boldsymbol{A}_{r2}+\boldsymbol{B}_{r2} & \cdots & \boldsymbol{A}_{rs}+\boldsymbol{B}_{rs}\end{pmatrix}.$$

2. **分块矩阵的数乘**

设 $\boldsymbol{A}=\begin{pmatrix}\boldsymbol{A}_{11} & \boldsymbol{A}_{12} & \cdots & \boldsymbol{A}_{1s}\\ \boldsymbol{A}_{21} & \boldsymbol{A}_{22} & \cdots & \boldsymbol{A}_{2s}\\ \vdots & \vdots & & \vdots\\ \boldsymbol{A}_{r1} & \boldsymbol{A}_{r2} & \cdots & \boldsymbol{A}_{rs}\end{pmatrix}$，$\lambda$ 为数，那么

$$\lambda\boldsymbol{A}=\begin{pmatrix}\lambda\boldsymbol{A}_{11} & \lambda\boldsymbol{A}_{12} & \cdots & \lambda\boldsymbol{A}_{1s}\\ \lambda\boldsymbol{A}_{21} & \lambda\boldsymbol{A}_{22} & \cdots & \lambda\boldsymbol{A}_{2s}\\ \vdots & \vdots & & \vdots\\ \lambda\boldsymbol{A}_{r1} & \lambda\boldsymbol{A}_{r2} & \cdots & \lambda\boldsymbol{A}_{rs}\end{pmatrix}.$$

3. **分块矩阵的乘法**

设 $\boldsymbol{A}$ 为 $m\times l$ 矩阵，$\boldsymbol{B}$ 为 $l\times n$ 矩阵，分块成

$$\boldsymbol{A}=\begin{pmatrix}\boldsymbol{A}_{11} & \boldsymbol{A}_{12} & \cdots & \boldsymbol{A}_{1t}\\ \boldsymbol{A}_{21} & \boldsymbol{A}_{22} & \cdots & \boldsymbol{A}_{2t}\\ \vdots & \vdots & & \vdots\\ \boldsymbol{A}_{s1} & \boldsymbol{A}_{s2} & \cdots & \boldsymbol{A}_{st}\end{pmatrix},\quad \boldsymbol{B}=\begin{pmatrix}\boldsymbol{B}_{11} & \boldsymbol{B}_{12} & \cdots & \boldsymbol{B}_{1r}\\ \boldsymbol{B}_{21} & \boldsymbol{B}_{22} & \cdots & \boldsymbol{B}_{2r}\\ \vdots & \vdots & & \vdots\\ \boldsymbol{B}_{t1} & \boldsymbol{B}_{t2} & \cdots & \boldsymbol{B}_{tr}\end{pmatrix},$$

其中 $\boldsymbol{A}_{i1},\boldsymbol{A}_{i2},\cdots,\boldsymbol{A}_{it}(i=1,2,\cdots,s)$ 的列数分别等于 $\boldsymbol{B}_{1j},\boldsymbol{B}_{2j},\cdots,\boldsymbol{B}_{tj}(j=1,2,\cdots,r)$ 的行数，那么

$$
\boldsymbol{C}=\boldsymbol{AB}=\begin{pmatrix}\boldsymbol{C}_{11} & \boldsymbol{C}_{12} & \cdots & \boldsymbol{C}_{1r}\\ \boldsymbol{C}_{21} & \boldsymbol{C}_{22} & \cdots & \boldsymbol{C}_{2r}\\ \vdots & \vdots & & \vdots\\ \boldsymbol{C}_{s1} & \boldsymbol{C}_{s2} & \cdots & \boldsymbol{C}_{sr}\end{pmatrix},
$$

其中 $\boldsymbol{C}_{ij}=\sum\limits_{k=1}^{t}\boldsymbol{A}_{ik}\boldsymbol{B}_{kj}(i=1,2,\cdots,s;j=1,2,\cdots,r)$.

4. **分块矩阵的转置**

设 $\boldsymbol{A}=\begin{pmatrix}\boldsymbol{A}_{11} & \boldsymbol{A}_{12} & \cdots & \boldsymbol{A}_{1t}\\ \boldsymbol{A}_{21} & \boldsymbol{A}_{22} & \cdots & \boldsymbol{A}_{2t}\\ \vdots & \vdots & & \vdots\\ \boldsymbol{A}_{s1} & \boldsymbol{A}_{s2} & \cdots & \boldsymbol{A}_{st}\end{pmatrix}$, 则 $\boldsymbol{A}^{\mathrm{T}}=\begin{pmatrix}\boldsymbol{A}_{11}^{\mathrm{T}} & \boldsymbol{A}_{21}^{\mathrm{T}} & \cdots & \boldsymbol{A}_{s1}^{\mathrm{T}}\\ \boldsymbol{A}_{12}^{\mathrm{T}} & \boldsymbol{A}_{22}^{\mathrm{T}} & \cdots & \boldsymbol{A}_{s2}^{\mathrm{T}}\\ \vdots & \vdots & & \vdots\\ \boldsymbol{A}_{1t}^{\mathrm{T}} & \boldsymbol{A}_{2t}^{\mathrm{T}} & \cdots & \boldsymbol{A}_{st}^{\mathrm{T}}\end{pmatrix}$.

小贴士

分块矩阵不仅在形式上进行转置, 而且每一个子块也进行转置.

设 $\boldsymbol{A}$ 是 n 阶方阵, 若 $\boldsymbol{A}$ 的分块矩阵在主对角线以外均为零子块, 且主对角线上的子块 $\boldsymbol{A}_i(i=1,2,\cdots,s)$ 都是方阵 (阶数可以不等), 即

$$
\boldsymbol{A}=\begin{pmatrix}\boldsymbol{A}_1 & 0 & \cdots & 0\\ 0 & \boldsymbol{A}_2 & \cdots & 0\\ \vdots & \vdots & & \vdots\\ 0 & 0 & \cdots & \boldsymbol{A}_s\end{pmatrix},
$$

则称 $\boldsymbol{A}$ 为分块对角矩阵, 记为 $\boldsymbol{A}=\operatorname{diag}(\boldsymbol{A}_1,\boldsymbol{A}_2,\cdots,\boldsymbol{A}_s)$. 此时 $|\boldsymbol{A}|=|\boldsymbol{A}_1||\boldsymbol{A}_2|\cdots|\boldsymbol{A}_s|$.

5. **分块矩阵的逆**

对于分块对角矩阵 $\boldsymbol{A}=\begin{pmatrix}\boldsymbol{A}_1 & 0 & \cdots & 0\\ 0 & \boldsymbol{A}_2 & \cdots & 0\\ \vdots & \vdots & & \vdots\\ 0 & 0 & \cdots & \boldsymbol{A}_s\end{pmatrix}$, 若 $\boldsymbol{A}$ 可逆, 容易验证

$$
\boldsymbol{A}^{-1}=\begin{pmatrix}\boldsymbol{A}_1^{-1} & 0 & \cdots & 0\\ 0 & \boldsymbol{A}_2^{-1} & \cdots & 0\\ \vdots & \vdots & & \vdots\\ 0 & 0 & \cdots & \boldsymbol{A}_s^{-1}\end{pmatrix}.
$$

本章小结

1. 矩阵相关的概念

矩阵: 由 $m\times n$ 个数 $a_{ij}(i=1,2,\cdots,m;j=1,2,\cdots,n)$ 排成的 m 行 n 列的数表 (是一组数).

行 (列) 矩阵: 只有一行 (列) 的矩阵, 又称为行 (列) 向量.

同型矩阵: 行数, 列数均相等的两个矩阵.

$\boldsymbol{A}=\boldsymbol{B}$: 矩阵 $\boldsymbol{A}$ 和矩阵 $\boldsymbol{B}$ 为同型矩阵, 且对应的元素相等.

零矩阵: 所有元素都为 0 的矩阵, 记为 $\boldsymbol{O}$, 不同型的零矩阵是不相等的.

对角矩阵: 主对角线元素为 $\lambda_1,\lambda_2,\cdots,\lambda_n$, 其余元素为 0 的方阵.

$$\boldsymbol{\Lambda}=\begin{pmatrix}\lambda_1 & & & \\ & \lambda_2 & & \\ & & \ddots & \\ & & & \lambda_n\end{pmatrix}=\operatorname{diag}(\lambda_1,\lambda_2,\cdots,\lambda_n).$$

单位矩阵: 对角线元素为 1, 其余元素为 0 的方阵.

$$\boldsymbol{E}=\begin{pmatrix}1 & & & \\ & 1 & & \\ & & \ddots & \\ & & & 1\end{pmatrix}.$$

2. 矩阵的运算

(1) 加法: 只有两个矩阵为同型矩阵时, 才能进行加法运算. $\boldsymbol{A}+\boldsymbol{B}$ 等于对应元素相加. 矩阵加法满足交换律和结合律.

(2) 数与矩阵相乘

$$\lambda\boldsymbol{A}=(\lambda a_{ij})_{m\times n}=\begin{pmatrix}\lambda a_{11} & \lambda a_{12} & \cdots & \lambda a_{1n}\\ \lambda a_{21} & \lambda a_{22} & \cdots & \lambda a_{2n}\\ \vdots & \vdots & & \vdots\\ \lambda a_{m1} & \lambda a_{m2} & \cdots & \lambda a_{mn}\end{pmatrix}.$$

① $(\lambda\mu)\boldsymbol{A}=\lambda(\mu\boldsymbol{A})$, ② $(\lambda+\mu)\boldsymbol{A}=\lambda\boldsymbol{A}+\mu\boldsymbol{A}$, ③ $\lambda(\boldsymbol{A}+\boldsymbol{B})=\lambda\boldsymbol{A}+\lambda\boldsymbol{B}$.

(3) 矩阵与矩阵相乘: 要求左矩阵的列数等于右矩阵的行数; $\boldsymbol{A}_{m\times s}\boldsymbol{B}_{s\times n}$ 乘积矩阵的行数为左矩阵的行数, 列数为右矩阵的列数; 乘积矩阵 $\boldsymbol{C}_{m\times n}$ 中的每一个元素

$$c_{ij}=a_{i1}b_{1j}+a_{i2}b_{2j}+\cdots+a_{is}b_{sj}=\sum_{k=1}^{s}a_{ik}b_{kj},$$

即乘积矩阵的第 i 行, 第 j 列元素为左矩阵的第 i 行元素与右矩阵的第 j 列元素对应相乘再相加.

注意: 在一般情况下, $\boldsymbol{AB}\neq\boldsymbol{BA}$. 但是满足结合律和分配律.

(4) 矩阵的幂: 若 $\boldsymbol{A}$ 是 n 阶方阵, 则

$$\boldsymbol{A}^2=\boldsymbol{AA},\quad \boldsymbol{A}^3=\boldsymbol{AA}^2,\cdots,\boldsymbol{A}^k=\boldsymbol{AA}^{k-1}.$$

显然: $\boldsymbol{A}^k\boldsymbol{A}^l=\boldsymbol{A}^{k+l}$, $(\boldsymbol{A}^k)^l=\boldsymbol{A}^{kl}$.

$$\left.\begin{array}{l}(\boldsymbol{AB})^k=\boldsymbol{A}^k\boldsymbol{B}^k,\\(\boldsymbol{A}+\boldsymbol{B})^2=\boldsymbol{A}^2+2\boldsymbol{AB}+\boldsymbol{B}^2,\\(\boldsymbol{A}+\boldsymbol{B})(\boldsymbol{A}-\boldsymbol{B})=\boldsymbol{A}^2-\boldsymbol{B}^2\end{array}\right\}\text{仅当 }\boldsymbol{A},\boldsymbol{B}\text{ 可交换时才成立.}$$

3. 矩阵的转置

把矩阵 $\boldsymbol{A}$ 的行换成同序数的列得到的新矩阵, 记作 $\boldsymbol{A}^{\mathrm{T}}$.

性质: (1) $(\boldsymbol{A}^{\mathrm{T}})^{\mathrm{T}}=\boldsymbol{A}$;

(2) $(\boldsymbol{A}+\boldsymbol{B})^{\mathrm{T}}=\boldsymbol{A}^{\mathrm{T}}+\boldsymbol{B}^{\mathrm{T}}$;

(3) $(\lambda\boldsymbol{A})^{\mathrm{T}}=\lambda\boldsymbol{A}^{\mathrm{T}}$;

(4) $(\boldsymbol{AB})^{\mathrm{T}}=\boldsymbol{B}^{\mathrm{T}}\boldsymbol{A}^{\mathrm{T}},(\boldsymbol{ABC})^{\mathrm{T}}=\boldsymbol{C}^{\mathrm{T}}\boldsymbol{B}^{\mathrm{T}}\boldsymbol{A}^{\mathrm{T}}$.

设 $\boldsymbol{A}$ 为 n 阶方阵, 如果满足 $\boldsymbol{A}=\boldsymbol{A}^{\mathrm{T}}$, 即 $a_{ij}=a_{ji}$, 则 $\boldsymbol{A}$ 为对称矩阵;

如果满足 $\boldsymbol{A}=-\boldsymbol{A}^{\mathrm{T}}$, 即 $a_{ij}=-a_{ji}$, 则 $\boldsymbol{A}$ 为反对称矩阵.

4. 方阵的行列式

由 n 阶方阵的元素所构成的行列式, 叫作方阵 $\boldsymbol{A}$ 的行列式, 记作 $|\boldsymbol{A}|$ 或 $\det\boldsymbol{A}$.

性质: ① $|\boldsymbol{A}^{\mathrm{T}}|=|\boldsymbol{A}|$, ② $|\lambda\boldsymbol{A}|=\lambda^n|\boldsymbol{A}|$, ③ $|\boldsymbol{AB}|=|\boldsymbol{A}||\boldsymbol{B}|$.

5. 分块矩阵

用一些横线和竖线将矩阵分成若干个小块, 这种操作称为对矩阵进行分块; 每一个小块称为矩阵的子块; 矩阵分块后, 以子块为元素的形式上的矩阵称为分块矩阵.

分块矩阵的运算: (其运算与矩阵运算基本一致)

(1) 加法: 要求矩阵 $\boldsymbol{A}$ 和 $\boldsymbol{B}$ 是同型矩阵, 且采用相同的分块法 (即相对应的两个子块也是同型的).

(2) 分块矩阵 $\boldsymbol{A}$ 的转置 $\boldsymbol{A}^{\mathrm{T}}$: 除了 $\boldsymbol{A}$ 整体上需转置外, 每一个子块也必须转置.

6. 分块对角矩阵

设 $\boldsymbol{A}$ 是 n 阶矩阵, 若: ① $\boldsymbol{A}$ 的分块矩阵只有在对角线上有非零子块; ② 其余子块都为零矩阵; ③ 对角线上的子块都是方阵, 则称 $\boldsymbol{A}$ 为分块对角矩阵.

$$A = \begin{pmatrix} A_1 & 0 & \cdots & 0 \\ 0 & A_2 & \cdots & 0 \\ \vdots & \vdots & & \vdots \\ 0 & 0 & \cdots & A_s \end{pmatrix}.$$

性质: (1) $|\boldsymbol{A}| = |\boldsymbol{A}_1||\boldsymbol{A}_2|\cdots|\boldsymbol{A}_s|$;

(2) 若 $|\boldsymbol{A}_i| \neq 0(i = 1, 2, \cdots, s)$, 则 $|\boldsymbol{A}| \neq 0$, 并且

$$\boldsymbol{A}^{-1} = \begin{pmatrix} \boldsymbol{A}_1^{-1} & 0 & \cdots & 0 \\ 0 & \boldsymbol{A}_2^{-1} & \cdots & 0 \\ \vdots & \vdots & & \vdots \\ 0 & 0 & \cdots & \boldsymbol{A}_s^{-1} \end{pmatrix}.$$

7. **伴随矩阵**

A_{ij} 是 a_{ij} 的代数余子式, $\boldsymbol{A}^*$ 称为 $\boldsymbol{A}$ 的伴随矩阵 (特别注意符号).

$$\boldsymbol{A}^* = \begin{pmatrix} A_{11} & A_{21} & \cdots & A_{n1} \\ A_{12} & A_{22} & \cdots & A_{n2} \\ \vdots & \vdots & & \vdots \\ A_{1n} & A_{2n} & \cdots & A_{nn} \end{pmatrix}.$$

8. **逆矩阵**

对于 n 阶方阵 $\boldsymbol{A}$, 如果有 n 阶方阵 $\boldsymbol{B}$, 使得 $\boldsymbol{AB} = \boldsymbol{BA} = \boldsymbol{E}$, 则称 $\boldsymbol{A}$ 可逆, $\boldsymbol{B}$ 为 $\boldsymbol{A}$ 的逆矩阵, 记为 $\boldsymbol{A}^{-1}$. $\boldsymbol{A}$ 的逆矩阵是唯一的.

n 阶矩阵 $\boldsymbol{A}$ 可逆的充分必要条件是 $|\boldsymbol{A}| \neq 0$, 且当方阵 $\boldsymbol{A}$ 可逆时, 有

$$\boldsymbol{A}^{-1} = \frac{1}{|\boldsymbol{A}|}\boldsymbol{A}^*.$$

对角矩阵的逆矩阵: 主对角线上每个元素取倒数.

性质: 如果 n 阶方阵 $\boldsymbol{A}$ 和 $\boldsymbol{B}$ 都可逆, 那么 $\boldsymbol{A}^{-1}$, $\boldsymbol{A}^{\mathrm{T}}$, $\lambda\boldsymbol{A}(\lambda \neq 0)$, $\boldsymbol{AB}$ 也可逆且: $(\boldsymbol{A}^{-1})^{-1} = \boldsymbol{A}, (\boldsymbol{A}^{\mathrm{T}})^{-1} = (\boldsymbol{A}^{-1})^{\mathrm{T}}, (\lambda\boldsymbol{A})^{-1} = \lambda^{-1}\boldsymbol{A}^{-1}, (\boldsymbol{AB})^{-1} = \boldsymbol{B}^{-1}\boldsymbol{A}^{-1}, \det(\boldsymbol{A}^{-1}) = (\det \boldsymbol{A})^{-1}$.

用逆矩阵求解矩阵方程:

已知 $\boldsymbol{AXB} = \boldsymbol{C}$, 若 $\boldsymbol{A}$ 和 $\boldsymbol{B}$ 都可逆, 则 $\boldsymbol{X} = \boldsymbol{A}^{-1}\boldsymbol{C}\boldsymbol{B}^{-1}$.

9. **矩阵的初等行 (列) 变换**

注意与行列式的运算加以区分.

(1) 互换变换: 互换两行 (列), 记作 $r_i \leftrightarrow r_j(c_i \leftrightarrow c_j)$;

(2) 倍乘变换: 第 i 行 (列) 乘以非零常数 k, 记作 $kr_i(kc_i)$;

(3) 倍加变换: 第 j 行 (列) 的 k 倍加到第 i 行 (列) 上, 记作 $r_i + kr_j(c_i + kc_j)$.

10. **矩阵等价**

若矩阵 $\boldsymbol{A}$ 经过有限次初等变换成为矩阵 $\boldsymbol{B}$, 则称 $\boldsymbol{A}$ 与 $\boldsymbol{B}$ 等价, 记作 $\boldsymbol{A}\sim\boldsymbol{B}$.

$\boldsymbol{A}_{m\times n}\sim\boldsymbol{B}_{m\times n}$ 的充要条件是存在 m 阶可逆矩阵 $\boldsymbol{P}$ 及 n 阶可逆矩阵 $\boldsymbol{Q}$, 使 $\boldsymbol{PAQ}=\boldsymbol{B}$.

11. **矩阵之间等价关系的性质**

(1) 反身性: $\boldsymbol{A}\sim\boldsymbol{A}$;

(2) 对称性: 若 $\boldsymbol{A}\sim\boldsymbol{B}$, 则 $\boldsymbol{B}\sim\boldsymbol{A}$;

(3) 传递性: 若 $\boldsymbol{A}\sim\boldsymbol{B},\boldsymbol{B}\sim\boldsymbol{C}$, 则 $\boldsymbol{A}\sim\boldsymbol{C}$.

12. **行阶梯形矩阵**

满足下列两个条件的矩阵:

(1) 若矩阵有零行 (元素全部为 0 的行), 零行全部在下方;

(2) 各非零行的首非零元 (第一个不为 0 的元素, 也称为主元) 的列标随着行标的递增而严格增加.

行阶梯形矩阵的特点:

(1) 可画出一条阶梯线, 线的下方全为零;

(2) 每个台阶只有一行;

(3) 阶梯线的竖线后面是非零行的第一个非零元素.

13. **初等矩阵**

由单位矩阵 $\boldsymbol{E}$ 经过一次初等变换得到的矩阵 (是可逆的).

(1) 单位矩阵对换 i,j 行 (列), 记作 $\boldsymbol{E}_m(i,j),\boldsymbol{E}_m(i,j)^{-1}=\boldsymbol{E}_m(i,j)$;

(2) 以常数 $k\neq0$ 乘单位矩阵第 i 行 (列), 记作 $\boldsymbol{E}_m(i(k)),\boldsymbol{E}_m(i(k))^{-1}=\boldsymbol{E}_m\left(i\left(\dfrac{1}{k}\right)\right)$;

(3) 以 k 乘单位矩阵第 j 行加到第 i 行 (k 乘单位矩阵第 i 列加到第 j 列), 记作 $\boldsymbol{E}_m(i,j(k)),\boldsymbol{E}_m(i,j(k))^{-1}=\boldsymbol{E}_m(i,j(-k))$.

性质 1　设 $\boldsymbol{A}$ 是一个 $m\times n$ 矩阵, 对 $\boldsymbol{A}$ 施行一次初等行变换, 相当于在 $\boldsymbol{A}$ 的左边乘以相应的 m 阶初等矩阵; 对 $\boldsymbol{A}$ 施行一次初等列变换, 相当于在 $\boldsymbol{A}$ 的右边乘以相应的 n 阶初等矩阵.(左行右列)

性质 2　方阵 $\boldsymbol{A}$ 可逆的充要条件是存在有限个初等矩阵 $\boldsymbol{P}_1,\boldsymbol{P}_2,\cdots,\boldsymbol{P}_l$, 使 $\boldsymbol{A}=\boldsymbol{P}_1\boldsymbol{P}_2\cdots\boldsymbol{P}_l$.

推论　方阵 $\boldsymbol{A}$ 可逆的充要条件是 $\boldsymbol{A}\sim\boldsymbol{E}$.

求方阵 $\boldsymbol{A}$ 的逆矩阵的方法总结:

方法 1: ① 判断 $\boldsymbol{A}$ 可不可逆: $|\boldsymbol{A}|\neq0\Leftrightarrow\boldsymbol{A}$ 可逆;

② $\boldsymbol{A}^{-1}=\dfrac{1}{|\boldsymbol{A}|}\boldsymbol{A}^*$: 注意伴随矩阵里每个代数余子式对应的符号.

方法 2: 在矩阵 $\boldsymbol{A}$ 的右边写一个同阶的单位矩阵 $\boldsymbol{E}$, 构成一个 $n\times2n$ 矩阵 $(\boldsymbol{A},\boldsymbol{E})$, 用初等行变换将左半部分的 $\boldsymbol{A}$ 化成单位矩阵 $\boldsymbol{E}$, 与此同时, 右半部分的 $\boldsymbol{E}$ 就被化成了 $\boldsymbol{A}^{-1}$,

即

$$(\boldsymbol{A},\boldsymbol{E})\xrightarrow{\text{初等行变换}}(\boldsymbol{E},\boldsymbol{A}^{-1}).$$

求 $\boldsymbol{A}^{-1}\boldsymbol{B}$:

$$(\boldsymbol{A},\boldsymbol{B})\xrightarrow{\text{初等行变换}}(\boldsymbol{E},\boldsymbol{A}^{-1}\boldsymbol{B}).$$

该方法用来求方程组 $\boldsymbol{AX}=\boldsymbol{B}\Leftrightarrow$ 若 $\boldsymbol{A}$ 可逆, 则 $\boldsymbol{X}=\boldsymbol{A}^{-1}\boldsymbol{B}$; 若 $\boldsymbol{XA}=\boldsymbol{B}$, 则可先化为 $\boldsymbol{A}^{\mathrm{T}}\boldsymbol{X}^{\mathrm{T}}=\boldsymbol{B}^{\mathrm{T}}$.

14. **矩阵的秩**

(1) k 阶子式: 设 $\boldsymbol{A}$ 是一个 $m\times n$ 矩阵, 在 $\boldsymbol{A}$ 中任意选取 k 行 k 列交点上的 k^2 个元素, 按原来次序组成的 k 阶行列式, 称为矩阵 $\boldsymbol{A}$ 的一个 k 阶子式, 记为 $D_k(\boldsymbol{A})$, 其中 $1\leqslant k\leqslant\min\{m,n\}$. $m\times n$ 矩阵 $\boldsymbol{A}$ 的 k 阶子式共有 $\mathrm{C}_m^k\cdot\mathrm{C}_n^k$ 个.

(2) 矩阵的秩: 矩阵 $\boldsymbol{A}$ 的非零子式的最高阶数称为矩阵 $\boldsymbol{A}$ 的秩, 记为 $\operatorname{rank}(\boldsymbol{A})$ 或 $r(\boldsymbol{A})$.

设矩阵 $\boldsymbol{A}$ 中有一个不等于零的 r 阶子式 $\boldsymbol{D}$, 且所有 $r+1$ 阶子式 (如果存在的话) 全等于零, 那么 $r(\boldsymbol{A})=r$. 零矩阵的秩等于 0.

求秩方法: ① 将矩阵通过初等行变换化为行阶梯形矩阵; ② 该行阶梯形矩阵非零行的行数就是原矩阵的秩.

矩阵秩的性质:

(1) 对于 n 阶方阵 $\boldsymbol{A}, r(\boldsymbol{A})=n$ (称 $\boldsymbol{A}$ 满秩) $\Leftrightarrow|\boldsymbol{A}|\neq 0\Leftrightarrow\boldsymbol{A}$ 可逆;

(2) 若 $\boldsymbol{A}\sim\boldsymbol{B}$, 则 $r(\boldsymbol{A})=r(\boldsymbol{B})$;

(3) $r(\boldsymbol{A}^{\mathrm{T}})=r(\boldsymbol{A})$;

(4) 若 $\boldsymbol{P},\boldsymbol{Q}$ 可逆, 则 $r(\boldsymbol{PAQ})=r(\boldsymbol{A})$, 即可逆矩阵与任何矩阵 $\boldsymbol{A}$ 相乘, 都不会改变所乘矩阵 $\boldsymbol{A}$ 的秩.

复习题 2

一、填空题

1. 已知 $\begin{pmatrix} a & 1 & 1 \\ 3 & 0 & 1 \\ 0 & 2 & -1 \end{pmatrix}\begin{pmatrix} 3 \\ a \\ -3 \end{pmatrix} = \begin{pmatrix} b \\ 6 \\ -b \end{pmatrix}$, 则 $a=$________, $b=$________.

2. 若 $\boldsymbol{A},\boldsymbol{B}$ 均为 3 阶方阵, 且 $|\boldsymbol{A}|=2$, $\boldsymbol{B}=-2\boldsymbol{E}$, 则 $|\boldsymbol{AB}|=$________.

3. $\boldsymbol{A}$ 为 3 阶方阵, 且 $|\boldsymbol{A}|=-2$, $\boldsymbol{A}=\begin{pmatrix} \boldsymbol{A}_1 \\ \boldsymbol{A}_2 \\ \boldsymbol{A}_3 \end{pmatrix}$, 则 $\begin{vmatrix} \boldsymbol{A}_3-2\boldsymbol{A}_1 \\ 3\boldsymbol{A}_2 \\ \boldsymbol{A}_1 \end{vmatrix}=$________, 其中 $\boldsymbol{A}_1,\boldsymbol{A}_2,\boldsymbol{A}_3$ 分别为 $\boldsymbol{A}$ 的 1,2,3 行.

4. 已知 $\boldsymbol{\alpha}=(1,1,1)$, 则 $|\boldsymbol{\alpha}^{\mathrm{T}}\boldsymbol{\alpha}|=$________.

5. 设 $\boldsymbol{A}=\begin{pmatrix} 1 & 0 & 1 \\ 0 & 2 & 0 \\ 2 & 0 & 1 \end{pmatrix}$ 满足 $\boldsymbol{A}^2\boldsymbol{B}-\boldsymbol{A}-\boldsymbol{B}=\boldsymbol{E}$, 则 $|\boldsymbol{B}|=$________.

6. 设 $\boldsymbol{A}=\begin{pmatrix} 1 & 1 & 0 \\ 2 & 0 & 0 \\ 0 & 0 & 1 \end{pmatrix}$, 则 $\boldsymbol{A}^*=$________.

7. 设矩阵 $\boldsymbol{B}=\begin{pmatrix} 1 & 1 & -6 & -10 \\ 2 & 5 & a & 1 \\ 1 & 2 & -1 & -a \end{pmatrix}$ 的秩为 2, 则 $a=$________.

8. 设矩阵 $\boldsymbol{A}=\begin{pmatrix} k & 1 & 1 & 1 \\ 1 & k & 1 & 1 \\ 1 & 1 & k & 1 \\ 1 & 1 & 1 & k \end{pmatrix}$, 且 $r(\boldsymbol{A})=3$, 则 $k=$________.

9. 矩阵 $\boldsymbol{A}=\begin{pmatrix} 2 & 0 & 0 & 0 \\ 0 & 3 & 0 & 0 \\ 0 & 0 & 1 & 0 \\ 0 & 0 & 0 & 4 \end{pmatrix}$ 的逆矩阵为________.

10. 设 n 阶方阵 $\boldsymbol{A}$ 满足 $|\boldsymbol{A}|=2$, 则 $|\boldsymbol{A}^{\mathrm{T}}\boldsymbol{A}|=$ ________, $|\boldsymbol{A}^{-1}|=$ ________, $|\boldsymbol{A}^*|=$ ________.

11. 设 $\boldsymbol{A}=\begin{pmatrix}1&0&0\\2&2&0\\3&4&5\end{pmatrix}$, $\boldsymbol{A}^*$ 为 $\boldsymbol{A}$ 的伴随矩阵, 则 $(\boldsymbol{A}^*)^{-1}=$ ________.

12. 设 $\boldsymbol{A}^*, \boldsymbol{A}^{-1}$ 分别为 n 阶方阵 $\boldsymbol{A}$ 的伴随矩阵和逆阵, 则 $|\boldsymbol{A}^*\boldsymbol{A}^{-1}|=$ ________.

二、选择题

1. 设 $\boldsymbol{A}, \boldsymbol{B}$ 均为 n 阶方阵, 则下列结论正确的是 (　　).

A. 若 $\boldsymbol{A}$ 或 $\boldsymbol{B}$ 可逆, 则 $\boldsymbol{AB}$ 必可逆

B. 若 $\boldsymbol{A}$ 或 $\boldsymbol{B}$ 不可逆, 则 $\boldsymbol{AB}$ 必不可逆

C. 若 $\boldsymbol{A}, \boldsymbol{B}$ 均可逆, 则 $\boldsymbol{A}+\boldsymbol{B}$ 必可逆

D. 若 $\boldsymbol{A}, \boldsymbol{B}$ 均不可逆, 则 $\boldsymbol{A}+\boldsymbol{B}$ 必不可逆

2. 设 $\boldsymbol{A}, \boldsymbol{B}$ 均为 n 阶方阵, 且 $\boldsymbol{A}(\boldsymbol{B}-\boldsymbol{E})=\boldsymbol{O}$, 则 (　　).

A. $\boldsymbol{A}=\boldsymbol{O}$ 或 $\boldsymbol{B}=\boldsymbol{E}$　　B. $|\boldsymbol{A}|=0$ 或 $|\boldsymbol{B}-\boldsymbol{E}|=0$

C. $|\boldsymbol{A}|=0$ 或 $|\boldsymbol{B}|=1$　　D. $\boldsymbol{A}=\boldsymbol{O}$ 或 $\boldsymbol{A}=\boldsymbol{BA}$

3. 设 n 阶方阵 $\boldsymbol{A}$ 经过初等变换后得方阵 $\boldsymbol{B}$, 则 (　　).

A. $|\boldsymbol{A}|=|\boldsymbol{B}|$　　B. $|\boldsymbol{A}|\neq|\boldsymbol{B}|$

C. $|\boldsymbol{A}||\boldsymbol{B}|>0$　　D. 若 $|\boldsymbol{A}|=0$, 则 $|\boldsymbol{B}|=0$

4. 设 n 阶方阵 $\boldsymbol{A}, \boldsymbol{B}, \boldsymbol{C}$ 均是可逆方阵, 则 $(\boldsymbol{ACB}^{\mathrm{T}})^{-1}=$ (　　).

A. $(\boldsymbol{B}^{-1})^{-1}\boldsymbol{A}^{-1}\boldsymbol{C}^{-1}$　　B. $\boldsymbol{A}^{-1}\boldsymbol{C}^{-1}(\boldsymbol{B}^{\mathrm{T}})^{-1}$

C. $\boldsymbol{B}^{-1}\boldsymbol{C}^{-1}\boldsymbol{A}^{-1}$　　D. $(\boldsymbol{B}^{-1})^{\mathrm{T}}\boldsymbol{C}^{-1}\boldsymbol{A}^{-1}$

5. 设 $\boldsymbol{A}=\begin{pmatrix}a_{11}&a_{12}&a_{13}&a_{14}\\a_{21}&a_{22}&a_{23}&a_{24}\\a_{31}&a_{32}&a_{33}&a_{34}\\a_{41}&a_{42}&a_{43}&a_{44}\end{pmatrix}$, $\boldsymbol{B}=\begin{pmatrix}a_{14}&a_{13}&a_{12}&a_{11}\\a_{24}&a_{23}&a_{22}&a_{21}\\a_{34}&a_{33}&a_{32}&a_{31}\\a_{44}&a_{43}&a_{42}&a_{41}\end{pmatrix}$, $\boldsymbol{P}_1=\begin{pmatrix}0&0&0&1\\0&1&0&0\\0&0&1&0\\1&0&0&0\end{pmatrix}$, $\boldsymbol{P}_2=\begin{pmatrix}1&0&0&0\\0&0&1&0\\0&1&0&0\\0&0&0&1\end{pmatrix}$, 若 $\boldsymbol{A}$ 可逆, 则 $\boldsymbol{B}^{-1}=$ (　　).

A. $\boldsymbol{A}^{-1}\boldsymbol{P}_1\boldsymbol{P}_2$　　B. $\boldsymbol{P}_2\boldsymbol{A}^{-1}\boldsymbol{P}_1$　　C. $\boldsymbol{P}_1\boldsymbol{P}_2\boldsymbol{A}^{-1}$　　D. $\boldsymbol{P}_1\boldsymbol{A}^{-1}\boldsymbol{P}_2$

三、设矩阵

$$\boldsymbol{A}=\begin{pmatrix}1&1&2\\1&1&-1\\2&-1&1\end{pmatrix},\quad \boldsymbol{B}=\begin{pmatrix}1&2&3\\-1&-2&2\\0&3&-1\end{pmatrix},$$

求 $3\boldsymbol{AB}-2\boldsymbol{A}^{\mathrm{T}}$ 及 $(\boldsymbol{AB})^{\mathrm{T}}$.

四、计算下列矩阵的乘积

1. $\begin{pmatrix}2&1&4&0\\1&-1&3&3\end{pmatrix}\begin{pmatrix}1&3&-1\\0&1&-2\\1&-3&1\\2&0&-1\end{pmatrix}$;

2. $\begin{pmatrix}2&1&3\\0&1&-1\\0&0&5\end{pmatrix}\begin{pmatrix}-1&2&0\\0&1&7\\0&0&-3\end{pmatrix}$.

五、求下列矩阵的秩

1. $\begin{pmatrix}3&1&0&2\\1&-1&2&-1\\1&3&-4&4\end{pmatrix}$;

2. $\begin{pmatrix}1&0&1&1\\1&1&0&1\\0&1&1&1\\1&1&-2&0\end{pmatrix}$;

3. $\begin{pmatrix}1&2&3&0\\2&-1&1&-5\\-1&0&-1&2\\0&1&1&1\\3&-1&2&-7\end{pmatrix}$;

4. $\begin{pmatrix}1&1&2&2&1\\0&2&1&5&-1\\2&0&3&-1&3\\1&1&0&4&-1\end{pmatrix}$.

六、求下列方阵的逆

1. $\begin{pmatrix}1&2&-1\\3&4&-2\\5&-4&1\end{pmatrix}$;

2. $\begin{pmatrix}3&-2&0&-1\\0&2&2&1\\1&-2&-3&-2\\0&1&2&1\end{pmatrix}$.

七、求解下列矩阵方程

1. $\begin{pmatrix}1&4\\-1&2\end{pmatrix}\boldsymbol{X}\begin{pmatrix}2&1&-1\\2&1&0\\1&-1&1\end{pmatrix}=\begin{pmatrix}1&-1&3\\4&3&2\end{pmatrix}$;

2. $\boldsymbol{A}=\begin{pmatrix}2&1&0\\1&2&1\\0&1&2\end{pmatrix}$, $\boldsymbol{C}=\begin{pmatrix}1&2\\3&4\\2&1\end{pmatrix}$, $\boldsymbol{AX}=\boldsymbol{X}+\boldsymbol{C}$, 求 $\boldsymbol{X}$;

3. 设 $\boldsymbol{A}=\begin{pmatrix}4&2&3\\1&1&0\\-1&2&3\end{pmatrix}$, 且 $\boldsymbol{AB}=\boldsymbol{A}+2\boldsymbol{B}$, 求 $\boldsymbol{B}$.

第 3 章 线性方程组

【学习目标】

- 掌握线性方程组的概念, 掌握线性方程组的矩阵表示法
- 掌握齐次线性方程组有非零解的充分必要条件, 会判断齐次线性方程组有无非零解
- 掌握非齐次线性方程组有解的充分必要条件, 会判断一个方程组是否有解
- 会用高斯消元法求线性方程组的通解
- 理解 n 维向量的概念, 理解向量组的线性组合、线性相关、线性无关的概念
- 了解向量组等价的概念
- 掌握向量组线性相关、线性无关的有关性质及判别法
- 了解向量组的极大线性无关组和向量组的秩的概念, 会求向量组的极大线性无关组及秩
- 理解齐次线性方程组的基础解系及通解等概念, 会求齐次线性方程组的基础解系及通解
- 理解非齐次线性方程组解的结构及通解等概念
- 掌握用初等行变换求线性方程组的通解的方法

求解线性方程组是线性代数中最重要的问题之一. 线性方程组广泛应用于经济学、社会学、生态学、人口统计学、遗传学、电子学、工程学以及物理学等领域. 利用数学方法, 通常可以将较为复杂的问题化为线性方程组求解问题.

【情境与问题】

【《九章算术》中的方程组问题】 我国古代在数学方面有许多杰出的成就, 仅以代数中的一次方程组来说, 早在两千多年以前, 我国古代数学经典著作《九章算术》中, 就对它有过记载. 公元 263 年, 三国时期魏国刘徽撰《九章算术注》, 奠定了他在中国数学史上的不朽地位. 《九章算术》第八章就是 "方程" 章, 共有 18 个问题, 全部都是一次方程组的问题, 其中二元的问题有 8 个, 三元的问题有 6 个, 四元的问题有 2 个, 五元的问题有 1 个, 属于不定方程 (六个未知数五个方程) 的有 1 个.《九章算术》中所用的解法称为 "方程术".

《九章算术》中 "方程" 章第 1 题译成现代汉语是这样的: 上等谷 3 束、中等谷 2 束、下等谷 1 束, 共是 39 斗; 上等谷 2 束、中等谷 3 束、下等谷 1 束, 共是 34 斗; 上等谷 1 束、中等谷 2 束、下等谷 3 束, 共是 26 斗. 求上、中、下三等谷每束各是几斗?

列出如图 3.1 的方程组:

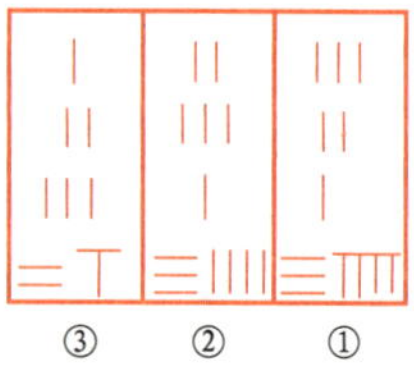

图 3.1

我国古代是用算筹来列方程组的. 我们的祖先掌握的上述一次方程组的解法, 比起欧洲来, 要早一千多年, 这是我国古代数学的一个光辉成就.

利用现代数学语言我们可以设: 上等谷每束 x 斗, 中等谷每束 y 斗, 下等谷每束 z 斗, 根据题意, 得方程组

$$\begin{cases} 3x+2y+\ z=39, \\ 2x+3y+\ z=34, \\ \ x+2y+3z=26. \end{cases}$$

这一章我们就来学习如何利用矩阵求解方程组的问题.

3.1 高斯消元法

3.1.1 线性方程组的概念

设含有 m 个方程 n 个未知数的线性方程组

$$\begin{cases} a_{11}x_1+\ a_{12}x_2+\cdots+\ a_{1n}x_n=b_1, \\ a_{21}x_1+\ a_{22}x_2+\cdots+\ a_{2n}x_n=b_2, \\ \cdots\cdots\cdots\cdots \\ a_{m1}x_1+a_{m2}x_2+\cdots+a_{mn}x_n=b_m, \end{cases} \tag{3.1.1}$$

线性方程组的概念

其中 x_i 是未知量 (未知数), a_{ij} 是第 i 个方程的第 j 个未知数的系数, b_i 是第 i 个方程的常数项, $i=1,2,\cdots,m$; $j=1,2,\cdots,n$. 当常数项 $b_1,b_2,\cdots,b_m$ 不全为零时, 称方程组 (3.1.1) 为 n 元非齐次线性方程组; 当常数项 $b_1=b_2=\cdots=b_m=0$ 时, 即

$$\begin{cases} a_{11}x_1+\ a_{12}x_2+\cdots+\ a_{1n}x_n=0, \\ a_{21}x_1+\ a_{22}x_2+\cdots+\ a_{2n}x_n=0, \\ \cdots\cdots\cdots\cdots \\ a_{m1}x_1+a_{m2}x_2+\cdots+a_{mn}x_n=0 \end{cases} \tag{3.1.2}$$

称为 n 元齐次线性方程组.

小贴士

所谓线性方程组是指各个方程关于未知量均为一次的方程组.

设 $\boldsymbol{S}=(s_1,s_2,\cdots,s_n)^{\mathrm{T}}$ 是由 n 个数 $s_1,s_2,\cdots,s_n$ 构成的一个有序数组, 如果 $x_1=s_1,x_2=s_2,\cdots,x_n=s_n$ 使得方程组 (3.1.1) 中的每个方程都变成恒等式, 则称这个有序数组 $\boldsymbol{S}=(s_1,s_2,\cdots,s_n)^{\mathrm{T}}$ 为线性方程组的一个解 (或解向量). 显然, 由 $x_1=0,x_2=0,\cdots,x_n=0$ 构成的有序数组 $\boldsymbol{S}_0=(0,0,\cdots,0)^{\mathrm{T}}$ 是齐次线性方程组 (3.1.2) 的一个解, 称之为齐次线性方程组的零解 (平凡解), 而当齐次线性方程组的解不全为零时, 称之为非零解 (非平凡解).

如果线性方程组 (3.1.1) 有解, 我们就称方程组 (3.1.1) 是相容的, 否则就称之为不相容的或矛盾方程组. 因为齐次线性方程组总有零解, 所以齐次线性方程组总是相容的.

方程组的解 (解向量) 的全体构成的集合称为它的解集. 求解方程组即是求出它的全部的解, 或者说, 求出它的解集. 若两个方程组有相同的解集, 则称它们是同解方程组或等价方程组. 线性方程组全部解的表达式称为线性方程组的通解.

显然, 若知道了一个线性方程组的全部系数和常数项, 则这个线性方程组就确定了. 用矩阵表示线性方程组或求解线性方程组是方便的.

对于非齐次线性方程组 (3.1.1), 记

$$\boldsymbol{A}=\begin{pmatrix} a_{11} & a_{12} & \cdots & a_{1n} \\ a_{21} & a_{22} & \cdots & a_{2n} \\ \vdots & \vdots & & \vdots \\ a_{m1} & a_{m2} & \cdots & a_{mn} \end{pmatrix}, \boldsymbol{x}=\begin{pmatrix} x_1 \\ x_2 \\ \vdots \\ x_n \end{pmatrix}, \boldsymbol{b}=\begin{pmatrix} b_1 \\ b_2 \\ \vdots \\ b_m \end{pmatrix},$$

$$B=(A,b)=\left(\begin{array}{cccc|c} a_{11} & a_{12} & \cdots & a_{1n} & b_1 \\ a_{21} & a_{22} & \cdots & a_{2n} & b_2 \\ \vdots & \vdots & & \vdots & \vdots \\ a_{m1} & a_{m2} & \cdots & a_{mn} & b_m \end{array}\right),$$

则线性方程组 (3.1.1) 可以写成矩阵方程的形式

$$Ax=b, \tag{3.1.3}$$

其中称 A 为线性方程组的系数矩阵, x 为未知量矩阵 (向量), b 为常数项矩阵 (向量). $B=(A,b)$ 称为非齐次线性方程组 (3.1.1) 的增广矩阵.

小贴士

线性非齐次方程组与其增广矩阵一一对应. 线性齐次方程组与其系数矩阵一一对应. 这就为我们利用矩阵这个工具研究线性方程组提供了基础支撑.

高斯消元法

3.1.2 高斯消元法

在初等代数中, 我们已经学习过用加减消元法和代入消元法求解二元或三元线性方程组, 这就是高斯消元法的特殊情况. 下面讨论如何运用该方法判断一般线性方程组解的情况以及如何用高斯消元法求解方程组. 让我们先从一个例子入手.

小点睛

高斯消元法以数学家高斯命名, 由拉布扎比 · 伊丁特改进, 发表于法国, 但最早出现于中国古籍《九章算术》中.

例 1 求解线性方程组

$$\begin{cases} 2x_1-x_2-x_3+x_4=2, \\ x_1+x_2-2x_3+x_4=4, \\ 4x_1-6x_2+2x_3-2x_4=4, \\ 3x_1+6x_2-9x_3+7x_4=9. \end{cases}$$

解

$$\begin{cases} 2x_1-x_2-x_3+x_4=2, & ① \\ x_1+x_2-2x_3+x_4=4, & ② \\ 4x_1-6x_2+2x_3-2x_4=4, & ③ \\ 3x_1+6x_2-9x_3+7x_4=9. & ④ \end{cases}$$

$$
\text{第一步:}\ \xrightarrow[\frac{1}{2}\times③]{①\leftrightarrow②}\begin{cases}x_1+\ x_2-2x_3+\ x_4=4, & ①\\ 2x_1-\ x_2-\ x_3+\ x_4=2, & ②\\ 2x_1-3x_2+\ x_3-\ x_4=2, & ③\\ 3x_1+6x_2-9x_3+7x_4=9, & ④\end{cases}
$$

$$
\text{第二步:}\ \xrightarrow[\substack{③-2\times①\\④-3\times①}]{②-2\times①}\begin{cases}x_1+\ x_2-2x_3+\ x_4=\ 4, & ①\\ \quad -3x_2+3x_3-\ x_4=-6, & ②\\ \quad -5x_2+5x_3-3x_4=-6, & ③\\ \quad\ \ 3x_2-3x_3+4x_4=-3, & ④\end{cases}
$$

$$
\text{第三步:}\ \xrightarrow[④+②]{③-\frac{5}{3}\times②}\begin{cases}x_1+\ x_2-2x_3+\ x_4=\ 4, & ①\\ \quad -3x_2+3x_3-\ x_4=-6, & ②\\ \qquad\qquad -\dfrac{4}{3}x_4=\ 4, & ③\\ \qquad\qquad\quad 3x_4=-9, & ④\end{cases}
$$

$$
\text{第四步:}\ \xrightarrow[\substack{\frac{1}{3}\times④\\④-③}]{(-\frac{3}{4})\times③}\begin{cases}x_1+\ x_2-2x_3+x_4=\ 4, & ①\\ \quad -3x_2+3x_3-x_4=-6, & ②\\ \qquad\qquad\quad x_4=-3, & ③\end{cases} \tag{3.1.4}
$$

$$
\text{第五步:}\ \xrightarrow[\substack{①-③\\(-\frac{1}{3})\times②}]{②+③}\begin{cases}x_1+x_2-2x_3 \qquad = \ 7, & ①\\ \quad\ \ x_2-\ x_3 \qquad = \ 3, & ②\\ \qquad\qquad\quad x_4=-3, & ③\end{cases}
$$

$$
\text{第六步:}\ \xrightarrow{①-②}\begin{cases}x_1 \qquad -x_3 \qquad = \ 4, & ①\\ \qquad x_2-x_3 \qquad = \ 3, & ②\\ \qquad\qquad\quad x_4=-3, & ③\end{cases} \tag{3.1.5}
$$

于是解得

$$
\begin{cases}x_1=x_3+4,\\ x_2=x_3+3,\\ x_4=-3,\end{cases} \tag{3.1.6}
$$

其中 x_3 可任意取值, 称为<u>自由未知量</u>. 若令 $x_3=k$, 则方程组的解可记作

$$
\boldsymbol{x}=\begin{pmatrix}x_1\\x_2\\x_3\\x_4\end{pmatrix}=\begin{pmatrix}k+4\\k+3\\k\\-3\end{pmatrix},\ \text{即}\ \boldsymbol{x}=\begin{pmatrix}x_1\\x_2\\x_3\\x_4\end{pmatrix}=k\begin{pmatrix}1\\1\\1\\0\end{pmatrix}+\begin{pmatrix}4\\3\\0\\-3\end{pmatrix},\ \text{其中}\ k\ \text{为任意实数.}
$$

这个方程组有无穷多个解.

小贴士

所谓自由未知量是指可以根据需要任意取值的未知量. 当自由未知量取定为某一确定值后, 其他未知量的值就可以算出来, 从而得到方程组的一个解.

阶梯状方程组 (3.1.4) 被称为阶梯形方程组, 方程组 (3.1.5) 被称为最简形方程组. 求解方程组的每一步所得到的新的方程组与原方程组都是同解方程组, 所以我们称这样的变换为同解变换. 上述高斯消元法求解过程中会用到三种同解变换: 交换方程的次序、方程两边同乘一个非零数、将一个方程两边同乘一个非零数再加到另一个方程中去.

下面我们来看看方程组的同解变换与其增广矩阵的初等变换之间的关系.

原方程组的增广矩阵为: $(\boldsymbol{A},\boldsymbol{b})=\left(\begin{array}{cccc:c}2&-1&-1&1&2\\1&1&-2&1&4\\4&-6&2&-2&4\\3&6&-9&7&9\end{array}\right)$

第一步: $\xrightarrow[\frac{1}{2}\times r_3]{r_1\leftrightarrow r_2}\left(\begin{array}{cccc:c}1&1&-2&1&4\\2&-1&-1&1&2\\2&-3&1&-1&2\\3&6&-9&7&9\end{array}\right)$ 第二步: $\xrightarrow[\substack{r_3-2r_1\\r_4-3r_1}]{r_2-2r_1}\left(\begin{array}{cccc:c}1&1&-2&1&4\\0&-3&3&-1&-6\\0&-5&5&-3&-6\\0&3&-3&4&-3\end{array}\right)$

第三步: $\xrightarrow[r_4+r_2]{r_3-\frac{5}{3}r_2}\left(\begin{array}{cccc:c}1&1&-2&1&4\\0&-3&3&-1&-6\\0&0&0&-\dfrac{4}{3}&4\\0&0&0&3&-9\end{array}\right)$ 第四步: $\xrightarrow[\substack{\frac{1}{3}r_4\\r_4-r_3}]{\left(-\frac{3}{4}\right)\times r_3}\left(\begin{array}{cccc:c}1&1&-2&1&4\\0&-3&3&-1&-6\\0&0&0&1&-3\\0&0&0&0&0\end{array}\right)$

(行阶梯形矩阵)

第五步: $\xrightarrow[\substack{r_1-r_3\\\left(-\frac{1}{3}\right)\times r_2}]{r_2+r_3}\left(\begin{array}{cccc:c}1&1&-2&0&7\\0&1&-1&0&3\\0&0&0&1&-3\\0&0&0&0&0\end{array}\right)$ 第六步: $\xrightarrow{r_1-r_2}\left(\begin{array}{cccc:c}1&0&-1&0&4\\0&1&-1&0&3\\0&0&0&1&-3\\0&0&0&0&0\end{array}\right)$ (3.1.7)

而在上述变换过程中, 实际上只对方程组的系数和常数进行运算, 未知量并未参与运算. 因此, 方程组的变换完全可以转换为方程组的增广矩阵的初等行变换.

定理 3.1.1 若用初等行变换将增广矩阵 $(\boldsymbol{A},\boldsymbol{b})$ 化成 $(\boldsymbol{C},\boldsymbol{d})$, 则方程组 $\boldsymbol{Ax}=\boldsymbol{b}$ 与 $\boldsymbol{Cx}=\boldsymbol{d}$ 是同解方程组.

在例 1 的解题过程中可以看出, 要想较容易地将非自由未知量表示为自由未知量的线性组合, 即 (3.1.6) 式, 这就要求将增广矩阵化成形如 (3.1.7) 的阶梯形矩阵, 这个矩阵的特点是每一行的第一个非零元素为 1, 其所在列的其他位置的元素都是 0, 这一行其他非自由未知量的系数是 0 (这样是为了保证该方程不含有除了本行的主元所对应的非自由未知量之外的其余非自由未知量). 这样的矩阵称为行最简形矩阵.

定义 3.1.1 如果行阶梯形矩阵满足以下两个条件, 就称为行最简形矩阵:

(1) 非零行 (元素不全为零的行) 的第一个非零元素 (主元) 都是 1;

(2) 主元所在列的其余元素全为零.

例如, $\begin{pmatrix} 1 & 0 & 1 & 0 & -\dfrac{7}{6} \\ 0 & 1 & -1 & 0 & -\dfrac{5}{6} \\ 0 & 0 & 0 & 1 & \dfrac{1}{3} \\ 0 & 0 & 0 & 0 & 0 \end{pmatrix}$, $\begin{pmatrix} 1 & 2 & -1 & 0 \\ 0 & 0 & 0 & 0 \end{pmatrix}$ 都是行最简形矩阵.

例 2 利用高斯消元法求解《九章算术》中的方程组

$$\begin{cases} 3x+2y+\ \ z=39, \\ 2x+3y+\ \ z=34, \\ \ \ x+2y+3z=26. \end{cases}$$

解 对增广矩阵进行初等行变换

$$(\boldsymbol{A},\boldsymbol{b})=\left(\begin{array}{ccc:c} 3 & 2 & 1 & 39 \\ 2 & 3 & 1 & 34 \\ 1 & 2 & 3 & 26 \end{array}\right) \xrightarrow{r_1\leftrightarrow r_3} \left(\begin{array}{ccc:c} 1 & 2 & 3 & 26 \\ 2 & 3 & 1 & 34 \\ 3 & 2 & 1 & 39 \end{array}\right) \xrightarrow[r_3-3r_1]{r_2-2r_1} \left(\begin{array}{ccc:c} 1 & 2 & 3 & 26 \\ 0 & -1 & -5 & -18 \\ 0 & -4 & -8 & -39 \end{array}\right)$$

$$\xrightarrow[r_3+4r_2]{(-1)\times r_2} \left(\begin{array}{ccc:c} 1 & 2 & 3 & 26 \\ 0 & 1 & 5 & 18 \\ 0 & 0 & 12 & 33 \end{array}\right) \xrightarrow{\frac{1}{12}r_3} \left(\begin{array}{ccc:c} 1 & 2 & 3 & 26 \\ 0 & 1 & 5 & 18 \\ 0 & 0 & 1 & \dfrac{11}{4} \end{array}\right) \xrightarrow[r_1-3r_3]{r_2-5r_3} \left(\begin{array}{ccc:c} 1 & 2 & 0 & \dfrac{71}{4} \\ 0 & 1 & 0 & \dfrac{17}{4} \\ 0 & 0 & 1 & \dfrac{11}{4} \end{array}\right)$$

$$\xrightarrow{r_1-2r_2} \left(\begin{array}{ccc:c} 1 & 0 & 0 & \dfrac{37}{4} \\ 0 & 1 & 0 & \dfrac{17}{4} \\ 0 & 0 & 1 & \dfrac{11}{4} \end{array}\right),$$

这个矩阵已经是行最简形矩阵, 与它对应的方程组为 $\begin{cases} x=\dfrac{37}{4}, \\ y=\dfrac{17}{4}, \\ z=\dfrac{11}{4}. \end{cases}$

电子作业本

所以, 该方程组有唯一解 $\begin{pmatrix} x \\ y \\ z \end{pmatrix}=\begin{pmatrix} \dfrac{37}{4} \\ \dfrac{17}{4} \\ \dfrac{11}{4} \end{pmatrix}$. 也就是上等谷每束为 9.25 斗, 中等谷每束为 4.25 斗, 下等谷每束为 2.75 斗.

例 3　解线性方程组 $\begin{cases} x_1-2x_2+3x_3-x_4=1, \\ 3x_1-x_2+5x_3-3x_4=2, \\ 2x_1+x_2+2x_3-2x_4=3. \end{cases}$

解　对增广矩阵进行初等行变换

$$(\boldsymbol{A},\boldsymbol{b})=\left(\begin{array}{cccc:c} 1 & -2 & 3 & -1 & 1 \\ 3 & -1 & 5 & -3 & 2 \\ 2 & 1 & 2 & -2 & 3 \end{array}\right) \xrightarrow[r_3-2r_1]{r_2-3r_1} \left(\begin{array}{cccc:c} 1 & -2 & 3 & -1 & 1 \\ 0 & 5 & -4 & 0 & -1 \\ 0 & 5 & -4 & 0 & 1 \end{array}\right)$$

$$\xrightarrow{r_3-r_2} \left(\begin{array}{cccc:c} 1 & -2 & 3 & -1 & 1 \\ 0 & 5 & -4 & 0 & -1 \\ 0 & 0 & 0 & 0 & 2 \end{array}\right),$$

该矩阵对应的方程组为 $\begin{cases} x_1-2x_2+3x_3-x_4= \ 1, \\ 5x_2-4x_3 = -1, \\ 0= \ 2, \end{cases}$ 显然, 第三个方程是一个矛盾方程, 所以原方程组无解.

在齐次线性方程组 $\boldsymbol{Ax}=\boldsymbol{0}$ 的增广矩阵中, 最后一列的元素全部是 0, 初等行变换时常数项也将保持为 0, 也就是没有变化. 因此, 解齐次线性方程组时, 只需将系数矩阵 $\boldsymbol{A}$ 通过初等行变换化成行最简形矩阵, 即可得方程组的通解.

例 4　解齐次线性方程组 $\begin{cases} x_1+x_2-3x_4-x_5=0, \\ x_1-x_2+2x_3-x_4=0, \\ 4x_1-2x_2+6x_3+3x_4-4x_5=0, \\ 2x_1+4x_2-2x_3+4x_4-7x_5=0. \end{cases}$

解　对系数矩阵进行初等行变换

$$\begin{pmatrix} 1 & 1 & 0 & -3 & -1 \\ 1 & -1 & 2 & -1 & 0 \\ 4 & -2 & 6 & 3 & -4 \\ 2 & 4 & -2 & 4 & -7 \end{pmatrix} \xrightarrow[r_3-2r_4]{r_2-r_1} \begin{pmatrix} 1 & 1 & 0 & -3 & -1 \\ 0 & -2 & 2 & 2 & 1 \\ 0 & -10 & 10 & -5 & 10 \\ 2 & 4 & -2 & 4 & -7 \end{pmatrix}$$

$$\xrightarrow{r_4-2r_1} \begin{pmatrix} 1 & 1 & 0 & -3 & -1 \\ 0 & -2 & 2 & 2 & 1 \\ 0 & -10 & 10 & -5 & 10 \\ 0 & 2 & -2 & 10 & -5 \end{pmatrix} \xrightarrow[r_4+r_2]{\substack{r_3-5r_2 \\ \left(-\frac{1}{5}\right)\times r_3}} \begin{pmatrix} 1 & 1 & 0 & -3 & -1 \\ 0 & -2 & 2 & 2 & 1 \\ 0 & 0 & 0 & 3 & -1 \\ 0 & 0 & 0 & 12 & -4 \end{pmatrix}$$

$$\xrightarrow{r_4-4r_3}\begin{pmatrix}1&1&0&-3&-1\\0&-2&2&2&1\\0&0&0&3&-1\\0&0&0&0&0\end{pmatrix}\xrightarrow[\frac{1}{3}\times r_3]{r_1+r_3}\begin{pmatrix}1&1&0&0&-2\\0&-2&2&2&1\\0&0&0&1&-\frac{1}{3}\\0&0&0&0&0\end{pmatrix}$$

$$\xrightarrow{r_2-2r_3}\begin{pmatrix}1&1&0&0&-2\\0&-2&2&0&\frac{5}{3}\\0&0&0&1&-\frac{1}{3}\\0&0&0&0&0\end{pmatrix}\xrightarrow{(-\frac{1}{2})\times r_2}\begin{pmatrix}1&1&0&0&-2\\0&1&-1&0&-\frac{5}{6}\\0&0&0&1&-\frac{1}{3}\\0&0&0&0&0\end{pmatrix}$$

$$\xrightarrow{r_1-r_2}\begin{pmatrix}1&0&1&0&-\frac{7}{6}\\0&1&-1&0&-\frac{5}{6}\\0&0&0&1&-\frac{1}{3}\\0&0&0&0&0\end{pmatrix},$$

所以, 原方程组的同解方程组为 $\begin{cases}x_1+x_3-\frac{7}{6}x_5=0,\\x_2-x_3-\frac{5}{6}x_5=0,\\x_4-\frac{1}{3}x_5=0.\end{cases}$

取 x_3,x_5 为自由未知量, 则可以得到方程组的解为

$$\begin{cases}x_1=-x_3+\frac{7}{6}x_5,\\x_2=x_3+\frac{5}{6}x_5,\\x_3=x_3,\\x_4=\frac{1}{3}x_5,\\x_5=x_5.\end{cases}$$

若令 $x_3=k_1,x_5=k_2$, 则方程组的解可记作

$$\boldsymbol{x}=\begin{pmatrix}x_1\\x_2\\x_3\\x_4\\x_5\end{pmatrix}=\begin{pmatrix}-k_1+\frac{7}{6}k_2\\k_1+\frac{5}{6}k_2\\k_1\\\frac{1}{3}k_2\\k_2\end{pmatrix},\text{ 即 }\boldsymbol{x}=\begin{pmatrix}x_1\\x_2\\x_3\\x_4\\x_5\end{pmatrix}=k_1\begin{pmatrix}-1\\1\\1\\0\\0\end{pmatrix}+k_2\begin{pmatrix}\frac{7}{6}\\\frac{5}{6}\\0\\\frac{1}{3}\\1\end{pmatrix},$$

其中 k_1,k_2 为任意实数.

小贴士

自由未知量的较为常见的取法是: 取非主元所在列所对应的未知量为自由未知量. 事实上, 自由未知量的取法并不唯一, 但是当我们通过初等行变换将增广矩阵 (非齐次线性方程组) 或者系数矩阵 (齐次线性方程组) 化为行最简形矩阵后, 非零行的主元的系数都为 1, 主元所在列的其余元素都为 0, 这样将主元所在列所对应的未知量表示为非主元所在列所对应的未知量的线性组合较为简便. 由此也可以看出, 自由未知量的个数等于非主元的个数, 也就等于方程组中未知量的个数减去主元的个数.

例 5 解齐次线性方程组 $\begin{cases} x_1 - x_2 = 0, \\ x_2 - x_3 = 0, \\ x_3 - x_4 = 0, \\ x_1 + x_4 = 0. \end{cases}$

解 对系数矩阵进行初等行变换

$$\boldsymbol{A} = \begin{pmatrix} 1 & -1 & 0 & 0 \\ 0 & 1 & -1 & 0 \\ 0 & 0 & 1 & -1 \\ 1 & 0 & 0 & 1 \end{pmatrix} \xrightarrow{r_4 - r_1} \begin{pmatrix} 1 & -1 & 0 & 0 \\ 0 & 1 & -1 & 0 \\ 0 & 0 & 1 & -1 \\ 0 & 1 & 0 & 1 \end{pmatrix} \xrightarrow{r_4 - r_2} \begin{pmatrix} 1 & -1 & 0 & 0 \\ 0 & 1 & -1 & 0 \\ 0 & 0 & 1 & -1 \\ 0 & 0 & 1 & 1 \end{pmatrix}$$

$$\xrightarrow{r_4 - r_3} \begin{pmatrix} 1 & -1 & 0 & 0 \\ 0 & 1 & -1 & 0 \\ 0 & 0 & 1 & -1 \\ 0 & 0 & 0 & 2 \end{pmatrix} \xrightarrow{\frac{1}{2} \times r_4} \begin{pmatrix} 1 & -1 & 0 & 0 \\ 0 & 1 & -1 & 0 \\ 0 & 0 & 1 & -1 \\ 0 & 0 & 0 & 1 \end{pmatrix} \xrightarrow{r_3 + r_4} \begin{pmatrix} 1 & -1 & 0 & 0 \\ 0 & 1 & -1 & 0 \\ 0 & 0 & 1 & 0 \\ 0 & 0 & 0 & 1 \end{pmatrix}$$

$$\xrightarrow{r_2 + r_3} \begin{pmatrix} 1 & -1 & 0 & 0 \\ 0 & 1 & 0 & 0 \\ 0 & 0 & 1 & 0 \\ 0 & 0 & 0 & 1 \end{pmatrix} \xrightarrow{r_1 + r_2} \begin{pmatrix} 1 & 0 & 0 & 0 \\ 0 & 1 & 0 & 0 \\ 0 & 0 & 1 & 0 \\ 0 & 0 & 0 & 1 \end{pmatrix},$$

所以, 原方程组的同解方程组为 $\begin{cases} x_1 = 0, \\ x_2 = 0, \\ x_3 = 0, \\ x_4 = 0, \end{cases}$ 即该方程组只有零解: $\boldsymbol{x} = \begin{pmatrix} x_1 \\ x_2 \\ x_3 \\ x_4 \end{pmatrix} = \begin{pmatrix} 0 \\ 0 \\ 0 \\ 0 \end{pmatrix}$.

综上所述, 用高斯消元法解线性方程组 $\boldsymbol{Ax} = \boldsymbol{b}$ 的一般步骤为

首先写出增广矩阵 $(\boldsymbol{A}, \boldsymbol{b})$, 并用初等行变换将其化成行阶梯形矩阵, 然后判断方程组是否有解 (是否存在矛盾方程). 若方程组有解, 则继续用初等行变换将行阶梯形矩阵化成行最简形矩阵, 求出方程组的通解.

对于齐次线性方程组 $\boldsymbol{Ax} = \boldsymbol{O}$, 不存在是否有解的问题, 我们只需将系数矩阵 $\boldsymbol{A}$ 通过

初等行变换化成行最简形矩阵, 若存在非零解, 则求出非零解的一般表达式. 否则, 方程组只有零解.

例 6　(电路分析)　一个简单的电阻电路和一个电源, 如图 3.2 所示, 引出了一个线性方程组. 变量是每个节点的电压和通过每个分支的电流. 考虑关于电压源的方程、关于地线的方程、对应于公式 $V = I \cdot R$ (电压差等于电流乘以电阻) 的方程, 以及基尔霍夫电路定律, 该定律指出, 流入一个节点的总电流是 0. (基尔霍夫电压定律指出, 通过一个闭路的电压降为 0, 是基于我们把每个节点的电压表示为一个变量, 而不是直接把每个分支的电压降表示为一个变量.) 将这些定律应用到如图 3.2 所示的电路中, 得到含有 8 个方程、7 个未知量的方程组

$$\begin{cases} V_A = 0, \\ V_B - V_A = 100, \\ V_B - V_A = 100 \cdot I_2, \\ V_B - V_C = 75 \cdot I_3, \\ V_C - V_A = 25 \cdot I_4, \\ I_1 - I_2 - I_3 = 0, \\ I_3 - I_4 = 0, \\ I_4 + I_2 - I_1 = 0. \end{cases}$$

将所有含变量的项移到一边, 并转换为矩阵形式, 得到

$$\begin{pmatrix} 1 & 0 & 0 & 0 & 0 & 0 & 0 \\ -1 & 1 & 0 & 0 & 0 & 0 & 0 \\ -1 & 1 & 0 & 0 & -100 & 0 & 0 \\ 0 & 1 & -1 & 0 & 0 & -75 & 0 \\ -1 & 0 & 1 & 0 & 0 & 0 & -25 \\ 0 & 0 & 0 & 1 & -1 & -1 & 0 \\ 0 & 0 & 0 & 0 & 0 & 1 & -1 \\ 0 & 0 & 0 & -1 & 1 & 0 & 1 \end{pmatrix} \begin{pmatrix} V_A \\ V_B \\ V_C \\ I_1 \\ I_2 \\ I_3 \\ I_4 \end{pmatrix} = \begin{pmatrix} 0 \\ 100 \\ 0 \\ 0 \\ 0 \\ 0 \\ 0 \\ 0 \end{pmatrix}.$$

解为 $(0 \quad 100 \quad 25 \quad 2 \quad 1 \quad 1 \quad 1)^{\mathrm{T}}$.

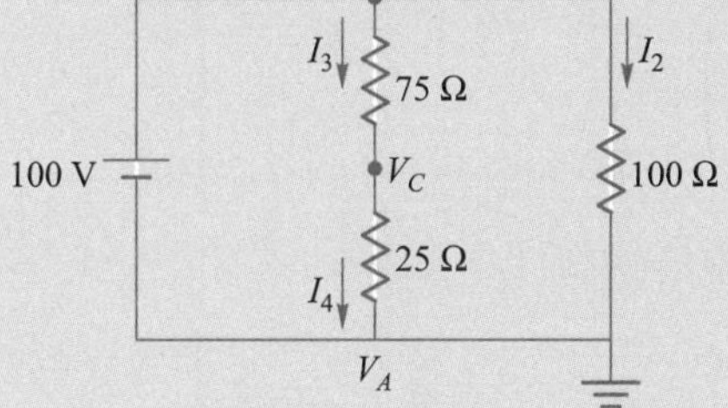

图 3.2　电路分析

例 7　(曲线拟合)　假定有 q 个数据点 $(x_1,y_1),(x_2,y_2),\cdots,(x_q,y_q)$ 的图形, 其中 x 为自变量, y 是因变量, 我们想把这些点用一条平滑的曲线连接起来. 这种做法称作曲线拟合. 方法之一 (不一定是最好的方法) 是找一个适合于数据的 $q-1$ 次多项式 $y=t_{q-1}x^{q-1}+\cdots+t_1x+t_0\ (t_{q-1}\neq 0)$. 找到这些系数 t_i 的过程可以看作求解一个线性方程组, 在这个方程组里, x_i 的幂次的系数 t_i 是变量, y_i 是常数项.

例如, 假定有 5 个数据点: $(-3,1),(-1,0),(0,5),(2,0),(4,1)$, 去拟合 4 次多项式 $y=t_4x^4+t_3x^3+t_2x^2+t_1x+t_0\ (t_4\neq 0)$. 可得线性方程组如下:

$$\begin{cases} t_4(-3)^4+t_3(-3)^3+t_2(-3)^2+t_1(-3)+t_0=1, \\ t_4(-1)^4+t_3(-1)^3+t_2(-1)^2+t_1(-1)+t_0=0, \\ t_4(0)^4+t_3(0)^3+t_2(0)^2+t_1(0)+t_0=5, \\ t_4(2)^4+t_3(2)^3+t_2(2)^2+t_1(2)+t_0=0, \\ t_4(4)^4+t_3(4)^3+t_2(4)^2+t_1(4)+t_0=1. \end{cases}$$

矩阵形式为

$$\begin{pmatrix} 81 & -27 & 9 & -3 & 1 \\ 1 & -1 & 1 & -1 & 1 \\ 0 & 0 & 0 & 0 & 1 \\ 16 & 8 & 4 & 2 & 1 \\ 256 & 64 & 16 & 4 & 1 \end{pmatrix}\begin{pmatrix} t_4 \\ t_3 \\ t_2 \\ t_1 \\ t_0 \end{pmatrix}=\begin{pmatrix} 1 \\ 0 \\ 5 \\ 0 \\ 1 \end{pmatrix},$$

其解为 $\begin{pmatrix} \dfrac{13}{60} & -\dfrac{13}{30} & -\dfrac{163}{60} & \dfrac{44}{15} & 5 \end{pmatrix}^{\mathrm{T}}$.

即由 5 个数据点拟合出的 4 次多项式为

$$y=\frac{13}{60}x^4-\frac{13}{30}x^3-\frac{163}{60}x^2+\frac{44}{15}x+5.$$

习题 3.1

1. 把下列矩阵化为行最简形矩阵:

(1) $\begin{pmatrix} 1 & 0 & 2 & -1 \\ 2 & 0 & 3 & 1 \\ 3 & 0 & 4 & -3 \end{pmatrix}$;　　(2) $\begin{pmatrix} 1 & -1 & 3 & -4 & 3 \\ 3 & -3 & 5 & -4 & 1 \\ 2 & -2 & 3 & -2 & 0 \\ 3 & -3 & 4 & -2 & -1 \end{pmatrix}$.

2. 用消元法解下列非齐次线性方程组.

(1) $\begin{cases} x_1+x_2+2x_3=1, \\ 2x_1-x_2+x_3=4, \\ x_1-2x_2=5; \end{cases}$　　(2) $\begin{cases} x_1-2x_2+x_3+x_4=1, \\ x_1-2x_2+x_3-x_4=-1, \\ x_1-2x_2+x_3+x_4=5; \end{cases}$

(3) $\begin{cases} 2x_1+x_2-x_3+x_4=1, \\ 4x_1+2x_2-2x_3+x_4=2, \\ 2x_1+x_2-x_3-x_4=1; \end{cases}$ (4) $\begin{cases} 2x+3y+z=4, \\ x-2y+4z=-5, \\ 3x+8y-2z=13, \\ 4x-y+9z=-6. \end{cases}$

3. 求解下列齐次线性方程组.

(1) $\begin{cases} x_1+x_2+2x_3-x_4=0, \\ 2x_1+x_2+x_3-x_4=0, \\ 2x_1+2x_2+x_3+2x_4=0; \end{cases}$ (2) $\begin{cases} x_1+2x_2+x_3-x_4=0, \\ 3x_1+6x_2-x_3-3x_4=0, \\ 5x_1+10x_2+x_3-5x_4=0; \end{cases}$

(3) $\begin{cases} 2x_1+3x_2-x_3+5x_4=0, \\ 3x_1+x_2+2x_3-7x_4=0, \\ 4x_1+x_2-3x_3+6x_4=0, \\ x_1-2x_2+4x_3-7x_4=0; \end{cases}$ (4) $\begin{cases} 3x_1+4x_2-5x_3+7x_4=0, \\ 2x_1-3x_2+3x_3-2x_4=0, \\ 4x_1+11x_2-13x_3+16x_4=0, \\ 7x_1-2x_2+x_3+3x_4=0. \end{cases}$

3.2 线性方程组解的情况判定

3.2.1 非齐次线性方程组解的情况判定

从 3.1 节例 1 至例 3 可以看出, 一个非齐次线性方程组可能有无穷多个解, 可能有唯一解, 也可能无解, 下面我们将讨论非齐次线性方程组解的三种情况.

为了便于观察, 将例 1 至例 3 中同解方程组的增广矩阵、方程组解的情况、系数矩阵的秩、增广矩阵的秩和方程组中未知量的个数列在表 3.1 中:

表 3.1

增广矩阵	解的情况	$r(\boldsymbol{A})$	$r(\boldsymbol{A},\boldsymbol{b})$	未知量个数
$\left(\begin{array}{cccc:c} 1 & 0 & -1 & 0 & 4 \\ 0 & 1 & -1 & 0 & 3 \\ 0 & 0 & 0 & 1 & -3 \\ 0 & 0 & 0 & 0 & 0 \end{array}\right)$	无穷多个解	3	3	4
$\left(\begin{array}{ccc:c} 1 & 0 & 0 & \frac{37}{4} \\ 0 & 1 & 0 & \frac{17}{4} \\ 0 & 0 & 1 & \frac{11}{4} \end{array}\right)$	唯一解	3	3	3
$\left(\begin{array}{cccc:c} 1 & -2 & 3 & -1 & 1 \\ 0 & 5 & -4 & 0 & -1 \\ 0 & 0 & 0 & 0 & 2 \end{array}\right)$	无解	2	3	4

容易看出, 我们可以利用系数矩阵的秩、增广矩阵的秩和方程组中未知量的个数之间的关系来判断非齐次线性方程组解的情况.

定理 3.2.1 设 n 元非齐次线性方程组 $\boldsymbol{Ax}=\boldsymbol{b}$ 的系数矩阵为 $\boldsymbol{A}_{m\times n}$, 增广矩阵为

$(\boldsymbol{A},\boldsymbol{b})$:

(1) 当 $r(\boldsymbol{A})=r(\boldsymbol{A},\boldsymbol{b})$ 时, 方程组有解.

① 若 $r(\boldsymbol{A})=r(\boldsymbol{A},\boldsymbol{b})=n$, 则方程组有唯一确定的解;

② 若 $r(\boldsymbol{A})=r(\boldsymbol{A},\boldsymbol{b})<n$, 则方程组有无穷多个解, 且其通解中含有 $n-r(\boldsymbol{A})$ 个自由未知量.

(2) 当 $r(\boldsymbol{A})<r(\boldsymbol{A},\boldsymbol{b})$ 时, 方程组无解.

证明 对线性方程组的增广矩阵施行若干次初等行变换, 将它化为行阶梯形矩阵.

$$(\boldsymbol{A},\boldsymbol{b})\xrightarrow{\text{初等行变换}}\left(\begin{array}{ccccccc:c}c_{11}&c_{12}&\cdots&c_{1r}&c_{1,r+1}&\cdots&c_{1n}&d_1\\0&c_{22}&\cdots&c_{2r}&c_{2,r+1}&\cdots&c_{2n}&d_2\\\vdots&\vdots&&\vdots&\vdots&&\vdots&\vdots\\0&0&\cdots&c_{rr}&c_{r,r+1}&\cdots&c_{rn}&d_r\\0&0&\cdots&0&0&\cdots&0&d_{r+1}\\\vdots&\vdots&&\vdots&\vdots&&\vdots&\vdots\\0&0&\cdots&0&0&\cdots&0&0\end{array}\right)\tag{3.2.1}$$

其中 $c_{ii}\neq0\ (i=1,2,\cdots,r)$, 它对应的线性方程组为

$$\begin{cases}c_{11}x_1+c_{12}x_2+\cdots+c_{1r}x_r+c_{1,r+1}x_{r+1}+\cdots+c_{1n}x_n=d_1,\\\qquad c_{22}x_2+\cdots+c_{2r}x_r+c_{2,r+1}x_{r+1}+\cdots+c_{2n}x_n=d_2,\\\qquad\qquad\cdots\cdots\cdots\cdots\\\qquad\qquad c_{rr}x_r+c_{r,r+1}x_{r+1}+\cdots+c_{rn}x_n=d_r,\\\qquad\qquad\qquad 0=d_{r+1},\\\qquad\qquad\qquad \vdots=\vdots\\\qquad\qquad\qquad 0=0.\end{cases}\tag{3.2.2}$$

下面分情况讨论:

(1) 当式 (3.2.1) 中 $d_{r+1}\neq0$ 时, 这时 $r(\boldsymbol{A})=r$, 而 $r(\boldsymbol{A},\boldsymbol{b})=r+1$. 这时对应的线性方程组 (3.2.2) 的第 $r+1$ 个方程 “$0=d_{r+1}$” 是一个矛盾方程, 因此, 方程组 $\boldsymbol{Ax}=\boldsymbol{b}$ 无解.

(2) 当式 (3.2.1) 中 $d_{r+1}=0$ 时, 这时 $r(\boldsymbol{A})=r(\boldsymbol{A},\boldsymbol{b})=r$, 下面分两种情况讨论:

① 若 $r=n$, 则阶梯形矩阵 (3.2.1) 表示的方程组为

$$\begin{cases}c_{11}x_1+c_{12}x_2+\cdots+c_{1n}x_n=d_1,\\\qquad c_{22}x_2+\cdots+c_{2n}x_n=d_2,\\\qquad\cdots\cdots\cdots\cdots\\\qquad\qquad c_{nn}x_n=d_n,\end{cases}$$

用回代的方法, 自下而上依次求出 $x_n,x_{n-1},\cdots,x_1$. 此时, 方程组 $\boldsymbol{Ax}=\boldsymbol{b}$ 有唯一解.

② 若 $r<n$, 则阶梯形矩阵 (3.2.1) 表示的方程组为

$$\begin{cases}c_{11}x_1+c_{12}x_2+\cdots+c_{1r}x_r+c_{1,r+1}x_{r+1}+\cdots+c_{1n}x_n=d_1,\\\qquad c_{22}x_2+\cdots+c_{2r}x_r+c_{2,r+1}x_{r+1}+\cdots+c_{2n}x_n=d_2,\\\qquad\qquad\cdots\cdots\cdots\cdots\\\qquad\qquad c_{rr}x_r+c_{r,r+1}x_{r+1}+\cdots+c_{rn}x_n=d_r,\end{cases}$$

将后 $n-r$ 个未知量项移至等号的右侧, 有

$$\begin{cases} c_{11}x_1+c_{12}x_2+\cdots+c_{1r}x_r=d_1-c_{1,r+1}x_{r+1}-\cdots-c_{1n}x_n, \\ \qquad\quad c_{22}x_2+\cdots+c_{2r}x_r=d_2-c_{2,r+1}x_{r+1}-\cdots-c_{2n}x_n, \\ \qquad\qquad\qquad \cdots\cdots\cdots\cdots \\ \qquad\qquad\qquad\qquad c_{rr}x_r=d_r-c_{r,r+1}x_{r+1}-\cdots-c_{rn}x_n, \end{cases}$$

再用回代的方法, 自下而上依次求出 $x_r, x_{r-1}, \cdots, x_1$, 其中 $x_{r+1}, \cdots, x_n$ 为自由未知量. 此时, 方程组 $\boldsymbol{Ax}=\boldsymbol{b}$ 有无穷多个解. 从以上讨论可以看出, 当 $r(\boldsymbol{A})=r(\boldsymbol{A},\boldsymbol{b})=r<n$ 时, 线性方程组 $\boldsymbol{Ax}=\boldsymbol{b}$ 有 $n-r$ 个自由未知量.

小贴士

$r(\boldsymbol{A})$ 与 $r(\boldsymbol{A},\boldsymbol{b})$ 之间的关系是 $r(\boldsymbol{A})=r(\boldsymbol{A},\boldsymbol{b})$ 或 $r(\boldsymbol{A})+1=r(\boldsymbol{A},\boldsymbol{b})$. 所以, 方程组无解也可等价为 $r(\boldsymbol{A})+1=r(\boldsymbol{A},\boldsymbol{b})$.

3.2.2 齐次线性方程组解的情况判定

对于齐次线性方程组 $\boldsymbol{Ax}=\boldsymbol{0}$, 因为总有 $r(\boldsymbol{A})=r(\boldsymbol{A},\boldsymbol{0})$, 所以齐次线性方程组一定有解. 并且有

定理 3.2.2 设 n 元齐次线性方程组 $\boldsymbol{Ax}=\boldsymbol{0}$ 的系数矩阵为 $\boldsymbol{A}_{m\times n}$, 则

(1) $\boldsymbol{Ax}=\boldsymbol{0}$ 只有零解的充要条件是 $r(\boldsymbol{A})=n$;

(2) $\boldsymbol{Ax}=\boldsymbol{0}$ 有非零解的充要条件是 $r(\boldsymbol{A})<n$, 且其通解中含有 $n-r(\boldsymbol{A})$ 个自由未知量.

特别地, 在齐次线性方程组 $\boldsymbol{Ax}=\boldsymbol{0}$ 中, 当方程个数少于未知量个数 $(m<n)$ 时, 必有 $r(\boldsymbol{A})<n$. 此时方程组 $\boldsymbol{Ax}=\boldsymbol{0}$ 必有非零解.

推论 设 n 元齐次线性方程组 $\boldsymbol{Ax}=\boldsymbol{0}$ 的系数矩阵 $\boldsymbol{A}$ 为 n 阶方阵, 则

(1) $\boldsymbol{Ax}=\boldsymbol{0}$ 只有零解的充要条件是 $|\boldsymbol{A}|\neq 0$;

(2) $\boldsymbol{Ax}=\boldsymbol{0}$ 有非零解的充要条件是 $|\boldsymbol{A}|=0$.

小点睛

齐次线性方程组 $\boldsymbol{Ax}=\boldsymbol{0}$ 是非齐次线性方程组 $\boldsymbol{Ax}=\boldsymbol{b}$ 的特殊情形, 所以可以从定理 3.2.1 轻松得到定理 3.2.2. 这里的探讨我们遵循了从一般到特殊的思想方法.

小贴士

如果是仅需判断方程组解的情况, 利用初等行变换将增广矩阵 (非齐次线性方程组) 或者系数矩阵 (齐次线性方程组) 化为行阶梯形矩阵即可; 如果需要求方程组的解, 则需要进一步将行阶梯形矩阵化为行最简形矩阵.

例 1 设有线性方程组 $\begin{cases}(1+\lambda)x_1+x_2+x_3=0,\\ x_1+(1+\lambda)x_2+x_3=3,\\ x_1+x_2+(1+\lambda)x_3=\lambda,\end{cases}$

问 λ 取何值时, 此方程组 (1) 有唯一解; (2) 无解; (3) 有无穷多个解? 并在有无穷多个解时求其通解.

解法一 对增广矩阵作初等行变换, 把它变为行阶梯形矩阵, 有

$$(\boldsymbol{A},\boldsymbol{b})=\left(\begin{array}{ccc|c}1+\lambda & 1 & 1 & 0\\ 1 & 1+\lambda & 1 & 3\\ 1 & 1 & 1+\lambda & \lambda\end{array}\right)\xrightarrow{r_1\leftrightarrow r_3}\left(\begin{array}{ccc|c}1 & 1 & 1+\lambda & \lambda\\ 1 & 1+\lambda & 1 & 3\\ 1+\lambda & 1 & 1 & 0\end{array}\right)$$

$$\xrightarrow[r_3-(1+\lambda)r_1]{r_2-r_1}\left(\begin{array}{ccc|c}1 & 1 & 1+\lambda & \lambda\\ 0 & \lambda & -\lambda & 3-\lambda\\ 0 & -\lambda & -\lambda(2+\lambda) & -\lambda(1+\lambda)\end{array}\right)$$

$$\xrightarrow{r_3+r_2}\left(\begin{array}{ccc|c}1 & 1 & 1+\lambda & \lambda\\ 0 & \lambda & -\lambda & 3-\lambda\\ 0 & 0 & -\lambda(3+\lambda) & (1-\lambda)(3+\lambda)\end{array}\right).$$

(1) 当 $-\lambda(3+\lambda)\neq 0$, 即 $\lambda\neq 0$ 且 $\lambda\neq -3$ 时, $r(\boldsymbol{A})=r(\boldsymbol{A},\boldsymbol{b})=3$, 方程组有唯一解;

(2) 当 $\begin{cases}-\lambda(3+\lambda)=0,\\ (1-\lambda)(3+\lambda)\neq 0\end{cases}$, 即 $\lambda=0$ 时, $r(\boldsymbol{A})<r(\boldsymbol{A},\boldsymbol{b})$, 方程组无解;

(3) 当 $\begin{cases}-\lambda(3+\lambda)=0,\\ (1-\lambda)(3+\lambda)=0\end{cases}$, 即 $\lambda=-3$ 时, $r(\boldsymbol{A})=r(\boldsymbol{A},\boldsymbol{b})=2$, 方程组有无穷多个解.

这时

$$(\boldsymbol{A},\boldsymbol{b})\to\left(\begin{array}{ccc|c}1 & 0 & -1 & -1\\ 0 & 1 & -1 & -2\\ 0 & 0 & 0 & 0\end{array}\right),$$

所以, 同解方程组为 $\begin{cases}x_1-x_3=-1,\\ x_2-x_3=-2,\end{cases}$ 即 $\begin{cases}x_1=x_3-1,\\ x_2=x_3-2\end{cases}$ (x_3 为自由未知量), 取 $x_3=k$, 得:

$$\begin{pmatrix}x_1\\ x_2\\ x_3\end{pmatrix}=\begin{pmatrix}k-1\\ k-2\\ k\end{pmatrix}=k\begin{pmatrix}1\\ 1\\ 1\end{pmatrix}+\begin{pmatrix}-1\\ -2\\ 0\end{pmatrix}\quad(k\in\mathbf{R}).$$

解法二 因系数矩阵 $\boldsymbol{A}$ 为方阵, 故方程组有唯一解的充分必要条件是系数行列式 $|\boldsymbol{A}|\neq 0$. 而

$$|\boldsymbol{A}|=\begin{vmatrix}1+\lambda & 1 & 1\\ 1 & 1+\lambda & 1\\ 1 & 1 & 1+\lambda\end{vmatrix}\xlongequal{c_1+c_2+c_3}(3+\lambda)\begin{vmatrix}1 & 1 & 1\\ 1 & 1+\lambda & 1\\ 1 & 1 & 1+\lambda\end{vmatrix}$$

电子作业本

$$\xlongequal[r_3-r_1]{r_2-r_1}(3+\lambda)\begin{vmatrix}1 & 1 & 1\\ 0 & \lambda & 0\\ 0 & 0 & \lambda\end{vmatrix}=\lambda^2(3+\lambda),$$

因此, 当 $\lambda\neq 0$ 且 $\lambda\neq -3$ 时, 方程组有唯一解.

当 $\lambda=0$ 时, $(\boldsymbol{A},\boldsymbol{b})=\left(\begin{array}{ccc:c}1 & 1 & 1 & 0\\ 1 & 1 & 1 & 3\\ 1 & 1 & 1 & 0\end{array}\right)\xrightarrow[r_3-r_1]{r_2-r_1}\left(\begin{array}{ccc:c}1 & 1 & 1 & 0\\ 0 & 0 & 0 & 3\\ 0 & 0 & 0 & 0\end{array}\right)$, $r(\boldsymbol{A})<r(\boldsymbol{A},\boldsymbol{b})$, 方程组无解;

当 $\lambda=-3$ 时, $(\boldsymbol{A},\boldsymbol{b})=\left(\begin{array}{ccc:c}-2 & 1 & 1 & 0\\ 1 & -2 & 1 & 3\\ 1 & 1 & -2 & -3\end{array}\right)\rightarrow\left(\begin{array}{ccc:c}1 & 0 & -1 & -1\\ 0 & 1 & -1 & -2\\ 0 & 0 & 0 & 0\end{array}\right)$, $r(\boldsymbol{A})=r(\boldsymbol{A},\boldsymbol{b})=2<3$,

方程组有无穷多个解, 并且通解为 $\begin{pmatrix}x_1\\ x_2\\ x_3\end{pmatrix}=\begin{pmatrix}k-1\\ k-2\\ k\end{pmatrix}=k\begin{pmatrix}1\\ 1\\ 1\end{pmatrix}+\begin{pmatrix}-1\\ -2\\ 0\end{pmatrix}\quad(k\in\mathbf{R})$.

例 2　讨论 a,b 取何值时, 方程组 $\begin{cases}ax_1+x_2+x_3=0,\\ x_1+bx_2+x_3=0,\\ x_1+2bx_2+x_3=0\end{cases}$ 有非零解.

解　因为系数矩阵 $\boldsymbol{A}$ 为方阵, 可以通过 $|\boldsymbol{A}|=0$ 来确定方程组有非零解满足的条件.

$$|\boldsymbol{A}|=\begin{vmatrix}a & 1 & 1\\ 1 & b & 1\\ 1 & 2b & 1\end{vmatrix}\xlongequal[r_3-r_2]{r_1-r_2}\begin{vmatrix}a-1 & 1-b & 0\\ 1 & b & 1\\ 0 & b & 0\end{vmatrix}=(-1)^{2+3}\begin{vmatrix}a-1 & 1-b\\ 0 & b\end{vmatrix}=-b(a-1),$$

由 $-b(a-1)=0$, 可得当 $a=1$ 或 $b=0$ 时, 方程组有非零解.

习题 3.2

1. 当 λ 取何值时, 非齐次线性方程组 $\begin{cases}\lambda x_1+x_2+x_3=1,\\ x_1+\lambda x_2+x_3=\lambda,\\ x_1+x_2+\lambda x_3=\lambda^2\end{cases}$ (1) 有唯一解; (2) 无解;
(3) 有无穷多个解? 并在有无穷多个解时求其通解.

2. 当 λ 取何值时, 齐次线性方程组 $\begin{cases}\lambda x+y+z=0,\\ x+\lambda y-z=0,\\ 2x-y+z=0\end{cases}$ 有非零解? 并求解.

3. 当 a,b 取何值时, 下列线性方程组无解, 有唯一解或无穷多个解? 当有无穷多个解时, 求其通解.

(1) $\begin{cases}x_1+2x_2+3x_3-x_4=1,\\ x_1+x_2+2x_3+3x_4=1,\\ 3x_1-x_2-x_3-2x_4=a,\\ 2x_1+3x_2-x_3+bx_4=-6;\end{cases}$ (2) $\begin{cases}x_1+x_2+x_3+x_4=0,\\ x_2+2x_3+2x_4=1,\\ -x_2-(a-3)x_3-2x_4=b,\\ 3x_1+2x_2+x_3+ax_4=-1.\end{cases}$

3.3 n 维向量及其运算

前两节讨论的消元法可以解决线性方程组的求解问题. 但若想进一步研究, 尤其当方程组有无穷多个解时, 想弄清解与解之间的关系, 还需引进 n 维向量以及与之有关的一些概念. 本节开始我们建立向量的有关理论, 包括线性相关与线性无关、线性表示、极大线性无关组等内容. 探究这些内容, 不仅仅是为了进一步讨论线性方程, 更重要的是向量本身就是重要的数学工具, 甚至可以说, 线性代数研究的对象就是向量.

3.3.1 n 维向量的定义

定义 3.3.1 由 n 个数 $a_1,a_2,\cdots,a_n$ 组成的 n 元有序数组称为一个 n 维向量, 这 n 个数称为该向量的 n 个分量, 第 i 个数 a_i 称为 n 维向量的第 i 个分量.

向量一般用黑体小写字母 $\boldsymbol{a},\boldsymbol{b},\boldsymbol{\alpha},\boldsymbol{\beta},\cdots$ 表示.

分量全为实数的向量称为实向量, 分量为复数的向量称为复向量.

n 维向量写成一行称为行向量, 即为行矩阵; n 维向量写成一列称为列向量, 即为列矩阵. 因此 n 维列向量

$$\boldsymbol{\alpha}=\begin{pmatrix}a_1\\ a_2\\ \vdots\\ a_n\end{pmatrix}$$

与 n 维行向量

$$\boldsymbol{\alpha}^{\mathrm{T}}=(a_1\quad a_2\quad\cdots\quad a_n)$$

看作两个不同的向量.

在本书中, 列向量用黑体小写字母 $\boldsymbol{a},\boldsymbol{b},\boldsymbol{\alpha},\boldsymbol{\beta},\cdots$ 表示, 行向量则用 $\boldsymbol{a}^{\mathrm{T}},\boldsymbol{b}^{\mathrm{T}},\boldsymbol{\alpha}^{\mathrm{T}},\boldsymbol{\beta}^{\mathrm{T}},\cdots$ 表示. 所讨论的向量在没有指明是行向量还是列向量时, 都默认是列向量.

小贴士

行向量的元素之间可以用逗号分隔, 即 $\boldsymbol{\alpha}^{\mathrm{T}}=(a_1,a_2,\cdots,a_n)$.

联想三维空间中的向量或点的坐标，能帮助我们直观理解向量的概念. 我们把 3 维向量的全体所组成的集合 $\mathbf{R}^3=\{\boldsymbol{\alpha}=(x,y,z)^{\mathrm{T}}|x,y,z\in\mathbf{R}\}$ 叫作三维向量空间. 当 $n>3$ 时, n 维向量没有直观的几何形象, 但仍将 n 维实向量的全体称为 n 维向量空间, 记为 $\mathbf{R}^n$,

$$\mathbf{R}^n=\{\boldsymbol{\alpha}=(x_1,x_2,\cdots,x_n)^{\mathrm{T}}|x_1,x_2,\cdots,x_n\in\mathbf{R}\}.$$

向量是矩阵的特殊形式, 因此, 同样可以规定 n 维向量的相等、相加和数乘, 并有与矩阵的运算相对应的运算性质.

定义 3.3.2 设 $\boldsymbol{\alpha}=(a_1,a_2,\cdots,a_n)^{\mathrm{T}}$, $\boldsymbol{\beta}=(b_1,b_2,\cdots,b_n)^{\mathrm{T}}$,

(1) 向量相等: 若 $a_i=b_i\ (i=1,2,\cdots,n)$, 则称向量 $\boldsymbol{\alpha}$ 和向量 $\boldsymbol{\beta}$ 相等.

(2) 零向量: 所有分量都为零的向量称为零向量.

(3) 负向量: 称向量 $-\boldsymbol{\alpha}=(-a_1,-a_2,\cdots,-a_n)^{\mathrm{T}}$ 为向量 $\boldsymbol{\alpha}$ 的负向量.

(4) 线性运算:

向量加法: $\boldsymbol{\alpha}+\boldsymbol{\beta}=(a_1+b_1,a_2+b_2,\cdots,a_n+b_n)^{\mathrm{T}}$.

向量减法: $\boldsymbol{\alpha}-\boldsymbol{\beta}=(a_1-b_1,a_2-b_2,\cdots,a_n-b_n)^{\mathrm{T}}$.

数乘向量: 设 k 是一个数, 称向量 $k\boldsymbol{\alpha}=(ka_1,ka_2,\cdots,ka_n)^{\mathrm{T}}$ 为向量 $\boldsymbol{\alpha}$ 和数 k 的数乘向量.

向量的加法与乘法也有与矩阵的加法与乘法类似的运算法则, 设 $\boldsymbol{\alpha},\boldsymbol{\beta},\boldsymbol{\gamma}$ 均为 n 维向量:

(1) $\boldsymbol{\alpha}+\boldsymbol{\beta}=\boldsymbol{\beta}+\boldsymbol{\alpha}$.

(2) $(\boldsymbol{\alpha}+\boldsymbol{\beta})+\boldsymbol{\gamma}=\boldsymbol{\alpha}+(\boldsymbol{\beta}+\boldsymbol{\gamma})$.

(3) $\boldsymbol{\alpha}+\mathbf{0}=\boldsymbol{\alpha}$; $\boldsymbol{\alpha}-\boldsymbol{\alpha}=\mathbf{0}$.

(4) $k(\boldsymbol{\alpha}+\boldsymbol{\beta})=k\boldsymbol{\alpha}+k\boldsymbol{\beta}$; $(k+l)\boldsymbol{\alpha}=k\boldsymbol{\alpha}+l\boldsymbol{\alpha}$.

(5) $(kl)\boldsymbol{\alpha}=k(l\boldsymbol{\alpha})$.

(6) $1\boldsymbol{\alpha}=\boldsymbol{\alpha}$; $(-1)\boldsymbol{\alpha}=-\boldsymbol{\alpha}$; $0\boldsymbol{\alpha}=\mathbf{0}$; $k\mathbf{0}=\mathbf{0}$.

(7) 若 $k\boldsymbol{\alpha}=\mathbf{0}$, 则 $k=0$ 或 $\boldsymbol{\alpha}=\mathbf{0}$.

(8) 设 $\boldsymbol{E}$ 是 n 阶单位矩阵, 则 $\boldsymbol{E}\boldsymbol{\alpha}=\boldsymbol{\alpha}$.

例 1 设 $\boldsymbol{\alpha}_1=(1,2,-1)^{\mathrm{T}}$, $\boldsymbol{\alpha}_2=(2,-3,1)^{\mathrm{T}}$, $\boldsymbol{\alpha}_3=(4,1,-1)^{\mathrm{T}}$, 计算 $2\boldsymbol{\alpha}_1+\boldsymbol{\alpha}_2$, 并判别 $\boldsymbol{\alpha}_3$ 与 $\boldsymbol{\alpha}_1$, $\boldsymbol{\alpha}_2$ 的关系.

解 $2\boldsymbol{\alpha}_1+\boldsymbol{\alpha}_2=(4,1,-1)^{\mathrm{T}}$; $\boldsymbol{\alpha}_3=2\boldsymbol{\alpha}_1+\boldsymbol{\alpha}_2$.

向量组: 若干个同维数的列向量 (或同维数的行向量) 组成的集合称为向量组.

一个 $m\times n$ 矩阵 $\boldsymbol{A}=\begin{pmatrix}a_{11}&a_{12}&\cdots&a_{1n}\\a_{21}&a_{22}&\cdots&a_{2n}\\\vdots&\vdots&&\vdots\\a_{m1}&a_{m2}&\cdots&a_{mn}\end{pmatrix}$ 的全体列向量是一个含 n 个 m 维列

向量的向量组:

$$\boldsymbol{\alpha}_1=\begin{pmatrix}a_{11}\\a_{21}\\\vdots\\a_{m1}\end{pmatrix},\ \boldsymbol{\alpha}_2=\begin{pmatrix}a_{12}\\a_{22}\\\vdots\\a_{m2}\end{pmatrix},\cdots,\boldsymbol{\alpha}_n=\begin{pmatrix}a_{1n}\\a_{2n}\\\vdots\\a_{mn}\end{pmatrix};$$

它的全体行向量是一个含 m 个 n 维行向量的向量组:

$$\boldsymbol{\beta}_1^{\mathrm{T}}=(a_{11}\quad a_{12}\quad\cdots\quad a_{1n}),$$
$$\boldsymbol{\beta}_2^{\mathrm{T}}=(a_{21}\quad a_{22}\quad\cdots\quad a_{2n}),$$
$$\cdots\cdots\cdots\cdots$$
$$\boldsymbol{\beta}_m^{\mathrm{T}}=(a_{m1}\quad a_{m2}\quad\cdots\quad a_{mn}).$$

反之, 有限个向量所组成的向量组可以构成一个矩阵.

n 个 m 维列向量组成的向量组 $\boldsymbol{\alpha}_1,\boldsymbol{\alpha}_2,\cdots,\boldsymbol{\alpha}_n$ 构成一个 $m\times n$ 矩阵:

$$\boldsymbol{A}=(\boldsymbol{\alpha}_1\quad\boldsymbol{\alpha}_2\quad\cdots\quad\boldsymbol{\alpha}_n);$$

m 个 n 维行向量组成的向量组 $\boldsymbol{\beta}_1^{\mathrm{T}},\boldsymbol{\beta}_2^{\mathrm{T}},\cdots,\boldsymbol{\beta}_m^{\mathrm{T}}$ 构成一个 $m\times n$ 矩阵:

$$\boldsymbol{A}=\begin{pmatrix}\boldsymbol{\beta}_1^{\mathrm{T}}\\\boldsymbol{\beta}_2^{\mathrm{T}}\\\vdots\\\boldsymbol{\beta}_m^{\mathrm{T}}\end{pmatrix}.$$

对于线性方程组 (3.1.1)

$$\begin{cases}a_{11}x_1+\ a_{12}x_2+\cdots+\ a_{1n}x_n=b_1,\\a_{21}x_1+\ a_{22}x_2+\cdots+\ a_{2n}x_n=b_2,\\\cdots\cdots\cdots\cdots\\a_{m1}x_1+a_{m2}x_2+\cdots+a_{mn}x_n=b_m,\end{cases}$$

若令

$$\boldsymbol{\alpha}_1=\begin{pmatrix}a_{11}\\a_{21}\\\vdots\\a_{m1}\end{pmatrix},\boldsymbol{\alpha}_2=\begin{pmatrix}a_{12}\\a_{22}\\\vdots\\a_{m2}\end{pmatrix},\cdots,\boldsymbol{\alpha}_n=\begin{pmatrix}a_{1n}\\a_{2n}\\\vdots\\a_{mn}\end{pmatrix},\boldsymbol{b}=\begin{pmatrix}b_1\\b_2\\\vdots\\b_m\end{pmatrix},$$

则方程组 (3.1.1) 可表示为向量形式

$$\boldsymbol{\alpha}_1x_1+\boldsymbol{\alpha}_2x_2+\cdots+\boldsymbol{\alpha}_nx_n=\boldsymbol{b},$$

其中向量 $\boldsymbol{\alpha}_i$ 为方程组中未知量 x_i 的系数.

向量的应用非常广泛, 在不同场景下, 可以赋予这一组数不同的含义. 例如, 在几何上,

三维向量 $p(x,y,z)$ 可以表示三维空间点 P, 其中分量 x 表示点 P 在 x 坐标轴上的分量;

每个超市都有一个价格向量 $\boldsymbol{p}=(p_1,p_2,\cdots,p_n)$, 其中第 i 个分量 p_i 表示超市内编号为 i 的商品价格. 某顾客某天在超市内购买了 8 件商品, 其价格向量为 $\boldsymbol{p}=(p_1,p_2,\cdots,p_8)$, 购买 8 件商品的数量向量为 $\boldsymbol{m}=(m_1,m_2,\cdots,m_8)$. 那么, 顾客共花费 $\boldsymbol{pm}^{\mathrm{T}}=p_1m_1+p_2m_2+\cdots+p_8m_8$.

再如, 考虑各种个人信息数据库, 如医疗诊断、资产评估、安全检查等. 向量的维度意味着观测指标的个数, 每个分量对应着一个观测指标. 比如基础体检的结果可以用一个向量来表示, 分量分别是年龄、身高、体重、血压 (收缩压、舒张压)、体温等. 某同学的体检结果可能就表示为 $(19,175,70,120,80,37)$. 若全校抽取 800 名同学做基础体检, 每个人的结果向量按行排好, 构成一个 800×6 的矩阵, 该矩阵实际上是一组样本观测值.

这么看, 每一个向量都是一组信息, 每个矩阵都是一个信息系统. 它们都不只是一堆枯燥的数字了.

3.3.2 线性表示与等价向量组

定义 3.3.3 设向量组 $\boldsymbol{A}:\boldsymbol{\alpha}_1,\boldsymbol{\alpha}_2,\cdots,\boldsymbol{\alpha}_m$ 为 m 个 n 维向量, $\boldsymbol{\alpha}$ 是一个 n 维向量. 若有 m 个数 $k_1,k_2,\cdots,k_m$, 使得

向量组的线性表示

$$\boldsymbol{\alpha}=k_1\boldsymbol{\alpha}_1+k_2\boldsymbol{\alpha}_2+\cdots+k_m\boldsymbol{\alpha}_m, \tag{3.3.1}$$

则称 $\boldsymbol{\alpha}$ 为 $\boldsymbol{\alpha}_1,\boldsymbol{\alpha}_2,\cdots,\boldsymbol{\alpha}_m$ 的线性组合, 或称 $\boldsymbol{\alpha}$ 可由 $\boldsymbol{\alpha}_1,\boldsymbol{\alpha}_2,\cdots,\boldsymbol{\alpha}_m$ 线性表示, $k_1,k_2,\cdots,k_m$ 称为这个线性组合的系数.

例如, 设 $\boldsymbol{\alpha}_1=(2,-1,3,1)^{\mathrm{T}}$, $\boldsymbol{\alpha}_2=(5,1,2,4)^{\mathrm{T}}$, $\boldsymbol{\alpha}_3=3\boldsymbol{\alpha}_1-\boldsymbol{\alpha}_2=(1,-4,7,-1)^{\mathrm{T}}$, 则称 $\boldsymbol{\alpha}_3$ 可由 $\boldsymbol{\alpha}_1,\boldsymbol{\alpha}_2$ 线性表示, 也称 $\boldsymbol{\alpha}_3$ 是 $\boldsymbol{\alpha}_1,\boldsymbol{\alpha}_2$ 的一个线性组合.

例 2 证明: n 维零向量 $\mathbf{0}_n=(0,0,\cdots,0)^{\mathrm{T}}$ 是任一 n 维向量组 $A:\boldsymbol{\alpha}_1,\boldsymbol{\alpha}_2,\cdots,\boldsymbol{\alpha}_m$ 的线性组合.

证明 取 $k_1=k_2=\cdots=k_m=0$ 即可.

例 3 n 维向量组

$$\boldsymbol{\varepsilon}_1=\begin{pmatrix}1\\0\\\vdots\\0\end{pmatrix},\boldsymbol{\varepsilon}_2=\begin{pmatrix}0\\1\\\vdots\\0\end{pmatrix},\cdots,\boldsymbol{\varepsilon}_n=\begin{pmatrix}0\\0\\\vdots\\1\end{pmatrix}$$

称为 n 维 (基本) 单位向量组. 任意一个 n 维向量 $\boldsymbol{\alpha}_i=(a_{i1},a_{i2},\cdots,a_{in})^{\mathrm{T}}$ $(i=1,2,\cdots,m)$ 都可由 n 维单位向量组 $\boldsymbol{E}:\boldsymbol{\varepsilon}_1,\boldsymbol{\varepsilon}_2,\cdots,\boldsymbol{\varepsilon}_n$ 线性表示:

$$\boldsymbol{\alpha}_i=a_{i1}\boldsymbol{\varepsilon}_1+a_{i2}\boldsymbol{\varepsilon}_2+\cdots+a_{in}\boldsymbol{\varepsilon}_n.$$

根据线性方程组的向量形式，含有 n 个未知量的方程可写为

$$\boldsymbol{\alpha}_1 x_1+\boldsymbol{\alpha}_2 x_2+\cdots+\boldsymbol{\alpha}_n x_n=\boldsymbol{b}.$$

显然，如果这个方程组有一个解：$x_1=c_1, x_2=c_2, \cdots, x_n=c_n$，则

$$c_1 \boldsymbol{\alpha}_1+c_2 \boldsymbol{\alpha}_2+\cdots+c_n \boldsymbol{\alpha}_n=\boldsymbol{b},$$

即向量 $\boldsymbol{b}$ 能由向量组 $\boldsymbol{\alpha}_1, \boldsymbol{\alpha}_2, \cdots, \boldsymbol{\alpha}_n$ 线性表示. 反之，如果向量 $\boldsymbol{b}$ 能由向量组 $\boldsymbol{\alpha}_1, \boldsymbol{\alpha}_2, \cdots, \boldsymbol{\alpha}_n$ 线性表示，则组合系数就是这个方程组的一个解. 从而有下面的结论：

定理 3.3.1 设 $\boldsymbol{\alpha}_1, \boldsymbol{\alpha}_2, \cdots, \boldsymbol{\alpha}_m, \boldsymbol{b}$ 均为 n 维向量，则 $\boldsymbol{b}$ 可以由向量组 $\boldsymbol{\alpha}_1, \boldsymbol{\alpha}_2, \cdots, \boldsymbol{\alpha}_m$ 线性表示的充要条件是线性方程组 $\boldsymbol{\alpha}_1 x_1+\boldsymbol{\alpha}_2 x_2+\cdots+\boldsymbol{\alpha}_m x_m=\boldsymbol{b}$ 有解.

小点睛

此定理将向量是否可以由向量组线性表示的问题转化为非齐次线性方程组是否有解的问题，这体现了数学思想方法中的化归思想.

定理 3.3.2 设 $\boldsymbol{\alpha}_1, \boldsymbol{\alpha}_2, \cdots, \boldsymbol{\alpha}_m, \boldsymbol{b}$ 均为 n 维向量，矩阵 $\boldsymbol{A}=(\boldsymbol{\alpha}_1, \boldsymbol{\alpha}_2, \cdots, \boldsymbol{\alpha}_m)$，$\boldsymbol{B}=(\boldsymbol{\alpha}_1, \boldsymbol{\alpha}_2, \cdots, \boldsymbol{\alpha}_m, \boldsymbol{b})$，则 $\boldsymbol{b}$ 可以由向量组 $\boldsymbol{\alpha}_1, \boldsymbol{\alpha}_2, \cdots, \boldsymbol{\alpha}_m$ 线性表示的充要条件是 $r(\boldsymbol{A})=r(\boldsymbol{B})$.

例 4 设 $\boldsymbol{\alpha}_1=(1,0,-1)^{\mathrm{T}}$，$\boldsymbol{\alpha}_2=(1,1,1)^{\mathrm{T}}$，$\boldsymbol{\alpha}_3=(3,1,-1)^{\mathrm{T}}$，$\boldsymbol{\beta}=(5,3,1)^{\mathrm{T}}$，判断 $\boldsymbol{\beta}$ 可否由 $\boldsymbol{\alpha}_1, \boldsymbol{\alpha}_2, \boldsymbol{\alpha}_3$ 线性表示？若可以，将 $\boldsymbol{\beta}$ 表示为 $\boldsymbol{\alpha}_1, \boldsymbol{\alpha}_2, \boldsymbol{\alpha}_3$ 的线性组合.

解 $\boldsymbol{\beta}$ 可由 $\boldsymbol{\alpha}_1, \boldsymbol{\alpha}_2, \boldsymbol{\alpha}_3$ 线性表示 $\Leftrightarrow$ 线性方程组 $\boldsymbol{\alpha}_1 x_1+\boldsymbol{\alpha}_2 x_2+\boldsymbol{\alpha}_3 x_3=\boldsymbol{\beta}$ 有解. 写出增广矩阵并作初等行变换：

$$(\boldsymbol{\alpha}_1, \boldsymbol{\alpha}_2, \boldsymbol{\alpha}_3, \boldsymbol{\beta})=\left(\begin{array}{ccc:c}1 & 1 & 3 & 5 \\ 0 & 1 & 1 & 3 \\ -1 & 1 & -1 & 1\end{array}\right) \xrightarrow[\frac{1}{2} \times r_3]{r_3+r_1}\left(\begin{array}{ccc:c}1 & 1 & 3 & 5 \\ 0 & 1 & 1 & 3 \\ 0 & 1 & 1 & 3\end{array}\right) \xrightarrow[r_1-r_2]{r_3-r_2}\left(\begin{array}{ccc:c}1 & 0 & 2 & 2 \\ 0 & 1 & 1 & 3 \\ 0 & 0 & 0 & 0\end{array}\right),$$

显然 $r(\boldsymbol{\alpha}_1, \boldsymbol{\alpha}_2, \boldsymbol{\alpha}_3, \boldsymbol{\beta})=r(\boldsymbol{\alpha}_1, \boldsymbol{\alpha}_2, \boldsymbol{\alpha}_3)=2<3$，所以方程组有无穷多个解，即 $\boldsymbol{\beta}$ 可由 $\boldsymbol{\alpha}_1, \boldsymbol{\alpha}_2, \boldsymbol{\alpha}_3$ 线性表示，且表示法不唯一.

同解方程组为 $\begin{cases}x_1=-2x_3+2, \\ x_2=-\ \ x_3+3,\end{cases}$ 取 $x_3=k$，$k \in \mathbf{R}$，得通解为 $\begin{pmatrix}x_1 \\ x_2 \\ x_3\end{pmatrix}=\begin{pmatrix}-2k+2 \\ -k+3 \\ k\end{pmatrix}$，

于是，$\boldsymbol{\beta}=(-2k+2)\boldsymbol{\alpha}_1+(-k+3)\boldsymbol{\alpha}_2+k\boldsymbol{\alpha}_3\ (k \in \mathbf{R})$.

定义 3.3.4 若向量组 $A: \boldsymbol{\alpha}_1, \boldsymbol{\alpha}_2, \cdots, \boldsymbol{\alpha}_s$ 中的每一个向量 $\boldsymbol{\alpha}_i\ (i=1,2, \cdots, s)$ 均可由向量组 $B: \boldsymbol{\beta}_1, \boldsymbol{\beta}_2, \cdots, \boldsymbol{\beta}_t$ 线性表示，则称向量组 A 可由向量组 B 线性表示. 若向量组 A

与向量组 B 可相互线性表示, 则称这两个向量组等价, 记为 $A\sim B$.

例如, 向量组 $A:\boldsymbol{\alpha}_1=(1,2)^{\mathrm{T}}$, $\boldsymbol{\alpha}_2=(2,3)^{\mathrm{T}}$ 与 $E:\boldsymbol{\varepsilon}_1=(1,0)^{\mathrm{T}}$, $\boldsymbol{\varepsilon}_2=(0,1)^{\mathrm{T}}$.

因为 $\boldsymbol{\alpha}_1=\boldsymbol{\varepsilon}_1+2\boldsymbol{\varepsilon}_2$, $\boldsymbol{\alpha}_2=2\boldsymbol{\varepsilon}_1+3\boldsymbol{\varepsilon}_2$, 且 $\boldsymbol{\varepsilon}_1=-3\boldsymbol{\alpha}_1+2\boldsymbol{\alpha}_2$, $\boldsymbol{\varepsilon}_2=2\boldsymbol{\alpha}_1-\boldsymbol{\alpha}_2$, 所以 $A\sim E$.

向量组等价具有以下性质:

(1) 自反性: 向量组与其本身等价, 即 $A\sim A$;

(2) 对称性: 向量组 A 与向量组 B 等价, 则向量组 B 也与向量组 A 等价, 即若 $A\sim B$, 则 $B\sim A$;

(3) 传递性: 若向量组 A 与向量组 B 等价, 向量组 B 与向量组 C 等价, 则向量组 A 与向量组 C 等价, 即若 $A\sim B$ 且 $B\sim C$, 则 $A\sim C$.

定理 3.3.3 向量组 $B:\boldsymbol{\beta}_1,\boldsymbol{\beta}_2,\cdots,\boldsymbol{\beta}_t$ 能由向量组 $A:\boldsymbol{\alpha}_1,\boldsymbol{\alpha}_2,\cdots,\boldsymbol{\alpha}_s$ 线性表示的充要条件是矩阵 $\boldsymbol{A}=(\boldsymbol{\alpha}_1,\boldsymbol{\alpha}_2,\cdots,\boldsymbol{\alpha}_s)$ 的秩等于矩阵 $(\boldsymbol{A},\boldsymbol{B})=(\boldsymbol{\alpha}_1,\boldsymbol{\alpha}_2,\cdots,\boldsymbol{\alpha}_s,\boldsymbol{\beta}_1,\boldsymbol{\beta}_2,\cdots,\boldsymbol{\beta}_t)$ 的秩, 即 $r(\boldsymbol{A})=r(\boldsymbol{A},\boldsymbol{B})$.

推论 向量组 $A:\boldsymbol{\alpha}_1,\boldsymbol{\alpha}_2,\cdots,\boldsymbol{\alpha}_s$ 与向量组 $B:\boldsymbol{\beta}_1,\boldsymbol{\beta}_2,\cdots,\boldsymbol{\beta}_t$ 等价的充要条件是

$$r(\boldsymbol{A})=r(\boldsymbol{B})=r(\boldsymbol{A},\boldsymbol{B}).$$

例 5 设向量组 $A:\boldsymbol{\alpha}_1=(1,-1,1,-1)^{\mathrm{T}}$, $\boldsymbol{\alpha}_2=(3,1,1,3)^{\mathrm{T}}$, 向量组 $B:\boldsymbol{\beta}_1=(2,0,1,1)^{\mathrm{T}}$, $\boldsymbol{\beta}_2=(1,1,0,2)^{\mathrm{T}}$, $\boldsymbol{\beta}_3=(3,-1,2,0)^{\mathrm{T}}$, 证明向量组 A 与向量组 B 等价.

证明 记 $\boldsymbol{A}=(\boldsymbol{\alpha}_1,\boldsymbol{\alpha}_2),\boldsymbol{B}=(\boldsymbol{\beta}_1,\boldsymbol{\beta}_2,\boldsymbol{\beta}_3)$. 根据推论, 只要证明

$$r(\boldsymbol{A})=r(\boldsymbol{B})=r(\boldsymbol{A},\boldsymbol{B}).$$

为此把矩阵 $(\boldsymbol{A},\boldsymbol{B})$ 化成行阶梯形:

$$(\boldsymbol{A},\boldsymbol{B})=\begin{pmatrix}1&3&2&1&3\\-1&1&0&1&-1\\1&1&1&0&2\\-1&3&1&2&0\end{pmatrix}\xrightarrow[\substack{r_3-r_1\\r_4+r_1}]{r_2+r_1}\begin{pmatrix}1&3&2&1&3\\0&4&2&2&2\\0&-2&-1&-1&-1\\0&6&3&3&3\end{pmatrix}\xrightarrow[\substack{r_3+r_2\\r_4-3r_2}]{\frac{1}{2}\times r_2}\begin{pmatrix}1&3&2&1&3\\0&2&1&1&1\\0&0&0&0&0\\0&0&0&0&0\end{pmatrix},$$

可见, $r(\boldsymbol{A})=r(\boldsymbol{A},\boldsymbol{B})=2$.

容易看出矩阵 $\boldsymbol{B}$ 中有不等于零的二阶子式, 故 $r(\boldsymbol{B})\geqslant 2$. 又 $r(\boldsymbol{B})\leqslant r(\boldsymbol{A},\boldsymbol{B})=2$, 于是知 $r(\boldsymbol{B})=2$. 因此

$$r(\boldsymbol{A})=r(\boldsymbol{B})=r(\boldsymbol{A},\boldsymbol{B}),$$

所以两个向量组等价.

3.3.3 线性相关与线性无关

定义 3.3.5 设 $\boldsymbol{\alpha}_1,\boldsymbol{\alpha}_2,\cdots,\boldsymbol{\alpha}_m$ 为 m 个 n 维向量, 若有不全为零的 m 个数 $k_1,k_2,\cdots,k_m$, 使得关系式

$$k_1\boldsymbol{\alpha}_1+k_2\boldsymbol{\alpha}_2+\cdots+k_m\boldsymbol{\alpha}_m=\mathbf{0} \tag{3.3.2}$$

成立, 则称向量组 $\boldsymbol{\alpha}_1,\boldsymbol{\alpha}_2,\cdots,\boldsymbol{\alpha}_m$ 线性相关; 否则, 称向量组线性无关.

小贴士

向量组线性无关就是指仅当 $k_1=k_2=\cdots=k_m=0$ 时, $k_1\boldsymbol{\alpha}_1+k_2\boldsymbol{\alpha}_2+\cdots+k_m\boldsymbol{\alpha}_m=\mathbf{0}$ 才成立.

单个向量 $\boldsymbol{\alpha}$ 线性相关的充要条件是 $\boldsymbol{\alpha}=\mathbf{0}$.

两个向量 $\boldsymbol{\alpha}_1,\boldsymbol{\alpha}_2$ 线性相关的充要条件是 $\boldsymbol{\alpha}_1,\boldsymbol{\alpha}_2$ 的分量对应成比例. 其几何意义是两个向量共线.

三个向量线性相关的几何意义是三向量共面.

定理 3.3.4 向量组 $A:\boldsymbol{\alpha}_1,\boldsymbol{\alpha}_2,\cdots,\boldsymbol{\alpha}_m\ (m\geqslant 2)$ 线性相关的充分必要条件是在向量组 A 中至少有一个向量能由其余 $m-1$ 个向量线性表示.

证明 如果向量组 A 线性相关, 则有不全为零的数 $k_1,k_2,\cdots,k_m$ 使

$$k_1\boldsymbol{\alpha}_1+k_2\boldsymbol{\alpha}_2+\cdots+k_m\boldsymbol{\alpha}_m=\mathbf{0},$$

因为 $k_1,k_2,\cdots,k_m$ 不全为零, 不妨设 $k_1\neq 0$, 于是便有

$$\boldsymbol{\alpha}_1=\frac{-1}{k_1}(k_2\boldsymbol{\alpha}_2+\cdots+k_m\boldsymbol{\alpha}_m),$$

即 $\boldsymbol{\alpha}_1$ 能由 $\boldsymbol{\alpha}_2,\cdots,\boldsymbol{\alpha}_m$ 线性表示.

如果向量组 A 中有某个向量能由其余 $m-1$ 个向量线性表示, 不妨设 $\boldsymbol{\alpha}_m$ 能由 $\boldsymbol{\alpha}_1,\cdots,\boldsymbol{\alpha}_{m-1}$ 线性表示, 即有 $\lambda_1,\lambda_2,\cdots,\lambda_{m-1}$ 使

$$\boldsymbol{\alpha}_m=\lambda_1\boldsymbol{\alpha}_1+\cdots+\lambda_{m-1}\boldsymbol{\alpha}_{m-1},$$

于是

$$\lambda_1\boldsymbol{\alpha}_1+\cdots+\lambda_{m-1}\boldsymbol{\alpha}_{m-1}-\boldsymbol{\alpha}_m=\mathbf{0},$$

因为 $\lambda_1,\lambda_2,\cdots,\lambda_{m-1},-1$ 这 m 个数不全为零, 所以向量组 A 线性相关.

反之, 若向量组 A 线性无关, 则 A 中任一向量都不能由其余向量线性表示.

小贴士

可以这样理解: 如果一个向量组是线性相关的, 那么就说明它们中至少有一个 "多余" 的向量. 这个向量是可以用其余向量的线性组合来表示的. 它是可以被 "替代" 的.

定理 3.3.5 向量组 $A: \boldsymbol{\alpha}_1, \boldsymbol{\alpha}_2, \cdots, \boldsymbol{\alpha}_m$ 线性相关 (线性无关) 的充要条件是齐次线性方程组

$$x_1\boldsymbol{\alpha}_1 + x_2\boldsymbol{\alpha}_2 + \cdots + x_m\boldsymbol{\alpha}_m = \mathbf{0}$$

有非零解 (仅有零解).

小点睛

此定理将向量组是否线性相关的问题转化为了齐次线性方程组是否有非零解的问题, 这体现了数学思想方法中的化归思想.

定理 3.3.6 设向量组 $A: \boldsymbol{\alpha}_1, \boldsymbol{\alpha}_2, \cdots, \boldsymbol{\alpha}_m$ 构成的矩阵为 $\boldsymbol{A} = (\boldsymbol{\alpha}_1 \quad \boldsymbol{\alpha}_2 \quad \cdots \quad \boldsymbol{\alpha}_m)$, 若 $r(\boldsymbol{A}) < m$, 则向量组 $\boldsymbol{\alpha}_1, \boldsymbol{\alpha}_2, \cdots, \boldsymbol{\alpha}_m$ 线性相关; 若 $r(\boldsymbol{A}) = m$, 则向量组 $\boldsymbol{\alpha}_1, \boldsymbol{\alpha}_2, \cdots, \boldsymbol{\alpha}_m$ 线性无关.

例 6 讨论向量组

$$\boldsymbol{\alpha}_1 = (1,1,1,2)^{\mathrm{T}}, \quad \boldsymbol{\alpha}_2 = (0,2,1,3)^{\mathrm{T}}, \quad \boldsymbol{\alpha}_3 = (3,1,0,1)^{\mathrm{T}}, \quad \boldsymbol{\alpha}_4 = (2,-4,-3,-7)^{\mathrm{T}}$$

的线性相关性.

解法一 考虑齐次线性方程组 $x_1\boldsymbol{\alpha}_1 + x_2\boldsymbol{\alpha}_2 + x_3\boldsymbol{\alpha}_3 + x_4\boldsymbol{\alpha}_4 = \mathbf{0}$, 对系数矩阵作初等行变换

$$\boldsymbol{A} = \begin{pmatrix} 1 & 0 & 3 & 2 \\ 1 & 2 & 1 & -4 \\ 1 & 1 & 0 & -3 \\ 2 & 3 & 1 & -7 \end{pmatrix} \xrightarrow[\substack{r_3 - r_1 \\ r_4 - 2r_1}]{r_2 - r_1} \begin{pmatrix} 1 & 0 & 3 & 2 \\ 0 & 2 & -2 & -6 \\ 0 & 1 & -3 & -5 \\ 0 & 3 & -5 & -11 \end{pmatrix} \xrightarrow{r_2 \leftrightarrow r_3} \begin{pmatrix} 1 & 0 & 3 & 2 \\ 0 & 1 & -3 & -5 \\ 0 & 2 & -2 & -6 \\ 0 & 3 & -5 & -11 \end{pmatrix}$$

$$\xrightarrow[r_3 - 3r_2]{r_3 - 2r_2} \begin{pmatrix} 1 & 0 & 3 & 2 \\ 0 & 1 & -3 & -5 \\ 0 & 0 & 4 & 4 \\ 0 & 0 & 4 & 4 \end{pmatrix} \xrightarrow{r_4 - r_3} \begin{pmatrix} 1 & 0 & 3 & 2 \\ 0 & 1 & -3 & -5 \\ 0 & 0 & 4 & 4 \\ 0 & 0 & 0 & 0 \end{pmatrix},$$

所以, $r(\boldsymbol{A}) = 3 < 4$, 故上述齐次线性方程组有非零解, 即 $\boldsymbol{\alpha}_1, \boldsymbol{\alpha}_2, \boldsymbol{\alpha}_3, \boldsymbol{\alpha}_4$ 线性相关.

解法二 因为系数矩阵是四阶方阵, 所以也可以用行列式是否为零来判断.

$$|\boldsymbol{A}| = \begin{vmatrix} 1 & 0 & 3 & 2 \\ 1 & 2 & 1 & -4 \\ 1 & 1 & 0 & -3 \\ 2 & 3 & 1 & -7 \end{vmatrix} \xlongequal[c_4 - 2c_1]{c_3 - 3c_1} \begin{vmatrix} 1 & 0 & 0 & 0 \\ 1 & 2 & -2 & -6 \\ 1 & 1 & -3 & -5 \\ 2 & 3 & -5 & -11 \end{vmatrix} = \begin{vmatrix} 2 & -2 & -6 \\ 1 & -3 & -5 \\ 3 & -5 & -11 \end{vmatrix}$$

$$= 2\begin{vmatrix} 1 & -1 & -3 \\ 1 & -3 & -5 \\ 3 & -5 & -11 \end{vmatrix} \xlongequal[c_3 + 3c_1]{c_2 + c_1} 2\begin{vmatrix} 1 & 0 & 0 \\ 1 & -2 & -2 \\ 3 & -2 & -2 \end{vmatrix} = 2\begin{vmatrix} -2 & -2 \\ -2 & -2 \end{vmatrix} = 0,$$

所以 $\boldsymbol{\alpha}_1, \boldsymbol{\alpha}_2, \boldsymbol{\alpha}_3, \boldsymbol{\alpha}_4$ 线性相关.

定理 3.3.7 若 $\mathbf{R}^n$ 中的向量组 $\boldsymbol{\alpha}_1,\boldsymbol{\alpha}_2,\cdots,\boldsymbol{\alpha}_m$ 线性无关，而向量组 $\boldsymbol{\alpha}_1,\boldsymbol{\alpha}_2,\cdots,\boldsymbol{\alpha}_m,\boldsymbol{\beta}$ 线性相关，则 $\boldsymbol{\beta}$ 一定可由向量组 $\boldsymbol{\alpha}_1,\boldsymbol{\alpha}_2,\cdots,\boldsymbol{\alpha}_m$ 线性表示，且表示法唯一.

证明 因为向量组 $\boldsymbol{\alpha}_1,\boldsymbol{\alpha}_2,\cdots,\boldsymbol{\alpha}_m$，$\boldsymbol{\beta}$ 线性相关，所以存在不全为零的常数 $k_1,\cdots,k_{m+1}$，使得 $k_1\boldsymbol{\alpha}_1+\cdots+k_m\boldsymbol{\alpha}_m+k_{m+1}\boldsymbol{\beta}=0$，且因为 $\boldsymbol{\alpha}_1,\cdots,\boldsymbol{\alpha}_m$ 线性无关，则必有 $k_{m+1}\neq 0$. 所以，$\boldsymbol{\beta}=-\dfrac{k_1}{k_{m+1}}\boldsymbol{\alpha}_1-\dfrac{k_2}{k_{m+1}}\boldsymbol{\alpha}_2-\cdots-\dfrac{k_m}{k_{m+1}}\boldsymbol{\alpha}_m$. 即 $\boldsymbol{\beta}$ 可由 $\alpha_1,\cdots,\alpha_m$ 线性表示. 再证表示法唯一. 若 $\boldsymbol{\beta}=\sum\limits_{i=1}^{m}\lambda_i\boldsymbol{\alpha}_i$，同时 $\boldsymbol{\beta}=\sum\limits_{i=1}^{m}l_i\boldsymbol{\alpha}_i$，两式相减，$\sum\limits_{i=1}^{m}(\lambda_i-l_i)\boldsymbol{\alpha}_i=\mathbf{0}$. 因为 $\boldsymbol{\alpha}_1,\cdots,\boldsymbol{\alpha}_m$ 线性无关，所以 $\lambda_i=l_i\ (i=1,\cdots,m)$. 如此，$\boldsymbol{\beta}$ 可由 $\boldsymbol{\alpha}_1,\cdots,\boldsymbol{\alpha}_m$ 线性表示的方法唯一.

线性相关是向量的一个重要性质，下面介绍与之有关的一些简单的结论，同学们可以自己试着证明.

(1) 若向量组只有一个向量，它线性无关的充要条件是该向量不是零向量.

(2) 若向量组是由两个向量组成，它们线性相关的充要条件是它们的分量对应成比例.

(3) 若一个向量组中含有零向量，则此向量组一定线性相关.

(4) 若一个向量组中的部分向量线性相关，则整个向量组也一定线性相关.

(5) 若一个向量组是线性无关的，则它的任何部分向量组也是线性无关的.

(6) 若一组 n 维向量线性无关，将它们在同一位置增加 s 个分量，成为一个 $n+s$ 维的向量组，则此 $n+s$ 维的向量组也线性无关.

(7) 若一组向量线性相关，则去掉若干个分量而得到的向量组也线性相关.

(8) m 个 n 维向量组成的向量组，当 $m>n$ 时一定线性相关. 即向量组中，向量的维数小于向量的个数，则向量组线性相关.

例 7 设向量组 $\boldsymbol{\alpha}_1,\boldsymbol{\alpha}_2,\boldsymbol{\alpha}_3$ 线性相关，向量组 $\boldsymbol{\alpha}_2,\boldsymbol{\alpha}_3,\boldsymbol{\alpha}_4$ 线性无关，证明:

(1) $\boldsymbol{\alpha}_1$ 能由 $\boldsymbol{\alpha}_2,\boldsymbol{\alpha}_3$ 线性表示;

(2) $\boldsymbol{\alpha}_4$ 不能由 $\boldsymbol{\alpha}_1,\boldsymbol{\alpha}_2,\boldsymbol{\alpha}_3$ 线性表示.

证明 (1) 因为 $\boldsymbol{\alpha}_2,\boldsymbol{\alpha}_3,\boldsymbol{\alpha}_4$ 线性无关，所以 $\boldsymbol{\alpha}_2,\boldsymbol{\alpha}_3$ 线性无关，而 $\boldsymbol{\alpha}_1,\boldsymbol{\alpha}_2,\boldsymbol{\alpha}_3$ 线性相关，由定理 3.3.7 知 $\boldsymbol{\alpha}_1$ 能由 $\boldsymbol{\alpha}_2,\boldsymbol{\alpha}_3$ 线性表示.

(2) 用反证法. 假设 $\boldsymbol{\alpha}_4$ 能由 $\boldsymbol{\alpha}_1,\boldsymbol{\alpha}_2,\boldsymbol{\alpha}_3$ 线性表示，而由 (1) 知 $\boldsymbol{\alpha}_1$ 能由 $\boldsymbol{\alpha}_2,\boldsymbol{\alpha}_3$ 线性表示，因此 $\boldsymbol{\alpha}_4$ 能由 $\boldsymbol{\alpha}_2,\boldsymbol{\alpha}_3$ 线性表示，这与 $\boldsymbol{\alpha}_2,\boldsymbol{\alpha}_3,\boldsymbol{\alpha}_4$ 线性无关矛盾.

3.3.4 极大线性无关组与向量组的秩

极大线性无关组

定义 3.3.6 若向量组 A 的部分向量组 $A_0:\boldsymbol{\alpha}_1,\boldsymbol{\alpha}_2,\cdots,\boldsymbol{\alpha}_r$ 满足:

(1) 向量组 $A_0:\boldsymbol{\alpha}_1,\boldsymbol{\alpha}_2,\cdots,\boldsymbol{\alpha}_r$ 线性无关;

(2) 向量组 A 的任一向量均可由向量组 $A_0:\boldsymbol{\alpha}_1,\boldsymbol{\alpha}_2,\cdots,\boldsymbol{\alpha}_r$ 线性表示.

或者说

(1) 向量组 $A_0:\boldsymbol{\alpha}_1,\boldsymbol{\alpha}_2,\cdots,\boldsymbol{\alpha}_r$ 线性无关;

(2) 向量组 A 的任何 $r+1$ 个向量都线性相关.

则称向量组 $A_0:\boldsymbol{\alpha}_1,\boldsymbol{\alpha}_2,\cdots,\boldsymbol{\alpha}_r$ 是向量组 A 的一个极大线性无关向量组, 简称为极大无关组.

特别地, 若向量组本身线性无关, 则该向量组就是极大无关组. 只含零向量的向量组没有极大无关组.

小贴士

"极大" 的意思是: 线性无关向量组 A_0, 再多加原向量组 A 中的任何一个向量, 都线性相关; 线性无关向量组 A_0, 可以线性表示原来向量组 A 中的所有向量, 若减少 A_0 中一个向量, 则无法线性表示出 A 中的所有向量. 显然, 向量组与其极大线性无关组是等价的.

例如, 向量组 $A:\boldsymbol{\alpha}_1=(1,2,3)^{\mathrm{T}}$, $\boldsymbol{\alpha}_2=(2,3,4)^{\mathrm{T}}$, $\boldsymbol{\alpha}_3=(1,1,1)^{\mathrm{T}}$, 由于 $\boldsymbol{\alpha}_1$ 与 $\boldsymbol{\alpha}_2$ 线性无关, 且 $\boldsymbol{\alpha}_1=\boldsymbol{\alpha}_1+0\boldsymbol{\alpha}_2$, $\boldsymbol{\alpha}_2=0\boldsymbol{\alpha}_1+\boldsymbol{\alpha}_2$, $\boldsymbol{\alpha}_3=-\boldsymbol{\alpha}_1+\boldsymbol{\alpha}_2$, 即向量组 A 中任一向量均可由 $\boldsymbol{\alpha}_1,\boldsymbol{\alpha}_2$ 线性表示, 因此, $\boldsymbol{\alpha}_1,\boldsymbol{\alpha}_2$ 是向量组 A 的一个极大线性无关组. 同理, $\boldsymbol{\alpha}_1$ 与 $\boldsymbol{\alpha}_3$ 线性无关, $\boldsymbol{\alpha}_2=\boldsymbol{\alpha}_1+\boldsymbol{\alpha}_3$, 所以 $\boldsymbol{\alpha}_1,\boldsymbol{\alpha}_3$ 也是向量组 A 的一个极大线性无关组. 再有, $\boldsymbol{\alpha}_2$ 与 $\boldsymbol{\alpha}_3$ 也线性无关, $\boldsymbol{\alpha}_1=\boldsymbol{\alpha}_2-\boldsymbol{\alpha}_3$, 所以 $\boldsymbol{\alpha}_2,\boldsymbol{\alpha}_3$ 也是向量组 A 的一个极大线性无关组. 从上面讨论可以看出, 一个向量组的极大无关组可能不是唯一的, 那么一个向量组的所有的极大无关组有什么共同特征呢? 我们先看一个例题.

例 8 求向量组 $\boldsymbol{\alpha}_1=\begin{pmatrix}1\\-2\\0\\3\end{pmatrix}$, $\boldsymbol{\alpha}_2=\begin{pmatrix}2\\-5\\-3\\6\end{pmatrix}$, $\boldsymbol{\alpha}_3=\begin{pmatrix}0\\1\\3\\0\end{pmatrix}$, $\boldsymbol{\alpha}_4=\begin{pmatrix}2\\-1\\4\\-7\end{pmatrix}$, $\boldsymbol{\alpha}_5=\begin{pmatrix}5\\-8\\1\\2\end{pmatrix}$ 的一个极大无关组, 并用极大无关组线性表出该组中的其他向量.

解 以给定向量为列向量作成矩阵 $\boldsymbol{A}$, 并用初等行变换将 $\boldsymbol{A}$ 化成阶梯形矩阵:

$$\boldsymbol{A}=\begin{pmatrix}1&2&0&2&5\\-2&-5&1&-1&-8\\0&-3&3&4&1\\3&6&0&-7&2\end{pmatrix}\xrightarrow[r_4-3r_1]{r_2+2r_1}\begin{pmatrix}1&2&0&2&5\\0&-1&1&3&2\\0&-3&3&4&1\\0&0&0&-13&-13\end{pmatrix}$$

$$\xrightarrow[\left(-\frac{1}{13}\right)\times r_4]{r_3-3r_2}\begin{pmatrix}1&2&0&2&5\\0&-1&1&3&2\\0&0&0&-5&-5\\0&0&0&1&1\end{pmatrix}\xrightarrow{\left(-\frac{1}{5}\right)\times r_3}\begin{pmatrix}1&2&0&2&5\\0&-1&1&3&2\\0&0&0&1&1\\0&0&0&1&1\end{pmatrix}$$

$$\xrightarrow{r_4-r_3}\begin{pmatrix}1&2&0&2&5\\0&-1&1&3&2\\0&0&0&1&1\\0&0&0&0&0\end{pmatrix}=\boldsymbol{B}_1.$$

$\boldsymbol{B}_1$ 已是行阶梯形矩阵, $\boldsymbol{B}_1$ 的首非零元所在的列是第 1、2、4 列, 则 $\boldsymbol{A}$ 的第 1、2、4 列就是 $\boldsymbol{A}$ 的列向量组的一个极大无关组, 即 $\boldsymbol{\alpha}_1,\boldsymbol{\alpha}_2,\boldsymbol{\alpha}_4$ 就是向量组的一个极大无关组.

这是因为, 一方面

$$(\boldsymbol{\alpha}_1,\boldsymbol{\alpha}_2,\boldsymbol{\alpha}_4)\xrightarrow{\text{初等行变换}}\begin{pmatrix}1&2&2\\0&-1&3\\0&0&1\\0&0&0\end{pmatrix},\quad r(\boldsymbol{\alpha}_1,\boldsymbol{\alpha}_2,\boldsymbol{\alpha}_4)=3,$$

所以 $\boldsymbol{\alpha}_1,\boldsymbol{\alpha}_2,\boldsymbol{\alpha}_4$ 线性无关.

另一方面

$$(\boldsymbol{\alpha}_1,\boldsymbol{\alpha}_2,\boldsymbol{\alpha}_4\,\vdots\,\boldsymbol{\alpha}_3)\xrightarrow{\text{初等行变换}}\left(\begin{array}{ccc:c}1&2&2&0\\0&-1&3&1\\0&0&1&0\\0&0&0&0\end{array}\right),\quad r(\boldsymbol{\alpha}_1,\boldsymbol{\alpha}_2,\boldsymbol{\alpha}_4)=r(\boldsymbol{\alpha}_1,\boldsymbol{\alpha}_2,\boldsymbol{\alpha}_4\,\vdots\,\boldsymbol{\alpha}_3)=3.$$

所以 $\boldsymbol{\alpha}_3$ 可由 $\boldsymbol{\alpha}_1,\boldsymbol{\alpha}_2,\boldsymbol{\alpha}_4$ 唯一地线性表示. 同理, $\boldsymbol{\alpha}_5$ 也可由 $\boldsymbol{\alpha}_1,\boldsymbol{\alpha}_2,\boldsymbol{\alpha}_4$ 唯一地线性表示. 所以, $\boldsymbol{\alpha}_1,\boldsymbol{\alpha}_2,\boldsymbol{\alpha}_4$ 是 $\boldsymbol{\alpha}_1,\boldsymbol{\alpha}_2,\boldsymbol{\alpha}_3,\boldsymbol{\alpha}_4,\boldsymbol{\alpha}_5$ 的一个极大无关组.

为了用该极大无关组表示其他向量, 需要把行阶梯形矩阵 $\boldsymbol{B}_1$ 化成行最简形矩阵:

$$\boldsymbol{B}_1\xrightarrow[r_2-3r_3]{r_1-2r_3}\begin{pmatrix}1&2&0&0&3\\0&-1&1&0&-1\\0&0&0&1&1\\0&0&0&0&0\end{pmatrix}\xrightarrow{(-1)\times r_2}\begin{pmatrix}1&2&0&0&3\\0&1&-1&0&1\\0&0&0&1&1\\0&0&0&0&0\end{pmatrix}\xrightarrow{r_1-2r_2}\begin{pmatrix}1&0&2&0&1\\0&1&-1&0&1\\0&0&0&1&1\\0&0&0&0&0\end{pmatrix}$$

$$=(\boldsymbol{\beta}_1,\boldsymbol{\beta}_2,\boldsymbol{\beta}_3,\boldsymbol{\beta}_4,\boldsymbol{\beta}_5)=\boldsymbol{B},$$

这样, 通过初等行变换, 已把矩阵 $\boldsymbol{A}$ 化成了行最简形矩阵 $\boldsymbol{B}$.

由于方程组 $\boldsymbol{Ax}=\boldsymbol{0}$ 与 $\boldsymbol{Bx}=\boldsymbol{0}$ 同解, 即方程组

$$x_1\boldsymbol{\alpha}_1+x_2\boldsymbol{\alpha}_2+x_3\boldsymbol{\alpha}_3+x_4\boldsymbol{\alpha}_4+x_5\boldsymbol{\alpha}_5=\boldsymbol{0}$$

与

$$x_1\boldsymbol{\beta}_1+x_2\boldsymbol{\beta}_2+x_3\boldsymbol{\beta}_3+x_4\boldsymbol{\beta}_4+x_5\boldsymbol{\beta}_5=\boldsymbol{0}$$

同解, 因此向量 $\boldsymbol{\alpha}_1,\boldsymbol{\alpha}_2,\boldsymbol{\alpha}_3,\boldsymbol{\alpha}_4,\boldsymbol{\alpha}_5$ 之间的线性关系与向量 $\boldsymbol{\beta}_1,\boldsymbol{\beta}_2,\boldsymbol{\beta}_3,\boldsymbol{\beta}_4,\boldsymbol{\beta}_5$ 之间的线性关系是相同的. 因为

电子作业本

$$\boldsymbol{\beta}_3=\begin{pmatrix}2\\-1\\0\\0\end{pmatrix}=2\begin{pmatrix}1\\0\\0\\0\end{pmatrix}-\begin{pmatrix}0\\1\\0\\0\end{pmatrix}=2\boldsymbol{\beta}_1-\boldsymbol{\beta}_2,\quad \boldsymbol{\beta}_5=\begin{pmatrix}1\\1\\1\\0\end{pmatrix}=\begin{pmatrix}1\\0\\0\\0\end{pmatrix}+\begin{pmatrix}0\\1\\0\\0\end{pmatrix}+\begin{pmatrix}0\\0\\1\\0\end{pmatrix}=\boldsymbol{\beta}_1+\boldsymbol{\beta}_2+\boldsymbol{\beta}_4,$$

这时对应就有 $\boldsymbol{\alpha}_3=2\boldsymbol{\alpha}_1-\boldsymbol{\alpha}_2$, $\boldsymbol{\alpha}_5=\boldsymbol{\alpha}_1+\boldsymbol{\alpha}_2+\boldsymbol{\alpha}_4$.

从例 8 求解过程可以得到一些重要结论.

定理 3.3.8 向量组中若有多个极大无关组, 则所有极大无关组含有向量的个数相同.

该定理表明, 一个向量组的极大线性无关组所含向量个数是唯一确定的, 因为它就等于该向量组所构成矩阵的秩. 因而给出下列定义.

定义 3.3.7 向量组 $A:\boldsymbol{\alpha}_1,\boldsymbol{\alpha}_2,\cdots,\boldsymbol{\alpha}_m$ 的极大无关组所含向量的个数 r 称为向量组的秩, 记为 $r(A)=r$ 或 $r(\boldsymbol{\alpha}_1,\boldsymbol{\alpha}_2,\cdots,\boldsymbol{\alpha}_m)=r$.

若一个向量组中只含有零向量, 则规定它的秩为零.

若一个向量组 $A:\boldsymbol{\alpha}_1,\boldsymbol{\alpha}_2,\cdots,\boldsymbol{\alpha}_m$ 线性无关, 则 $r(A)=m$; 反之, 若向量组的 $r(A)=m$, 则向量组 A 一定线性无关.

从例 8 可知, $r(\boldsymbol{A})=\boldsymbol{A}$ 的列秩, 又因为 $r(\boldsymbol{A})=r(\boldsymbol{A}^{\mathrm{T}})$, 且 $\boldsymbol{A}^{\mathrm{T}}$ 的列秩 $=\boldsymbol{A}$ 的行秩, 所以有

定理 3.3.9 矩阵 $\boldsymbol{A}$ 的秩 = 矩阵 $\boldsymbol{A}$ 行向量组的秩 = 矩阵 $\boldsymbol{A}$ 列向量组的秩.

例 8 的解法表明: 如果向量组 A 与 B 等价, 则方程 $\boldsymbol{Ax}=\boldsymbol{0}$ 与 $\boldsymbol{Bx}=\boldsymbol{0}$ 同解, 从而矩阵 $\boldsymbol{A}$ 的列向量组各向量之间与矩阵 $\boldsymbol{B}$ 的列向量组各向量之间有相同的线性关系. 如果 $\boldsymbol{B}$ 是一个行最简形矩阵, 则很容易看出 $\boldsymbol{B}$ 的列向量组各向量之间的线性关系, 从而得到了 $\boldsymbol{A}$ 的列向量组各向量之间的线性关系. 即有

定理 3.3.10 列 (行) 向量组通过初等行 (列) 变换不改变线性相关性.

小贴士

求一列向量组的秩和极大无关组, 可以把这些列向量作为矩阵的列构成矩阵, 用初等行变换将其化为行阶梯形矩阵, 则非零行的行数就是向量组的秩, 主元所在的列对应原来向量组中的向量就是极大无关组.

若要进一步用极大线性无关组表示其余向量, 则需进一步将上述行阶梯形矩阵化成行最简形矩阵.

习题 3.3

1. 设 $\boldsymbol{\alpha}_1=(1,1,0)^{\mathrm{T}}$, $\boldsymbol{\alpha}_2=(0,1,1)^{\mathrm{T}}$, $\boldsymbol{\alpha}_3=(3,4,0)^{\mathrm{T}}$, 求 $\boldsymbol{\alpha}_1-\boldsymbol{\alpha}_2$ 及 $3\boldsymbol{\alpha}_1+2\boldsymbol{\alpha}_2-\boldsymbol{\alpha}_3$.

2. 设 $3(\boldsymbol{\alpha}_1-\boldsymbol{\alpha})+2(\boldsymbol{\alpha}_2+\boldsymbol{\alpha})=5(\boldsymbol{\alpha}_3+\boldsymbol{\alpha})$, 求 $\boldsymbol{\alpha}$, 其中 $\boldsymbol{\alpha}_1=(2,5,1,3)^{\mathrm{T}}$, $\boldsymbol{\alpha}_2=(10,1,5,10)^{\mathrm{T}}$, $\boldsymbol{\alpha}_3=(4,1,-1,1)^{\mathrm{T}}$.

3. 判定下列向量组是线性相关还是线性无关:

(1) $(-1,3,1)^{\mathrm{T}}$, $(2,1,0)^{\mathrm{T}}$, $(1,4,1)^{\mathrm{T}}$;

(2) $(2,3,0)^{\mathrm{T}}$, $(-1,4,0)^{\mathrm{T}}$, $(0,0,2)^{\mathrm{T}}$.

4. 问 a 取什么值时, 向量组 $\boldsymbol{\alpha}_1=(a,1,1)^{\mathrm{T}}$, $\boldsymbol{\alpha}_2=(1,a,-1)^{\mathrm{T}}$, $\boldsymbol{\alpha}_3=(1,-1,a)^{\mathrm{T}}$ 线性相关?

5. 求下列向量组的秩及一个极大无关组, 并用极大无关组线性表示该组中其他向量.

(1) $\boldsymbol{\alpha}_1=(1,2,-1,4)^{\mathrm{T}}$, $\boldsymbol{\alpha}_2=(9,100,10,4)^{\mathrm{T}}$, $\boldsymbol{\alpha}_3=(-2,-4,2,-8)^{\mathrm{T}}$;

(2) $\boldsymbol{\alpha}_1=(1,2,1,3)^{\mathrm{T}}$, $\boldsymbol{\alpha}_2=(4,-1,-5,-6)^{\mathrm{T}}$, $\boldsymbol{\alpha}_3=(1,-3,-4,-7)^{\mathrm{T}}$;

(3) $\boldsymbol{\alpha}_1=(1,0,2,1)^{\mathrm{T}}$, $\boldsymbol{\alpha}_2=(1,2,0,1)^{\mathrm{T}}$, $\boldsymbol{\alpha}_3=(2,1,3,0)^{\mathrm{T}}$, $\boldsymbol{\alpha}_4=(1,-1,3,-1)^{\mathrm{T}}$.

6. 设向量组

$$(a,3,1)^{\mathrm{T}},(2,b,3)^{\mathrm{T}},(1,2,1)^{\mathrm{T}},(2,3,1)^{\mathrm{T}}$$

的秩为 2, 求 a,b.

7. 已知向量组

$A:\boldsymbol{a}_1,\boldsymbol{a}_2$, 其中 $\boldsymbol{a}_1=(0,1,1)^{\mathrm{T}},\boldsymbol{a}_2=(1,1,0)^{\mathrm{T}}$;

$B:\boldsymbol{b}_1,\boldsymbol{b}_2,\boldsymbol{b}_3$, 其中 $\boldsymbol{b}_1=(-1,0,1)^{\mathrm{T}},\boldsymbol{b}_2=(1,2,1)^{\mathrm{T}},\boldsymbol{b}_3=(3,2,-1)^{\mathrm{T}}$,

证明向量组 A 与向量组 B 等价.

3.4 线性方程组解的结构

在前面的两节中, 我们讨论了高斯消元法求解线性方程组的方法以及解的存在性问题, 但没有从向量角度探讨清楚线性方程组解的结构. 本节将用向量组的线性相关性理论描述线性方程组解的结构.

3.4.1 齐次线性方程组解的结构

n 元齐次线性方程组

$$\begin{cases} a_{11}x_1+a_{12}x_2+\cdots+a_{1n}x_n=0,\\ a_{21}x_1+a_{22}x_2+\cdots+a_{2n}x_n=0,\\ \cdots\cdots\cdots\cdots\\ a_{m1}x_1+a_{m2}x_2+\cdots+a_{mn}x_n=0, \end{cases} \tag{3.4.1}$$

记

$$\boldsymbol{A}=\begin{pmatrix} a_{11} & a_{12} & \cdots & a_{1n} \\ a_{21} & a_{22} & \cdots & a_{2n} \\ \vdots & \vdots & & \vdots \\ a_{m1} & a_{m2} & \cdots & a_{mn} \end{pmatrix}, \boldsymbol{x}=\begin{pmatrix} x_1 \\ x_2 \\ \vdots \\ x_n \end{pmatrix}, \boldsymbol{0}=\begin{pmatrix} 0 \\ 0 \\ \vdots \\ 0 \end{pmatrix},$$

方程组 (3.4.1) 的矩阵形式为

$$\boldsymbol{Ax}=\boldsymbol{0}. \tag{3.4.2}$$

若 $x_1=c_1, x_2=c_2, \cdots, x_n=c_n$ 是方程组 (3.4.1) 的解, 则称

$$\boldsymbol{\xi}=(c_1, c_2, \cdots, c_n)^{\mathrm{T}}$$

为方程组 (3.4.1) 的解向量, 简称为解.

通过 3.1 节的学习我们知道, n 元齐次线性方程组 $\boldsymbol{Ax}=\boldsymbol{0}$ 有非零解的充要条件是 $r(\boldsymbol{A})<n$, 那么如何求非零解呢?

为了研究这个问题, 我们先讨论齐次线性方程组的解的性质.

性质 1 若 $\boldsymbol{x}=\boldsymbol{\xi}_1, \boldsymbol{x}=\boldsymbol{\xi}_2$ 为方程 $\boldsymbol{Ax}=\boldsymbol{0}$ 的解, 则 $\boldsymbol{x}=\boldsymbol{\xi}_1+\boldsymbol{\xi}_2$ 也是 $\boldsymbol{Ax}=\boldsymbol{0}$ 的解.

这是因为

$$\boldsymbol{A}(\boldsymbol{\xi}_1+\boldsymbol{\xi}_2)=\boldsymbol{A\xi}_1+\boldsymbol{A\xi}_2=\boldsymbol{0}+\boldsymbol{0}=\boldsymbol{0}.$$

性质 2 若 $\boldsymbol{x}=\boldsymbol{\xi}$ 为方程 $\boldsymbol{Ax}=\boldsymbol{0}$ 的解, k 为实数, 则 $\boldsymbol{x}=k\boldsymbol{\xi}$ 也是 $\boldsymbol{Ax}=\boldsymbol{0}$ 的解.

这是因为

$$\boldsymbol{A}(k\boldsymbol{\xi})=k(\boldsymbol{A\xi})=k\boldsymbol{0}=\boldsymbol{0}.$$

一般地, 齐次线性方程组的解的线性组合也是方程组的解, 即若 $\boldsymbol{\xi}_1, \boldsymbol{\xi}_2, \cdots, \boldsymbol{\xi}_s$ 是方程组 $\boldsymbol{Ax}=\boldsymbol{0}$ 的 s 个解, 则 $\boldsymbol{x}=k_1\boldsymbol{\xi}_1+k_2\boldsymbol{\xi}_2+\cdots+k_s\boldsymbol{\xi}_s$ 也是 $\boldsymbol{Ax}=\boldsymbol{0}$ 的解, 其中 $k_1, k_2, \cdots, k_s$ 是任意实数.

定义 若齐次线性方程组 $\boldsymbol{Ax}=\boldsymbol{0}$ 的解向量 $\boldsymbol{\xi}_1, \boldsymbol{\xi}_2, \cdots, \boldsymbol{\xi}_s$ 满足:

(1) $\boldsymbol{\xi}_1, \boldsymbol{\xi}_2, \cdots, \boldsymbol{\xi}_s$ 线性无关;

(2) $\boldsymbol{Ax}=\boldsymbol{0}$ 的每一个解都能由 $\boldsymbol{\xi}_1, \boldsymbol{\xi}_2, \cdots, \boldsymbol{\xi}_s$ 线性表示,

则称解向量 $\boldsymbol{\xi}_1, \boldsymbol{\xi}_2, \cdots, \boldsymbol{\xi}_s$ 为齐次线性方程组 $\boldsymbol{Ax}=\boldsymbol{0}$ 的一个基础解系.

由极大无关组的定义可知, 方程组 $\boldsymbol{Ax}=\boldsymbol{0}$ 的基础解系就是其全部解向量的一个极大无关组.

我们来看一道例题.

例 1 求齐次线性方程组 $\begin{cases} x_1-x_2+x_3+2x_4=0, \\ 2x_1+x_2-7x_3-5x_4=0, \\ x_1+x_2-5x_3-4x_4=0 \end{cases}$ 的一个基础解系及通解.

解　对系数矩阵 $\boldsymbol{A}$ 施行初等行变换, 将它化成行最简形矩阵

$$\boldsymbol{A}=\begin{pmatrix}1&-1&1&2\\2&1&-7&-5\\1&1&-5&-4\end{pmatrix}\xrightarrow[r_3-r_1]{r_2-2r_1}\begin{pmatrix}1&-1&1&2\\0&3&-9&-9\\0&2&-6&-6\end{pmatrix}\xrightarrow{\left(\frac{1}{3}\right)\times r_2}\begin{pmatrix}1&-1&1&2\\0&1&-3&-3\\0&2&-6&-6\end{pmatrix}$$

$$\xrightarrow{r_3-2r_2}\begin{pmatrix}1&-1&1&2\\0&1&-3&-3\\0&0&0&0\end{pmatrix}\xrightarrow{r_1+r_2}\begin{pmatrix}1&0&-2&-1\\0&1&-3&-3\\0&0&0&0\end{pmatrix},$$

它对应的方程组为

$$\begin{cases}x_1=2x_3+\ \ x_4,\\x_2=3x_3+3x_4,\end{cases}$$

$r(\boldsymbol{A})=2$, 自由未知量为 x_3 和 x_4.

取 $\begin{pmatrix}x_3\\x_4\end{pmatrix}=\begin{pmatrix}1\\0\end{pmatrix}$ 和 $\begin{pmatrix}0\\1\end{pmatrix}$, 代入上式得解向量

$$\boldsymbol{\xi}_1=\begin{pmatrix}2\\3\\1\\0\end{pmatrix},\ \boldsymbol{\xi}_2=\begin{pmatrix}1\\3\\0\\1\end{pmatrix}.$$

这就是这个方程组的一个基础解系.

这是因为 $\begin{pmatrix}x_3\\x_4\end{pmatrix}$ 取的两组特值 $\begin{pmatrix}1\\0\end{pmatrix}$ 和 $\begin{pmatrix}0\\1\end{pmatrix}$ 线性无关, 增加 x_1 和 x_2 两个分量得到的 $\boldsymbol{\xi}_1$ 与 $\boldsymbol{\xi}_2$ 也是线性无关的. 同时由 3.1 节消元法, 方程组的通解为

$$\begin{pmatrix}x_1\\x_2\\x_3\\x_4\end{pmatrix}=k_1\begin{pmatrix}2\\3\\1\\0\end{pmatrix}+k_2\begin{pmatrix}1\\3\\0\\1\end{pmatrix}\quad(k_1,k_2\in\mathbf{R}).$$

即方程组每个解都能由 $\boldsymbol{\xi}_1$ 和 $\boldsymbol{\xi}_2$ 线性表示. 所以 $\boldsymbol{\xi}_1$ 与 $\boldsymbol{\xi}_2$ 为一个基础解系. 于是齐次线性方程组的通解为

$$\boldsymbol{x}=k_1\boldsymbol{\xi}_1+k_2\boldsymbol{\xi}_2=k_1\begin{pmatrix}2\\3\\1\\0\end{pmatrix}+k_2\begin{pmatrix}1\\3\\0\\1\end{pmatrix},\quad k_1,k_2\text{ 为任意实数}.$$

从例 1 求解过程可以看出, 当 n 元齐次线性方程组 $\boldsymbol{Ax}=\mathbf{0}$ 的系数矩阵的秩 $r(\boldsymbol{A})=n$ (未知量的个数) 时, 方程组只有零解, 因此方程组不存在基础解系. 而当 $r(\boldsymbol{A})<n$ 时, 有

定理 3.4.1 若齐次线性方程组 $\boldsymbol{Ax}=\mathbf{0}$ 的系数矩阵的秩 $r(\boldsymbol{A})=r<n$, 则方程组一定有基础解系, 并且基础解系中解向量的个数为 $n-r$, 即齐次线性方程组的基础解系中解向量的个数等于自由未知量的个数.

设 $\boldsymbol{\xi}_1,\boldsymbol{\xi}_2,\cdots,\boldsymbol{\xi}_{n-r}$ 为齐次线性方程组 $\boldsymbol{Ax}=\mathbf{0}$ 的基础解系, 则方程组的全部解

$$k_1\boldsymbol{\xi}_1+k_2\boldsymbol{\xi}_2+\cdots+k_{n-r}\boldsymbol{\xi}_{n-r} \tag{3.4.3}$$

称为 $\boldsymbol{Ax}=\mathbf{0}$ 的通解, 即基础解系的一切线性组合, 其中 $k_1,k_2,\cdots,k_{n-r}$ 为任意实数.

如何求齐次线性方程组 $\boldsymbol{Ax}=\mathbf{0}$ 的基础解系呢? 其一般步骤为

(1) 将齐次线性方程组的系数矩阵 $\boldsymbol{A}$ 通过初等行变换化为行最简形矩阵;

(2) 把行最简形矩阵中非主元列所对应的变量作为自由未知量;

(3) 分别令自由未知量中一个为 1 其余全部为 0, 求出 $n-r$ 个解向量, 这 $n-r$ 个解向量就构成了方程组 $\boldsymbol{Ax}=\mathbf{0}$ 的一个基础解系.

小贴士

求齐次方程 $\boldsymbol{Ax}=\mathbf{0}$ 的通解, 在将系数矩阵化成行最简形矩阵后, 有两种方法: 一种是 3.1 节介绍的, 在由自由未知量表示的通解中, 令自由未知量为任意常数, 将通解改写成参数向量形式; 另一种如例 1 所示, 对自由未知量赋予线性无关的特解, 代入便可解出基础解系, 基础解系的线性组合便为方程组通解. 这两种做法的结果是相同的. 在第二种解法中, 我们可以看出基础解系是所有解向量的一个极大线性无关组, 在第一种解法中, 并不能揭示该信息.

例 2 求齐次线性方程组 $nx_1+(n-1)x_2+\cdots+2x_{n-1}+x_n=0$ 的基础解系.

解 这个方程含有 n 个未知量, 系数矩阵为 $\boldsymbol{A}=(n \quad n-1 \quad \cdots \quad 2 \quad 1)$, 显然 $r(\boldsymbol{A})=1$, 因此, 这个方程组的任意 $n-1$ 个线性无关的解向量都是它的基础解系.

将原方程写成

$$x_n=-nx_1-(n-1)x_2-\cdots-2x_{n-1},$$

可得

$$\boldsymbol{\xi}_1=\begin{pmatrix}1\\0\\\vdots\\0\\-n\end{pmatrix},\boldsymbol{\xi}_2=\begin{pmatrix}0\\1\\\vdots\\0\\-(n-1)\end{pmatrix},\cdots,\boldsymbol{\xi}_{n-1}=\begin{pmatrix}0\\0\\\vdots\\1\\-2\end{pmatrix},$$

这 $n-1$ 个解向量就是方程组的基础解系.

例 3　设齐次线性方程组: $\begin{cases}(\lambda+3)x_1+x_2+2x_3=0,\\ \lambda x_1+(\lambda-1)x_2+x_3=0,\\ 3(\lambda+1)x_1+\lambda x_2+(\lambda+3)x_3=0,\end{cases}$ 求 λ 的值, 使方程组有非零解, 并求通解.

解　因为系数矩阵为三阶方阵, 计算系数矩阵的行列式

$$|\boldsymbol{A}|=\begin{vmatrix}\lambda+3 & 1 & 2\\ \lambda & \lambda-1 & 1\\ 3(\lambda+1) & \lambda & \lambda+3\end{vmatrix}=\lambda^2(\lambda-1).$$

当 $|\boldsymbol{A}|=0$, 即 $\lambda=0$ 或 $\lambda=1$ 时, 方程组有非零解.

当 $\lambda=0$ 时, 系数矩阵 $\boldsymbol{A}=\begin{pmatrix}3 & 1 & 2\\ 0 & -1 & 1\\ 3 & 0 & 3\end{pmatrix}\xrightarrow{\frac{1}{3}r_3}\begin{pmatrix}3 & 1 & 2\\ 0 & -1 & 1\\ 1 & 0 & 1\end{pmatrix}\xrightarrow{r_1\leftrightarrow r_3}\begin{pmatrix}1 & 0 & 1\\ 0 & -1 & 1\\ 3 & 1 & 2\end{pmatrix}$

$\xrightarrow{r_3-3r_1}\begin{pmatrix}1 & 0 & 1\\ 0 & 1 & -1\\ 0 & 1 & -1\end{pmatrix}\xrightarrow{r_2-r_3}\begin{pmatrix}1 & 0 & 1\\ 0 & 1 & -1\\ 0 & 0 & 0\end{pmatrix}$.

得同解方程组: $\begin{cases}x_1=-x_3,\\ x_2=x_3,\end{cases}$ 基础解系为 $\boldsymbol{\xi}_1=\begin{pmatrix}-1\\ 1\\ 1\end{pmatrix}$, 所以通解为 $\boldsymbol{x}=k\boldsymbol{\xi}_1=k\begin{pmatrix}-1\\ 1\\ 1\end{pmatrix}$, k 为任意实数.

当 $\lambda=1$ 时, 系数矩阵 $\boldsymbol{A}=\begin{pmatrix}4 & 1 & 2\\ 1 & 0 & 1\\ 6 & 1 & 4\end{pmatrix}\xrightarrow{r_1\leftrightarrow r_2}\begin{pmatrix}1 & 0 & 1\\ 4 & 1 & 2\\ 6 & 1 & 4\end{pmatrix}\xrightarrow[r_3-6r_1]{r_2-4r_1}\begin{pmatrix}1 & 0 & 1\\ 0 & 1 & -2\\ 0 & 1 & -2\end{pmatrix}\xrightarrow{r_3-r_2}$

$\begin{pmatrix}1 & 0 & 1\\ 0 & 1 & -2\\ 0 & 0 & 0\end{pmatrix}$.

得同解方程组: $\begin{cases}x_1=-x_3,\\ x_2=2x_3,\end{cases}$ 基础解系为 $\boldsymbol{\xi}_2=\begin{pmatrix}-1\\ 2\\ 1\end{pmatrix}$, 所以通解为 $\boldsymbol{x}=k\boldsymbol{\xi}_2=k\begin{pmatrix}-1\\ 2\\ 1\end{pmatrix}$, k 为任意实数.

3.4.2 非齐次线性方程组解的结构

n 元非齐次线性方程组

$$\begin{cases} a_{11}x_1+a_{12}x_2+\cdots+a_{1n}x_n=b_1, \\ a_{21}x_1+a_{22}x_2+\cdots+a_{2n}x_n=b_2, \\ \cdots\cdots\cdots\cdots \\ a_{m1}x_1+a_{m2}x_2+\cdots+a_{mn}x_n=b_m, \end{cases} \tag{3.4.4}$$

记 $$\boldsymbol{A}=\begin{pmatrix} a_{11} & a_{12} & \cdots & a_{1n} \\ a_{21} & a_{22} & \cdots & a_{2n} \\ \vdots & \vdots & & \vdots \\ a_{m1} & a_{m2} & \cdots & a_{mn} \end{pmatrix}, \boldsymbol{x}=\begin{pmatrix} x_1 \\ x_2 \\ \vdots \\ x_n \end{pmatrix}, \boldsymbol{b}=\begin{pmatrix} b_1 \\ b_2 \\ \vdots \\ b_m \end{pmatrix},$$

方程组 (3.4.4) 的矩阵形式为

$$\boldsymbol{Ax}=\boldsymbol{b}, \tag{3.4.5}$$

对应的齐次线性方程组 $\boldsymbol{Ax}=\boldsymbol{0}$ 称为 $\boldsymbol{Ax}=\boldsymbol{b}$ 的导出组. 方程组 $\boldsymbol{Ax}=\boldsymbol{b}$ 的解与它的导出组 $\boldsymbol{Ax}=\boldsymbol{0}$ 的解之间有着密切的联系:

性质 3 设 $\boldsymbol{x}=\boldsymbol{\eta}_1$ 及 $\boldsymbol{x}=\boldsymbol{\eta}_2$ 都是方程组 $\boldsymbol{Ax}=\boldsymbol{b}$ 的解, 则 $\boldsymbol{x}=\boldsymbol{\eta}_1-\boldsymbol{\eta}_2$ 为对应的齐次线性方程组 $\boldsymbol{Ax}=\boldsymbol{0}$ 的解.

这是因为

$$\boldsymbol{A}(\boldsymbol{\eta}_1-\boldsymbol{\eta}_2)=\boldsymbol{A\eta}_1-\boldsymbol{A\eta}_2=\boldsymbol{b}-\boldsymbol{b}=\boldsymbol{0}.$$

性质 4 设 $\boldsymbol{x}=\boldsymbol{\eta}$ 是方程组 $\boldsymbol{Ax}=\boldsymbol{b}$ 的解, $\boldsymbol{x}=\boldsymbol{\xi}$ 是方程组 $\boldsymbol{Ax}=\boldsymbol{0}$ 的解, 则 $\boldsymbol{x}=\boldsymbol{\xi}+\boldsymbol{\eta}$ 仍是方程组 $\boldsymbol{Ax}=\boldsymbol{b}$ 的解.

这是因为

$$\boldsymbol{A}(\boldsymbol{\xi}+\boldsymbol{\eta})=\boldsymbol{A\xi}+\boldsymbol{A\eta}=\boldsymbol{0}+\boldsymbol{b}=\boldsymbol{b}.$$

定理 3.4.2 若非齐次线性方程组 $\boldsymbol{Ax}=\boldsymbol{b}$ 的一个特解为 $\boldsymbol{\eta}^*$, 其导出组 $\boldsymbol{Ax}=\boldsymbol{0}$ 的通解为 $\boldsymbol{\xi}$, 则方程组 $\boldsymbol{Ax}=\boldsymbol{b}$ 的全部解 $\boldsymbol{x}$ 可表示为

$$\boldsymbol{x}=\boldsymbol{\xi}+\boldsymbol{\eta}^*=k_1\boldsymbol{\xi}_1+k_2\boldsymbol{\xi}_2+\cdots+k_{n-r}\boldsymbol{\xi}_{n-r}+\boldsymbol{\eta}^*, \tag{3.4.6}$$

其中 $k_1,k_2,\cdots,k_{n-r}$ 为任意实数, $\boldsymbol{\xi}_1,\boldsymbol{\xi}_2,\cdots,\boldsymbol{\xi}_{n-r}$ 是方程组 $\boldsymbol{Ax}=\boldsymbol{0}$ 的基础解系, r 是系数矩阵 $\boldsymbol{A}$ 的秩.

证明 一方面, 由性质 3 可知, 若 $\boldsymbol{\eta}^*$ 是 $\boldsymbol{Ax}=\boldsymbol{b}$ 的某个解, $\boldsymbol{x}$ 为 $\boldsymbol{Ax}=\boldsymbol{b}$ 的任一解, 则

$$\boldsymbol{\xi}=\boldsymbol{x}-\boldsymbol{\eta}^*$$

是方程组 $\boldsymbol{Ax}=\boldsymbol{0}$ 的解, $\boldsymbol{Ax}=\boldsymbol{b}$ 的任一解 $\boldsymbol{x}$ 总可表示为

$$\boldsymbol{x}=\boldsymbol{\xi}+\boldsymbol{\eta}^*.$$

另一方面, 若方程组 $\boldsymbol{Ax}=\mathbf{0}$ 的通解为

$$\boldsymbol{\xi}=k_1\boldsymbol{\xi}_1+k_2\boldsymbol{\xi}_2+\cdots+k_{n-r}\boldsymbol{\xi}_{n-r},$$

方程组 $\boldsymbol{Ax}=\boldsymbol{b}$ 有一个特解 $\boldsymbol{\eta}^*$,

$$\boldsymbol{x}=k_1\boldsymbol{\xi}_1+k_2\boldsymbol{\xi}_2+\cdots+k_{n-r}\boldsymbol{\xi}_{n-r}+\boldsymbol{\eta}^*.$$

而由性质 4 可知, 对任何实数 $k_1,k_2,\cdots,k_{n-r}$, $\boldsymbol{x}=k_1\boldsymbol{\xi}_1+k_2\boldsymbol{\xi}_2+\cdots+k_{n-r}\boldsymbol{\xi}_{n-r}+\boldsymbol{\eta}^*$ 总是方程组 $\boldsymbol{Ax}=\boldsymbol{b}$ 的解.

于是方程组 $\boldsymbol{Ax}=\boldsymbol{b}$ 的通解为

$$\boldsymbol{x}=k_1\boldsymbol{\xi}_1+k_2\boldsymbol{\xi}_2+\cdots+k_{n-r}\boldsymbol{\xi}_{n-r}+\boldsymbol{\eta}^*(k_1,k_2,\cdots,k_{n-r}\text{ 为任意实数}),$$

其中 $\boldsymbol{\xi}_1,\boldsymbol{\xi}_2,\cdots,\boldsymbol{\xi}_{n-r}$ 是方程组 $\boldsymbol{Ax}=\mathbf{0}$ 的基础解系.

小贴士

非齐次线性方程组的通解 = 非齐次线性方程组的特解 + 导出组 (齐次线性方程组) 的通解 (即基础解系的线性组合).

推论 若非齐次线性方程组 $\boldsymbol{Ax}=\boldsymbol{b}$ 有解, 且其导出组 $\boldsymbol{Ax}=\mathbf{0}$ 只有零解, 则方程组 $\boldsymbol{Ax}=\boldsymbol{b}$ 有唯一解; 若其导出组 $\boldsymbol{Ax}=\mathbf{0}$ 有非零解, 则方程组 $\boldsymbol{Ax}=\boldsymbol{b}$ 有无穷多个解.

由此, 可以归纳出求解非齐次线性方程组 $\boldsymbol{Ax}=\boldsymbol{b}$ 的一般步骤:

(1) 求非齐次线性方程组 $\boldsymbol{Ax}=\boldsymbol{b}$ 的特解: 自由未知量任意取定一组值 (为方便计算, 通常取自由未知量为 0), 得到方程组的一个解 $\boldsymbol{\eta}^*$;

(2) 求齐次线性方程组 $\boldsymbol{Ax}=\mathbf{0}$ 的基础解系: $\boldsymbol{\xi}_1,\cdots,\boldsymbol{\xi}_{n-r}$, 得 $\boldsymbol{Ax}=\mathbf{0}$ 的一个通解 $\boldsymbol{\xi}$;

(3) 求出 $\boldsymbol{Ax}=\boldsymbol{b}$ 的全部解 $\boldsymbol{x}=\boldsymbol{\xi}+\boldsymbol{\eta}^*$.

例 4 求解线性方程组 $\begin{cases}2x_1+x_2-x_3+x_4=1,\\2x_1+x_2-x_3-x_4=1,\\4x_1+2x_2-2x_3+x_4=2.\end{cases}$

解 对增广矩阵 $(\boldsymbol{A},\boldsymbol{b})$ 作初等行变换, 使之化成行最简形矩阵:

$$(\boldsymbol{A},\boldsymbol{b})=\left(\begin{array}{cccc|c}2&1&-1&1&1\\2&1&-1&-1&1\\4&2&-2&1&2\end{array}\right)\xrightarrow[r_3-2r_1]{r_2-r_1}\left(\begin{array}{cccc|c}2&1&-1&1&1\\0&0&0&-2&0\\0&0&0&-1&0\end{array}\right)$$

$$\xrightarrow{(-\frac{1}{2})\times r_2}\left(\begin{array}{cccc|c}2&1&-1&1&1\\0&0&0&1&0\\0&0&0&-1&0\end{array}\right)\xrightarrow{r_3+r_2}\left(\begin{array}{cccc|c}2&1&-1&1&1\\0&0&0&1&0\\0&0&0&0&0\end{array}\right)$$

$$\xrightarrow[\frac{1}{2}r_1]{r_1-r_2}\left(\begin{array}{cccc:c}1 & \frac{1}{2} & -\frac{1}{2} & 0 & \frac{1}{2}\\ 0 & 0 & 0 & 1 & 0\\ 0 & 0 & 0 & 0 & 0\end{array}\right).$$

因 $r(\boldsymbol{A})=r(\boldsymbol{A},\boldsymbol{b})=2<4$, 故方程组有解, 并得同解方程组

$$\begin{cases}x_1=-\dfrac{1}{2}x_2+\dfrac{1}{2}x_3+\dfrac{1}{2},\\ x_4=0,\end{cases}$$

取 $x_2=x_3=0$ 代入上式, 解得 $x_1=\dfrac{1}{2}$, $x_4=0$. 于是得方程组的一个特解 $\boldsymbol{\eta}^*=\left(\dfrac{1}{2},0,0,0\right)^{\mathrm{T}}$.

对应齐次方程组的同解方程组为

$$\begin{cases}x_1=-\dfrac{1}{2}x_2+\dfrac{1}{2}x_3,\\ x_4=0,\end{cases}$$

分别取 $\begin{pmatrix}x_2\\x_3\end{pmatrix}=\begin{pmatrix}1\\0\end{pmatrix}$ 和 $\begin{pmatrix}0\\1\end{pmatrix}$, 得对应齐次方程组的基础解系

电子作业本

$$\xi_1=\left(-\frac{1}{2},1,0,0\right)^{\mathrm{T}},\xi_2=\left(\frac{1}{2},0,1,0\right)^{\mathrm{T}},$$

所以方程组的通解为

$$\boldsymbol{x}=k_1\boldsymbol{\xi}_1+k_2\boldsymbol{\xi}_2+\boldsymbol{\eta}^*=k_1\left(-\frac{1}{2},1,0,0\right)^{\mathrm{T}}+k_2\left(\frac{1}{2},0,1,0\right)^{\mathrm{T}}+\left(\frac{1}{2},0,0,0\right)^{\mathrm{T}},$$

其中 k_1,k_2 为任意实数.

例 5　设四元非齐次线性方程组 $\boldsymbol{Ax}=\boldsymbol{b}$ 的系数矩阵的秩为 3, 已知 $\boldsymbol{\eta}_1,\boldsymbol{\eta}_2,\boldsymbol{\eta}_3$ 是它的三个解向量. 且

$$\boldsymbol{\eta}_1=\begin{pmatrix}2\\3\\4\\5\end{pmatrix},\boldsymbol{\eta}_2+\boldsymbol{\eta}_3=\begin{pmatrix}1\\2\\3\\4\end{pmatrix}.$$

求该方程组的通解.

解　由于系数矩阵的秩 $r(\boldsymbol{A})=3$, 未知量的个数 $n=4$, 所以 $\boldsymbol{Ax}=\boldsymbol{b}$ 的导出组 $\boldsymbol{Ax}=\boldsymbol{0}$ 的基础解系中含 $n-r(\boldsymbol{A})=4-3=1$ 个解向量, 且由于 $\boldsymbol{\eta}_1,\boldsymbol{\eta}_2,\boldsymbol{\eta}_3$ 均为方程组 $\boldsymbol{Ax}=\boldsymbol{b}$ 的解,

$$\boldsymbol{A}[2\boldsymbol{\eta}_1-(\boldsymbol{\eta}_2+\boldsymbol{\eta}_3)]=2\boldsymbol{A\eta}_1-\boldsymbol{A\eta}_2-\boldsymbol{A\eta}_3=2\boldsymbol{b}-\boldsymbol{b}-\boldsymbol{b}=\boldsymbol{0},$$

故 $\boldsymbol{\xi}=2\boldsymbol{\eta}_1-(\boldsymbol{\eta}_2+\boldsymbol{\eta}_3)=(3,4,5,6)^{\mathrm{T}}$ 是导出组 $\boldsymbol{Ax}=\boldsymbol{0}$ 的一个非零解向量, 构成了 $\boldsymbol{Ax}=\boldsymbol{0}$ 的一个基础解系, 因此方程组 $\boldsymbol{Ax}=\boldsymbol{b}$ 的通解为

$$\boldsymbol{x}=k\boldsymbol{\xi}+\boldsymbol{\eta}_1=k(3,4,5,6)^{\mathrm{T}}+(2,3,4,5)^{\mathrm{T}}\ (k\in\mathbf{R}).$$

例 6 假设一个国家的经济分为很多行业, 例如, 制造业、通信业、娱乐业和服务业等. 我们知道每个行业一年的总产出, 并且准确了解其产出如何在经济的其他行业之间进行分配或交易. 把一个行业产出的总货币价值称为该产出的价格. 列昂惕夫 (Leontief) 证明了结论: 存在赋予各行业总产出的平衡价格, 使得每个行业的投入与产出都相等.

下面的例子说明如何求平衡价格.

假设一个经济系统由煤炭、电力、钢铁行业组成, 每个行业的产出在各个行业中的分配如表 3.2 所示, 其中每一列中的元素表示占该行业总产出的比例.

表 3.2

产出分配			购买者
煤炭	电力	钢铁	
0.0	0.4	0.6	煤炭
0.6	0.1	0.2	电力
0.4	0.5	0.2	钢铁

以表 3.2 中的第二列为例, 电力行业的总产出分配如下: 40% 分配到煤炭行业, 50% 分配到钢铁行业, 余下的 10% 分配到电力行业, 即电力行业把这 10% 作为部门营运所需的投入. 因为考虑了所有的产出, 所以每一列的数加起来必须等于 1.

把煤炭、电力、钢铁行业每年总产出的价格 (即货币价值) 分别用 p_C, p_E 和 p_S 表示. 试求使得每个行业的投入和产出都相等的平衡价格.

解 从表 3.2 中的每一列可以看出每个行业的产出分配到何处, 从表中的每一行可以看出这个行业所需的投入. 例如, 第一行说明煤炭行业接收了 40% 的电力产出和 60% 的钢铁产出, 由于电力和钢铁的总产出价格分别是 p_E 和 p_S, 因此煤炭行业必须分别向电力行业和钢铁行业支付 $0.4p_E$ 和 $0.6p_S$ 元. 煤炭行业的总支出为 $0.4p_E + 0.6p_S$. 为了使煤炭行业的收入 p_C 等于它的支出. 我们希望

$$p_C = 0.4p_E + 0.6p_S. \tag{1}$$

表 3.2 中的第 2 行说明了电力行业分别要向煤炭、电力、钢铁各行业支付 $0.6p_C, 0.1p_E$ 和 $0.2p_S$. 因此电力行业的收支平衡条件为

$$p_E = 0.6p_C + 0.1p_E + 0.2p_S. \tag{2}$$

表 3.2 中的第 3 行导出了最后一个收支平衡条件:

$$p_S = 0.4p_C + 0.5p_E + 0.2p_S. \tag{3}$$

为了求解由方程 (1)、(2) 和 (3) 构成的方程组, 将所有的未知量移到方程左边, 然后合并同类项, 我们有

$$
\begin{aligned}
p_C-0.4p_E-0.6p_S&=0,\\
-0.6p_C+0.9p_E-0.2p_S&=0,\\
-0.4p_C-0.5p_E+0.8p_S&=0.
\end{aligned}
$$

对系数矩阵进行初等行变换, 为了简单起见, 保留两位小数.

$$
\begin{pmatrix}1&-0.4&-0.6\\-0.6&0.9&-0.2\\-0.4&-0.5&0.8\end{pmatrix}\to\begin{pmatrix}1&-0.4&-0.6\\0&0.66&-0.56\\0&-0.66&0.56\end{pmatrix}\to\begin{pmatrix}1&-0.4&-0.6\\0&0.66&-0.56\\0&0&0\end{pmatrix}
$$

$$
\to\begin{pmatrix}1&-0.4&-0.6\\0&1&-0.85\\0&0&0\end{pmatrix}\to\begin{pmatrix}1&0&-0.94\\0&1&-0.85\\0&0&0\end{pmatrix}.
$$

通解为 $p_C=0.94p_S, p_E=0.85p_S$, 其中 p_S 为自由未知量.

经济系统的平衡价格向量有如下形式:

$$
\boldsymbol{p}=\begin{pmatrix}p_C\\p_E\\p_S\end{pmatrix}=\begin{pmatrix}0.94p_S\\0.85p_S\\p_S\end{pmatrix}=p_S\begin{pmatrix}0.94\\0.85\\1\end{pmatrix}.
$$

每个 p_S 的 (非负) 取值都确定一个平衡价格的取值. 例如, 我们取 p_S 为 1 亿元, 则 $p_C=0.94, p_E=0.85$. 即如果煤炭行业产出价格为 0.94 亿元, 则电力行业产出价格为 0.85 亿元, 钢铁行业产出价格为 1 亿元, 那么每个行业的收入和支出相等.

习题 3.4

1. 求下列齐次线性方程组的基础解系.

(1) $\begin{cases}x_1+3x_2+2x_3=0,\\x_1+5x_2+x_3=0,\\3x_1+5x_2+8x_3=0;\end{cases}$

(2) $\begin{cases}x_1-x_2+5x_3-x_4=0,\\x_1+x_2-2x_3+3x_4=0,\\3x_1-x_2+8x_3+x_4=0,\\x_1+3x_2-9x_3+7x_4=0;\end{cases}$

(3) $\begin{cases}x_1+x_2+2x_3+2x_4+7x_5=0,\\2x_1+3x_2+4x_3+5x_4=0,\\3x_1+5x_2+6x_3+8x_4=0;\end{cases}$

(4) $\begin{cases}x_1+2x_2-2x_3+2x_4-x_5=0,\\x_1+2x_2-x_3+3x_4-2x_5=0,\\2x_1+4x_2-7x_3+x_4+x_5=0.\end{cases}$

2. 解下列非齐次线性方程组.

(1) $\begin{cases} x_1+x_2+2x_3=1, \\ 2x_1-x_2+2x_3=4, \\ x_1-2x_2=3, \\ 4x_1+x_2+4x_3=2; \end{cases}$　　(2) $\begin{cases} 2x_1+x_2-x_3+x_4=1, \\ 4x_1+2x_2-2x_3+x_4=2, \\ 2x_1+x_2-x_3-x_4=1; \end{cases}$

(3) $\begin{cases} x_1-2x_2+x_3+x_4=1, \\ x_1-2x_2+x_3-x_4=-1, \\ x_1-2x_2+x_3+x_4=5; \end{cases}$　　(4) $\begin{cases} x_1+x_2+x_3+x_4+x_5=7, \\ 3x_1+2x_2+x_3+x_4-3x_5=-2, \\ x_2+2x_3+2x_4+6x_5=23, \\ 5x_1+4x_2+3x_3+3x_4-x_5=12. \end{cases}$

3. 设有向量组 $A:\boldsymbol{a}_1,\boldsymbol{a}_2,\boldsymbol{a}_3$, 其中 $\boldsymbol{a}_1=(\alpha,2,10)^{\mathrm{T}}$, $\boldsymbol{a}_2=(-2,1,5)^{\mathrm{T}}$, $\boldsymbol{a}_3=(-1,1,4)^{\mathrm{T}}$, 及 $\boldsymbol{b}=(1,\beta,-1)^{\mathrm{T}}$, 问 α,β 为何值时

(1) 向量 $\boldsymbol{b}$ 不能由向量组 A 线性表示;

(2) 向量 $\boldsymbol{b}$ 能由向量组 A 线性表示, 且表示式唯一;

(3) 向量 $\boldsymbol{b}$ 能由向量组 A 线性表示, 且表示式不唯一, 并求一般表示式.

4. 设向量组 $\boldsymbol{\alpha}_1=(1,0,2,3)^{\mathrm{T}}$, $\boldsymbol{\alpha}_2=(1,1,3,5)^{\mathrm{T}}$, $\boldsymbol{\alpha}_3=(1,-1,a+2,1)^{\mathrm{T}}$, $\boldsymbol{\alpha}_4=(1,2,4,a+8)^{\mathrm{T}}$, $\boldsymbol{\beta}=(1,1,b+3,5)^{\mathrm{T}}$. 问:

(1) 当 a,b 为何值时, $\boldsymbol{\beta}$ 不能由 $\boldsymbol{\alpha}_1,\boldsymbol{\alpha}_2,\boldsymbol{\alpha}_3,\boldsymbol{\alpha}_4$ 线性表示?

(2) 当 a,b 为何值时, $\boldsymbol{\beta}$ 可由 $\boldsymbol{\alpha}_1,\boldsymbol{\alpha}_2,\boldsymbol{\alpha}_3,\boldsymbol{\alpha}_4$ 唯一地线性表示? 并写出该表示式.

(3) 当 a,b 为何值时, $\boldsymbol{\beta}$ 可由 $\boldsymbol{\alpha}_1,\boldsymbol{\alpha}_2,\boldsymbol{\alpha}_3,\boldsymbol{\alpha}_4$ 线性表示, 且该表示式不唯一? 并写出该表示式.

5. 已知 $\boldsymbol{\eta}_1,\boldsymbol{\eta}_2,\boldsymbol{\eta}_3$ 是三元非齐次线性方程组 $\boldsymbol{Ax}=\boldsymbol{b}$ 的解, 且 $r(\boldsymbol{A})=1$ 及

$$\boldsymbol{\eta}_1+\boldsymbol{\eta}_2=\begin{pmatrix}1\\0\\0\end{pmatrix},\boldsymbol{\eta}_2+\boldsymbol{\eta}_3=\begin{pmatrix}1\\1\\0\end{pmatrix},\boldsymbol{\eta}_1+\boldsymbol{\eta}_3=\begin{pmatrix}1\\1\\1\end{pmatrix},$$

求方程组 $\boldsymbol{Ax}=\boldsymbol{b}$ 的通解.

6. 某工厂有三个车间, 各车间相互提供产品 (或劳务), 今年各车间出厂产量及对其他车间的消耗系数如表 3.3 所示.

表 3.3

车间	车间			出厂产量/万元	总产量/万元
	1	2	3		
1	0.1	0.2	0.45	22	x_1
2	0.2	0.2	0.3	0	x_2
3	0.5	0	0.12	55.6	x_3

表中第一列消耗系数 0.1, 0.2, 0.5 表示第一车间生产 1 万元的产品需分别消耗第一, 二, 三车间 0.1 万元, 0.2 万元, 0.5 万元的产品; 第二列, 第三列类同, 求今年各车间的总产量.

3.5 知识拓展

3.5.1 向量空间与子空间

定义 3.5.1 设 V 为 n 维向量的集合, 若集合 V 非空, 且集合 V 对于 n 维向量的加法及数乘两种运算封闭, 即

(1) 若 $\boldsymbol{\alpha}\in V, \boldsymbol{\beta}\in V$, 则 $\boldsymbol{\alpha}+\boldsymbol{\beta}\in V$;

(2) 若 $\boldsymbol{\alpha}\in V, \lambda\in\mathbf{R}$, 则 $\lambda\boldsymbol{\alpha}\in V$.

则称集合 V 为 $\mathbf{R}$ 上的向量空间.

记所有 n 维向量的集合为 $\mathbf{R}^n$, 由 n 维向量的线性运算规律, 容易验证集合 $\mathbf{R}^n$ 对于加法及数乘两种运算封闭. 因而集合 $\mathbf{R}^n$ 构成一个向量空间, 称 $\mathbf{R}^n$ 为 n 维向量空间.

注: 当 $n=3$ 时, 三维向量空间 $\mathbf{R}^3$ 表示实体空间;

当 $n=2$ 时, 二维向量空间 $\mathbf{R}^2$ 表示平面;

当 $n=1$ 时, 一维向量空间 $\mathbf{R}^1$ 表示数轴;

当 $n>3$ 时, $\mathbf{R}^n$ 没有直观的几何形象.

例 1 判别下列集合是否为向量空间

$$V_1=\{\boldsymbol{x}=(0,x_2,\cdots,x_n)^{\mathrm{T}}|x_2,\cdots,x_n\in\mathbf{R}\}.$$

解 V_1 是向量空间. 因为对于 V_1 中的任意两个元素

$$\boldsymbol{\alpha}=(0,a_2,\cdots,a_n)^{\mathrm{T}},\boldsymbol{\beta}=(0,b_2,\cdots,b_n)^{\mathrm{T}}\in V_1,$$

有 $\boldsymbol{\alpha}+\boldsymbol{\beta}=(0,a_2+b_2,\cdots,a_n+b_n)^{\mathrm{T}}\in V_1$, $\lambda\boldsymbol{\alpha}=(0,\lambda a_2,\cdots,\lambda a_n)^{\mathrm{T}}\in V_1$.

例 2 判别下列集合是否为向量空间

$$V_2=\{\boldsymbol{x}=(1,x_2,\cdots,x_n)^{\mathrm{T}}|x_2,\cdots,x_n\in\mathbf{R}\}.$$

解 V_2 不是向量空间. 因为若 $\boldsymbol{\alpha}=(1,a_2,\cdots,a_n)^{\mathrm{T}}\in V_2$, 则 $2\boldsymbol{\alpha}=(2,2a_2,\cdots,2a_n)^{\mathrm{T}}\notin V_2$.

例 3 齐次线性方程组的解集

$$S=\{\boldsymbol{x}|\boldsymbol{A}\boldsymbol{x}=\mathbf{0}\}$$

是一个向量空间 (称为齐次线性方程组的解空间). 因为由齐次线性方程组解的性质 1、2, 即知其解集 S 对向量的线性运算封闭.

例 4　非齐次线性方程组的解集

$$S = \{\boldsymbol{x} | \boldsymbol{A}\boldsymbol{x} = \boldsymbol{b}\}$$

不是向量空间. 因为当方程组无解时, S 为空集, S 不是向量空间; 当 S 为非空集合时, 若 $\boldsymbol{\eta} \in S$, 则 $\boldsymbol{A}(2\boldsymbol{\eta}) = 2\boldsymbol{b} \neq \boldsymbol{b}$, 知 $2\boldsymbol{\eta} \notin S$.

例 5　设 $\boldsymbol{\alpha}, \boldsymbol{\beta}$ 为两个已知的 n 维向量, 集合

$$V = \{\boldsymbol{\xi} = \lambda\boldsymbol{\alpha} + \mu\boldsymbol{\beta} | \lambda, \mu \in \mathbf{R}\},$$

试判断集合 V 是否为向量空间.

解　V 是一个向量空间. 因为若 $\boldsymbol{\xi}_1 = \lambda_1\boldsymbol{\alpha} + \mu_1\boldsymbol{\beta}$, $\boldsymbol{\xi}_2 = \lambda_2\boldsymbol{\alpha} + \mu_2\boldsymbol{\beta}$,

则有
$$\boldsymbol{\xi}_1 + \boldsymbol{\xi}_2 = (\lambda_1 + \lambda_2)\boldsymbol{\alpha} + (\mu_1 + \mu_2)\boldsymbol{\beta} \in V,$$
$$k\boldsymbol{\xi}_1 = (k\lambda_1)\boldsymbol{\alpha} + (k\mu_1)\boldsymbol{\beta} \in V,$$

即 V 关于向量的线性运算封闭.

这个向量空间称为由向量 $\boldsymbol{\alpha}, \boldsymbol{\beta}$ 所生成的向量空间.

小贴士

通常由向量组 $\boldsymbol{\alpha}_1, \boldsymbol{\alpha}_2, \cdots, \boldsymbol{\alpha}_m$ 所生成的向量空间记为

$$L = \{\boldsymbol{\xi} = \lambda_1\boldsymbol{\alpha}_1 + \lambda_2\boldsymbol{\alpha}_2 + \cdots + \lambda_m\boldsymbol{\alpha}_m | \lambda_1, \lambda_2, \cdots, \lambda_m \in \mathbf{R}\}.$$

例 6　设向量组 $\boldsymbol{\alpha}_1, \boldsymbol{\alpha}_2, \cdots, \boldsymbol{\alpha}_m$ 与向量组 $\boldsymbol{\beta}_1, \boldsymbol{\beta}_2, \cdots, \boldsymbol{\beta}_s$ 等价, 记

$$L_1 = \{\boldsymbol{x} = \lambda_1\boldsymbol{\alpha}_1 + \lambda_2\boldsymbol{\alpha}_2 + \cdots + \lambda_m\boldsymbol{\alpha}_m | \lambda_1, \lambda_2, \cdots, \lambda_m \in \mathbf{R}\},$$
$$L_2 = \{\boldsymbol{x} = \mu_1\boldsymbol{\beta}_1 + \mu_2\boldsymbol{\beta}_2 + \cdots + \mu_s\boldsymbol{\beta}_s | \mu_1, \mu_2, \cdots, \mu_s \in \mathbf{R}\}.$$

试证 $L_1 = L_2$.

证　设 $\boldsymbol{x} \in L_1$, 则 $\boldsymbol{x}$ 可由 $\boldsymbol{\alpha}_1, \boldsymbol{\alpha}_2, \cdots, \boldsymbol{\alpha}_m$ 线性表示. 因为 $\boldsymbol{\alpha}_1, \boldsymbol{\alpha}_2, \cdots, \boldsymbol{\alpha}_m$ 可由 $\boldsymbol{\beta}_1, \boldsymbol{\beta}_2, \cdots, \boldsymbol{\beta}_s$ 线性表示, 故 $\boldsymbol{x}$ 可由 $\boldsymbol{\beta}_1, \boldsymbol{\beta}_2, \cdots, \boldsymbol{\beta}_s$ 线性表示, 所以 $\boldsymbol{x} \in L_2$. 这就是说若 $\boldsymbol{x} \in L_1$, 则 $\boldsymbol{x} \in L_2$, 因此 $L_1 \subset L_2$.

类似地可证: 若 $\boldsymbol{x} \in L_2$, 则 $\boldsymbol{x} \in L_1$, 因此 $L_2 \subset L_1$.

因为 $L_1 \subset L_2$, $L_2 \subset L_1$, 所以 $L_1 = L_2$.

小贴士

由例 6 可知等价的向量组的生成空间是相等的, 我们知道向量组和它的极大无关组是等价向量组, 所以一个向量组的生成空间等于它的任一极大无关组生成的空间.

定义 3.5.2 设有向量空间 V_1 和 V_2, 若向量空间 $V_1 \subset V_2$, 则称 V_1 是 V_2 的子空间.

例 7 $\mathbf{R}^3$ 中过原点的平面是 $\mathbf{R}^3$ 的子空间.

3.5.2 向量空间的基与维数

定义 3.5.3 设 V 是向量空间, 若有 r 个向量 $\boldsymbol{\alpha}_1, \boldsymbol{\alpha}_2, \cdots, \boldsymbol{\alpha}_r \in V$, 且满足

(1) $\boldsymbol{\alpha}_1, \cdots, \boldsymbol{\alpha}_r$ 线性无关;

(2) V 中任一向量都可由 $\boldsymbol{\alpha}_1, \cdots, \boldsymbol{\alpha}_r$ 线性表示.

则称向量组 $\boldsymbol{\alpha}_1, \cdots, \boldsymbol{\alpha}_r$ 为向量空间 V 的一组基, 数 r 称为向量空间 V 的维数, 记为 $\dim V = r$, 并称 V 为 r 维向量空间.

注: (1) 只含零向量的向量空间称为 0 维向量空间, 它没有基;

(2) 若把向量空间 V 看作向量组, 则 V 的基就是向量组的极大无关组, V 的维数就是向量组的秩;

(3) 若向量组 $\boldsymbol{\alpha}_1, \cdots, \boldsymbol{\alpha}_r$ 是向量空间 V 的一组基, 则 V 可表示为

$$V = \{x | x = \lambda_1 \boldsymbol{\alpha}_1 + \cdots + \lambda_r \boldsymbol{\alpha}_r, \lambda_1, \lambda_2, \cdots, \lambda_r \in \mathbf{R}\}.$$

此时, V 又称为由基 $\boldsymbol{\alpha}_1, \cdots, \boldsymbol{\alpha}_r$ 所生成的向量空间.

(4) 如果在向量空间 V 中取定一组基 $\boldsymbol{\alpha}_1, \cdots, \boldsymbol{\alpha}_r$, 那么 V 中任一向量 $\boldsymbol{x}$ 可唯一地表示为

$$\boldsymbol{x} = \lambda_1 \boldsymbol{\alpha}_1 + \lambda_2 \boldsymbol{\alpha}_2 + \cdots + \lambda_r \boldsymbol{\alpha}_r.$$

小贴士

要注意区别向量的维数和向量空间的维数.

任何 n 个线性无关的 n 维向量都可以是向量空间 $\mathbf{R}^n$ 的一个基, 且由此可知 $\mathbf{R}^n$ 的维数为 n. 所以我们把 $\mathbf{R}^n$ 称为 n 维向量空间.

又如, 向量空间

$$V_1 = \{\boldsymbol{x} = (0, x_2, \cdots, x_n)^{\mathrm{T}} | x_2, \cdots, x_n \in \mathbf{R}\}$$

的一组基可取为: $\boldsymbol{e}_2 = (0, 1, 0, \cdots, 0)^{\mathrm{T}}, \cdots, \boldsymbol{e}_n = (0, 0, \cdots, 1)^{\mathrm{T}}$, 由此可知它是 $n-1$ 维向

量空间.

由向量组 $\boldsymbol{\alpha}_1,\boldsymbol{\alpha}_2,\cdots,\boldsymbol{\alpha}_m$ 所生成的向量空间

$$L=\{\boldsymbol{x}=\lambda_1\boldsymbol{\alpha}_1+\lambda_2\boldsymbol{\alpha}_2+\cdots+\lambda_m\boldsymbol{\alpha}_m|\lambda_1,\lambda_2,\cdots,\lambda_m\in\mathbf{R}\}.$$

显然向量空间 L 与向量组 $\boldsymbol{\alpha}_1,\boldsymbol{\alpha}_2,\cdots,\boldsymbol{\alpha}_m$ 等价, 所以向量组 $\boldsymbol{\alpha}_1,\boldsymbol{\alpha}_2,\cdots,\boldsymbol{\alpha}_m$ 的极大无关组就是 L 的一组基, 向量组 $\boldsymbol{\alpha}_1,\boldsymbol{\alpha}_2,\cdots,\boldsymbol{\alpha}_m$ 的秩就是 L 的维数.

小贴士

由 n 维向量构成的向量空间的维数不会超过 n.

若向量组 $\boldsymbol{\alpha}_1,\boldsymbol{\alpha}_2,\cdots,\boldsymbol{\alpha}_r$ 是向量空间 V 的一组基, 则 V 可表示为

$$V=\{\boldsymbol{x}=\lambda_1\boldsymbol{\alpha}_1+\lambda_2\boldsymbol{\alpha}_2+\cdots+\lambda_r\boldsymbol{\alpha}_r|\lambda_1,\lambda_2,\cdots,\lambda_r\in\mathbf{R}\}.$$

即 V 是基所生成的向量空间, 这就较清楚地显示出向量空间 V 的构造.

例如, 齐次线性方程组的解空间 $S=\{\boldsymbol{x}|\boldsymbol{A}\boldsymbol{x}=\mathbf{0}\}$, 若能找到解空间的一组基 $\boldsymbol{\xi}_1,\boldsymbol{\xi}_2,\cdots,\boldsymbol{\xi}_{n-r}$, 则解空间可表示为

$$S=\{\boldsymbol{x}=k_1\boldsymbol{\xi}_1+k_2\boldsymbol{\xi}_2+\cdots+k_{n-r}\boldsymbol{\xi}_{n-r}|k_1,k_2,\cdots,k_{n-r}\in\mathbf{R}\}.$$

如果在向量空间 V 中取定一组基 $\boldsymbol{\alpha}_1,\boldsymbol{\alpha}_2,\cdots,\boldsymbol{\alpha}_r$, 那么 V 中任一向量 $\boldsymbol{x}$ 可唯一地表示为

$$\boldsymbol{x}=\lambda_1\boldsymbol{\alpha}_1+\lambda_2\boldsymbol{\alpha}_2+\cdots+\lambda_r\boldsymbol{\alpha}_r,$$

数组 $\lambda_1,\lambda_2,\cdots,\lambda_r$ 称为向量 $\boldsymbol{x}$ 在基 $\boldsymbol{\alpha}_1,\boldsymbol{\alpha}_2,\cdots,\boldsymbol{\alpha}_r$ 中的坐标. 特别地, 在 n 维向量空间 $\mathbf{R}^n$ 中取单位坐标向量组 $\boldsymbol{e}_1,\boldsymbol{e}_2,\cdots,\boldsymbol{e}_n$ 为基, 则以 $x_1,x_2,\cdots,x_n$ 为分量的向量 $\boldsymbol{x}$ 可表示为

$$\boldsymbol{x}=x_1\boldsymbol{e}_1+\lambda_2\boldsymbol{e}_2+\cdots+\lambda_n\boldsymbol{e}_n,$$

可见向量在基 $\boldsymbol{e}_1,\boldsymbol{e}_2,\cdots,\boldsymbol{e}_n$ 中的坐标就是该向量的分量. 因此, $\boldsymbol{e}_1,\boldsymbol{e}_2,\cdots,\boldsymbol{e}_n$ 叫作 $\mathbf{R}^n$ 中的自然基.

例 8 设 $\boldsymbol{A}=(\boldsymbol{a}_1,\boldsymbol{a}_2,\boldsymbol{a}_3)=\begin{pmatrix}2&2&-1\\2&-1&2\\-1&2&2\end{pmatrix}$, $\boldsymbol{B}=(\boldsymbol{b}_1,\boldsymbol{b}_2)=\begin{pmatrix}1&4\\0&3\\-4&2\end{pmatrix}$.

验证 $\boldsymbol{a}_1,\boldsymbol{a}_2,\boldsymbol{a}_3$ 是 $\mathbf{R}^3$ 的一组基, 并求 $\boldsymbol{b}_1,\boldsymbol{b}_2$ 在这个基中的坐标.

解 要证 $\boldsymbol{a}_1,\boldsymbol{a}_2,\boldsymbol{a}_3$ 是 $\mathbf{R}^3$ 的一组基, 只要证 $\boldsymbol{a}_1,\boldsymbol{a}_2,\boldsymbol{a}_3$ 线性无关, 即只要证 $|\boldsymbol{A}|\neq 0$.

$$|\boldsymbol{A}|=\begin{vmatrix}2&2&-1\\2&-1&2\\-1&2&2\end{vmatrix}=-27\neq 0,$$

所以 $\boldsymbol{a}_1,\boldsymbol{a}_2,\boldsymbol{a}_3$ 线性无关, $\boldsymbol{a}_1,\boldsymbol{a}_2,\boldsymbol{a}_3$ 是 $\mathbf{R}^3$ 的一组基.

设
$$\begin{cases}\boldsymbol{b}_1 = x_{11}\boldsymbol{a}_1 + x_{21}\boldsymbol{a}_2 + x_{31}\boldsymbol{a}_3,\\ \boldsymbol{b}_2 = x_{12}\boldsymbol{a}_1 + x_{22}\boldsymbol{a}_2 + x_{32}\boldsymbol{a}_3,\end{cases}$$

即
$$(\boldsymbol{b}_1,\boldsymbol{b}_2) = (\boldsymbol{a}_1,\boldsymbol{a}_2,\boldsymbol{a}_3)\begin{pmatrix} x_{11} & x_{12}\\ x_{21} & x_{22}\\ x_{31} & x_{32}\end{pmatrix},$$

记作
$$\boldsymbol{B} = \boldsymbol{A}\boldsymbol{X}.$$

对矩阵 $(\boldsymbol{A},\boldsymbol{B})$ 施行初等行变换, 当 $\boldsymbol{A}$ 变为 $\boldsymbol{E}$ 时, $\boldsymbol{B}$ 变为 $\boldsymbol{X} = \boldsymbol{A}^{-1}\boldsymbol{B}$.

$$(\boldsymbol{A},\boldsymbol{B}) = \begin{pmatrix} 2 & 2 & -1 & 1 & 4\\ 2 & -1 & 2 & 0 & 3\\ -1 & 2 & 2 & -4 & 2\end{pmatrix} \xrightarrow[r_1+r_3]{r_1+r_2} \begin{pmatrix} 3 & 3 & 3 & -3 & 9\\ 2 & -1 & 2 & 0 & 3\\ -1 & 2 & 2 & -4 & 2\end{pmatrix}$$

$$\xrightarrow{\frac{1}{3}r_1} \begin{pmatrix} 1 & 1 & 1 & -1 & 3\\ 2 & -1 & 2 & 0 & 3\\ -1 & 2 & 2 & -4 & 2\end{pmatrix} \xrightarrow[r_3+r_1]{r_2-2r_1} \begin{pmatrix} 1 & 1 & 1 & -1 & 3\\ 0 & -3 & 0 & 2 & -3\\ 0 & 3 & 3 & -5 & 5\end{pmatrix}$$

$$\xrightarrow{r_3+r_2} \begin{pmatrix} 1 & 1 & 1 & -1 & 3\\ 0 & -3 & 0 & 2 & -3\\ 0 & 0 & 3 & -3 & 2\end{pmatrix} \xrightarrow[\frac{1}{3}r_3]{(-\frac{1}{3})r_2} \begin{pmatrix} 1 & 1 & 1 & -1 & 3\\ 0 & 1 & 0 & -\dfrac{2}{3} & 1\\ 0 & 0 & 1 & -1 & \dfrac{2}{3}\end{pmatrix}$$

$$\xrightarrow[r_1-r_3]{r_1-r_2} \begin{pmatrix} 1 & 0 & 0 & \dfrac{2}{3} & \dfrac{4}{3}\\ 0 & 1 & 0 & -\dfrac{2}{3} & 1\\ 0 & 0 & 1 & -1 & \dfrac{2}{3}\end{pmatrix}.$$

故
$$(\boldsymbol{b}_1,\boldsymbol{b}_2) = (\boldsymbol{a}_1,\boldsymbol{a}_2,\boldsymbol{a}_3)\begin{pmatrix} \dfrac{2}{3} & \dfrac{4}{3}\\ -\dfrac{2}{3} & 1\\ -1 & \dfrac{2}{3}\end{pmatrix},$$

即 $\boldsymbol{b}_1,\boldsymbol{b}_2$ 在基 $\boldsymbol{a}_1,\boldsymbol{a}_2,\boldsymbol{a}_3$ 中的坐标依次为

$$\frac{2}{3},-\frac{2}{3},-1 \text{ 和 } \frac{4}{3},1,\frac{2}{3}.$$

例 9　在 $\mathbf{R}^3$ 中取定一个基 $\boldsymbol{a}_1,\boldsymbol{a}_2,\boldsymbol{a}_3$, 再取一个新基 $\boldsymbol{b}_1,\boldsymbol{b}_2,\boldsymbol{b}_3$, 设 $\boldsymbol{A} = (\boldsymbol{a}_1,\boldsymbol{a}_2,\boldsymbol{a}_3)$, $\boldsymbol{B} = (\boldsymbol{b}_1,\boldsymbol{b}_2,\boldsymbol{b}_3)$. 求用 $\boldsymbol{a}_1,\boldsymbol{a}_2,\boldsymbol{a}_3$ 表示 $\boldsymbol{b}_1,\boldsymbol{b}_2,\boldsymbol{b}_3$ 的表示式 (基变换公式), 并求向量在两个基下的坐标之间的关系式 (坐标变换公式).

解　由 $(\boldsymbol{a}_1,\boldsymbol{a}_2,\boldsymbol{a}_3)=(\boldsymbol{e}_1,\boldsymbol{e}_2,\boldsymbol{e}_3)\boldsymbol{A}$, 得 $(\boldsymbol{e}_1,\boldsymbol{e}_2,\boldsymbol{e}_3)=(\boldsymbol{a}_1,\boldsymbol{a}_2,\boldsymbol{a}_3)\boldsymbol{A}^{-1}$. 故

$$(\boldsymbol{b}_1,\boldsymbol{b}_2,\boldsymbol{b}_3)=(\boldsymbol{e}_1,\boldsymbol{e}_2,\boldsymbol{e}_3)\boldsymbol{B}=(\boldsymbol{a}_1,\boldsymbol{a}_2,\boldsymbol{a}_3)\boldsymbol{A}^{-1}\boldsymbol{B},$$

即基变换公式为

$$(\boldsymbol{b}_1,\boldsymbol{b}_2,\boldsymbol{b}_3)=(\boldsymbol{a}_1,\boldsymbol{a}_2,\boldsymbol{a}_3)\boldsymbol{P},$$

其中表示式的系数矩阵 $\boldsymbol{P}=\boldsymbol{A}^{-1}\boldsymbol{B}$ 称为从旧基到新基的过渡矩阵.

设向量 $\boldsymbol{x}$ 在旧基和新基中的坐标分别为 y_1,y_2,y_3 和 z_1,z_2,z_3, 即

$$\boldsymbol{x}=(\boldsymbol{a}_1,\boldsymbol{a}_2,\boldsymbol{a}_3)\begin{pmatrix}y_1\\y_2\\y_3\end{pmatrix},\boldsymbol{x}=(\boldsymbol{b}_1,\boldsymbol{b}_2,\boldsymbol{b}_3)\begin{pmatrix}z_1\\z_2\\z_3\end{pmatrix},$$

则

$$\boldsymbol{A}\begin{pmatrix}y_1\\y_2\\y_3\end{pmatrix}=\boldsymbol{B}\begin{pmatrix}z_1\\z_2\\z_3\end{pmatrix},$$

于是

$$\begin{pmatrix}z_1\\z_2\\z_3\end{pmatrix}=\boldsymbol{B}^{-1}\boldsymbol{A}\begin{pmatrix}y_1\\y_2\\y_3\end{pmatrix},$$

即

$$\begin{pmatrix}z_1\\z_2\\z_3\end{pmatrix}=\boldsymbol{P}^{-1}\begin{pmatrix}y_1\\y_2\\y_3\end{pmatrix}.$$

这就是从旧坐标到新坐标的坐标变换公式.

本章小结

一、线性方程组

1. 线性方程组的基本概念

设方程组为

$$\begin{cases} a_{11}x_1 + a_{12}x_2 + \cdots + a_{1n}x_n = 0, \\ a_{21}x_1 + a_{22}x_2 + \cdots + a_{2n}x_n = 0, \\ \cdots\cdots\cdots\cdots \\ a_{m1}x_1 + a_{m2}x_2 + \cdots + a_{mn}x_n = 0. \end{cases} \tag{1}$$

称 (1) 为 n 元齐次线性方程组, 记作 $\boldsymbol{Ax} = \boldsymbol{0}$.

设方程组为

$$\begin{cases} a_{11}x_1 + a_{12}x_2 + \cdots + a_{1n}x_n = b_1, \\ a_{21}x_1 + a_{22}x_2 + \cdots + a_{2n}x_n = b_2, \\ \cdots\cdots\cdots\cdots \\ a_{m1}x_1 + a_{m2}x_2 + \cdots + a_{mn}x_n = b_m. \end{cases} \tag{2}$$

称 (2) 为 n 元非齐次线性方程组, 记作 $\boldsymbol{Ax} = \boldsymbol{b}$. 方程组 (1) 又称为方程组 (2) 对应的齐次线性方程组或者导出方程组 (导出组).

2. 线性方程组解的结构

(1) 设 $\boldsymbol{\xi}_1, \boldsymbol{\xi}_2, \cdots, \boldsymbol{\xi}_s$ 是方程组 $\boldsymbol{Ax} = \boldsymbol{0}$ 的 s 个解, 则 $\boldsymbol{x} = k_1\boldsymbol{\xi}_1 + k_2\boldsymbol{\xi}_2 + \cdots + k_s\boldsymbol{\xi}_s$ 也是 $\boldsymbol{Ax} = \boldsymbol{0}$ 的解, 其中 $k_1, k_2, \cdots, k_s$ 是任意实数. 特殊情形, $\boldsymbol{\xi}_1 + \boldsymbol{\xi}_2$ 及 $k\boldsymbol{\xi}_1$ (k 为任意常数) 都是 $\boldsymbol{Ax} = \boldsymbol{0}$ 的解.

(2) 设 $\boldsymbol{x} = \boldsymbol{\eta}_1$ 及 $\boldsymbol{x} = \boldsymbol{\eta}_2$ 都是方程组 $\boldsymbol{Ax} = \boldsymbol{b}$ 的解, 则 $\boldsymbol{x} = \boldsymbol{\eta}_1 - \boldsymbol{\eta}_2$ 为对应的齐次线性方程组 $\boldsymbol{Ax} = \boldsymbol{0}$ 的解.

(3) 设 $\boldsymbol{x} = \boldsymbol{\eta}$ 是方程组 $\boldsymbol{Ax} = \boldsymbol{b}$ 的解, $\boldsymbol{x} = \boldsymbol{\xi}$ 是方程组 $\boldsymbol{Ax} = \boldsymbol{0}$ 的解, 则 $\boldsymbol{x} = \boldsymbol{\xi} + \boldsymbol{\eta}$ 仍是方程组 $\boldsymbol{Ax} = \boldsymbol{b}$ 的解.

(4) 设 $\boldsymbol{\eta}_1, \boldsymbol{\eta}_2, \cdots, \boldsymbol{\eta}_t$ 为 $\boldsymbol{Ax} = \boldsymbol{b}$ 的一组解, 则 $k_1\boldsymbol{\eta}_1 + k_2\boldsymbol{\eta}_2 + \cdots + k_t\boldsymbol{\eta}_t$ 为 $\boldsymbol{Ax} = \boldsymbol{b}$ 的解的充分必要条件是 $k_1 + k_2 + \cdots + k_t = 1$.

二、线性方程组的解

1. 线性方程组的解的情况判定

(1) 齐次线性方程组

n 元齐次线性方程组 $\boldsymbol{Ax} = \boldsymbol{0}$ 只有零解的充分必要条件是 $r(\boldsymbol{A}) = n$;

n 元齐次线性方程组 $\boldsymbol{Ax}=\boldsymbol{0}$ 有非零解的充分必要条件是 $r(\boldsymbol{A})<n$.

(2) 非齐次线性方程组

设 n 元非齐次线性方程组 $\boldsymbol{Ax}=\boldsymbol{b}$ 的系数矩阵为 $\boldsymbol{A}_{m\times n}$, 增广矩阵为 $(\boldsymbol{A},\boldsymbol{b})$:

当 $r(\boldsymbol{A})=r(\boldsymbol{A},\boldsymbol{b})$ 时, 方程组有解.

① 若 $r(\boldsymbol{A})=r(\boldsymbol{A},\boldsymbol{b})=n$, 则方程组有唯一确定的解;

② 若 $r(\boldsymbol{A})=r(\boldsymbol{A},\boldsymbol{b})<n$, 则方程组有无穷多个解, 且其通解中含有 $n-r(\boldsymbol{A})$ 个自由未知量.

当 $r(\boldsymbol{A})<r(\boldsymbol{A},\boldsymbol{b})$ 时, 方程组无解.

2. 线性方程组的基础解系和通解

(1) 齐次线性方程组的基础解系

如果齐次线性方程组 $\boldsymbol{Ax}=\boldsymbol{0}$ 有非零解, 则它的解集 (全部解的集合) 是无穷集, 称解集的每个极大无关组为 $\boldsymbol{Ax}=\boldsymbol{0}$ 的基础解系.

于是, 当 $\boldsymbol{\xi}_1,\boldsymbol{\xi}_2,\cdots,\boldsymbol{\xi}_s$ 是 $\boldsymbol{Ax}=\boldsymbol{0}$ 的基础解系时, 向量 $\boldsymbol{x}$ 是 $\boldsymbol{Ax}=\boldsymbol{0}$ 的解 $\Leftrightarrow$ $\boldsymbol{x}$ 可用 $\boldsymbol{\xi}_1,\boldsymbol{\xi}_2,\cdots,\boldsymbol{\xi}_s$ 线性表示.

设 $\boldsymbol{Ax}=\boldsymbol{0}$ 有 n 个未知数, 则它的基础解系中包含解的个数 (即解集的秩)$=n-r(\boldsymbol{A})$. 于是, 判别一组向量 $\boldsymbol{\xi}_1,\boldsymbol{\xi}_2,\cdots,\boldsymbol{\xi}_s$ 是 $\boldsymbol{Ax}=\boldsymbol{0}$ 的基础解系的条件为

① $\boldsymbol{\xi}_1,\boldsymbol{\xi}_2,\cdots,\boldsymbol{\xi}_s$ 是 $\boldsymbol{Ax}=\boldsymbol{0}$ 的一组解;

② $\boldsymbol{\xi}_1,\boldsymbol{\xi}_2,\cdots,\boldsymbol{\xi}_s$ 线性无关;

③ $s=n-r(\boldsymbol{A})$.

(2) 线性方程组的通解

如果 $\boldsymbol{\xi}_1,\boldsymbol{\xi}_2,\cdots,\boldsymbol{\xi}_s$ 是齐次方程组 $\boldsymbol{Ax}=\boldsymbol{0}$ 的基础解系, 则 $\boldsymbol{Ax}=\boldsymbol{0}$ 的通解为 $k_1\boldsymbol{\xi}_1+k_2\boldsymbol{\xi}_2+\cdots+k_s\boldsymbol{\xi}_s$, 其中 $k_1,k_2,\cdots,k_s$ 为任意常数.

若非齐次线性方程组 $\boldsymbol{Ax}=\boldsymbol{b}$ 的一个特解为 $\boldsymbol{\eta}^*$, 其导出组 $\boldsymbol{Ax}=\boldsymbol{0}$ 的通解为 $\boldsymbol{\xi}$, 则方程组 $\boldsymbol{Ax}=\boldsymbol{b}$ 的全部解 $\boldsymbol{x}$ 可表示为 $\boldsymbol{x}=\boldsymbol{\xi}+\boldsymbol{\eta}^*=k_1\boldsymbol{\xi}_1+k_2\boldsymbol{\xi}_2+\cdots+k_{n-r}\boldsymbol{\xi}_{n-r}+\boldsymbol{\eta}^*$, 其中 $k_1,k_2,\cdots,k_{n-r}$ 为任意实数, $\boldsymbol{\xi}_1,\boldsymbol{\xi}_2,\cdots,\boldsymbol{\xi}_{n-r}$ 是方程组 $\boldsymbol{Ax}=\boldsymbol{0}$ 的基础解系, r 是系数矩阵 $\boldsymbol{A}$ 的秩.

三、向量组的线性相关性

1. 定义

线性相关性是描述向量组内在关系的概念, 它是讨论向量组 $\boldsymbol{\alpha}_1,\boldsymbol{\alpha}_2,\cdots,\boldsymbol{\alpha}_s$ 中有没有向量可以用其他的 $s-1$ 个向量线性表示的问题.

设 $\boldsymbol{\alpha}_1,\boldsymbol{\alpha}_2,\cdots,\boldsymbol{\alpha}_s$ 是 n 维向量组, 如果存在不全为零的一组数 $k_1,k_2,\cdots,k_s$ 使得

$$k_1\boldsymbol{\alpha}_1+k_2\boldsymbol{\alpha}_2+\cdots+k_s\boldsymbol{\alpha}_s=\boldsymbol{0},$$

则称 $\boldsymbol{\alpha}_1,\boldsymbol{\alpha}_2,\cdots,\boldsymbol{\alpha}_s$ 线性相关, 否则 (即要使得 $k_1\boldsymbol{\alpha}_1+k_2\boldsymbol{\alpha}_2+\cdots+k_s\boldsymbol{\alpha}_s=\boldsymbol{0}$ 必须

$k_1, k_2, \cdots, k_s$ 全为 0) 就称它们线性无关.

于是, $\boldsymbol{\alpha}_1, \boldsymbol{\alpha}_2, \cdots, \boldsymbol{\alpha}_s$ "线性相关还是线性无关" 也就是齐次线性方程组 $x_1\boldsymbol{\alpha}_1 + x_2\boldsymbol{\alpha}_2 + \cdots + x_s\boldsymbol{\alpha}_s = \mathbf{0}$ "有没有非零解", 也就是以 $\boldsymbol{A} = (\boldsymbol{\alpha}_1, \boldsymbol{\alpha}_2, \cdots, \boldsymbol{\alpha}_s)$ 为系数矩阵的齐次线性方程组有无非零解.

当向量组中只有一个向量 $(s = 1)$ 时, 它线性相关 (线性无关), 即它是 (不是) 零向量.

两个向量线性相关的充要条件就是它们的对应分量成比例.

2. 性质

(1) 当向量的个数 s 大于维数 n 时, 向量组 $\boldsymbol{\alpha}_1, \boldsymbol{\alpha}_2, \cdots, \boldsymbol{\alpha}_s$ 一定线性相关.

如果向量的个数 s 等于维数 n, 则 $\boldsymbol{\alpha}_1, \boldsymbol{\alpha}_2, \cdots, \boldsymbol{\alpha}_n$ 线性相关 $\Leftrightarrow |\boldsymbol{\alpha}_1, \boldsymbol{\alpha}_2, \cdots, \boldsymbol{\alpha}_n| = 0$.

(2) 线性无关向量组的每个部分组都线性无关 (从而每个向量都不是零向量).

(3) 如果 $\boldsymbol{\alpha}_1, \boldsymbol{\alpha}_2, \cdots, \boldsymbol{\alpha}_s$ 线性无关, 而 $\boldsymbol{\alpha}_1, \boldsymbol{\alpha}_2, \cdots, \boldsymbol{\alpha}_s, \boldsymbol{\beta}$ 线性相关, 则 $\boldsymbol{\beta}$ 可用 $\boldsymbol{\alpha}_1, \boldsymbol{\alpha}_2, \cdots, \boldsymbol{\alpha}_s$ 线性表示, 且表示法唯一.

(4) 如果两个线性无关的向量组互相等价, 则它们包含的向量个数相等.

3. 向量组的极大线性无关组和秩

向量组的秩是刻画向量组线性相关 "程度" 的一个数量概念. 它表明向量组可以有多大 (指包含向量的个数) 的线性无关的部分向量组.

若向量组 $A: \boldsymbol{\alpha}_1, \boldsymbol{\alpha}_2, \cdots, \boldsymbol{\alpha}_m$ 中的部分向量组 $A_0: \boldsymbol{\alpha}_1, \boldsymbol{\alpha}_2, \cdots, \boldsymbol{\alpha}_r$ $(r \leqslant m)$ 满足:

(1) 向量组 $A_0: \boldsymbol{\alpha}_1, \boldsymbol{\alpha}_2, \cdots, \boldsymbol{\alpha}_r$ 线性无关;

(2) 向量组 $A: \boldsymbol{\alpha}_1, \boldsymbol{\alpha}_2, \cdots, \boldsymbol{\alpha}_m$ 中的任一向量均可由向量组 $A_0: \boldsymbol{\alpha}_1, \boldsymbol{\alpha}_2, \cdots, \boldsymbol{\alpha}_r$ 线性表示.

或者说

(1) 向量组 $A_0: \boldsymbol{\alpha}_1, \boldsymbol{\alpha}_2, \cdots, \boldsymbol{\alpha}_r$ 线性无关;

(2) 向量组 $A: \boldsymbol{\alpha}_1, \boldsymbol{\alpha}_2, \cdots, \boldsymbol{\alpha}_m$ 中的任何 $r + 1$ 个向量都线性相关.

则称向量组 $A_0: \boldsymbol{\alpha}_1, \boldsymbol{\alpha}_2, \cdots, \boldsymbol{\alpha}_r$ 是向量组 $A: \boldsymbol{\alpha}_1, \boldsymbol{\alpha}_2, \cdots, \boldsymbol{\alpha}_m$ 的一个极大线性无关向量组, 简称为极大无关组.

当 $\boldsymbol{\alpha}_1, \boldsymbol{\alpha}_2, \cdots, \boldsymbol{\alpha}_m$ 不全为零向量时, 向量组 A 就存在极大无关组, 并且任意两个极大无关组都等价, 从而包含的向量个数相等.

如果 $\boldsymbol{\alpha}_1, \boldsymbol{\alpha}_2, \cdots, \boldsymbol{\alpha}_m$ 不全为零向量, 则把它的极大无关组中所包含向量的个数 (是一个正整数) 称为 $\boldsymbol{\alpha}_1, \boldsymbol{\alpha}_2, \cdots, \boldsymbol{\alpha}_m$ 的秩, 记作 $r(\boldsymbol{\alpha}_1, \boldsymbol{\alpha}_2, \cdots, \boldsymbol{\alpha}_m)$. 如果 $\boldsymbol{\alpha}_1, \boldsymbol{\alpha}_2, \cdots, \boldsymbol{\alpha}_m$ 全是零向量, 则规定 $r(\boldsymbol{\alpha}_1, \boldsymbol{\alpha}_2, \cdots, \boldsymbol{\alpha}_m) = 0$.

由定义得出: 如果 $r(\boldsymbol{\alpha}_1, \boldsymbol{\alpha}_2, \cdots, \boldsymbol{\alpha}_m) = k$, 则

(1) $\boldsymbol{\alpha}_1, \boldsymbol{\alpha}_2, \cdots, \boldsymbol{\alpha}_m$ 的一个部分组如果含有多于 k 个向量, 则它一定线性相关.

(2) $\boldsymbol{\alpha}_1, \boldsymbol{\alpha}_2, \cdots, \boldsymbol{\alpha}_m$ 的每个含有 k 个向量的线性无关部分组一定是极大无关组.

复习题 3

一、填空题

1. 设向量组 $\boldsymbol{\alpha}_1=(1,1,2,1)^{\mathrm{T}}$, $\boldsymbol{\alpha}_2=(1,0,0,2)^{\mathrm{T}}$, $\boldsymbol{\alpha}_3=(-1,-4,-8,k)^{\mathrm{T}}$ 线性相关, 则 k________.

2. 设向量组 $\boldsymbol{\alpha}_1=(a,0,c)^{\mathrm{T}}$, $\boldsymbol{\alpha}_2=(b,c,0)^{\mathrm{T}}$, $\boldsymbol{\alpha}_3=(0,a,b)^{\mathrm{T}}$ 线性无关, 则 a,b,c 必满足关系式________.

3. 设向量组 $\boldsymbol{\alpha}_1=(1+\lambda,1,1)^{\mathrm{T}}$, $\boldsymbol{\alpha}_2=(1,1+\lambda,1)^{\mathrm{T}}$, $\boldsymbol{\alpha}_3=(1,1,1+\lambda)^{\mathrm{T}}$ 的秩为 2, 则 $\lambda=$________.

4. 向量组 $\boldsymbol{\alpha}_1,\boldsymbol{\alpha}_2,\boldsymbol{\alpha}_3$ 线性无关, 则向量组 $\boldsymbol{\beta}_1=\boldsymbol{\alpha}_1+\boldsymbol{\alpha}_2$, $\boldsymbol{\beta}_2=\boldsymbol{\alpha}_1+2\boldsymbol{\alpha}_2+\boldsymbol{\alpha}_3$, $\boldsymbol{\beta}_3=\boldsymbol{\alpha}_2+4\boldsymbol{\alpha}_3$ 线性________.

5. 若齐次方程组 $\begin{cases}\lambda x_1+x_2+x_3=0,\\ x_1+\lambda x_2+x_3=0,\\ x_1+x_2+\lambda x_3=0\end{cases}$ 只有零解, 则参数 λ 应满足________.

6. 设 $\boldsymbol{A}$ 为 $m\times n$ 矩阵, 则非齐次线性方程组 $\boldsymbol{Ax}=\boldsymbol{\beta}$ 有唯一解的充要条件是________.

二、选择题

1. 齐次线性方程组 $\boldsymbol{Ax}=\boldsymbol{0}$ 仅有零解的充要条件是 (　　).

A. 矩阵 $\boldsymbol{A}$ 的列向量组线性无关　　B. 矩阵 $\boldsymbol{A}$ 的列向量组线性相关

C. 矩阵 $\boldsymbol{A}$ 的行向量组线性无关　　D. 矩阵 $\boldsymbol{A}$ 的行向量组线性相关

2. 设 $\boldsymbol{A}$ 是 $m\times n$ 矩阵, $\boldsymbol{Ax}=\boldsymbol{0}$ 是与非齐次线性方程组 $\boldsymbol{Ax}=\boldsymbol{\beta}$ 相对应的齐次线性方程组, 则下列结论正确的是 (　　).

A. 若 $\boldsymbol{Ax}=\boldsymbol{0}$ 仅有零解, 则 $\boldsymbol{Ax}=\boldsymbol{\beta}$ 有唯一解

B. 若 $\boldsymbol{Ax}=\boldsymbol{0}$ 有非零解, 则 $\boldsymbol{Ax}=\boldsymbol{\beta}$ 有无穷多个解

C. 若 $\boldsymbol{Ax}=\boldsymbol{\beta}$ 有无穷多个解, 则 $\boldsymbol{Ax}=\boldsymbol{0}$ 仅有零解

D. 若 $\boldsymbol{Ax}=\boldsymbol{\beta}$ 有无穷多个解, 则 $\boldsymbol{Ax}=\boldsymbol{0}$ 有非零解

3. 设 $\boldsymbol{A}$ 是 $m\times n$ 矩阵, 且 $r(\boldsymbol{A})=r$, 则 (　　).

A. 当 $r=m$ 时, 非齐次线性方程组 $\boldsymbol{Ax}=\boldsymbol{\beta}$ 有解

B. 当 $r=n$ 时, 非齐次线性方程组 $\boldsymbol{Ax}=\boldsymbol{\beta}$ 有唯一解

C. 当 $m=n$ 时, 非齐次线性方程组 $\boldsymbol{Ax}=\boldsymbol{\beta}$ 有解

D. 当 $r<n$ 时, 非齐次线性方程组 $\boldsymbol{Ax}=\boldsymbol{\beta}$ 有无穷多个解

4. 设 $\boldsymbol{\alpha}_1,\boldsymbol{\alpha}_2$ 为非齐次线性方程组 $\boldsymbol{Ax}=\boldsymbol{\beta}$ 的两个不同解, 则 (　　) 是 $\boldsymbol{Ax}=\boldsymbol{\beta}$ 的解.

A. $\boldsymbol{\alpha}_1+\boldsymbol{\alpha}_2$

B. $\dfrac{2}{3}\boldsymbol{\alpha}_1+\dfrac{1}{3}\boldsymbol{\alpha}_2$

C. $\boldsymbol{\alpha}_1-\boldsymbol{\alpha}_2$

D. $k_1\boldsymbol{\alpha}_1+k_2\boldsymbol{\alpha}_2, k_i\in\mathbf{R}, i=1,2$

5. 设 $\boldsymbol{A}$ 为 n 阶方阵, 且 $r(\boldsymbol{A})=n-1$, 而 $\boldsymbol{\alpha}_1,\boldsymbol{\alpha}_2$ 为非齐次线性方程组 $\boldsymbol{Ax}=\boldsymbol{\beta}$ 的两个不同解, k 为任意实数, 则齐次线性方程组 $\boldsymbol{Ax}=\mathbf{0}$ 的通解为 (　　).

A. $k\boldsymbol{\alpha}_1$　　B. $k\boldsymbol{\alpha}_2$　　C. $k(\boldsymbol{\alpha}_1-\boldsymbol{\alpha}_2)$　　D. $k(\boldsymbol{\alpha}_1+\boldsymbol{\alpha}_2)$

6. 设 $\boldsymbol{\alpha}_1,\boldsymbol{\alpha}_2,\cdots,\boldsymbol{\alpha}_m$ 为一组 n 维向量, 则下列说法正确的是 (　　).

A. 若 $\boldsymbol{\alpha}_1,\boldsymbol{\alpha}_2,\cdots,\boldsymbol{\alpha}_m$ 不线性相关, 则一定线性无关

B. 若存在 m 个全为零的数 $k_1,k_2,\cdots,k_m$, 使得 $k_1\boldsymbol{\alpha}_1+k_2\boldsymbol{\alpha}_2+\cdots+k_m\boldsymbol{\alpha}_m=\mathbf{0}$, 则 $\boldsymbol{\alpha}_1,\boldsymbol{\alpha}_2,\cdots,\boldsymbol{\alpha}_m$ 线性无关

C. 若存在 m 个不全为零的数 $k_1,k_2,\cdots,k_m$, 使得 $k_1\boldsymbol{\alpha}_1+k_2\boldsymbol{\alpha}_2+\cdots+k_m\boldsymbol{\alpha}_m\neq\mathbf{0}$, 则 $\boldsymbol{\alpha}_1,\boldsymbol{\alpha}_2,\cdots,\boldsymbol{\alpha}_m$ 线性无关

D. 若向量组 $\boldsymbol{\alpha}_1,\boldsymbol{\alpha}_2,\cdots,\boldsymbol{\alpha}_m$ 线性相关, 则 $\boldsymbol{\alpha}_1$ 可由 $\boldsymbol{\alpha}_2,\cdots,\boldsymbol{\alpha}_m$ 线性表示

7. 向量组 $\boldsymbol{\alpha}_1,\boldsymbol{\alpha}_2,\cdots,\boldsymbol{\alpha}_m$ 线性相关的充要条件是 (　　).

A. $\boldsymbol{\alpha}_1,\boldsymbol{\alpha}_2,\cdots,\boldsymbol{\alpha}_m$ 中有一个零向量

B. $\boldsymbol{\alpha}_1,\boldsymbol{\alpha}_2,\cdots,\boldsymbol{\alpha}_m$ 中任意两个向量成比例

C. $\boldsymbol{\alpha}_1,\boldsymbol{\alpha}_2,\cdots,\boldsymbol{\alpha}_m$ 中有一个向量是其余向量的线性组合

D. $\boldsymbol{\alpha}_1,\boldsymbol{\alpha}_2,\cdots,\boldsymbol{\alpha}_m$ 中任意一个向量都是其余向量的线性组合

8. n 维向量组 $\boldsymbol{\alpha}_1,\boldsymbol{\alpha}_2,\cdots,\boldsymbol{\alpha}_s(3\leqslant s\leqslant n)$ 线性无关的充要条件是 (　　).

A. 存在一组不全为零的数 $k_1,k_2,\cdots,k_s$, 使 $\sum\limits_{i=1}^{s}k_i\boldsymbol{\alpha}_i\neq 0$

B. $\boldsymbol{\alpha}_1,\boldsymbol{\alpha}_2,\cdots,\boldsymbol{\alpha}_s$ 中任意两个向量都线性无关

C. $\boldsymbol{\alpha}_1,\boldsymbol{\alpha}_2,\cdots,\boldsymbol{\alpha}_s$ 存在一个向量不能由其余向量线性表示

D. $\boldsymbol{\alpha}_1,\boldsymbol{\alpha}_2,\cdots,\boldsymbol{\alpha}_s$ 中任一个向量都不能由其余向量线性表示

9. 设向量组 (Ⅰ) : $\boldsymbol{\alpha}_1,\boldsymbol{\alpha}_2,\cdots,\boldsymbol{\alpha}_r$; 向量组 (Ⅱ) : $\boldsymbol{\alpha}_1,\boldsymbol{\alpha}_2,\cdots,\boldsymbol{\alpha}_r,\boldsymbol{\alpha}_{r+1},\cdots,\boldsymbol{\alpha}_m$, 则必有 (　　).

A. (Ⅰ) 线性相关 ⇒ (Ⅱ) 线性相关

B. (Ⅰ) 线性相关 ⇒ (Ⅱ) 线性无关

C. (Ⅱ) 线性相关 ⇒ (Ⅰ) 线性相关

D. (Ⅱ) 线性相关 ⇒ (Ⅰ) 线性无关

10. 设 $\boldsymbol{\beta},\boldsymbol{\alpha}_1,\boldsymbol{\alpha}_2$ 线性相关, $\boldsymbol{\beta},\boldsymbol{\alpha}_2,\boldsymbol{\alpha}_3$ 线性无关, 则 (　　).

A. $\boldsymbol{\alpha}_1,\boldsymbol{\alpha}_2,\boldsymbol{\alpha}_3$ 线性相关

B. $\boldsymbol{\alpha}_1,\boldsymbol{\alpha}_2,\boldsymbol{\alpha}_3$ 线性无关

C. $\boldsymbol{\alpha}_1$ 能由 $\boldsymbol{\beta},\boldsymbol{\alpha}_2,\boldsymbol{\alpha}_3$ 线性表示

D. $\boldsymbol{\beta}$ 能由 $\boldsymbol{\alpha}_1,\boldsymbol{\alpha}_2$ 线性表示

三、设 $\boldsymbol{\alpha}=\begin{pmatrix}1\\0\\-1\\2\end{pmatrix}, \boldsymbol{\beta}=\begin{pmatrix}3\\2\\4\\-1\end{pmatrix}$**, 求** $\boldsymbol{\alpha}-\boldsymbol{\beta}, 5\boldsymbol{\alpha}+4\boldsymbol{\beta}$.

四、讨论下列向量组的线性相关性:

1. $\boldsymbol{\alpha}_1=\begin{pmatrix}1\\1\\0\end{pmatrix},\boldsymbol{\alpha}_2=\begin{pmatrix}1\\-1\\0\end{pmatrix},\boldsymbol{\alpha}_3=\begin{pmatrix}1\\1\\-1\end{pmatrix}$;

2. $\boldsymbol{\alpha}_1=\begin{pmatrix}1\\2\\1\\3\end{pmatrix},\boldsymbol{\alpha}_2=\begin{pmatrix}4\\-1\\-5\\-6\end{pmatrix},\boldsymbol{\alpha}_3=\begin{pmatrix}1\\-3\\-4\\-7\end{pmatrix}$;

3. $\boldsymbol{\alpha}_1=\begin{pmatrix}2\\-3\\0\end{pmatrix},\boldsymbol{\alpha}_2=\begin{pmatrix}3\\1\\-2\end{pmatrix}$;

4. $\boldsymbol{\alpha}_1=\begin{pmatrix}1\\0\\-2\end{pmatrix},\boldsymbol{\alpha}_2=\begin{pmatrix}3\\2\\0\end{pmatrix},\boldsymbol{\alpha}_3=\begin{pmatrix}-2\\-1\\1\end{pmatrix},\boldsymbol{\alpha}_4=\begin{pmatrix}2\\3\\5\end{pmatrix}$.

五、分别求下列向量组的秩及一个极大无关组:

1. $\boldsymbol{\alpha}_1=\begin{pmatrix}1\\2\\4\\0\end{pmatrix},\boldsymbol{\alpha}_2=\begin{pmatrix}4\\11\\15\\-1\end{pmatrix},\boldsymbol{\alpha}_3=\begin{pmatrix}1\\7\\8\\4\end{pmatrix}$;

2. $\boldsymbol{\alpha}_1=\begin{pmatrix}1\\8\\0\\-1\end{pmatrix},\boldsymbol{\alpha}_2=\begin{pmatrix}-2\\9\\-5\\-3\end{pmatrix},\boldsymbol{\alpha}_3=\begin{pmatrix}4\\7\\5\\1\end{pmatrix},\boldsymbol{\alpha}_4=\begin{pmatrix}7\\6\\10\\3\end{pmatrix},\boldsymbol{\alpha}_5=\begin{pmatrix}3\\-1\\5\\2\end{pmatrix}$.

六、设 $\alpha_1=\begin{pmatrix}6\\a+1\\3\end{pmatrix},\alpha_2=\begin{pmatrix}a\\2\\-2\end{pmatrix},\alpha_3=\begin{pmatrix}a\\1\\0\end{pmatrix}$,则

1. 当 a 为何值时, 向量组 $\boldsymbol{\alpha}_1,\boldsymbol{\alpha}_2$ 线性相关? 线性无关?
2. 当 a 为何值时, 向量组 $\boldsymbol{\alpha}_1,\boldsymbol{\alpha}_2,\boldsymbol{\alpha}_3$ 线性相关? 线性无关?

七、设向量组 $\alpha_1=\begin{pmatrix}a\\3\\1\end{pmatrix},\alpha_2=\begin{pmatrix}2\\b\\3\end{pmatrix}\ \alpha_3=\begin{pmatrix}1\\2\\1\end{pmatrix},\alpha_4=\begin{pmatrix}2\\3\\1\end{pmatrix}$ 的秩为 2, 求 a,b 的值.

八、已知齐次线性方程组 $\begin{cases}(3-\lambda)x_1+x_2+x_3=0,\\(2-\lambda)x_2-x_3=0,\\4x_1-2x_2+(1-\lambda)x_3=0\end{cases}$ 有非零解，求参数 λ.

九、求解下列方程组:

1. $\begin{cases}2x_1+x_2+x_3=2,\\x_1+3x_2+x_3=5,\\x_1+x_2+5x_3=-7,\\2x_1+3x_2-3x_3=14;\end{cases}$

2. $\begin{cases}x_1+2x_2+3x_3-x_4=1,\\3x_1+2x_2+x_3-x_4=1,\\2x_1+3x_2+x_3+x_4=1,\\2x_1+2x_2+2x_3-x_4=1,\\5x_1+5x_2+2x_3=2;\end{cases}$

3. $\begin{cases}x_1+x_2+2x_3-x_4=0,\\2x_1+x_2+x_3-x_4=0,\\2x_1+2x_2+x_3+2x_4=0;\end{cases}$

4. $\begin{cases}x_1+2x_2+x_3-x_4=0,\\3x_1+6x_2-x_3-3x_4=0,\\5x_1+10x_2+x_3-5x_4=0.\end{cases}$

十、当参数 λ, a, b 取何值时，下列方程组有唯一解、无解或无穷多个解？当有无穷多个解时，求其通解.

1. $\begin{cases}-2x_1+x_2+x_3=-2,\\x_1-2x_2+x_3=\lambda,\\x_1+x_2-2x_3=\lambda^2;\end{cases}$

2. $\begin{cases}x_1+x_2+x_3+x_4+x_5=1,\\3x_1+2x_2+x_3+x_4-3x_5=a,\\x_2+2x_3+2x_4+6x_5=3,\\5x_1+4x_2+3x_3+3x_4-x_5=b.\end{cases}$

第 4 章

特征值与特征向量

【学习目标】

- 掌握特征值、特征向量的定义
- 会求矩阵的特征值和特征向量
- 了解特征值、特征向量的性质
- 了解特征值、特征向量的应用

矩阵的特征值和特征向量得到了广泛的应用, 例如, 在力学中, 惯量的特征向量定义了刚体的主轴; 生态学家用其来预测原始森林遭到何种程度的砍伐, 会造成猫头鹰的种群灭亡; 它们在图像处理、人脸识别、数据流模式挖掘分析等方面也都有着重要的应用.

【情境与问题】

动力系统研究 发展与环境问题已经成为世人关注的重点, 为了定量分析污染与工业发展水平的关系, 有人提出以下工业增长模型: 设 a_0 是某地区某年的污染水平, b_0 是当年的工业发展水平, 该年作为基年, 令 $n=0$, 记 $\boldsymbol{x}_0=\begin{pmatrix}a_0\\b_0\end{pmatrix}$; 用 a_n, b_n 作为第 n 年的污染水平和工业发展水平, 记 $\boldsymbol{x}_n=\begin{pmatrix}a_n\\b_n\end{pmatrix}$. 经研究得到模型 $\begin{cases}a_n=3a_{n-1}+b_{n-1},\\b_n=2a_{n-1}+2b_{n-1},\end{cases}$ 令 $\boldsymbol{A}=\begin{pmatrix}3&1\\2&2\end{pmatrix}$, 可得形如 $\boldsymbol{x}_n=\boldsymbol{A}\boldsymbol{x}_{n-1}$ 的差分方程, 这样的差分方程被称为一种离散线性动力系统, 因为它描述的是系统随时间推移的变化. 已知基年的水平为 $\boldsymbol{x}_0=\begin{pmatrix}5\\2\end{pmatrix}$, 试估计过 10 年该地区的污染程度和工业发展水平.

分析 显然 $\boldsymbol{x}_{10}=\boldsymbol{A}\boldsymbol{x}_9=\boldsymbol{A}(\boldsymbol{A}\boldsymbol{x}_8)=\cdots=\boldsymbol{A}^{10}\boldsymbol{x}_0$, 如果直接求 $\boldsymbol{A}^{10}$ 比较麻烦, 我们学习了特征值和特征向量后就可以很容易地解决这个问题. 事实上, 特征值与特征向量是剖析动力系统演变的关键.

4.1 特征值与特征向量的概念与计算

引例 设 $\boldsymbol{A}=\begin{pmatrix}3&-2\\1&0\end{pmatrix}$, $\boldsymbol{\alpha}=\begin{pmatrix}-1\\1\end{pmatrix}$, $\boldsymbol{\beta}=\begin{pmatrix}2\\1\end{pmatrix}$, 容易算得

$$\boldsymbol{A}\boldsymbol{\alpha}=\begin{pmatrix}3&-2\\1&0\end{pmatrix}\begin{pmatrix}-1\\1\end{pmatrix}=\begin{pmatrix}-5\\-1\end{pmatrix},$$

$$\boldsymbol{A}\boldsymbol{\beta}=\begin{pmatrix}3&-2\\1&0\end{pmatrix}\begin{pmatrix}2\\1\end{pmatrix}=\begin{pmatrix}4\\2\end{pmatrix}=2\begin{pmatrix}2\\1\end{pmatrix}=2\boldsymbol{\beta}.$$

图 4.1 显示了向量 $\boldsymbol{A}\boldsymbol{\alpha}$ 和 $\boldsymbol{A}\boldsymbol{\beta}$ 的图像.

显然, $\boldsymbol{A}\boldsymbol{\beta}$ 正好是 $2\boldsymbol{\beta}$, 因此, $\boldsymbol{A}$ 仅仅是“拉伸”了 $\boldsymbol{\beta}$. 这一节, 我们将研究形如 $\boldsymbol{A}\boldsymbol{x}=2\boldsymbol{x}$ 或 $\boldsymbol{A}\boldsymbol{x}=-4\boldsymbol{x}$ 的方程, 并去寻找那些被方阵 $\boldsymbol{A}$ 变换成自身的一个数量倍的向量.

定义 4.1.1 设 $\boldsymbol{A}$ 是 n 阶方阵, 如果数 λ 和 n 维非零向量 $\boldsymbol{x}$ 使关系式

$$\boldsymbol{A}\boldsymbol{x}=\lambda\boldsymbol{x}$$

成立, 那么, 这样的数 λ 称为方阵 $\boldsymbol{A}$ 的特征值, 非零向量 $\boldsymbol{x}$ 称为 $\boldsymbol{A}$ 的对应于特征值 λ 的特征向量.

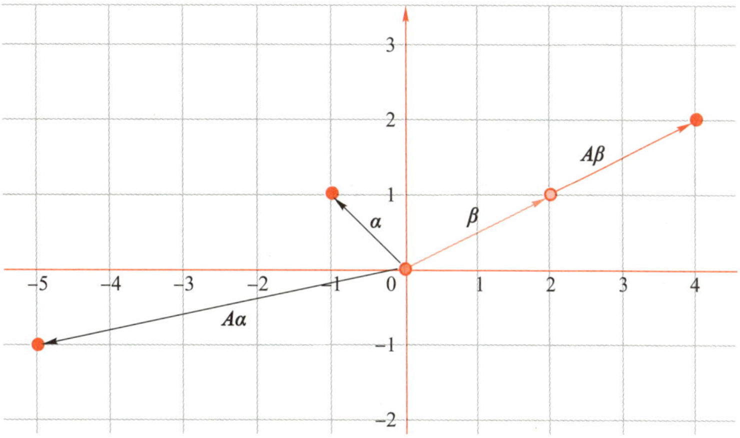

图 4.1

例如, 引例中 $\boldsymbol{A}\boldsymbol{\beta}=\begin{pmatrix}3 & -2\\1 & 0\end{pmatrix}\begin{pmatrix}2\\1\end{pmatrix}=\begin{pmatrix}4\\2\end{pmatrix}=2\begin{pmatrix}2\\1\end{pmatrix}=2\boldsymbol{\beta}$, 于是 2 是 $\boldsymbol{A}$ 的特征值, $\boldsymbol{\beta}$ 为 $\boldsymbol{A}$ 的对应于特征值 2 的特征向量.

小贴士

只有方阵才有特征值和特征向量.

下面, 我们讨论如何求方阵的特征值和特征向量.

关系式 $\boldsymbol{A}\boldsymbol{x}=\lambda\boldsymbol{x}$ 也可写成

$$(\lambda\boldsymbol{E}-\boldsymbol{A})\boldsymbol{x}=\boldsymbol{0},$$

这是 n 个未知数 n 个方程的齐次线性方程组, 系数矩阵为 n 阶方阵 $\lambda\boldsymbol{E}-\boldsymbol{A}$. 设数 λ 是矩阵 $\boldsymbol{A}$ 的一个特征值, 于是 $(\lambda\boldsymbol{E}-\boldsymbol{A})\boldsymbol{x}=\boldsymbol{0}$, $\boldsymbol{x}\neq\boldsymbol{0}$; 换句话说, $\boldsymbol{x}$ 是齐次线性方程组 $(\lambda\boldsymbol{E}-\boldsymbol{A})\boldsymbol{x}=\boldsymbol{0}$ 的非零解.

特征值与特征向量的概念

齐次线性方程组有非零解的充分必要条件是系数矩阵的行列式

$$|\lambda\boldsymbol{E}-\boldsymbol{A}|=0.$$

定义 4.1.2 设 $\boldsymbol{A}=(a_{ij})_{n\times n}$ 是 n 阶方阵, 记

$$|\lambda\boldsymbol{E}-\boldsymbol{A}|=\begin{vmatrix}\lambda-a_{11} & -a_{12} & \cdots & -a_{1n}\\ -a_{21} & \lambda-a_{22} & \cdots & -a_{2n}\\ \vdots & \vdots & & \vdots\\ -a_{n1} & -a_{n2} & \cdots & \lambda-a_{nn}\end{vmatrix}.$$

$|\lambda\boldsymbol{E}-\boldsymbol{A}|$ 的展开式是一个关于 λ 的 n 次多项式, 称为方阵 $\boldsymbol{A}$ 的特征多项式, 记作 $f(\lambda)$. 称以 λ 为未知量的一元 n 次方程 $|\lambda\boldsymbol{E}-\boldsymbol{A}|=0$ 为方阵 $\boldsymbol{A}$ 的特征方程.

显然, $\boldsymbol{A}$ 的特征值就是特征方程的解. 特征方程在复数范围内总有 n 个根 $\lambda_1,\lambda_2,\cdots,\lambda_n$ (重根按重数计算), 因此, n 阶矩阵 $\boldsymbol{A}$ 在复数范围内恰有 n 个特征值 $\lambda_1,\lambda_2,\cdots,\lambda_n$.

特征值与特征向量的计算

综上，可以得到以下结论：

定理 4.1.1 设 $\boldsymbol{A}=(a_{ij})_{n\times n}$，则

(1) λ_0 为 $\boldsymbol{A}$ 的特征值当且仅当 λ_0 是 $\boldsymbol{A}$ 的特征方程 $f(\lambda)=0$ 的一个根；

(2) $\boldsymbol{x}$ 是 $\boldsymbol{A}$ 的对应于特征值 λ_0 的特征向量当且仅当 $\boldsymbol{x}$ 是齐次线性方程组 $(\lambda_0\boldsymbol{E}-\boldsymbol{A})\boldsymbol{x}=\boldsymbol{0}$ 的一个非零解.

下面介绍两个结论：

定理 4.1.2 设 $\boldsymbol{x}$ 是 $\boldsymbol{A}$ 的属于特征值 λ 的特征向量，$k\neq 0$，则 $k\boldsymbol{x}$ 也是 $\boldsymbol{A}$ 的属于 λ 的特征向量.

事实上，因为 $\boldsymbol{A}\boldsymbol{x}=\lambda\boldsymbol{x}$，所以 $\boldsymbol{A}(k\boldsymbol{x})=k\boldsymbol{A}\boldsymbol{x}=k\lambda\boldsymbol{x}=\lambda(k\boldsymbol{x})$，即 $k\boldsymbol{x}$ 是 $\boldsymbol{A}$ 的属于 λ 的特征向量.

定理 4.1.3 若 $\boldsymbol{x}_1,\boldsymbol{x}_2$ 是 $\boldsymbol{A}$ 的属于特征值 λ 的线性无关的两个特征向量，则 $k_1\boldsymbol{x}_1+k_2\boldsymbol{x}_2(k_1,k_2$ 不全为零) 也是 $\boldsymbol{A}$ 的属于 λ 的特征向量.

事实上，因为 $\boldsymbol{A}\boldsymbol{x}_1=\lambda\boldsymbol{x}_1,\boldsymbol{A}\boldsymbol{x}_2=\lambda\boldsymbol{x}_2$，所以

$$\begin{aligned}\boldsymbol{A}(k_1\boldsymbol{x}_1+k_2\boldsymbol{x}_2)&=k_1\boldsymbol{A}\boldsymbol{x}_1+k_2\boldsymbol{A}\boldsymbol{x}_2=k_1\lambda\boldsymbol{x}_1+k_2\lambda\boldsymbol{x}_2\\&=\lambda(k_1\boldsymbol{x}_1)+\lambda(k_2\boldsymbol{x}_2)=\lambda(k_1\boldsymbol{x}_1+k_2\boldsymbol{x}_2),\end{aligned}$$

即 $k_1\boldsymbol{x}_1+k_2\boldsymbol{x}_2(k_1,k_2$ 不全为零) 也是 $\boldsymbol{A}$ 的属于 λ 的特征向量.

小贴士

矩阵 $\boldsymbol{A}$ 的属于特征值 λ 的特征向量是不唯一的，有无穷多个.

一般地，若 $\boldsymbol{x}_1,\boldsymbol{x}_2,\cdots,\boldsymbol{x}_r$ 是 $\boldsymbol{A}$ 的属于特征值 λ 的线性无关的 r 个特征向量，则

$$k_1\boldsymbol{x}_1+k_2\boldsymbol{x}_2+\cdots+k_r\boldsymbol{x}_r(k_1,k_2,\cdots,k_r\text{ 不全为零})$$

也是 $\boldsymbol{A}$ 的属于 λ 的特征向量.

小贴士

若齐次线性方程组 $(\lambda_0\boldsymbol{E}-\boldsymbol{A})\boldsymbol{x}=\boldsymbol{0}$ 的一个基础解系为 $\boldsymbol{\xi}_1,\boldsymbol{\xi}_2,\cdots,\boldsymbol{\xi}_t$，则 $k_1\boldsymbol{\xi}_1+k_2\boldsymbol{\xi}_2+\cdots+k_t\boldsymbol{\xi}_t(k_1,k_2,\cdots,k_t$ 不全为零) 是 $\boldsymbol{A}$ 的对应于特征值 λ_0 的全部特征向量.

由上述可知，求特征值与特征向量的步骤如下：

(1) 计算 $\boldsymbol{A}$ 的特征多项式 $f(\lambda)=|\lambda\boldsymbol{E}-\boldsymbol{A}|$；

(2) 求 $\boldsymbol{A}$ 的全部特征值，即求 $f(\lambda)=0$ 的全部根；

(3) 对每个不同的 $\lambda_i(i=1,2,\cdots,s,s\leqslant n)$，求齐次线性方程组 $(\lambda_i\boldsymbol{E}-\boldsymbol{A})\boldsymbol{x}=\boldsymbol{0}$ 的一个基础解系 $\boldsymbol{\xi}_1,\boldsymbol{\xi}_2,\cdots,\boldsymbol{\xi}_t$，则 $k_1\boldsymbol{\xi}_1+k_2\boldsymbol{\xi}_2+\cdots+k_t\boldsymbol{\xi}_t(k_1,k_2,\cdots,k_t$ 不全为零) 是 $\boldsymbol{A}$ 的对应于特征值 λ_i 的全部特征向量.

电子作业本

例 1　求矩阵 $\boldsymbol{A}=\begin{pmatrix}1&2&2\\2&1&2\\2&2&1\end{pmatrix}$ 的特征值与特征向量.

解
$$f(\lambda)=|\lambda\boldsymbol{E}-\boldsymbol{A}|=\begin{vmatrix}\lambda-1&-2&-2\\-2&\lambda-1&-2\\-2&-2&\lambda-1\end{vmatrix}=(\lambda-5)(\lambda+1)^2,$$

令 $f(\lambda)=0$, 求出 $\boldsymbol{A}$ 的特征值 $\lambda_1=5,\lambda_2=\lambda_3=-1$ (二重根).

(1) 当 $\lambda_1=5$ 时, 解齐次线性方程组 $(5\boldsymbol{E}-\boldsymbol{A})\boldsymbol{x}=\boldsymbol{0}$:

$$5\boldsymbol{E}-\boldsymbol{A}=\begin{pmatrix}4&-2&-2\\-2&4&-2\\-2&-2&4\end{pmatrix}\xrightarrow{\text{初等行变换}}\begin{pmatrix}1&0&-1\\0&1&-1\\0&0&0\end{pmatrix},$$

得基础解系

$$\boldsymbol{\xi}_1=\begin{pmatrix}1\\1\\1\end{pmatrix}.$$

于是, $k_1\boldsymbol{\xi}_1(k_1\neq 0)$ 是 $\boldsymbol{A}$ 的对应于特征值 $\lambda_1=5$ 的全部特征向量.

(2) 当 $\lambda_2=\lambda_3=-1$ 时, 解齐次线性方程组 $(-\boldsymbol{E}-\boldsymbol{A})\boldsymbol{x}=\boldsymbol{0}$:

$$-\boldsymbol{E}-\boldsymbol{A}=\begin{pmatrix}-2&-2&-2\\-2&-2&-2\\-2&-2&-2\end{pmatrix}\xrightarrow{\text{初等行变换}}\begin{pmatrix}1&1&1\\0&0&0\\0&0&0\end{pmatrix},$$

得基础解系

$$\boldsymbol{\xi}_2=\begin{pmatrix}-1\\1\\0\end{pmatrix},\boldsymbol{\xi}_3=\begin{pmatrix}-1\\0\\1\end{pmatrix}.$$

于是, $k_2\boldsymbol{\xi}_2+k_3\boldsymbol{\xi}_3(k_2,k_3$ 不全为零$)$ 是 $\boldsymbol{A}$ 的对应于特征值 $\lambda_2=\lambda_3=-1$ 的全部特征向量.

例 2　求矩阵 $\boldsymbol{A}=\begin{pmatrix}-1&1&0\\-4&3&0\\1&0&2\end{pmatrix}$ 的特征值与特征向量.

解
$$f(\lambda)=|\lambda\boldsymbol{E}-\boldsymbol{A}|=\begin{vmatrix}\lambda+1&-1&0\\4&\lambda-3&0\\-1&0&\lambda-2\end{vmatrix}=(\lambda-2)(\lambda-1)^2,$$

令 $f(\lambda)=0$, 求出 $\boldsymbol{A}$ 的特征值 $\lambda_1=2,\lambda_2=\lambda_3=1$ (二重根).

(1) 当 $\lambda_1 = 2$ 时, 解齐次线性方程组 $(2\boldsymbol{E}-\boldsymbol{A})\boldsymbol{x}=\boldsymbol{0}$:

$$2\boldsymbol{E}-\boldsymbol{A}=\begin{pmatrix}3 & -1 & 0\\ 4 & -1 & 0\\ -1 & 0 & 0\end{pmatrix}\xrightarrow{\text{初等行变换}}\begin{pmatrix}1 & 0 & 0\\ 0 & 1 & 0\\ 0 & 0 & 0\end{pmatrix},$$

得基础解系

$$\boldsymbol{\xi}_1=\begin{pmatrix}0\\0\\1\end{pmatrix},$$

于是, $k_1\boldsymbol{\xi}_1(k_1\neq 0)$ 是 $\boldsymbol{A}$ 的对应于特征值 $\lambda_1=2$ 的全部特征向量.

(2) 当 $\lambda_2=\lambda_3=1$ 时, 解齐次线性方程组 $(\boldsymbol{E}-\boldsymbol{A})\boldsymbol{x}=\boldsymbol{0}$:

$$\boldsymbol{E}-\boldsymbol{A}=\begin{pmatrix}2 & -1 & 0\\ 4 & -2 & 0\\ -1 & 0 & -1\end{pmatrix}\xrightarrow{\text{初等行变换}}\begin{pmatrix}1 & 0 & 1\\ 0 & 1 & 2\\ 0 & 0 & 0\end{pmatrix},$$

得基础解系

$$\boldsymbol{\xi}_2=\begin{pmatrix}-1\\-2\\1\end{pmatrix},$$

于是, $k_2\boldsymbol{\xi}_2(k_2\neq 0)$ 是 $\boldsymbol{A}$ 的对应于特征值 $\lambda_2=\lambda_3=1$ 的全部特征向量.

小贴士

在例 1 中, 对应二重特征值 $\lambda_2=\lambda_3=-1$ 有两个线性无关的特征向量; 在例 2 中, 对应二重特征值 $\lambda_2=\lambda_3=1$ 只有一个线性无关的特征向量. 一般结论: 对应 r 重特征值 λ 的线性无关的特征向量的个数 $\leqslant r$.

例 3 设 n 阶方阵 $\boldsymbol{A}$ 满足 $\boldsymbol{A}^2=\boldsymbol{A}$, 求 $\boldsymbol{A}$ 的特征值.

解 设 λ 是 $\boldsymbol{A}$ 的特征值, $\boldsymbol{x}$ 是 $\boldsymbol{A}$ 的属于 λ 的特征向量, 所以 $\boldsymbol{A}\boldsymbol{x}=\lambda\boldsymbol{x}$. 于是

$$\lambda\boldsymbol{x}=\boldsymbol{A}\boldsymbol{x}=\boldsymbol{A}^2\boldsymbol{x}=\boldsymbol{A}(\lambda\boldsymbol{x})=\lambda^2\boldsymbol{x},$$

移项得

$$(\lambda^2-\lambda)\boldsymbol{x}=\boldsymbol{0},$$

而 $\boldsymbol{x}\neq\boldsymbol{0}$, 所以 $\lambda^2-\lambda=0$, 即 $\lambda=0$ 或 $\lambda=1$.

习题 4.1

1. 判断下列命题是否正确.

(1) 满足 $\boldsymbol{A}\boldsymbol{x}=\lambda\boldsymbol{x}$ 的向量 $\boldsymbol{x}$ 一定是方阵 $\boldsymbol{A}$ 的特征向量;

(2) 如果 $\boldsymbol{x}_1,\boldsymbol{x}_2,\cdots,\boldsymbol{x}_r$ 是矩阵 $\boldsymbol{A}$ 对应于特征值 λ 的特征向量, 则 $k_1\boldsymbol{x}_1+k_2\boldsymbol{x}_2+\cdots+k_r\boldsymbol{x}_r$ 也是 $\boldsymbol{A}$ 对应于 λ 的特征向量.

2. 求下列矩阵的特征值和特征向量.

(1) $\begin{pmatrix}6&2&4\\2&3&2\\4&2&6\end{pmatrix}$;　　(2) $\begin{pmatrix}2&-2&0\\-2&1&-2\\0&-2&0\end{pmatrix}$;

(3) $\begin{pmatrix}2&3&-1&-4\\0&-1&-2&1\\0&1&2&-2\\0&1&1&2\end{pmatrix}$;　　(4) $\begin{pmatrix}0&0&0&1\\0&0&1&0\\0&1&0&0\\1&0&0&0\end{pmatrix}$.

3. 设 $\boldsymbol{A}^2-3\boldsymbol{A}+2\boldsymbol{E}=\boldsymbol{O}$, 证明 $\boldsymbol{A}$ 的特征值只能取 1 或 2.

4.2 特征值与特征向量的性质及应用

定理 4.2.1　设 $\boldsymbol{A}=(a_{ij})_{n\times n}$ 的特征值为 $\lambda_1,\lambda_2,\cdots,\lambda_n$, 则

(1) $\mathrm{tr}(\boldsymbol{A})=\lambda_1+\lambda_2+\cdots+\lambda_n$ ($\mathrm{tr}(\boldsymbol{A})=a_{11}+a_{22}+\cdots+a_{nn}$ 称为 $\boldsymbol{A}$ 的迹);

(2) $|\boldsymbol{A}|=\lambda_1\lambda_2\cdots\lambda_n$.

推论　$\boldsymbol{A}$ 可逆 $\Leftrightarrow$ 0 不是 $\boldsymbol{A}$ 的特征值.

证明略.

小贴士

定理 4.2.1 揭示了方阵的行列式与特征值之间的联系.

定理 4.2.2　$\boldsymbol{A}$ 与 $\boldsymbol{A}^{\mathrm{T}}$ 有相同的特征多项式及相同的特征值.

证明　$\boldsymbol{A}^{\mathrm{T}}$ 的特征多项式 $|\lambda\boldsymbol{E}-\boldsymbol{A}^{\mathrm{T}}|=|(\lambda\boldsymbol{E}-\boldsymbol{A})^{\mathrm{T}}|=|\lambda\boldsymbol{E}-\boldsymbol{A}|$, 所以 $\boldsymbol{A}$ 与 $\boldsymbol{A}^{\mathrm{T}}$ 有相同的特征多项式, 从而 $\boldsymbol{A}$ 与 $\boldsymbol{A}^{\mathrm{T}}$ 的特征值也相同.

例 1　设 λ 是方阵 $\boldsymbol{A}$ 的特征值, 证明:

(1) λ^2 是 $\boldsymbol{A}^2$ 的特征值;

(2) 当 $\boldsymbol{A}$ 可逆时, $\dfrac{1}{\lambda}$ 是 $\boldsymbol{A}^{-1}$ 的特征值.

证明　因为 λ 是方阵 $\boldsymbol{A}$ 的特征值, 设 $\boldsymbol{x}$ 是 $\boldsymbol{A}$ 的属于特征值 λ 的特征向量, 故有 $\boldsymbol{A}\boldsymbol{x}=\lambda\boldsymbol{x}$. 于是

(1) $\boldsymbol{A}^2\boldsymbol{x}=\boldsymbol{A}(\boldsymbol{A}\boldsymbol{x})=\boldsymbol{A}(\lambda\boldsymbol{x})=\lambda(\boldsymbol{A}\boldsymbol{x})=\lambda^2\boldsymbol{x}$, 所以 λ^2 是 $\boldsymbol{A}^2$ 的特征值.

(2) 当 $\boldsymbol{A}$ 可逆时, 由 $\boldsymbol{A}\boldsymbol{x}=\lambda\boldsymbol{x}$, 有 $\boldsymbol{x}=\lambda\boldsymbol{A}^{-1}\boldsymbol{x}$, 由推论知 $\lambda\neq 0$, 故

$$\boldsymbol{A}^{-1}\boldsymbol{x}=\frac{1}{\lambda}\boldsymbol{x},$$

所以 $\frac{1}{\lambda}$ 是 $\boldsymbol{A}^{-1}$ 的特征值.

定理 4.2.3 设 λ 是方阵 $\boldsymbol{A}$ 的特征值, 则

(1) λ^k 是 $\boldsymbol{A}^k$ 的特征值;

(2) $\varphi(\lambda)$ 是 $\varphi(\boldsymbol{A})$ 的特征值 (其中 $\varphi(\lambda)=a_0+a_1\lambda+\cdots+a_n\lambda^n$ 是 λ 的多项式, $\varphi(\boldsymbol{A})=a_0\boldsymbol{E}+a_1\boldsymbol{A}+\cdots+a_n\boldsymbol{A}^n$ 是方阵 $\boldsymbol{A}$ 的多项式).

例 2 设 $\boldsymbol{A}_{4\times4}$ 的特征值为 $\lambda_1=-1,\lambda_2=0,\lambda_3=1,\lambda_4=2$, 求 $\boldsymbol{A}^2-2\boldsymbol{A}+3\boldsymbol{E}$ 的全部特征值, 且证明 $\boldsymbol{A}^2-2\boldsymbol{A}+3\boldsymbol{E}$ 可逆.

解 设 $f(x)=x^2-2x+3$, 则 $f(\boldsymbol{A})=\boldsymbol{A}^2-2\boldsymbol{A}+3\boldsymbol{E}$ 的特征值为

$$f(\lambda_1)=6,\quad f(\lambda_2)=3,\quad f(\lambda_3)=2,\quad f(\lambda_4)=3,$$

由于 $|\boldsymbol{A}^2-2\boldsymbol{A}+3\boldsymbol{E}|=6\times3\times2\times3=108\neq0$, 故 $\boldsymbol{A}^2-2\boldsymbol{A}+3\boldsymbol{E}$ 可逆.

例 3 设 3 阶矩阵 $\boldsymbol{A}$ 的特征值为 $1,-1,2$, 求 $|\boldsymbol{A}^*+3\boldsymbol{A}-2\boldsymbol{E}|$.

解 因为 $\boldsymbol{A}$ 的特征值全不为零, 知 $\boldsymbol{A}$ 可逆, 故 $\boldsymbol{A}^*=|\boldsymbol{A}|\boldsymbol{A}^{-1}$. 而 $|\boldsymbol{A}|=1\times(-1)\times2=-2$, 所以

$$\boldsymbol{A}^*+3\boldsymbol{A}-2\boldsymbol{E}=-2\boldsymbol{A}^{-1}+3\boldsymbol{A}-2\boldsymbol{E},$$

把上式记作 $\varphi(\boldsymbol{A})$, 有 $\varphi(\lambda)=-\frac{2}{\lambda}+3\lambda-2$, 故 $\varphi(\boldsymbol{A})$ 的特征值为 $\varphi(1)=-1,\varphi(-1)=-3,\varphi(2)=3$, 于是

$$|\boldsymbol{A}^*+3\boldsymbol{A}-2\boldsymbol{E}|=(-1)\times(-3)\times3=9.$$

小贴士

设 λ 是 $\boldsymbol{A}$ 的特征值, $\boldsymbol{x}$ 是 $\boldsymbol{A}$ 的属于 λ 的特征向量, 则 $k\boldsymbol{A},a\boldsymbol{A}+b\boldsymbol{E},\boldsymbol{A}^m,\boldsymbol{A}^{-1},\boldsymbol{A}^*$ 分别有特征值 $k\lambda,a\lambda+b,\lambda^m,\frac{1}{\lambda},\frac{|\boldsymbol{A}|}{\lambda}$, $\boldsymbol{x}$ 也是 $k\boldsymbol{A},a\boldsymbol{A}+b\boldsymbol{E},\boldsymbol{A}^m,\boldsymbol{A}^{-1},\boldsymbol{A}^*$ 的属于上述对应特征值的特征向量.

定理 4.2.4 设 $\lambda_1,\lambda_2,\cdots,\lambda_m$ 是方阵 $\boldsymbol{A}$ 的 m 个特征值, $\boldsymbol{x}_1,\boldsymbol{x}_2,\cdots,\boldsymbol{x}_m$ 依次是与之对应的特征向量, 如果 $\lambda_1,\lambda_2,\cdots,\lambda_m$ 各不相同, 则 $\boldsymbol{x}_1,\boldsymbol{x}_2,\cdots,\boldsymbol{x}_m$ 线性无关.

证明 设有常数 $k_1, k_2, \cdots, k_m$ 使 $k_1\boldsymbol{x}_1 + k_2\boldsymbol{x}_2 + \cdots + k_m\boldsymbol{x}_m = \boldsymbol{0}$, 则

$$\begin{aligned}\boldsymbol{A}(k_1\boldsymbol{x}_1 + k_2\boldsymbol{x}_2 + \cdots + k_m\boldsymbol{x}_m) &= k_1\boldsymbol{A}\boldsymbol{x}_1 + k_2\boldsymbol{A}\boldsymbol{x}_2 + \cdots + k_m\boldsymbol{A}\boldsymbol{x}_m \\ &= k_1\lambda_1\boldsymbol{x}_1 + k_2\lambda_2\boldsymbol{x}_2 + \cdots + k_m\lambda_m\boldsymbol{x}_m = \boldsymbol{0},\\ \boldsymbol{A}(k_1\lambda_1\boldsymbol{x}_1 + k_2\lambda_2\boldsymbol{x}_2 + \cdots + k_m\lambda_m\boldsymbol{x}_m) &= k_1\lambda_1\boldsymbol{A}\boldsymbol{x}_1 + k_2\lambda_2\boldsymbol{A}\boldsymbol{x}_2 + \cdots + k_m\lambda_m\boldsymbol{A}\boldsymbol{x}_m \\ &= k_1\lambda_1^2\boldsymbol{x}_1 + k_2\lambda_2^2\boldsymbol{x}_2 + \cdots + k_m\lambda_m^2\boldsymbol{x}_m = \boldsymbol{0},\end{aligned}$$

类推之, 有

$$k_1\lambda_1^k\boldsymbol{x}_1 + k_2\lambda_2^k\boldsymbol{x}_2 + \cdots + k_m\lambda_m^k\boldsymbol{x}_m = \boldsymbol{0}(k = 1, 2, \cdots, m-1).$$

电子作业本

把上列各式合写成矩阵形式, 得

$$(k_1\boldsymbol{x}_1, k_2\boldsymbol{x}_2, \cdots, k_m\boldsymbol{x}_m)\begin{pmatrix} 1 & \lambda_1 & \cdots & \lambda_1^{m-1} \\ 1 & \lambda_2 & \cdots & \lambda_2^{m-1} \\ \vdots & \vdots & & \vdots \\ 1 & \lambda_m & \cdots & \lambda_m^{m-1} \end{pmatrix} = (\boldsymbol{0}, \boldsymbol{0}, \cdots, \boldsymbol{0}).$$

上式等号左端第二个矩阵的行列式为范德蒙德行列式, 当 λ_i 各不相等时, 该行列式不等于零, 从而该矩阵可逆. 于是有

$$(k_1\boldsymbol{x}_1, k_2\boldsymbol{x}_2, \cdots, k_m\boldsymbol{x}_m) = (\boldsymbol{0}, \boldsymbol{0}, \cdots, \boldsymbol{0}),$$

即 $k_i\boldsymbol{x}_i = \boldsymbol{0}(i = 1, 2, \cdots, m)$. 但 $\boldsymbol{x}_i \neq \boldsymbol{0}$, 故 $k_i = 0(i = 1, 2, \cdots, m)$.

所以向量组 $\boldsymbol{x}_1, \boldsymbol{x}_2, \cdots, \boldsymbol{x}_m$ 线性无关.

小贴士

定理 4.2.4 告诉我们属于不同特征值的特征向量线性无关.

定理 4.2.5 设 $\boldsymbol{A}_{n\times n}$ 的互异特征值为 $\lambda_1, \lambda_2, \cdots, \lambda_m$, 重数依次为 $r_1, r_2, \cdots, r_m$, 对应 λ_i 的线性无关的特征向量为 $\boldsymbol{x}_1^{(i)}, \boldsymbol{x}_2^{(i)}, \cdots, \boldsymbol{x}_{l_i}^{(i)}(i = 1, 2, \cdots, m)$, 则向量组

$$\boldsymbol{x}_1^{(1)}, \cdots, \boldsymbol{x}_{l_1}^{(1)}, \cdots\cdots, \boldsymbol{x}_1^{(m)}, \cdots, \boldsymbol{x}_{l_m}^{(m)}$$

线性无关.

例 4 设 λ_1 和 λ_2 是矩阵 $\boldsymbol{A}$ 的两个不同的特征值, 对应的特征向量分别为 $\boldsymbol{x}_1$ 和 $\boldsymbol{x}_2$, 证明 $\boldsymbol{x}_1 + \boldsymbol{x}_2$ 不是 $\boldsymbol{A}$ 的特征向量.

证明 按题设, 有 $\boldsymbol{A}\boldsymbol{x}_1 = \lambda_1\boldsymbol{x}_1, \boldsymbol{A}\boldsymbol{x}_2 = \lambda_2\boldsymbol{x}_2$, 故

$$\boldsymbol{A}(\boldsymbol{x}_1 + \boldsymbol{x}_2) = \lambda_1\boldsymbol{x}_1 + \lambda_2\boldsymbol{x}_2.$$

用反证法, 假设 $\boldsymbol{x}_1 + \boldsymbol{x}_2$ 是 $\boldsymbol{A}$ 的特征向量, 则应存在数 λ, 使

$$\boldsymbol{A}(\boldsymbol{x}_1 + \boldsymbol{x}_2) = \lambda(\boldsymbol{x}_1 + \boldsymbol{x}_2),$$

于是

$$\lambda(\boldsymbol{x}_1+\boldsymbol{x}_2)=\lambda_1\boldsymbol{x}_1+\lambda_2\boldsymbol{x}_2,\ \text{即}\ (\lambda_1-\lambda)\boldsymbol{x}_1+(\lambda_2-\lambda)\boldsymbol{x}_2=\mathbf{0},$$

因为 $\lambda_1\neq\lambda_2$, 按定理 4.2.4 知 $\boldsymbol{x}_1,\boldsymbol{x}_2$ 线性无关, 故由上式得 $\lambda_1-\lambda=\lambda_2-\lambda=0$, 即 $\lambda_1=\lambda_2$, 与题设矛盾. 因此 $\boldsymbol{x}_1+\boldsymbol{x}_2$ 不是 $\boldsymbol{A}$ 的特征向量.

接下来我们来解决本章开头提出的动力系统问题.

【动力系统研究】引例求解

解　根据前面的分析我们得到第 n 年的污染水平和工业发展水平与第 $n-1$ 年的污染水平和工业发展水平之间的关系为

$$\boldsymbol{x}_n=\boldsymbol{A}\boldsymbol{x}_{n-1}=\begin{pmatrix}3&1\\2&2\end{pmatrix}\boldsymbol{x}_{n-1}.$$

计算 $\boldsymbol{A}$ 的特征值:

$$|\lambda\boldsymbol{E}-\boldsymbol{A}|=\begin{vmatrix}\lambda-3&-1\\-2&\lambda-2\end{vmatrix}=(\lambda-1)(\lambda-4)=0,$$

解得特征值为 $\lambda_1=1,\lambda_2=4$, 对应的特征向量分别为

$$\boldsymbol{\alpha}_1=\begin{pmatrix}1\\-2\end{pmatrix},\quad \boldsymbol{\alpha}_2=\begin{pmatrix}1\\1\end{pmatrix},$$

易知 $\boldsymbol{x}_0=\begin{pmatrix}5\\2\end{pmatrix}=\boldsymbol{\alpha}_1+4\boldsymbol{\alpha}_2$, 于是

$$\boldsymbol{x}_{10}=\boldsymbol{A}\boldsymbol{x}_9=\cdots=\boldsymbol{A}^{10}\boldsymbol{x}_0=\boldsymbol{A}^{10}(\boldsymbol{\alpha}_1+4\boldsymbol{\alpha}_2)=\boldsymbol{A}^{10}\boldsymbol{\alpha}_1+4\boldsymbol{A}^{10}\boldsymbol{\alpha}_2=\lambda_1^{10}\boldsymbol{\alpha}_1+4\lambda_2^{10}\boldsymbol{\alpha}_2,$$

$$\boldsymbol{x}_{10}=1^{10}\begin{pmatrix}1\\-2\end{pmatrix}+4\times4^{10}\begin{pmatrix}1\\1\end{pmatrix}=\begin{pmatrix}4^{11}+1\\4^{11}-2\end{pmatrix}\approx\begin{pmatrix}4^{11}\\4^{11}\end{pmatrix},$$

所以, 第 10 年该地区的污染程度为 4^{11}, 工业发展水平为 4^{11}.

习题 4.2

1. 已知 3 阶方阵 $\boldsymbol{A}$ 的特征值为 $1,2,3$, 求 $|\boldsymbol{A}^3-5\boldsymbol{A}^2+7\boldsymbol{A}|$.
2. 已知 3 阶方阵 $\boldsymbol{A}$ 的特征值为 $1,2,-3$, 求 $|\boldsymbol{A}^*+3\boldsymbol{A}+2\boldsymbol{E}|$.

4.3 矩阵的相似对角化

4.3.1 相似矩阵

定义 4.3.1 设 $\boldsymbol{A},\boldsymbol{B}$ 都是 n 阶方阵, 若有可逆矩阵 $\boldsymbol{P}$, 使

$$\boldsymbol{P}^{-1}\boldsymbol{A}\boldsymbol{P}=\boldsymbol{B},$$

则称 $\boldsymbol{B}$ 是 $\boldsymbol{A}$ 的相似矩阵, 或者说矩阵 $\boldsymbol{A}$ 与 $\boldsymbol{B}$ 相似. 对 $\boldsymbol{A}$ 进行运算 $\boldsymbol{P}^{-1}\boldsymbol{A}\boldsymbol{P}$ 称为对 $\boldsymbol{A}$ 进行相似变换, 可逆矩阵 $\boldsymbol{P}$ 称为把 $\boldsymbol{A}$ 变成 $\boldsymbol{B}$ 的相似变换矩阵.

小贴士

如果 $\boldsymbol{A}$ 与 $\boldsymbol{B}$ 相似, 即有可逆阵 $\boldsymbol{P}$ 使得 $\boldsymbol{P}^{-1}\boldsymbol{A}\boldsymbol{P}=\boldsymbol{B}$, 于是我们有

$$\boldsymbol{B}^n=(\boldsymbol{P}^{-1}\boldsymbol{A}\boldsymbol{P})^n=\underbrace{(\boldsymbol{P}^{-1}\boldsymbol{A}\boldsymbol{P})(\boldsymbol{P}^{-1}\boldsymbol{A}\boldsymbol{P})\cdots(\boldsymbol{P}^{-1}\boldsymbol{A}\boldsymbol{P})}_{n\text{ 个}}=\boldsymbol{P}^{-1}\boldsymbol{A}^n\boldsymbol{P},$$

从而如果矩阵 $\boldsymbol{A}^n$ 不好求, 但是 $\boldsymbol{B}^n$ 好求的话, 例如 $\boldsymbol{B}$ 为对角阵, 借助上面的关系可以将求 $\boldsymbol{A}^n$ 简化.

矩阵的相似关系满足自反性、对称性和传递性.

定理 4.3.1 若 n 阶方阵 $\boldsymbol{A}$ 与 $\boldsymbol{B}$ 相似, 则 $\boldsymbol{A}$ 与 $\boldsymbol{B}$ 的特征多项式相同, 从而 $\boldsymbol{A}$ 与 $\boldsymbol{B}$ 的特征值也相同.

证明 因为 $\boldsymbol{A}$ 与 $\boldsymbol{B}$ 相似, 所以有可逆矩阵 $\boldsymbol{P}$, 使 $\boldsymbol{P}^{-1}\boldsymbol{A}\boldsymbol{P}=\boldsymbol{B}$. 因此

$$\begin{aligned}|\lambda\boldsymbol{E}-\boldsymbol{B}|&=|\lambda\boldsymbol{E}-\boldsymbol{P}^{-1}\boldsymbol{A}\boldsymbol{P}|\\&=|\boldsymbol{P}^{-1}(\lambda\boldsymbol{E})\boldsymbol{P}-\boldsymbol{P}^{-1}\boldsymbol{A}\boldsymbol{P}|\\&=|\boldsymbol{P}^{-1}(\lambda\boldsymbol{E}-\boldsymbol{A})\boldsymbol{P}|\\&=|\boldsymbol{P}^{-1}|\cdot|\lambda\boldsymbol{E}-\boldsymbol{A}|\cdot|\boldsymbol{P}|\\&=|\lambda\boldsymbol{E}-\boldsymbol{A}|.\end{aligned}$$

即 $\boldsymbol{A}$ 与 $\boldsymbol{B}$ 有相同的特征多项式.

由定理 4.3.1 我们可以得到相似矩阵的如下性质:

(1) 相似的矩阵秩相同;

(2) 相似的矩阵行列式相同;

(3) 相似的矩阵迹相同;

(4) 若 $\boldsymbol{A}$ 与 $\boldsymbol{B}$ 相似, 则 $\boldsymbol{A}^{\mathrm{T}}$ 与 $\boldsymbol{B}^{\mathrm{T}}$ 相似;

(5) 若 $\boldsymbol{A}$ 可逆, 且 $\boldsymbol{A}$ 与 $\boldsymbol{B}$ 相似, 则 $\boldsymbol{A}^{-1}$ 与 $\boldsymbol{B}^{-1}$ 相似;

(6) 设 $\varphi(x)$ 为多项式, 若 $\boldsymbol{A}$ 与 $\boldsymbol{B}$ 相似, 则 $\varphi(\boldsymbol{A})$ 与 $\varphi(\boldsymbol{B})$ 相似; 特别地, $\boldsymbol{A}^k$ 与 $\boldsymbol{B}^k$ 相似, $k\boldsymbol{A}$ 与 $k\boldsymbol{B}$ 相似.

推论 若 n 阶方阵 $\boldsymbol{A}$ 与对角矩阵 $\boldsymbol{\Lambda}=\mathrm{diag}(\lambda_1,\lambda_2,\cdots,\lambda_n)$ 相似, 则 $\lambda_1,\lambda_2,\cdots,\lambda_n$ 即是 $\boldsymbol{A}$ 的 n 个特征值.

证明 因为 $|\lambda\boldsymbol{E}-\boldsymbol{\Lambda}|=\begin{vmatrix}\lambda-\lambda_1&&&\\&\lambda-\lambda_2&&\\&&\ddots&\\&&&\lambda-\lambda_n\end{vmatrix}=(\lambda-\lambda_1)(\lambda-\lambda_2)\cdots(\lambda-\lambda_n),$

所以 $\lambda_1,\lambda_2,\cdots,\lambda_n$ 是 $\boldsymbol{A}$ 的 n 个特征值, 由定理 4.3.1 知 $\lambda_1,\lambda_2,\cdots,\lambda_n$ 也是 $\boldsymbol{A}$ 的 n 个特征值.

4.3.2 矩阵的 (相似) 对角化问题

下面我们要讨论的主要问题是: 对 n 阶方阵 $\boldsymbol{A}$, 寻求相似变换矩阵 $\boldsymbol{P}$, 使 $\boldsymbol{P}^{-1}\boldsymbol{A}\boldsymbol{P}=\boldsymbol{\Lambda}$ 为对角阵, 这就称为把方阵 $\boldsymbol{A}$ 对角化.

定义 4.3.2 如果 n 阶方阵 $\boldsymbol{A}$ 相似于对角阵, 即存在可逆阵 $\boldsymbol{P}$, 使 $\boldsymbol{P}^{-1}\boldsymbol{A}\boldsymbol{P}=\boldsymbol{\Lambda}$, 则称 $\boldsymbol{A}$ 可对角化, 矩阵 $\boldsymbol{P}$ 为将矩阵 $\boldsymbol{A}$ 对角化的变换矩阵.

假设已经找到可逆矩阵 $\boldsymbol{P}$, 使 $\boldsymbol{P}^{-1}\boldsymbol{A}\boldsymbol{P}=\boldsymbol{\Lambda}$ 为对角阵, 我们来讨论 $\boldsymbol{P}$ 应满足什么关系. 把 $\boldsymbol{P}$ 用其列向量表示为 $\boldsymbol{P}=(\boldsymbol{\xi}_1,\boldsymbol{\xi}_2,\cdots,\boldsymbol{\xi}_n)$, 由 $\boldsymbol{P}^{-1}\boldsymbol{A}\boldsymbol{P}=\boldsymbol{\Lambda}$, 得 $\boldsymbol{A}\boldsymbol{P}=\boldsymbol{P}\boldsymbol{\Lambda}$, 即

$$\boldsymbol{A}(\boldsymbol{\xi}_1,\boldsymbol{\xi}_2,\cdots,\boldsymbol{\xi}_n)=(\boldsymbol{\xi}_1,\boldsymbol{\xi}_2,\cdots,\boldsymbol{\xi}_n)\begin{pmatrix}\lambda_1 & & & \\ & \lambda_2 & & \\ & & \ddots & \\ & & & \lambda_n\end{pmatrix}=(\lambda_1\boldsymbol{\xi}_1,\lambda_2\boldsymbol{\xi}_2,\cdots,\lambda_n\boldsymbol{\xi}_n),$$

于是有

$$\boldsymbol{A}\boldsymbol{\xi}_i=\lambda_i\boldsymbol{\xi}_i(i=1,2,\cdots,n).$$

可见 λ_i 是 $\boldsymbol{A}$ 的特征值, 而 $\boldsymbol{P}$ 的列向量 $\boldsymbol{\xi}_i$ 就是 $\boldsymbol{A}$ 的对应于特征值 λ_i 的特征向量.

由于 $\boldsymbol{P}$ 可逆, 所以 $\boldsymbol{A}$ 有 n 个线性无关的特征向量 $\boldsymbol{\xi}_1,\boldsymbol{\xi}_2,\cdots,\boldsymbol{\xi}_n$. 反之, 若 $\boldsymbol{A}$ 有 n 个线性无关的特征向量 $\boldsymbol{\xi}_1,\boldsymbol{\xi}_2,\cdots,\boldsymbol{\xi}_n$, 其中 $\boldsymbol{\xi}_i$ 对应特征值 λ_i, 则矩阵 $\boldsymbol{P}=(\boldsymbol{\xi}_1,\boldsymbol{\xi}_2,\cdots,\boldsymbol{\xi}_n)$ 可逆且 $\boldsymbol{A}\boldsymbol{P}=\boldsymbol{P}\boldsymbol{\Lambda}$, 这里

$$\boldsymbol{\Lambda}=\begin{pmatrix}\lambda_1 & & & \\ & \lambda_2 & & \\ & & \ddots & \\ & & & \lambda_n\end{pmatrix}.$$

于是 $\boldsymbol{P}^{-1}\boldsymbol{A}\boldsymbol{P}=\boldsymbol{\Lambda}$, 即 $\boldsymbol{A}$ 与对角矩阵相似.

由上述讨论即有

定理 4.3.2 n 阶方阵 $\boldsymbol{A}$ 与对角阵相似 (即 $\boldsymbol{A}$ 能对角化) 的充分必要条件是 $\boldsymbol{A}$ 有 n 个线性无关的特征向量.

如果 n 阶方阵 $\boldsymbol{A}$ 的 n 个特征值互不相等, 由定理 4.2.4 则 $\boldsymbol{A}$ 与对角阵相似.

当 $\boldsymbol{A}$ 的特征方程有重根时, 就不一定有 n 个线性无关的特征向量, 从而不一定能对角化. 例如 4.1 节例 2 中 $\boldsymbol{A}$ 的特征方程有重根, 确实找不到 3 个线性无关的特征向量, 因此例 2 中的 $\boldsymbol{A}$ 不能对角化; 而在 4.1 节例 1 中 $\boldsymbol{A}$ 的特征方程也有重根, 但能找到 3 个线性无关的特征向量, 因此例 1 中的 $\boldsymbol{A}$ 能对角化. 需要看特征根 λ 的重数是否等于方程组 $(\lambda\boldsymbol{E}-\boldsymbol{A})\boldsymbol{X}=\boldsymbol{0}$ 基础解系中所含解向量的个数.

小贴士

判定 n 阶方阵 $\boldsymbol{A}$ 是否可对角化的步骤:

(1) 求出 $\boldsymbol{A}$ 的互异特征值 $\lambda_1,\lambda_2,\cdots,\lambda_k$ 及其重数 $n_1,n_2,\cdots,n_k$;

(2) 对于重数大于 1 的特征值 λ_i, 计算 $r(\lambda_i\boldsymbol{E}-\boldsymbol{A})$;

(3) 判断 $r(\lambda_i\boldsymbol{E}-\boldsymbol{A})=n-n_i$ 是否成立, 若成立, 则 n 阶方阵 $\boldsymbol{A}$ 可对角化; 否则, 不能对角化.

例 1 设 $\boldsymbol{A}=\begin{pmatrix}0&0&1\\1&1&x\\1&0&0\end{pmatrix}$, 问 x 为何值时, 方阵 $\boldsymbol{A}$ 能对角化?

解
$$|\lambda\boldsymbol{E}-\boldsymbol{A}|=\begin{vmatrix}\lambda&0&-1\\-1&\lambda-1&-x\\-1&0&\lambda\end{vmatrix}=(\lambda-1)\begin{vmatrix}\lambda&-1\\-1&\lambda\end{vmatrix}=(\lambda-1)^2(1+\lambda),$$
令 $|\lambda\boldsymbol{E}-\boldsymbol{A}|=0$, 得 $\lambda_1=-1,\lambda_2=\lambda_3=1$.

对应单根 $\lambda_1=-1$, 可求得线性无关的特征向量恰有 1 个, 故矩阵 $\boldsymbol{A}$ 可对角化的充分必要条件是对应重根 $\lambda_2=\lambda_3=1$, 有 2 个线性无关的特征向量, 即方程 $(\boldsymbol{E}-\boldsymbol{A})\boldsymbol{x}=\boldsymbol{0}$ 有 2 个线性无关的解, 亦即系数矩阵 $\boldsymbol{E}-\boldsymbol{A}$ 的秩 $r(\boldsymbol{E}-\boldsymbol{A})=1$. 由
$$\boldsymbol{E}-\boldsymbol{A}=\begin{pmatrix}1&0&-1\\-1&0&-x\\-1&0&1\end{pmatrix}\xrightarrow[r_2\div(-1)]{\substack{r_2+r_1\\r_3+r_1}}\begin{pmatrix}1&0&-1\\0&0&x+1\\0&0&0\end{pmatrix},$$
要 $r(\boldsymbol{E}-\boldsymbol{A})=1$, 得 $x+1=0$, 即 $x=-1$. 因此, 当 $x=-1$ 时, 方阵 $\boldsymbol{A}$ 能对角化.

例 2 设矩阵 $\boldsymbol{A}=\begin{pmatrix}1&1&1\\1&-1&-1\\1&-1&1\end{pmatrix}$, 判别 $\boldsymbol{A}$ 是否可对角化, 若可以, 求出对角化的变换矩阵.

解 由
$$|\lambda\boldsymbol{E}-\boldsymbol{A}|=\begin{vmatrix}\lambda-1&-1&-1\\-1&\lambda+1&1\\-1&1&\lambda-1\end{vmatrix}=(\lambda-2)(\lambda-1)(\lambda+2)=0,$$
解得 $\boldsymbol{A}$ 的特征值为 $\lambda_1=2,\lambda_2=1,\lambda_3=-2$, 因为三阶方阵 $\boldsymbol{A}$ 有 3 个不同的特征值, 所以 $\boldsymbol{A}$ 可以对角化.

解出对应于 $\lambda_1,\lambda_2,\lambda_3$ 的特征向量:
$$\boldsymbol{\xi}_1=\begin{pmatrix}1\\0\\1\end{pmatrix},\quad \boldsymbol{\xi}_2=\begin{pmatrix}1\\1\\-1\end{pmatrix},\quad \boldsymbol{\xi}_3=\begin{pmatrix}-1\\2\\1\end{pmatrix}.$$

得到变换矩阵为

$$P=(\boldsymbol{\xi}_1,\boldsymbol{\xi}_2,\boldsymbol{\xi}_3)=\begin{pmatrix}1&1&-1\\0&1&2\\1&-1&1\end{pmatrix},\quad \text{且 } P^{-1}AP=\begin{pmatrix}2&&\\&1&\\&&-2\end{pmatrix}.$$

例 3 设矩阵 $A=\begin{pmatrix}1&-1&1\\2&4&-2\\-3&-3&5\end{pmatrix}$, 判别 A 是否可对角化, 若可以, 求出对角化的变换矩阵.

解 由

$$|\lambda E-A|=\begin{vmatrix}\lambda-1&1&-1\\-2&\lambda-4&2\\3&3&\lambda-5\end{vmatrix}=(\lambda-2)^2(\lambda-6)=0,$$

解得 A 的特征值为

$$\lambda_1=\lambda_2=2,\quad \lambda_3=6,$$

对应于 $\lambda_1=\lambda_2=2$ 的特征向量:

$$\boldsymbol{\xi}_1=\begin{pmatrix}-1\\1\\0\end{pmatrix},\quad \boldsymbol{\xi}_2=\begin{pmatrix}1\\0\\1\end{pmatrix},$$

对应于 $\lambda_3=6$ 的特征向量:

$$\boldsymbol{\xi}_3=\begin{pmatrix}1\\-2\\3\end{pmatrix}.$$

因为三阶方阵 A 有 3 个线性无关的特征向量, 所以 A 可以对角化. 得到变换矩阵为

$$P=(\boldsymbol{\xi}_1,\boldsymbol{\xi}_2,\boldsymbol{\xi}_3)=\begin{pmatrix}-1&1&1\\1&0&-2\\0&1&3\end{pmatrix},\quad \text{且 } P^{-1}AP=\begin{pmatrix}2&&\\&2&\\&&6\end{pmatrix}.$$

例 4 设某城市共有 30 万人从事农、工、商工作, 假定这个总人数在若干年内保持不变, 而社会调查表明:

(1) 在这 30 万就业人员中, 目前约有 15 万人从事农业, 9 万人从事工业, 6 万人经商;

(2) 在从农人员中, 每年约有 20% 改为从工, 10% 改为经商;

(3) 在从工人员中, 每年约有 20% 改为从农, 10% 改为经商;

(4) 在经商人员中, 每年约有 10% 改为从农, 10% 改为从工.

现欲预测一、二年后从事各业人员的人数, 以及经过多年之后, 从事各行业人员总数的发展趋势.

解　设 x_i, y_i, z_i 表示第 i 年后分别从事农、工、商的人员总数, 则 $x_0 = 15, y_0 = 9, z_0 = 6$, 现要求 x_1, y_1, z_1 和 x_2, y_2, z_2, 并考察 n 年后 x_n, y_n, z_n 的发展趋势.

根据题意, 一年后从事农、工、商的人员总数为

$$\begin{cases} x_1 = 0.7x_0 + 0.2y_0 + 0.1z_0, \\ y_1 = 0.2x_0 + 0.7y_0 + 0.1z_0, \\ z_1 = 0.1x_0 + 0.1y_0 + 0.8z_0. \end{cases}$$

记 $\boldsymbol{\alpha}^{(i)} = \begin{pmatrix} x_i \\ y_i \\ z_i \end{pmatrix}$, $\boldsymbol{A} = \begin{pmatrix} 0.7 & 0.2 & 0.1 \\ 0.2 & 0.7 & 0.1 \\ 0.1 & 0.1 & 0.8 \end{pmatrix}$, 则 $\boldsymbol{\alpha}^{(1)} = \boldsymbol{A}\boldsymbol{\alpha}^{(0)}$, 由题意 $\boldsymbol{\alpha}^{(0)} = \begin{pmatrix} 15 \\ 9 \\ 6 \end{pmatrix}$, 所以

$$\boldsymbol{\alpha}^{(1)} = \boldsymbol{A}\boldsymbol{\alpha}^{(0)} = \begin{pmatrix} 12.9 \\ 9.9 \\ 7.2 \end{pmatrix},$$

即一年后有 12.9 万人从事农业, 9.9 万人从事工业, 7.2 万人经商.

$$\boldsymbol{\alpha}^{(2)} = \boldsymbol{A}\boldsymbol{\alpha}^{(1)} = \begin{pmatrix} 11.73 \\ 10.23 \\ 8.04 \end{pmatrix},$$

即两年后有 11.73 万人从事农业, 10.23 万人从事工业, 8.04 万人经商.

考虑 n 年后的情况, 因为 $\boldsymbol{\alpha}^{(n)} = \boldsymbol{A}\boldsymbol{\alpha}^{(n-1)} = \boldsymbol{A}^2\boldsymbol{\alpha}^{(n-2)} = \cdots = \boldsymbol{A}^n\boldsymbol{\alpha}^{(0)}$, 所以要分析 $\boldsymbol{\alpha}^{(n)}$ 就要计算 $\boldsymbol{A}$ 的 n 次幂 $\boldsymbol{A}^n$, 为了计算 $\boldsymbol{A}^n$, 可先将 $\boldsymbol{A}$ 对角化.

由 $|\lambda\boldsymbol{E} - \boldsymbol{A}| = \begin{vmatrix} \lambda - 0.7 & -0.2 & -0.1 \\ -0.2 & \lambda - 0.7 & -0.1 \\ -0.1 & -0.1 & \lambda - 0.8 \end{vmatrix} = (\lambda - 1)(\lambda - 0.7)(\lambda - 0.5) = 0$, 得特征值为 $\lambda_1 = 1, \lambda_2 = 0.7, \lambda_3 = 0.5$.

当 $\lambda_1 = 1$ 时, $\boldsymbol{E} - \boldsymbol{A} = \begin{pmatrix} 0.3 & -0.2 & -0.1 \\ -0.2 & 0.3 & -0.1 \\ -0.1 & -0.1 & 0.2 \end{pmatrix} \to \begin{pmatrix} 1 & 0 & -1 \\ 0 & 1 & -1 \\ 0 & 0 & 0 \end{pmatrix}$, 特征向量 $\boldsymbol{\xi}_1 = \begin{pmatrix} 1 \\ 1 \\ 1 \end{pmatrix}$.

当 $\lambda_2 = 0.7$ 时, $0.7\boldsymbol{E} - \boldsymbol{A} = \begin{pmatrix} 0 & -0.2 & -0.1 \\ -0.2 & 0 & -0.1 \\ -0.1 & -0.1 & -0.1 \end{pmatrix} \to \begin{pmatrix} 1 & 0 & \frac{1}{2} \\ 0 & 1 & \frac{1}{2} \\ 0 & 0 & 0 \end{pmatrix}$, 特征向量 $\boldsymbol{\xi}_2 = \begin{pmatrix} -1 \\ -1 \\ 2 \end{pmatrix}$.

当 $\lambda_3=0.5$ 时, $0.5\boldsymbol{E}-\boldsymbol{A}=\begin{pmatrix}-0.2 & -0.2 & -0.1\\ -0.2 & -0.2 & -0.1\\ -0.1 & -0.1 & -0.3\end{pmatrix}\to\begin{pmatrix}1 & 1 & 0\\ 0 & 0 & 1\\ 0 & 0 & 0\end{pmatrix}$, 特征向量 $\boldsymbol{\xi}_3=\begin{pmatrix}-1\\ 1\\ 0\end{pmatrix}$.

令 $\boldsymbol{P}=(\boldsymbol{\xi}_1,\boldsymbol{\xi}_2,\boldsymbol{\xi}_3)=\begin{pmatrix}1 & -1 & -1\\ 1 & -1 & 1\\ 1 & 2 & 0\end{pmatrix}$, 则有 $\boldsymbol{P}^{-1}\boldsymbol{A}\boldsymbol{P}=\begin{pmatrix}1 & & \\ & 0.7 & \\ & & 0.5\end{pmatrix}$, 由

$$\boldsymbol{A}=\boldsymbol{P}\begin{pmatrix}1 & & \\ & 0.7 & \\ & & 0.5\end{pmatrix}\boldsymbol{P}^{-1},$$

得

$$\begin{aligned}\boldsymbol{A}^n&=\boldsymbol{P}\begin{pmatrix}1 & & \\ & 0.7 & \\ & & 0.5\end{pmatrix}^n\boldsymbol{P}^{-1}=\boldsymbol{P}\begin{pmatrix}1 & & \\ & 0.7^n & \\ & & 0.5^n\end{pmatrix}\boldsymbol{P}^{-1}\\ &=\begin{pmatrix}1 & -1 & -1\\ 1 & -1 & 1\\ 1 & 2 & 0\end{pmatrix}\begin{pmatrix}1 & & \\ & 0.7^n & \\ & & 0.5^n\end{pmatrix}\begin{pmatrix}\frac{1}{3} & \frac{1}{3} & \frac{1}{3}\\ -\frac{1}{6} & -\frac{1}{6} & \frac{1}{3}\\ -\frac{1}{2} & \frac{1}{2} & 0\end{pmatrix}\\ &=\frac{1}{6}\begin{pmatrix}1 & -1 & -1\\ 1 & -1 & 1\\ 1 & 2 & 0\end{pmatrix}\begin{pmatrix}1 & & \\ & 0.7^n & \\ & & 0.5^n\end{pmatrix}\begin{pmatrix}2 & 2 & 2\\ -1 & -1 & 2\\ -3 & 3 & 0\end{pmatrix}\\ &=\frac{1}{6}\begin{pmatrix}2+0.7^n+3\times0.5^n & 2+0.7^n-3\times0.5^n & 2-2\times0.7^n\\ 2+0.7^n-3\times0.5^n & 2+0.7^n+3\times0.5^n & 2-2\times0.7^n\\ 2-2\times0.7^n & 2-2\times0.7^n & 2+4\times0.7^n\end{pmatrix},\end{aligned}$$

$$\boldsymbol{\alpha}^{(n)}=\boldsymbol{A}^n\boldsymbol{\alpha}^{(0)}=\frac{1}{6}\begin{pmatrix}2+0.7^n+3\times0.5^n & 2+0.7^n-3\times0.5^n & 2-2\times0.7^n\\ 2+0.7^n-3\times0.5^n & 2+0.7^n+3\times0.5^n & 2-2\times0.7^n\\ 2-2\times0.7^n & 2-2\times0.7^n & 2+4\times0.7^n\end{pmatrix}\begin{pmatrix}15\\ 9\\ 6\end{pmatrix},$$

当 $n\to\infty$ 时

$$\boldsymbol{\alpha}^{(n)}=\boldsymbol{A}^n\boldsymbol{\alpha}^{(0)}=\frac{1}{6}\begin{pmatrix}2 & 2 & 2\\ 2 & 2 & 2\\ 2 & 2 & 2\end{pmatrix}\begin{pmatrix}15\\ 9\\ 6\end{pmatrix}=\begin{pmatrix}10\\ 10\\ 10\end{pmatrix}.$$

这就说明, 很多年之后, 从事这三种职业的人数将趋于相等, 均为 10 万人.

本章小结

1. 矩阵的特征值和特征向量的基本概念

设 $\boldsymbol{A}$ 为 n 阶方阵, 若存在数 λ 和非零向量 $\boldsymbol{x}$, 使 $\boldsymbol{A}\boldsymbol{x}=\lambda\boldsymbol{x}$, 则称 λ 是 $\boldsymbol{A}$ 的特征值, $\boldsymbol{x}$ 是属于 λ 的特征向量; 矩阵 $\lambda\boldsymbol{E}-\boldsymbol{A}$ 称为 $\boldsymbol{A}$ 的特征矩阵; $|\lambda\boldsymbol{E}-\boldsymbol{A}|$ 是 λ 的 n 次多项式, 称为 $\boldsymbol{A}$ 的特征多项式; $|\lambda\boldsymbol{E}-\boldsymbol{A}|=0$ 称为 $\boldsymbol{A}$ 的特征方程.

2. 特征值、特征向量的求法

(1) 计算 $\boldsymbol{A}$ 的特征值, 即解特征方程 $|\lambda\boldsymbol{E}-\boldsymbol{A}|=0$;

(2) 对每一个特征值 λ_0, 求出相应的齐次线性方程组 $(\lambda_0\boldsymbol{E}-\boldsymbol{A})\boldsymbol{x}=\boldsymbol{0}$ 的一个基础解系 $\boldsymbol{\xi}_1,\boldsymbol{\xi}_2,\cdots,\boldsymbol{\xi}_s$, 则属于 λ_0 的全部特征向量为 $k_1\boldsymbol{\xi}_1+\cdots+k_s\boldsymbol{\xi}_s$, 其中 $k_1,\cdots,k_s$ 为不全为零的任意实数.

3. 特征值、特征向量的性质

(1) $\boldsymbol{A}$ 与 $\boldsymbol{A}^{\mathrm{T}}$ 的特征值相同 (但特征向量一般不同);

(2) 属于同一特征值的特征向量的线性组合仍是属于该特征值的特征向量;

(3) 属于不同特征值的特征向量线性无关;

(4) 设 $\boldsymbol{A}\boldsymbol{x}=\lambda\boldsymbol{x}(\boldsymbol{x}\neq\boldsymbol{0})$, 则 $k\boldsymbol{A},\boldsymbol{A}^m,\varphi(\boldsymbol{A})$ 的特征值分别为 $k\lambda,\lambda^m,\varphi(\lambda)$, 其中 $\varphi(x)$ 为任一多项式, 而 $\boldsymbol{x}$ 仍为相应的特征向量;

(5) 若 $\boldsymbol{A}$ 可逆, $\boldsymbol{A}\boldsymbol{x}=\lambda\boldsymbol{x}(\boldsymbol{x}\neq\boldsymbol{0})$, 则 $\dfrac{1}{\lambda}$ 是 $\boldsymbol{A}^{-1}$ 的特征值; $\dfrac{|\boldsymbol{A}|}{\lambda}$ 是 $\boldsymbol{A}^*$ 的特征值, $\boldsymbol{x}$ 仍为相应的特征向量;

(6) 设 $\lambda_1,\lambda_2,\cdots,\lambda_n$ 是 n 阶方阵 $\boldsymbol{A}$ 的特征值, 则有

$$\operatorname{tr}(\boldsymbol{A})=a_{11}+a_{22}+\cdots+a_{nn}=\lambda_1+\lambda_2+\cdots+\lambda_n,$$

$$|\boldsymbol{A}|=\lambda_1\lambda_2\cdots\lambda_n;$$

(7) 当且仅当 $\boldsymbol{A}$ 的特征值全不为零时 $\boldsymbol{A}$ 可逆.

复习题 4

一、填空题

1. 设 $\boldsymbol{A}$ 为 n 阶奇异矩阵, 则 $\boldsymbol{A}$ 一定有特征值________.

2. $\boldsymbol{A}=\begin{pmatrix} 3 & -2 & -4 \\ -1 & x & -2 \\ -4 & -2 & 3 \end{pmatrix}$, 已知 $\boldsymbol{A}$ 的特征值为 $-2,7,7$, 则 x 为________.

3. 已知 3 阶方阵 $\boldsymbol{A}$ 的特征值为 $1,2,3$, 则 $(2\boldsymbol{A}^*)^{-1}$ 的特征值为________.

4. 已知 3 阶方阵 $\boldsymbol{A}$ 的特征值为 $1,2,-2$, 则 $|\boldsymbol{A}+\boldsymbol{E}|$ 为________.

二、求下列矩阵的特征值及相对应的特征向量

1. $\begin{pmatrix} -1 & 1 & 0 \\ -4 & 3 & 0 \\ 1 & 0 & 2 \end{pmatrix}$;

2. $\begin{pmatrix} -2 & 1 & 1 \\ 0 & 2 & 0 \\ -4 & 1 & 3 \end{pmatrix}$;

3. $\begin{pmatrix} 5 & -6 & -6 \\ -1 & 4 & 2 \\ 3 & -6 & -4 \end{pmatrix}$;

4. $\begin{pmatrix} 2 & 1 & 1 \\ 2 & 3 & 2 \\ 3 & 3 & 4 \end{pmatrix}$.

三、证明: 如果 λ 是可逆矩阵 $\boldsymbol{A}$ 的特征值, 则 $\dfrac{|\boldsymbol{A}|}{\lambda}$ 为 $\boldsymbol{A}^*$ 的特征值

第 5 章
随机事件与概率

【学习目标】

- 理解概率论的基本概念: 随机试验、基本事件与样本空间、随机事件
- 掌握随机试验中的随机事件的表示和事件间的关系与运算
- 掌握概率的定义及性质
- 会求古典概型, 掌握古典概型的定义及计算
- 了解几何概型及其相应的概率运算
- 掌握条件概率的定义, 会计算条件概率
- 掌握乘法公式, 会运用乘法公式进行概率计算
- 掌握全概率公式和贝叶斯公式, 会运用这两个公式求解相应的概率问题
- 了解事件独立性的概念, 会利用事件的独立性计算事件的概率
- 了解伯努利概型的定义, 会求解伯努利概型问题

在自然界和人的实践活动中经常遇到各种各样的现象，这些现象大体可分为两类：一类是确定的，比如标准大气压下水到 100 °C 时会沸腾，向上抛一石子必然下落，同性电荷必相互排斥，等等. 这类现象称为确定性现象. 另一类是随机的，比如抛掷一枚均匀的硬币，其结果可能正面朝上，也可能反面朝上，并且在每次抛掷前无法确定抛掷的结果是什么. 这类现象，当在相同条件下进行大量重复试验时，试验的结果会呈现出某种规律性，我们称之为随机现象. 这种在大量重复试验或观察中所呈现出的固有规律性，就是我们以后所说的统计规律性.

概率论与数理统计就是研究和揭示随机现象统计规律性的一门数学学科.

【情境与问题】

乒乓球赛制改革　乒乓球被称为中国的“国球”. 从 2001 年开始，乒乓球单项比赛的赛制中的“五局三胜”制调整为“七局四胜”制. 显然“七局四胜”制对优秀选手更公平，尤其有利于慢热型选手. 学习了本章知识以后，我们可以建立一个概率模型，来解释赛制调整的理论依据.

5.1 随机事件及其概率

5.1.1 随机试验与样本空间

1. 随机试验

随机试验和随机事件

数学中讲的随机试验不同于物理或化学的试验，有其特殊性，我们先看一些随机试验的例子：

E_1：掷一颗骰子，观察出现的点数.

试验的所有可能结果有 6 个：出现的点数为 1、2、3、4、5、6.

E_2：将一枚均匀的硬币抛掷两次，观察两次中出现正面、反面的情况.

试验的所有可能结果有 4 个：正正、正反、反正、反反.

E_3：某篮球运动员投篮球，共投 10 次篮球，观察命中次数.

试验的所有可能结果有 11 个：命中 0、1、2、3、$\cdots$、10 次.

E_4：记录某 120 急救电话单位时间内接到的呼叫次数.

试验的所有可能结果有可列多个：0 次、1 次、2 次、$\cdots\cdots$.

E_5：对一只灯泡做试验，观察其使用寿命.

用 t 表示灯泡使用的寿命，则 $t \geqslant 0$. 这时，试验的所有可能的结果也是无限多个，但这无限多个可能的结果不能一一枚举.

通过上面的例子可以概括总结出：

定义 5.1.1　对某种自然现象作一次观察或进行一次科学实验统称为试验. 如果这个试验“在相同的条件”下可以重复进行，每次试验的可能结果不止一个，并且能事先明确试验的所有可能结果, 但进行一次试验之前不能确定哪一个结果会出现, 则称此试验为随机试验(简称试验, 一般用 E 来表示).

本书中以后提到的试验都是指随机试验.

我们是通过研究随机试验来研究随机现象的.

2. 样本点与样本空间

定义 5.1.2 随机试验 E 所有可能的结果组成的集合称为 E 的样本空间, 记为 Ω. 样本空间的元素, 即试验的每个结果, 称为样本点, 记为 ω.

例如,

在 E_1: 掷骰子观察出现点数的试验中有 6 个样本点, 样本空间 $\Omega=\{1,2,3,4,5,6\}$.

在 E_2: 抛掷硬币试验中, 有 4 个样本点, 样本空间 $\Omega=$\{正正, 正反, 反正, 反反\}.

在 E_3: 投篮试验中, 有 11 个样本点, 样本空间 $\Omega=$\{命中 0 次, 命中 1 次, 命中 2 次, ……, 命中 10 次\}.

在 E_4: 某 120 急救电话单位时间内接到呼叫次数的试验中, 有可列多个样本点, 样本空间 $\Omega=$\{发生 0 次, 发生 1 次, 发生 2 次, ……\}.

> **小贴士**
>
> 对于一个随机试验, 一定要弄清它的样本空间即所有样本点所构成的集合.

在 E_5: 灯泡寿命试验中, 样本点的个数是无数多个, 样本空间 $\Omega=\{t|t\geqslant 0\}$.

5.1.2 随机事件

1. 随机事件

定义 5.1.3 由试验 E 的样本空间中的部分样本点所组成的集合称为试验 E 的随机事件, 简称事件, 常用符号 $A,B,C\cdots$ 表示. 在每次试验中, 当且仅当表示事件的集合中的一个样本点出现时, 称这一事件发生.

特别地, 由一个样本点组成的单点集, 称为基本事件. 例如, 试验 E_1 有 6 个基本事件: $\{1\},\{2\},\cdots,\{6\}$; 试验 E_2 有 4 个基本事件: \{正正\}、\{正反\}、\{反正\}、\{反反\}.

2. 必然事件和不可能事件

定义 5.1.4 由样本空间 Ω 中的所有元素即全体样本点所组成的集合, 称为必然事件, 用 Ω 表示.

定义 5.1.5 不含任何样本点的空集称为不可能事件, 用 $\varnothing$ 表示.

必然事件和不可能事件是随机事件的特例, 尽管它们本身已无随机性可言, 但在概率中起着重要作用.

> **小点睛**
>
> 在数学上, 我们把样本空间和事件都表示为集合的形式, 这是数学抽象的伟大应用, 也是将概率问题转化为数学上集合应用的一次化归. 在古典概率发展时期, 研究概率问题的主要数学工具就是集合, 本章我们将应用集合的知识来研究概率问题.

5.1.3 事件间的关系与运算

事件的关系与运算

设试验 E 的样本空间为 Ω, $A, B, A_1, A_2, \cdots, A_n$ 是 E 的事件.

1. 事件的包含与相等

如果事件 A 发生必然导致事件 B 发生, 则称事件 B 包含事件 A, 记为 $A \subset B$ (图 5.1). 如果事件 A 包含事件 B, 同时事件 B 也包含事件 A, 即 $B \subset A$ 且 $A \subset B$, 则称事件 A 与事件 B 相等, 记为 $A = B$.

例 1　设 A ={投篮命中的球数为大于 5 的奇数}, B ={投篮命中的球数大于 4}, 则有 $A \subset B$.

2. 和事件

设 A, B 是两个事件, 事件 "A, B 两事件至少有一个发生" 称为 A 与 B 的和事件, 记为 $A \cup B$ 或 $A + B$ (图 5.2).

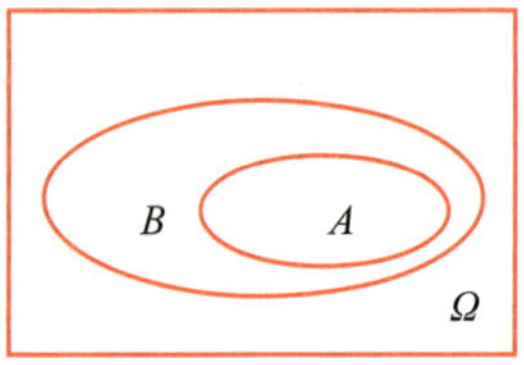

图 5.1　$A \subset B$

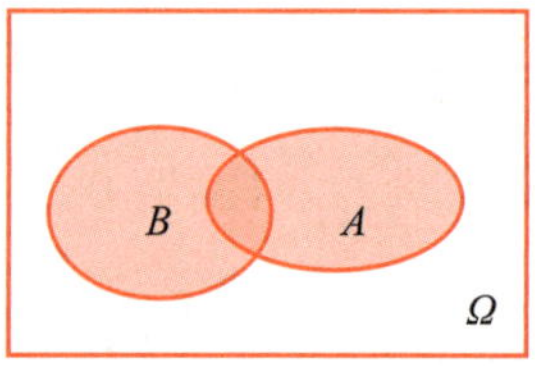

图 5.2　$A \cup B$

小贴士

和事件表示 A 与 B 事件至少发生一个. 具体来说, 包括只有 A 发生, 或只有 B 发生, 或 A 与 B 同时发生三种情形.

例 2　在掷骰子的试验中, A ={出现点数不大于 3}= $\{1,2,3\}$, B ={出现奇数点}= $\{1,3,5\}$, 则 $A \cup B = \{1,2,3,5\}$.

和事件的推广:

(1) 推广到 n 个事件的和

事件 $A_1, A_2, \cdots, A_n$ 中至少有一个事件发生, 记为

$$\bigcup_{i=1}^{n} A_i = A_1 + A_2 + \cdots + A_n \quad 或 \quad \bigcup_{i=1}^{n} A_i = A_1 \cup A_2 \cup \cdots \cup A_n.$$

(2) 推广到可列多个事件的和

事件 $A_1, A_2, \cdots, A_n, \cdots$ 中至少有一个事件发生, 记为

$$\bigcup_{i=1}^{\infty} A_i = A_1 + A_2 + \cdots + A_n + \cdots \quad 或 \quad \bigcup_{i=1}^{\infty} A_i = A_1 \cup A_2 \cup \cdots \cup A_n \cup \cdots$$

3. **积事件**

设 A, B 是两个事件, 事件 "A, B 两事件同时发生" 称为 A 与 B 的积事件, 记为 $A \cap B$ 或 AB (图 5.3).

例 3　A ={投篮命中的球数超过 4 但不超过 10 个}, B ={投篮命中的球数为偶数}, 则 AB ={投篮命中的球数为 6, 8, 10}.

积事件的推广:

推广到 n 个事件的积, 事件 $A_1, A_2, \cdots, A_n$ 同时发生, 记为

$$\bigcap_{i=1}^{n} A_i = A_1 A_2 \cdots A_n \quad \text{或} \quad \bigcap_{i=1}^{n} A_i = A_1 \cap A_2 \cap \cdots \cap A_n.$$

电子作业本

4. **差事件**

设 A, B 是两个事件, 事件 "A 发生而 B 不发生" 称为 A 与 B 的差事件, 记为 $A - B$ (图 5.4).

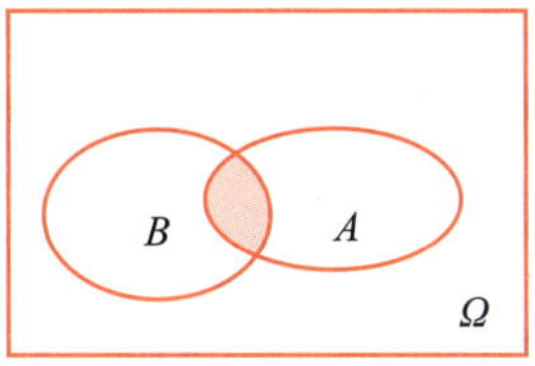

图 5.3　$A \cap B$

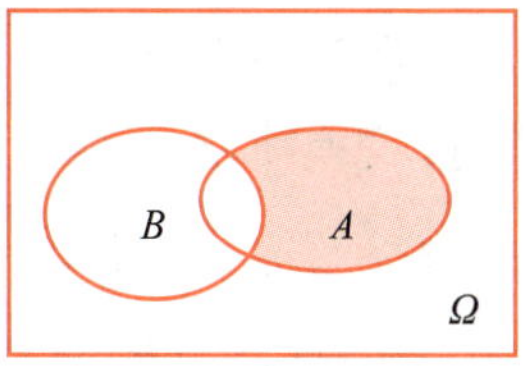

图 5.4　$A - B$

例 4　A ={命中的篮球数为不超过 10 个的奇数}, B ={命中的篮球数是 5}, 则 $A - B$ ={命中的篮球数为 1, 3, 7, 9}.

5. **互不相容**

若事件 A 与事件 B 不能同时发生, 则称 A, B 互不相容或互斥 (图 5.5).

若 A, B 互不相容, 则有 $AB = \varnothing$, 反之也成立.

例 5　A ={命中的篮球数为奇数}, B ={命中的篮球数为 2, 8, 10}, 则 $AB = \varnothing$, 即 A, B 互不相容.

推广:

(1) 对 n 个事件 $A_1, A_2, \cdots, A_n$, 它们两两互不相容是指 $i \neq j$, $A_i A_j = \varnothing$ $(i, j = 1, 2, \cdots, n)$;

(2) 对可列多个事件 $A_1, A_2, \cdots, A_n \cdots$ 它们两两互不相容是指 $i \neq j$, $A_iA_j = \varnothing$ $(i, j = 1, 2, \cdots, n \cdots)$.

小贴士

基本事件是两两互不相容的.

6. 对立事件

对于事件 A, 事件 "A 不发生", 称为 A 的对立事件, 记为 $\overline{A}$ (图 5.6).

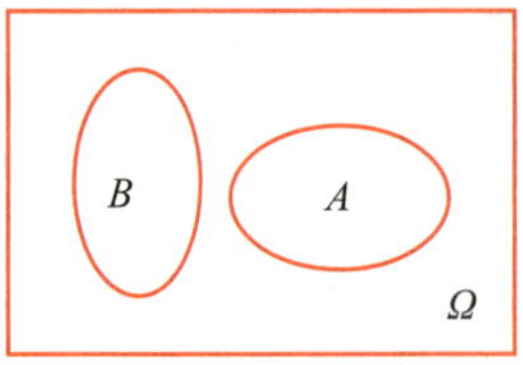

图 5.5　A, B 互不相容

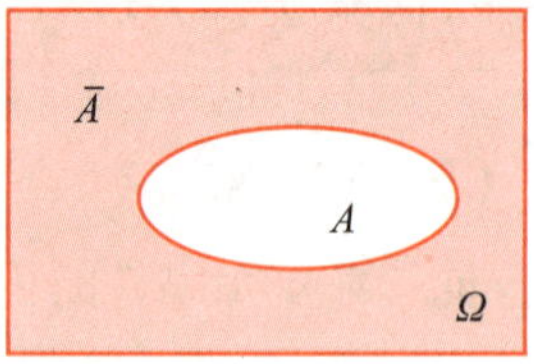

图 5.6　$\overline{A}$

例 6　$A=${命中的篮球数为奇数}, 则 $\overline{A}=${命中的篮球数为偶数}.

注意: $A \cup \overline{A} = \Omega$, $A\overline{A} = \varnothing$.

7. 事件间的运算规律

(1) 交换律 $A \cup B = B \cup A$, $AB = BA$;

(2) 结合律 $A \cup (B \cup C) = (A \cup B) \cup C = A \cup B \cup C$, $A(BC) = (AB)C = ABC$;

(3) 分配律 $A(B \cup C) = AB \cup AC$, $A \cup (BC) = (A \cup B)(A \cup C)$;

(4) 对偶律 $\overline{A \cup B} = \overline{A}\,\overline{B}$, $\overline{AB} = \overline{A} \cup \overline{B}$; $\overline{A \cup B \cup C} = \overline{A}\,\overline{B}\,\overline{C}$, $\overline{ABC} = \overline{A} \cup \overline{B} \cup \overline{C}$.

小点睛

我们完成了用集合研究概率问题的奠基性工作. 集合及其运算是我们熟悉的, 我们赋予这些集合记号相应的概率含义, 如此便可以将事件用集合这一数学工具来表示, 为计算事件的概率打下基础.

例 7　向目标射击两次, 记 $A=$ "第一次击中目标", $B=$ "第二次击中目标", 用 A, B 表示下列事件:

(1) 只有第一次击中目标;　　(2) 仅有一次击中目标;

(3) 两次都未击中目标;　　(4) 至少一次击中目标.

解　由题意可得: $\overline{A}=${第一次未击中目标}, $\overline{B}=${第二次未击中目标}.

(1) 可表示为 $A\overline{B}$;　　(2) 可表示为 $A\overline{B} \cup \overline{A}B$;

(3) 可表示为 $\overline{A}\,\overline{B}$ (或 $\overline{A \cup B}$);　　(4) 可表示为 $A \cup B$ (或 $A\overline{B} \cup \overline{A}B \cup AB$).

习题 5.1

1. 设 A,B,C 表示三个随机事件, 用 A,B,C 的关系和运算表示:

(1) 仅 A 发生;

(2) A,B,C 中正好有一个发生;

(3) A,B,C 中至少有一个发生;

(4) A,B,C 中至少有一个不发生.

2. 写出下列随机试验的样本空间:

(1) 同时掷 3 颗骰子, 记录 3 颗骰子点数之和;

(2) 生产产品直到有 10 件正品为止, 记录生产产品的总件数;

(3) 10 只产品中有 3 只次品, 每次从其中取一只 (取后不放回), 直到将 3 只次品都取出, 记录抽取的次数.

3. 盒内装有 10 个球, 分别编有 1—10 的号码. 现从中任取一球, 设事件 A 表示 "取到的球的号码为偶数", 事件 B 表示 "取到的球的号码为奇数", 事件 C 表示 "取到的球的号码小于 5", 试用字母表示下列事件:

(1) 取到的球的号码不小于 5;

(2) 取到 2 号或 4 号球;

(3) 取到 1 或 2 或 3 或 4 或 6 或 8 或 10 号球;

(4) 取到 5 或 7 或 9 号球.

5.2 概率及其运算

对于一个事件 (除必然事件和不可能事件外) 来说, 它在一次试验中可能发生, 也可能不发生. 我们常常希望知道某些事件在一次试验中发生的可能性究竟有多大. 为此, 首先引入频率, 描述事件发生的频繁程度, 然后引出表征事件在一次试验中发生的可能性大小的数——概率.

5.2.1 频率

定义 5.2.1 设在相同的条件下进行 n 次试验, 在 n 次试验中事件 A 发生了 n_A 次, 则称 n_A 为事件 A 在 n 次试验中发生的频数, 称比值 $\frac{n_A}{n}$ 为事件 A 在 n 次试验中发生的频率, 记为 $f_n(A)$, 即 $f_n(A)=\frac{n_A}{n}$.

频率的三条基本性质:

性质 1 $0 \leqslant f_n(A) \leqslant 1$;

性质 2 $f_n(\Omega)=1$;

性质 3 若 $A_1, A_2, \cdots, A_k$ 是两两互不相容的事件, 则

$$f_n(A_1 \cup A_2 \cup \cdots \cup A_k)=f_n(A_1)+f_n(A_2)+\cdots+f_n(A_k).$$

例 1 抛掷一枚均匀的硬币, 观察出现正面的情况:

(1) 取 $n=500$, 做 6 遍 (表 5.1).

表 5.1

试验数	1	2	3	4	5	6
出现正面次数 n_A	251	253	244	258	262	247
$f_n(A)$	0.502	0.506	0.488	0.516	0.524	0.494

(2) 分别取 $n = 4\,040, 12\,000, 24\,000$, 各做 1 遍 (表 5.2).

表 5.2

试验 A_i $(i = 1, 2, 3)$	n	n_{A_i}	$f_n(A_i)$
A_1	4 040	2 048	0.506 9
A_2	12 000	6 019	0.501 6
A_3	24 000	12 012	0.500 5

由以上表格, 可以看出: $f_n(A_i)$ 不是固定的值, 并且当 n 较小时差异较大, 但随着 n 的增大, $f_n(A_i)$ 的波动会越来越小, 呈现出一种稳定性, 向 0.5 逼近.

5.2.2 概率

概率的定义及计算

定义 5.2.2 (概率的统计定义) 在相同条件下进行 n 次试验, n_A 为 n 次试验中事件 A 发生的次数, $f_n(A) = \dfrac{n_A}{n}$ 为事件 A 发生的频率. 如果当 n 很大时, $f_n(A)$ 稳定地在某一常数值 p 的附近摆动, 并且通常随着 n 的增大, 摆动的幅度越来越小, 则称 p 为事件 A 的概率, 记为 $P(A)$, 即 $P(A) = p$.

概率的统计定义具有应用价值, 但在理论上有严重缺陷. 直到 20 世纪, 柯尔莫哥洛夫 (1933) 在总结前人大量研究成果的基础上, 建立了概率的公理化法则, 并由此导出概率的一般定义.

定义 5.2.3 (概率的公理化定义) 设 E 是随机试验, Ω 是它的样本空间. 对于 E 的每一个事件 A 赋予一个实数, 记为 $P(A)$. 若 $P(A)$ 满足下列三个条件:

(1) 非负性: 对每一个事件 A, 有 $P(A) \geqslant 0$;

(2) 规范性: $P(\Omega) = 1$;

(3) 可列可加性: 设 $A_1, A_2 \cdots$ 是一系列两两互不相容的事件, 有 $P\left(\bigcup\limits_{i=1}^{\infty} A_i\right) = \sum\limits_{i=1}^{\infty} P(A_i)$.

则称 $P(A)$ 为事件 A 的概率.

从定义可得到概率的性质:

性质 1 $0 \leqslant P(A) \leqslant 1$;

性质 2 $P(\Omega) = 1$;

性质 3　$P(\varnothing)=0$;

性质 4　若事件 A 与事件 B 互不相容, 则 $P(A\cup B)=P(A)+P(B)$.

推广到 n 个事件: 若 $A_1,A_2,\cdots,A_n$ 是两两互不相容的 n 个事件, 则

$$P(A_1\cup A_2\cup\cdots\cup A_n)=P(A_1)+P(A_2)+\cdots+P(A_n).$$

我们称之为概率的有限可加性.

若 $A_1,A_2,\cdots,A_n,\cdots$ 为两两互不相容的可列多个事件, 则

$$P(A_1\cup A_2\cup\cdots\cup A_n\cup\cdots)=P(A_1)+P(A_2)+\cdots+P(A_n)+\cdots,$$

我们称之为概率的可列可加性 (完全可加性).

性质 5　对事件 A 及其对立事件 $\overline{A}$, 有 $P(A)=1-P(\overline{A})$.

性质 6 (概率的加法公式)　设 A,B 为两个事件, 则

$$P(A\cup B)=P(A)+P(B)-P(AB),$$

$$P(A\cup B\cup C)=P(A)+P(B)+P(C)-P(AB)-P(AC)-P(BC)+P(ABC).$$

性质 7　设 A,B 为两个事件, 若 $A\subset B$, 则 $P(B-A)=P(B)-P(A)$, $P(A)\leqslant P(B)$.

例 2　设事件 A,B 互不相容, $P(A)=p$, $P(B)=q$, 计算:

(1) $P(A\cup B)$; (2) $P(\overline{A}B)$; (3) $P(\overline{A}\cup B)$; (4) $P(\overline{A}\,\overline{B})$.

解　因为事件 A,B 互不相容, 所以 $AB=\varnothing$, 且 $P(AB)=0$,

(1) $P(A\cup B)=P(A)+P(B)-P(AB)=p+q$;

(2) $B\subset\overline{A}$, $\overline{A}B=B$, 则 $P(\overline{A}B)=P(B)=q$;

(3) $P(\overline{A}\cup B)=P(\overline{A})+P(B)-P(\overline{A}B)=P(\overline{A})=1-p$;

(4) $P(\overline{A}\,\overline{B})=P(\overline{A\cup B})=1-(p+q)$.

5.2.3　古典概型

1. 古典概型定义

古典概型

若我们的试验有如下特征:

(1) 试验的可能结果只有有限个: $\Omega=\{\omega_1,\omega_2,\omega_3,\cdots,\omega_n\}$;

(2) 各个可能结果出现是等可能的: $P(\omega_1)=P(\omega_2)=P(\omega_3)=\cdots=P(\omega_n)=\dfrac{1}{n}$.

则称此试验为古典概型, 也称等可能概型.

2. 古典概型的计算

对于古典概型, 由于其有限性, 不妨设试验一共有 n 个可能结果, 也就是说样本点总数为 n, 而所考察的事件 A 含有其中的 m 个样本点, 则 A 的概率为

$$P(A)=\frac{m}{n}=\frac{A\text{ 事件包含的样本点数}}{\text{样本空间包含的样本点数}}.$$

例 3 盒中装有 3 个红球和 2 个白球, 从盒中任意取出 2 个球, 求:

(1) 取出的 2 个球都是红球的概率;

(2) 取出 1 个红球, 1 个白球的概率.

解 $\Omega=$\{从盒中任意取出 2 个球\}, 则

$$\text{样本点总数 } n=\mathrm{C}_5^2=10.$$

(1) 记 $A=$\{取出的 2 个球都是红球\}, A 事件发生的情况数 $m=\mathrm{C}_3^2=3$, 所以

$$P(A)=\frac{m}{n}=\frac{3}{10}.$$

(2) 记 $B=$\{取出 1 个红球, 1 个白球\}, B 事件发生的情况数 $m=\mathrm{C}_3^1\mathrm{C}_2^1=6$, 所以

$$P(B)=\frac{m}{n}=\frac{6}{10}=\frac{3}{5}.$$

例 4 设有一批产品共 100 件, 其中有 3 件次品. 现从这批产品中任取 5 件, 求:

(1) 这 5 件中无次品的概率;

(2) 这 5 件中有 2 件次品的概率;

(3) 这 5 件中至多有 1 件次品的概率;

(4) 这 5 件中至少有 1 件次品的概率.

解 $\Omega=$\{从这批产品中任意取出 5 件\}, 则

$$\text{样本点总数 } n=\mathrm{C}_{100}^5.$$

(1) 记 $A_1=$\{这 5 件中无次品\}, A_1 发生的情况数 $m_1=\mathrm{C}_{97}^5$, 所以

$$P(A_1)=\frac{m_1}{n}=\frac{\mathrm{C}_{97}^5}{\mathrm{C}_{100}^5}\approx 0.8560.$$

(2) 记 $A_2=$\{这 5 件中有 2 件次品\}, A_2 发生的情况数 $m_2=\mathrm{C}_3^2\times\mathrm{C}_{97}^3$, 所以

$$P(A_2)=\frac{m_2}{n}=\frac{\mathrm{C}_3^2\times\mathrm{C}_{97}^3}{\mathrm{C}_{100}^5}\approx 0.0059.$$

(3) 记 $A_3=$\{这 5 件中至多有 1 件次品\}, 即 $A_3=$\{这 5 件中有 1 件次品或无次品\}, A_3 发生的情况数

$$m_3=\mathrm{C}_{97}^5+\mathrm{C}_3^1\times\mathrm{C}_{97}^4,$$

所以

$$P(A_3)=\frac{m_3}{n}=\frac{\mathrm{C}_{97}^5+\mathrm{C}_3^1\times\mathrm{C}_{97}^4}{\mathrm{C}_{100}^5}\approx 0.9941.$$

(4) 记 $A_4=$\{这 5 件中至少有 1 件次品\}, 即 A_4 是 $A_1=$\{这 5 件中无次品\} 的对立事件, 则

$$P(A_4)=P(\overline{A_1})=1-P(A_1)=1-0.8560=0.1440.$$

电子作业本

例 5 将 N 个球随机地放入 n 个盒子中 $(n>N)$, 求:

(1) 每个盒子中最多有一个球的概率;

(2) 某指定的盒子中恰有 m $(m<N)$ 个球的概率.

解 先求 N 个球随机地放入 n 个盒子中的方法总数. 因为每个球都可以落入 n 个盒子中的任何一个, 有 n 种不同的放法, 所以 N 个球放入 n 个盒子共有 n^N 种不同的放法.

(1) 记事件 $A=$\{每个盒子最多有一个球\}, 因第一个球可以放进 n 个盒子之一, 有 n 种放法; 第二个球只能放进余下的 $n-1$ 个盒子之一, 有 $n-1$ 种放法; $\cdots$; 第 N 个球只能放进余下的 $n-N+1$ 个盒子之一, 有 $n-N+1$ 种放法; 所以共有 $n(n-1)\cdots(n-N+1)$ 种不同的放法. 故得事件 A 的概率为

$$P(A)=\frac{n(n-1)(n-2)\cdots(n-N+1)}{n^N}.$$

(2) 记事件 $B=$\{某指定的盒子中恰有 m 个球\}, 先从 N 个球中任选 m 个分配到指定的某个盒子中, 共有 C_N^m 种选法; 再将剩下的 $N-m$ 个球任意分配到剩下的 $n-1$ 个盒子中, 共有 $(n-1)^{N-m}$ 种放法. 故得事件 B 的概率为

$$P(B)=\frac{\mathrm{C}_N^m(n-1)^{N-m}}{n^N}.$$

例 6 在 1 至 200 的整数中随机取一个数, 求取到的整数既不能被 6 整除又不能被 8 整除的概率.

解 设 $A=$\{取到的整数能被 6 整除\}, $B=$\{取到的整数能被 8 整除\}, 因为 $33<\dfrac{200}{6}<34$, 所以 $P(A)=\dfrac{33}{200}$; 因为 $\dfrac{200}{8}=25$, 所以 $P(B)=\dfrac{25}{200}=\dfrac{1}{8}$.

$AB=$\{取到的整数同时能被 6 和 8 整除\}=\{取到的整数能被 24 整除\}, 因为 $8<\dfrac{200}{24}<9$, 所以 $P(AB)=\dfrac{8}{200}=\dfrac{1}{25}$, 所求概率 $P(\overline{A}\,\overline{B})$ 为

$$\begin{aligned}P(\overline{A}\,\overline{B})&=P(\overline{A\cup B})=1-P(A\cup B)=1-[P(A)+P(B)-P(AB)]\\&=1-\left(\frac{33}{200}+\frac{25}{200}-\frac{8}{200}\right)=\frac{3}{4}.\end{aligned}$$

5.2.4 几何概型

几何概型

古典概型须假定试验结果是有限个, 这限制了它的适用范围. 一个直接的推广是: 保留等可能性, 而允许试验结果可为无限个, 称这种试验模型为<u>几何概型</u>.

一般地, 设有某个空间区域 Ω, 试验的结果可用位于 Ω 内的某个随机点 ω 的位置来表示. 假设随机点 ω 落在 Ω 中任意一个位置是等可能的, 用事件 A 表示随机点

落在 Ω 的一个子区域 S_A 内, 则有

$$P(A)=\frac{|S_A|}{|\Omega|},$$

其中当 S_A 为直线上的区间时, $|S_A|$ 为区间长度; 当 S_A 为平面图形时, $|S_A|$ 为图形面积; 当 S_A 为空间图形时, $|S_A|$ 为图形体积. $|\Omega|$ 的意义相同.

小贴士

此公式是几何概型的概率计算公式, 其要点在于找出事件 A 所对应的那个子区域 S_A.

例 7 某公共汽车站从上午 7 时起, 每隔 15 min 来一趟车. 一乘客在 7:00 到 7:30 之间随机到达该车站, 求

(1) 该乘客等候不到 5 min 乘上车的概率;

(2) 该乘客等候时间超过 10 min 才乘上车的概率.

解 用 T 表示该乘客到达时刻, 且记问题 (1), (2) 涉及事件为 A、B, 则

$$\Omega=\{7:00<T<7:30\},$$

$$S_A=\{7:10<T<7:15 \quad 或 \quad 7:25<T<7:30\},$$

$$S_B=\{7:00<T<7:05 \quad 或 \quad 7:15<T<7:20\},$$

如将 T 的单位化为分钟, 则有 $|\Omega|=30$, $|S_A|=10$, $|S_B|=10$, 因此

$$P(A)=P(B)=\frac{1}{3}\approx 0.333.$$

小点睛

我们都知道, 不可能事件的发生概率是 0, 但是零概率事件可能发生. 比如在所有的实数中抽一个数, 抽到的数是 1, 这就是一个零概率可发生事件. 同理, 概率为 1 的事件也不一定必然发生.

习题 5.2

1. 袋中有 4 只白球,2 只黑球, 从袋中摸 2 只球, 则摸到的是 1 只白球和 1 只黑球的概率是多少?

2. 将数字 1,2,3,4,5 写在 5 张卡片上, 任取 3 张排成 3 位数, 则它是奇数的概率是多少?

3. 盒中有 2 只次品和 4 只正品, 有放回地从中任意取 2 次, 每次取 1 只, 则下列事件的概率是多少?

(1) 取到的 2 只都是次品;

(2) 取到的 2 只中正品、次品各 1 只;

(3) 取到的 2 只中至少有 1 只正品.

4. 两射手同时向同一目标射击, 甲击中的概率为 0.9, 乙击中的概率为 0.8, 两射手同时击中的概率为 0.72, 二人各射击一枪, 只要有一人击中即认为“中”, 求“中”的概率.

5.3 条件概率

条件概率是概率论中的一个重要而实用的概念, 所考虑的是事件 A 已发生的条件下事件 B 发生的概率.

条件概率与乘法公式

5.3.1 条件概率

定义 5.3.1 设 A, B 两个事件, $P(A)>0$, 称已知事件 A 发生条件下事件 B 发生的概率为事件 B 的条件概率, 记为 $P(B|A)$.

例 1 盒中装有 16 个球, 其中 10 个玻璃球, 6 个金属球. 在玻璃球中有 3 个黄球, 7 个红球; 在金属球中有 2 个黄球, 4 个红球. 现从盒中任取 1 个球, 已知取到的是红球, 则此球是金属球的概率是多少?

解 设 $A=$\{取到红球\}, $B=$\{取到金属球\}, 则 $AB=$\{取到红球且为金属球\}, 由已知

$$P(A)=\frac{11}{16},\quad P(B)=\frac{6}{16}=\frac{3}{8},\quad P(AB)=\frac{4}{16}=\frac{1}{4},$$

在取到的是红球的条件下, 此球是金属球的概率记为 $P(B|A)$, 有 $P(B|A)=\frac{4}{11}$. 可推得

$$\frac{P(AB)}{P(A)}=\frac{\frac{4}{16}}{\frac{11}{6}}=\frac{4}{11}=P(B|A).$$

对一般的古典概型, 设试验的样本点总数为 n, 事件 A 所包含的样本点数为 $m\ (m>0)$, 事件 AB 所包含的样本点数为 k, 则 $P(B|A)=\frac{k}{m}=\frac{\frac{k}{n}}{\frac{m}{n}}=\frac{P(AB)}{P(A)}$.

定义 5.3.2 设 A, B 是两个事件, 且 $P(A)>0$, 称

$$P(B|A)=\frac{P(AB)}{P(A)}$$

为在事件 A 发生的条件下事件 B 发生的条件概率, 类似地, 在事件 B 发生的条件下事件 A 发生的条件概率为

$$P(A|B)=\frac{P(AB)}{P(B)}\ (P(B)>0).$$

例 2 某地居民活到 60 岁的概率为 0.8, 活到 70 岁的概率为 0.4, 则该地居民现年 60 岁的活到 70 岁的概率是多少?

解 记 $A=${活到 60 岁}, $B=${活到 70 岁}, 显然有 $AB=B$, 所求概率是 $P(B|A)$. 则

$$P(B|A)=\frac{P(AB)}{P(A)}=\frac{P(B)}{P(A)}=\frac{0.4}{0.8}=0.5.$$

例 3 在 1, 2, 3, 4, 5 这 5 个数中, 每次取 1 个数, 不放回, 连续取两次, 求在第 1 次取到偶数的条件下, 第 2 次取到奇数的概率.

解法一 设 $A=${第 1 次取到偶数}, $B=${第 2 次取到奇数}, 则

$$P(A)=\frac{2\times 4}{5\times 4}=\frac{2}{5},\quad P(AB)=\frac{2\times 3}{5\times 4}=\frac{3}{10},$$

所以 $P(B|A)=\dfrac{P(AB)}{P(A)}=\dfrac{3/10}{2/5}=\dfrac{3}{4}$.

解法二 考虑第 1 次抽样时的样本空间 $\Omega=\{1,2,3,4,5\}$, 则第 1 次抽取一个偶数后, 样本空间缩减为 $\Omega_A=\{1,3,5,i\}$, 其中 i 取 2 或 4, 在 Ω_A 中依古典概率公式计算得 $P(B|A)=\dfrac{3}{4}$.

5.3.2 乘法公式

由 $P(B|A)=\dfrac{P(AB)}{P(A)}$, 可得 $P(AB)=P(A)P(B|A)$;

由 $P(A|B)=\dfrac{P(AB)}{P(B)}$, 可得 $P(AB)=P(B)P(A|B)$.

我们将这两个公式称为乘法公式.

电子作业本

例 4 在 10 件产品中有 7 件正品和 3 件次品, 现从中取 2 次, 每次任取 1 件产品, 取后不放回, 求下列事件的概率:

(1) 2 件都是正品; (2) 2 件都是次品; (3) 1 件正品, 1 件次品.

解 设 $A_1=${第 1 次取到正品}, $A_2=${第 2 次取到正品}, 则

$$\overline{A_1}=\{\text{第 1 次取到次品}\},\quad \overline{A_2}=\{\text{第 2 次取到次品}\}.$$

(1) 2 件都是正品为 A_1A_2, 则 $P(A_1A_2)=P(A_1)P(A_2|A_1)=\dfrac{7}{10}\times\dfrac{6}{9}=\dfrac{7}{15}$.

(2) 2 件都是次品为 $\overline{A_1}\,\overline{A_2}$, 则 $P(\overline{A_1}\,\overline{A_2})=P(\overline{A_1})P(\overline{A}_2|\overline{A}_1)=\dfrac{3}{10}\times\dfrac{2}{9}=\dfrac{1}{15}$.

(3) 1 件正品,1 件次品为 $A_1\overline{A}_2\cup\overline{A}_1A_2$, 又 $A_1\overline{A}_2,\overline{A}_1A_2$ 互不相容, 故

$$P(A_1\overline{A}_2\cup\overline{A}_1A_2)=P(A_1\overline{A}_2)+P(\overline{A}_1A_2),$$

因为

$$P(A_1\overline{A_2}) = P(A_1)P(\overline{A_2}|A_1) = \frac{7}{10} \times \frac{3}{9} = \frac{7}{30},$$
$$P(\overline{A_1}A_2) = P(\overline{A_1})P(A_2|\overline{A_1}) = \frac{3}{10} \times \frac{7}{9} = \frac{7}{30},$$

所以

$$P(A_1\overline{A}_2 \cup \overline{A_1}A_2) = P(A_1\overline{A}_2) + P(\overline{A}_1|A_2) = \frac{7}{30} + \frac{7}{30} = \frac{7}{15}.$$

例 5　记 A, B 分别表示某城市甲、乙两地区在某年内出现停水的事件. 已知甲地停水的概率为 0.35, 乙地停水的概率为 0.30, 且在乙地停水的条件下甲地停水的概率为 0.15, 求: (1) 两地同时停水的概率; (2) 在甲地停水的条件下乙地停水的概率.

解　设 $A =$\{甲地停水\}, $B =$\{乙地停水\}, 则

$$P(A) = 0.35, \quad P(B) = 0.30, \quad P(A|B) = 0.15.$$

(1) 两地同时停水为事件 AB, $P(AB) = P(B)P(A|B) = 0.30 \times 0.15 = 0.045$.

(2) 在甲地停水的条件下乙地停水的概率为 $P(B|A)$, $P(B|A) = \dfrac{P(AB)}{P(A)} = \dfrac{0.045}{0.35} = \dfrac{9}{70}$.

例 6　有一张电影票,7 个人抓阄决定谁得到它, 则第 i $(i = 1, 2, \cdots, 7)$ 个人抓到票的概率是多少?

解　设 $A_i =$\{第 i 个人抓到票\}$(i = 1, 2, \cdots, 7)$, 显然 $P(A_1) = \dfrac{1}{7}$, $P(\overline{A}_1) = \dfrac{6}{7}$.

如果第 2 个人抓到票的话, 必须第 1 个人没有抓到票. 这就是说 $A_2 \subset \overline{A}_1$, 所以 $A_2 = A_2\overline{A_1}$, 于是可以利用乘法公式, 因为在第 1 个人没有抓到票的情况下, 第 2 个人有希望在剩下的 6 人抓阄中抓到电影票, 故

$$P(A_2|\overline{A}_1) = \frac{1}{6},$$
$$P(A_2) = P(A_2\overline{A}_1) = P(\overline{A}_1)P(A_2|\overline{A}_1) = \frac{6}{7} \times \frac{1}{6} = \frac{1}{7},$$
$$P(A_3) = P(\overline{A}_1\overline{A}_2A_3) = P(\overline{A}_1)P(\overline{A}_2|\overline{A}_1)P(A_3|\overline{A}_1\overline{A}_2) = \frac{6}{7} \times \frac{5}{6} \times \frac{1}{5} = \frac{1}{7}.$$

类似可得

$$P(A_4) = P(A_5) = P(A_6) = P(A_7) = \frac{1}{7}.$$

小贴士

我们可以看到, 第 1 个人和第 2 个人抓到电影票的概率一样. 事实上, 每个人抓到的概率都一样, 这就是 “抓阄不分先后原理”.

对于多个事件积的情况，我们有如下乘法公式的推广：

$$P(A_1A_2A_3)=P(A_1A_2)P(A_3|A_1A_2)=P(A_1)P(A_2|A_1)P(A_3|A_1A_2),$$

$$P(A_1A_2\cdots A_n)=P(A_1)P(A_2|A_1)P(A_3|A_1A_2)\cdots P(A_n|A_1A_2\cdots A_{n-1}).$$

例 7　某人射击 3 次，设第一次击中目标的概率为 $\frac{2}{3}$；若第一次未击中目标，第二次击中目标的概率为 $\frac{3}{5}$；若前两次均未击中目标，第三次击中目标的概率为 $\frac{3}{10}$，求此人 3 次均未击中目标的概率.

解　设 $A_i=\{$第 i 次击中目标$\}$ $(i=1,2,3)$，$B=\{$3 次均未击中目标$\}$，即 $B=\overline{A}_1\overline{A}_2\overline{A}_3$，

$$\begin{aligned}P(B)&=P(\overline{A}_1\overline{A}_2\overline{A}_3)=P(\overline{A}_1)P(\overline{A}_2|\overline{A}_1)P(\overline{A}_3|\overline{A}_1\overline{A}_2)\\&=\left(1-\frac{2}{3}\right)\times\left(1-\frac{3}{5}\right)\times\left(1-\frac{3}{10}\right)=\frac{1}{3}\times\frac{2}{5}\times\frac{7}{10}=\frac{7}{75}.\end{aligned}$$

5.3.3　全概率公式

全概率公式

为了计算复杂事件的概率，经常把一个复杂事件分解为若干个互不相容的简单事件的和，通过分别计算简单事件的概率，来求得复杂事件的概率.

定理 5.3.1 (全概率公式)　假设 $A_1,A_2,\cdots,A_n$ 为样本空间 Ω 的一个事件组，且满足：

(1) $A_1,A_2,\cdots,A_n$ 两两互斥，且 $P(A_i)>0$ $(i=1,2,\cdots,n)$；

(2) $A_1+A_2+\cdots+A_n=\Omega$.

则对 Ω 中的任意一个事件 B，都有

$$P(B)=P(A_1)P(B|A_1)+P(A_2)P(B|A_2)+\cdots+P(A_n)P(B|A_n).$$

证明　因 $B=B\Omega=B(A_1+A_2+\cdots+A_n)=BA_1+BA_2+\cdots+BA_n$，故由假设 $(BA_i)(BA_j)=\varnothing$，$i\neq j$ 得

$$\begin{aligned}P(B)&=P(BA_1)+P(BA_2)+\cdots+P(BA_n)\\&=P(A_1)P(B|A_1)+P(A_2)P(B|A_2)+\cdots+P(A_n)P(B|A_n).\end{aligned}$$

例 8　设仓库有一批产品，已知其中 50%，30%，20% 依次是甲、乙、丙厂生产的，且甲、乙、丙厂生产的次品率分别为 $\frac{1}{10}$，$\frac{1}{15}$，$\frac{1}{20}$，现从这批产品中任取一件，求取得正品的概率.

解　以 A_1、A_2、A_3 分别表示事件“取得的这箱产品是甲、乙、丙厂生产”；以 B 表示事件“取得的产品为正品”，于是

$$P(A_1)=\frac{1}{2},\quad P(A_2)=\frac{3}{10},\quad P(A_3)=\frac{1}{5},$$

$$P(B|A_1)=\frac{9}{10},\quad P(B|A_2)=\frac{14}{15},\quad P(B|A_3)=\frac{19}{20};$$

故由全概率公式可得

$$\begin{aligned}P(B)&=P(B|A_1)P(A_1)+P(B|A_2)P(A_2)+P(B|A_3)P(A_3)\\&=\frac{9}{10}\cdot\frac{1}{2}+\frac{14}{15}\cdot\frac{3}{10}+\frac{19}{20}\cdot\frac{1}{5}=0.92.\end{aligned}$$

5.3.4 贝叶斯公式

全概率公式是由“原因”推断“结果”的概率计算公式. 在实际应用中, 这只是问题的一个方面, 常常需要考虑的另一方面的问题则是如何从“结果”推断“原因”. 例如在例 8 中, 若已知从仓库取出的产品是正品, 要求它是由甲车间生产的这一事件的条件概率. 从统计意义上看, 问题的这一提法更具有普遍性. 下面给出这种“结果”推断“原因”的概率计算公式——贝叶斯公式.

贝叶斯公式

定理 5.3.2 (贝叶斯公式) 假设 $A_1,A_2,\cdots,A_n$ 为样本空间 Ω 的一个事件组, 且满足:

(1) $A_1,A_2,\cdots,A_n$ 两两互斥, 且 $P(A_i)>0\ (i=1,2,\cdots,n)$;

(2) $A_1+A_2+\cdots+A_n=\Omega$.

B 是样本空间 Ω 的一个事件, 则

$$P(A_k|B)=\frac{P(A_kB)}{P(B)}=\frac{P(A_k)P(B|A_k)}{P(A_1)P(B|A_1)+P(A_2)P(B|A_2)+\cdots+P(A_n)P(B|A_n)}.$$

这个公式称为贝叶斯公式, 也称为后验公式.

小点睛

公式中, $P(A_i)$ 和 $P(A_i|B)$ 分别称为原因的先验概率和后验概率. $P(A_i)\ (i=1,2,\cdots,n)$ 是在没有进一步信息 (不知道事件 B 是否发生) 的情况下各事件发生的概率. 当获得新的信息 (知道 B 发生) 后, 人们对各事件发生的概率 $P(A_i|B)$ 有了新的估计. 贝叶斯公式从数量上刻画了这种变化.

特别地, 若取 $n=2$, 则公式变为

$$P(A|B)=\frac{P(AB)}{P(B)}=\frac{P(A)P(B|A)}{P(A)P(B|A)+P(\overline{A})P(B|\overline{A})}.$$

例 9 发报台分别以概率 0.6 和 0.4 发出信号“.”和“–”, 由于通信系统受到干扰, 当发出信号“.”时, 收报台未必收到信号“.”, 而是分别以 0.8 和 0.2 的概率收到“.”和“–”; 同样, 发出“–”时分别以 0.9 和 0.1 的概率收到“–”和“.”. 如果收报台收到“.”, 求它没收错的概率.

解 设 $A=${发报台发出信号“.”}, $B=${收报台收到“.”}, 则

$$P(A)=0.6,\quad P(\overline{A})=0.4,$$

$$P(B|A)=0.8,\quad P(\overline{B}|A)=0.2,\quad P(B|\overline{A})=0.9,\quad P(\overline{B}|\overline{A})=0.1.$$

按照贝叶斯公式, 有

$$P(A|B)=\frac{P(AB)}{P(B)}=\frac{P(A)P(B|A)}{P(A)P(B|A)+P(\overline{A})P(B|\overline{A})}$$
$$=\frac{0.6\times0.8}{0.6\times0.8+0.4\times0.9}=0.571\,4,$$

故没收错的概率为 0.571 4.

例 10 已知 5% 的男人和 0.25% 的女人是色盲. 假设男人和女人各占一半, 现在随机地挑选一人, 则此人恰好是色盲的概率有多大? 若随机挑选一人, 此人不是色盲, 则他是男人的概率是多少?

解 设 A_1 ={挑选一人是男人}, A_2 ={挑选一人是女人}, B ={挑选一人是色盲}; 由题设

$$P(A_1)=P(A_2)=0.5,\quad P(B|A_1)=0.05\quad P(B|A_2)=0.002\,5.$$

由全概率公式, 挑选一人是色盲的概率

$$P(B)=\sum_{i=1}^{2}P(A_i)P(B|A_i)=0.5\times0.05+0.5\times0.002\,5=0.026\,3.$$

由贝叶斯公式, 若随机挑选一人, 此人不是色盲, 则他是男人的概率为

$$P(A_1|\overline{B})=\frac{P(A_1)P(\overline{B}|A_1)}{P(\overline{B})}=\frac{0.5\times(1-0.05)}{1-0.026\,3}=0.487\,8.$$

习题 5.3

1. 已知事件 A,B 互不相容, 且 $P(A)=0.3$, $P(A|\overline{B})=0.6$, 则 $P(B)=$________.

2. 设某种动物由出生算起活到 20 岁以上的概率为 0.8, 活到 25 岁以上的概率为 0.4. 如果一只动物现在已经活到 20 岁, 则它能活到 25 岁以上的概率是________.

3. 设有 8 支枪, 其中 5 支经过试射校正,3 支没有校正. 一射手用校正过的枪射击时命中率为 0.8, 用未校正的枪射击时命中率为 0.3.

(1) 现任取一支进行射击, 则命中目标的概率为多少?

(2) 任取一支进行射击, 结果命中目标, 则这支枪是校正过的概率是多少?

4. 两批相同的产品各有 12 件和 10 件, 每批产品中有一件废品. 现任意从第一批中抽出一件混入第二批中, 然后再从第二批中抽出一件. 求:

(1) 从第二批中抽出的是废品的概率;

(2) 已知从第二批中抽出的是废品, 则从第一批中抽出的也是废品的概率.

5.4 事件的独立性

独立性是概率论中又一个重要概念, 利用独立性可以简化概率的计算. 下面先讨论两个事件之间的独立性, 然后讨论多个事件之间的相互独立性.

事件独立性

定义 5.4.1 设 A, B 是两个事件, 如果满足

$$P(AB) = P(A)P(B),$$

则称事件 A 与事件 B 相互独立, 简称 A 与 B 独立. 否则称 A 与 B 不独立.

小点睛

在许多实际问题中, 两个事件是否相互独立大多是可以根据经验来判断的. 只要看两个事件是否相互影响. 例如两个工人分别在甲、乙两台车床上互不干扰地操作, 则事件 A ={甲车床出次品} 与事件 B ={乙车床出次品} 是相互独立的. 又如从有限总体中有放回地抽取两次, 两次抽取的有关事件也是相互独立的. 在实际应用中, 我们常根据事件间的关系判断其相互独立, 再用 $P(AB) = P(A)P(B)$ 计算积事件的概率.

下面给出事件独立性的一条重要定理:

定理 5.4.1 若事件 A 与 B 相互独立, 则下列各对事件也相互独立:

$$A 与 \overline{B}, \quad \overline{A} 与 B, \quad \overline{A} 与 \overline{B}.$$

证明 因为 $A = AB \cup A\overline{B}$, 且 AB, $A\overline{B}$ 互不相容, 所以

$$P(A) = P(AB \cup A\overline{B}) = P(AB) + P(A\overline{B}) = P(A)P(B) + P(A\overline{B}),$$

故

$$P(A\overline{B}) = P(A) - P(A)P(B) = P(A)[1 - P(B)] = P(A)P(\overline{B}),$$

所以 A 与 $\overline{B}$ 相互独立. 由此可立即推出 $\overline{A}$ 与 $\overline{B}$ 相互独立. 再由 $\overline{\overline{B}} = B$, 又推出 $\overline{A}$ 与 B 相互独立.

例 1 甲、乙二人同向一目标射击. 已知甲、乙击中目标的概率分别为 0.7, 0.6, 求:

(1) 目标被击中的概率; (2) 目标被击中一次的概率.

解 设 A ={甲击中目标}, B ={乙击中目标}, C ={目标被击中}, D ={目标被击中一次}, 则 $C = A \cup B$, $D = A\overline{B} \cup \overline{A}B$,

(1) $P(C) = P(A \cup B) = P(A) + P(B) - P(AB)$

$$= P(A) + P(B) - P(A)P(B) = 0.7 + 0.6 - 0.7 \times 0.6 = 0.88;$$

(2) 因为 $A\overline{B}$, $\overline{A}B$ 互不相容, 故

$$P(D) = P(A\overline{B} \cup \overline{A}B) = P(A\overline{B}) + P(\overline{A}B) = P(A)P(\overline{B}) + P(\overline{A})P(B)$$
$$= 0.7 \times (1 - 0.6) + (1 - 0.7) \times 0.6 = 0.46.$$

例 2　中国探月工程自 2004 年立项以来, 聚焦 “自主创新、重点跨越、支撑发展、引领未来” 的目标, 创造了许多项中国首次. 2020 年 12 月 17 日凌晨, 嫦娥五号返回器携带 “月壤” 着陆地球, 又首次实现了我国地外天体无人采样返回. 为了解某高校学生对此新闻事件的关注程度, 从该校学生中随机抽取了 100 名学生进行调查, 如表 5.3.

表 5.3

	关注	没关注	合计
男	30	30	60
女	12	28	40
合计	42	58	100

若将频率近似为概率, 现从该校的女生中随机抽取 3 人. 假设每位学生对该新闻的关注是相互独立的, 则被抽取的 3 名女生中对 “嫦娥五号” 新闻关注的人数不少于 1 的概率是多少?

解　记 A_i ={第 i 位女生对此新闻有关注} $(i = 1, 2, 3)$. 因为随机选一女生, 对此事关注的概率 $p = \dfrac{12}{40} = \dfrac{3}{10}$, 故

$$\begin{aligned} P\{A_1 \cup A_2 \cup A_3\} &= 1 - P(\overline{A_1 \cup A_2 \cup A_3}) \\ &= 1 - P(\overline{A}_1\overline{A}_2\overline{A}_3) \\ &= 1 - \left(1 - \frac{3}{10}\right)^3 \\ &= \frac{657}{1000} = 0.657. \end{aligned}$$

小点睛

若直接计算某事件的概率较为困难, 可考虑计算其对立事件的概率. 此谓 “正难则反”.

事件相互独立的概念可以推广到多个事件, 下面以 3 个事件为例进行说明:

定义 5.4.2　设 A, B, C 是 3 个事件, 如果有

$$\begin{cases}P(AB)=P(A)P(B),\\P(BC)=P(B)P(C),\\P(AC)=P(A)P(C),\end{cases}$$

电子作业本

则称 A,B,C 两两独立. 若还有

$$P(ABC)=P(A)P(B)P(C),$$

则称 A,B,C 相互独立.

小贴士

相互独立的 3 个事件一定是两两相互独立的, 但两两相互独立的 3 个事件不一定相互独立.

例 3 设有 4 张卡片, 其中 3 张分别涂上红色、白色、黄色, 而余下一张同时涂有红、白、黄 3 色. 今从中随机抽取 1 张, 记事件 $A=${抽出的卡片有红色}, $B=${抽出的卡片有白色}, $C=${抽出的卡片有黄色}, 考察 A,B,C 的独立性.

解 由已知

$$P(A)=P(B)=P(C)=\frac{2}{4}=\frac{1}{2},$$

$$P(AB)=P(BC)=P(AC)=\frac{1}{4},P(ABC)=\frac{1}{4},$$

故

$$P(AB)=P(A)P(B),\quad P(BC)=P(B)P(C),\quad P(AC)=P(A)P(C),$$

但

$$P(ABC)\neq P(A)P(B)P(C).$$

因而 A,B,C 两两独立, 但不相互独立.

习题 5.4

1. 甲乙两人独立射击同一目标, 他们击中目标的概率分别为 0.9 和 0.8, 则目标被击中的概率为________.

2. 设 A 与 B 为两两相互独立的事件, $P(A\cup B)=0.6$, $P(A)=0.4$, 则 $P(B)=$________.

3. 某人射击的命中率为 0.4, 独立射击 10 次, 则至少击中 1 次的概率为________.

5.5 伯努利试验和二项概率

有时为了了解某些随机现象的全过程，常常要观察一串试验，例如对某一目标进行连续射击，在一批灯泡中随机抽取若干个测试它们的寿命等等．我们感兴趣的是这样的试验序列，它由某个随机试验多次重复组成，且各次试验的结果相互独立，则称这样的试验序列为独立重复试验，称重复试验次数为重数．

伯努利概型

定义 5.5.1 在 n 次独立重复试验中，若每次试验只有结果 A 或 $\overline{A}$，且 A 在每次试验中发生的概率为 p (p 与次数无关)，则称这 n 次独立重复试验为 n 重伯努利试验．

例 1 (1) 将一枚均匀的硬币，重复抛掷 5 次，求其中恰有两次出现正面的概率；

(2) 一枚不均匀的硬币，设每次抛掷硬币时，出现正面的概率为 $\frac{1}{3}$，出现反面的概率为 $\frac{2}{3}$，将这枚硬币重复抛掷 5 次，求“恰有两次出现正面”的概率．

解 (1) 这是古典概型问题，样本点总数 $n=2^5$，记 $A=\{$恰有两次出现正面$\}$，则 A 发生的情况数

$$m=\mathrm{C}_5^2=10,\ \text{因而}\ P(A)=\frac{m}{n}=\frac{\mathrm{C}_5^2}{2^5}=\frac{10}{32}=\frac{5}{16}.$$

上式也可写为 $P(A)=\mathrm{C}_5^2\left(\frac{1}{2}\right)^5=\mathrm{C}_5^2\left(\frac{1}{2}\right)^2\left(\frac{1}{2}\right)^3$.

(2) 这不是古典概型问题，而“恰有两次出现正面”包含了 $\mathrm{C}_5^2=10$ 个样本点，每个样本点发生的概率相等，都是 $\left(\frac{1}{3}\right)^2\left(\frac{2}{3}\right)^3$，因而 $P(A)=\mathrm{C}_5^2\left(\frac{1}{3}\right)^2\left(\frac{2}{3}\right)^3=\mathrm{C}_5^2\left(\frac{1}{3}\right)^2\left(\frac{2}{3}\right)^{5-2}$.

由上面的例子，我们可以推出下面的定理：

定理 5.5.1 设每次试验中，事件 A 发生的概率为 p $(0<p<1)$，记 $A_k=\{$在 n 重伯努利试验中，A 恰好发生 k 次$\}$ $(k=0,1,2,\cdots,n)$，则 $P(A_k)=\mathrm{C}_n^k p^k(1-p)^{n-k}$.

此公式与二项展开式有密切的关系，事实上由二项公式

$$1=[p+(1-p)]^n=\sum_{k=0}^{n}\mathrm{C}_n^k p^k(1-p)^{n-k},$$

$P(A_k)=\mathrm{C}_n^k p^k(1-p)^{n-k}$ 正好是 $[p+(1-p)]^n$ 的二项展开通项，故也称概率公式

$$P(A_k)=\mathrm{C}_n^k p^k(1-p)^{n-k}$$

为二项概率．

电子作业本

例 2 已知一批产品中有 30% 的一级品，从中随机抽取 5 个样品，求：

(1) 5 个样品中恰有 2 个一级品的概率；

(2) 5 个样品中至少有 2 个一级品的概率．

解　这是一个伯努利概型的问题，$n=5$，记 $A=\{$抽到一级品$\}$，则

(1) $P(A_2)=\mathrm{C}_5^2 0.3^2 0.7^3=0.3087$;

(2) 解法一　P (“A至少发生两次”)

$$\begin{aligned}&=P(A_2)+P(A_3)+P(A_4)+P(A_5)\\&=\mathrm{C}_5^2(0.3)^2(0.7)^3+\mathrm{C}_5^3(0.3)^3(0.7)^2+\mathrm{C}_5^4(0.3)^4(0.7)+\mathrm{C}_5^5 0.3^5\\&=0.3087+0.1323+0.02835+0.00243=0.4718.\end{aligned}$$

解法二

$$\begin{aligned}&P\text{（“}A\text{ 至少发生两次”）}\\&=1-P(A_0)-P(A_1)\\&=1-\mathrm{C}_5^0(0.3)^0(0.7)^5-\mathrm{C}_5^1(0.3)(0.7)^4\\&=1-0.16807-0.36015=0.4718.\end{aligned}$$

回到本章开头的乒乓球赛制改革案例. 为了运算方便, 我们将问题稍做简化, 其中的道理是一样的.

假设甲、乙两人进行乒乓球比赛, 每局甲胜的概率为 p, 各局比赛相互独立. 问对甲而言, 采用三局二胜制还是五局三胜制更有利?

若采用三局二胜制, 甲胜的情形可能有

① 比赛两局; 全部甲胜; ② 比赛三局, 最后一局甲胜, 前面两局甲胜一局.

则甲胜的概率为

$$\begin{aligned}p_1&=p^2+\mathrm{C}_2^1 p(1-p)p\\&=p^2+2p^2(1-p).\end{aligned}$$

若采用五局三胜制, 比赛的情形可能有

① 比赛三局, 全部甲胜; ② 比赛四局, 最后一局甲胜, 前三局甲胜两局; ③ 比赛五局, 最后一局甲胜, 前四局甲胜两局.

则甲胜的概率为

$$\begin{aligned}p_2&=p^3+\mathrm{C}_3^2 p^2(1-p)p+\mathrm{C}_4^2 p^2(1-p)^2 p\\&=p^3+3p^3(1-p)+6p^3(1-p)^2.\end{aligned}$$

$$p_2-p_1=p^2(6p^3-15p^2+12p-3)=3p^2(p-1)^2(2p-1).$$

当 $p>\dfrac{1}{2}$ 时, $p_2>p_1$; 当 $p=\dfrac{1}{2}$ 时, $p_2=p_1$; 当 $0<p<\dfrac{1}{2}$ 时, $p_2<p_1$.

分析的结果表明, 若历史成绩表明甲比乙水平高的话, 五局三胜制比三局二胜制对甲更有利. 该结论是直观的, 比赛局数多一些, 有利于水平高的运动员正常发挥, 对其更公平.

所以 2001 年将乒乓球单打从五局三胜调整为七局四胜, 这不仅是为了提高观赏性, 也是为了公平性.

习题 5.5

1. 有一场短跑接力赛, 某队有 4 名运动员参加, 每人跑四分之一距离, 每名运动员所用时间超过 1 min 的概率为 0.3, 当 4 名中有 1 名运动员所用时间超过 1 min, 则该队必输.

求: (1) 该队中没有一个运动员所用时间超过 1 min 的概率;

(2) 最多 2 人超过 1 min 的概率;

(3) 该队输掉的概率.

2. 某人骑车回家需经过 5 个路口, 每个路口都设有红绿灯, 红灯亮的概率为 $\frac{2}{5}$.

求: (1) 此人一路上遇到 3 次红灯的概率;

(2) 没有遇到红灯的概率.

5.6 知识拓展

5.6.1 排列

以下陈述中如非特别指明, n, r 都表示正整数. 从 n 个不同元素中, 任取 r 个, 按一定顺序排成一列, 称之为排列. 如要求排列中诸元素互不相同, 则称其为选排列; 反之, 若排列中的元素可以有相同时, 则称为可重复排列. 自然, 对于选排列, 还暗含要求 $r \leqslant n$. 可重复排列在生活中常见, 如汽车牌照、电话号码、证券代码, 等等.

n 个不同元素中任取 r 个所有不同的选排列种数, 称其为排列数, 记之为 A_n^r. 为导出 A_n^r 的计算公式, 要注意对任一选排列, 其第一位 (从左到右计) 可以放置编号 1 到 n 的 n 个元素的任意一个, 共有 n 种可能的结果; 对于第一位的每一种放置结果, 第二位可以放置剩下的 $n-1$ 个元素中的任意一个, 共有 $n-1$ 种可能结果; $\cdots\cdots$, 对于第 $r-1$ 位的每一种放置结果, 第 r 位可以放置最后剩下的 $n-r+1$ 个元素中的任何一个, 共有 $n-r+1$ 种可能结果. 因此, 依计数原理, 有

$$\mathrm{A}_n^r = n(n-1)\cdots(n-r+1). \tag{$*$}$$

当 $r=n$ 时, 又称 A_n^r 为全排列数, 记之为 $n!$. 依 $(*)$ 有

$$n! = n \times (n-1) \times \cdots \times 2 \times 1.$$

我们约定当 $n=0$ 时, $0!=1$.

A_n^r 也可用全排列数表示, 容易从 $(*)$ 直接得到

$$\mathrm{A}_n^r = \frac{n!}{(n-r)!}.$$

下面计算所有不同的可重复排列种数，仿照 $(*)$ 式的推理，排列的第一位的放置有 n 种可能结果. 由于可重复性，当 $1 \leqslant i \leqslant r-1$，对于第 i 位的每一种放置结果，第 $i+1$ 位仍然可放置全部 n 个元素的任何一个，因而仍然有 n 种可能结果. 依计数原理可得可重复排列种数为

$$\underbrace{n\cdots n}_{r}=n^{r}.$$

5.6.2 组合

从 n 个不同元素中任取 r $(1 \leqslant r \leqslant n)$ 个不同元素，不考虑次序将它们归并成一组，称之为组合. 所有不同的组合种数记为 C_n^r.

为导出组合数 C_n^r 的计算公式，可以考虑选排列数 A_n^r 的另一种算法. 为实现一个排列，可以分两步走：先从 n 个元素中任取 r 个不同元素归并成一个组合；然后，将该组合中的 r 个元素进行全排列. 第一步有 C_n^r 个可能结果，对第一步产生的每一个组合，第二步有 $r!$ 个可能结果. 于是，依计数原理有

$$\mathrm{A}_n^r=\mathrm{C}_n^r \cdot r!,$$

由此即可得到组合数的计算公式：

$$\mathrm{C}_n^r=\frac{\mathrm{A}_n^r}{r!}=\frac{n!}{r!(n-r)!}.$$

依前面的约定 $0!=1$，因而当 $r=0$ 时，$\mathrm{C}_n^0=1$. 又从组合的定义可知：每一个从 n 个元素取 r 个的组合，其余下的 $n-r$ 个元素也构成一个组合；反之亦然，因而从 n 个元素取 r 个的组合与从 n 个元素取 $n-r$ 个的组合，构成一一对应. 所以有

$$\mathrm{C}_n^r=\mathrm{C}_n^{n-r}.$$

例 (1) 将 12 个苹果均分成 3 份分给甲乙丙 3 人，方法数为 $\mathrm{C}_{12}^4\mathrm{C}_8^4\mathrm{C}_4^4$；

(2) 将 12 个苹果均分成 3 堆，方法数为 $\mathrm{C}_{12}^4\mathrm{C}_8^4\mathrm{C}_4^4 \div \mathrm{A}_3^3$；

(3) 将 12 个苹果分为 3 个、4 个、5 个的 3 堆，方法数为 $\mathrm{C}_{12}^3\mathrm{C}_9^4\mathrm{C}_5^5$；

(4) 将 12 个苹果分为 3 个、4 个、5 个的 3 堆，并再分给甲乙丙 3 人，方法数为 $\mathrm{C}_{12}^3\mathrm{C}_9^4\mathrm{C}_5^5\mathrm{A}_3^3$；

(5) 将 12 个苹果分为 5 个、5 个、2 个的 3 堆，方法数为 $\mathrm{C}_{12}^2\mathrm{C}_{10}^5\mathrm{C}_5^5 \div \mathrm{A}_2^2$；

(6) 将 12 个苹果分为 5 个、5 个、2 个的 3 堆，并再分给甲乙丙 3 人，方法数为 $(\mathrm{C}_{12}^2\mathrm{C}_{10}^5\mathrm{C}_5^5 \div \mathrm{A}_2^2)\mathrm{A}_3^3$.

请思考，如果将 30 个苹果分为 4 个、4 个、5 个、5 个、5 个、7 个的 6 堆，并再分给 6 个人，则方法数应该是多少呢？

本章小结

随机试验的全部可能结果组成的集合 Ω 称为样本空间. 样本空间 Ω 的子集称为事件, 当且仅当这一子集中的一个样本点出现时, 称这一事件发生. 事件是一个集合, 因而事件间的关系与事件的运算自然按照集合论中集合之间的关系和集合的运算来处理. 集合间的关系和集合的运算, 我们是熟悉的, 重要的是要知道它们在概率论中的含义.

在一次试验中, 一个事件 (除必然事件和不可能事件外) 可能发生也可能不发生, 其发生的可能性的大小是客观存在的. 事件发生的频率以及它的稳定性, 表明能用一个数来表征事件在一次试验中发生的可能性的大小. 我们从频率的稳定性及频率的性质得到启发并抽象, 给出了概率的定义. 我们定义了一个集合 (事件) 的函数 $P(\cdot)$, 它满足 3 条基本性质: 非负性、规范性、可列可加性. 这一函数的函数值 $P(A)$ 就定义为事件 A 的概率.

概率的定义只给出概率必须满足的 3 条基本性质, 并未对事件 A 的概率 $P(A)$ 给定一个具体的数, 只在古典概型的情况中, 对于每个事件 A 都给出了概率 $P(A)=\dfrac{k}{n}$. 一般地, 我们可以进行大量的重复试验, 得到事件 A 的频率, 而以频率作为 $P(A)$ 的近似值, 或者根据概率的性质分析, 得到 $P(A)$ 的取值.

在古典概型中, 我们证明了条件概率的公式 $P(B|A)=\dfrac{P(AB)}{P(A)}$, 在一般情况下, 将此式作为条件概率的定义. 固定 A, 条件概率 $P(\cdot|A)$ 具有概率定义中的 3 条基本性质, 因而条件概率是一种概率.

有两种计算条件概率 $P(B|A)$ 的方法:

(1) 按条件概率的含义, 直接求出 $P(B|A)$. 注意到, 在求 $P(B|A)$ 时已知事件 A 已发生, 样本空间 Ω 中所有不属于 A 的样本点都被排除, 原有的样本空间 Ω 缩减为 A. 在缩减了的样本空间 A 中计算事件 B 的概率就得到 $P(B|A)$.

(2) 在 Ω 中计算 $P(AB)$ 及 $P(A)$, 再由公式求得 $P(B|A)$. 将条件概率的定义写成 $P(AB)=P(B|A)P(A)$, 这就是乘法公式. 我们常按上述第一种方法求出条件概率, 从而按乘法公式可求得 $P(AB)$.

事件的独立性是概率论中一个非常重要的概念. 概率论与数理统计中的很多内容都是在独立的前提下讨论的. 应该注意到, 在实际应用中, 对于事件的独立性, 我们往往不是根据定义来验证而是根据实际意义来判断的. 根据实际背景判断事件的独立性, 往往并不困难.

复习题 5

1. 将一枚均匀的硬币抛掷两次, $A=$"第一次出现正面"; $B=$"两次出现同一面"; $C=$"至少有一次出现正面"; 写出样本空间 Ω 及各个事件 A,B,C 的表示.

2. A,B,C 是某个试验中的 3 个事件, 试用 A,B,C 的运算关系表示如下事件:

(1) A 与 B 都发生;　　(2) A,B,C 都发生;

(3) A 与 B 都发生而 C 不发生;　　(4) A,B,C 中至少一个发生.

(5) A 与 B 都不发生;　　(6) A,B 中至少一个发生.

3. 事件 A_i 表示某射手第 i 次 $(i=1,2,3)$ 击中目标, 试用文字叙述下列事件:

(1) A_1A_2;　　(2) $A_1\cup A_2\cup A_3$;　　(3) $\overline{A_3}$.

4. 在学生中任选一名, 令事件 $A=$"被选出的学生是女生", 事件 $B=$"被选出的学生是大一的学生", 事件 $C=$"被选出的学生是学院的学生干部".

(1) 叙述事件 $AB\overline{C}$ 的意义;

(2) 在什么条件下 $ABC=C$ 成立?

(3) 什么条件下 $C\subset B$?

(4) 什么条件下 $\overline{A}=B$ 成立?

5. 设 $P(A)=0.4$, $P(B)=0.3$, $P(A\cup B)=0.6$, 求 $P(A\overline{B})$.

6. 在盒子中有 5 个球, 3 个白球, 两个黑球. 从中任取两个, 则取出的两个球都是白球的概率是多少? 一黑一白的概率是多少?

7. 从一批由 45 件正品、5 件次品组成的产品中任取 3 件, 求其中恰有 1 件次品的概率.

8. 一个口袋中装有 6 个球, 分别编上号码 1 至 6, 随机地从这个口袋中取 2 个球, 求: (1) 最小号码是 3 的概率; (2) 最大号码是 3 的概率.

9. 掷两颗骰子, 求下列事件的概率:

(1) 点数之和为 7; (2) 点数之和不超过 5; (3) 点数之和为偶数.

10. 设一质点一定落在 xOy 平面内由 x 轴、y 轴及直线 $x+y=1$ 所围成的三角形内, 而落在这三角形内各点处的可能性相等, 计算这质点落在 $x=\dfrac{1}{3}$ 的左边的概率.

11. 甲、乙两艘船都要在某个泊位停靠 6 h, 假定它们在一昼夜的时间段中随机地到达, 试求这两艘船中至少有一艘在停泊时必须等待的概率.

12. 已知二年级 100 名学生中有男生 (以 A 表示) 80 人, 来自南京的 (以 B 表示) 有 20 人, 这 20 人中有男生 12 人. 试求 $P(A)$, $P(B)$, $P(B|\overline{A})$, $P(\overline{A}|\overline{B})$.

13. 有朋自远方来, 他坐火车、轮船、汽车和飞机的概率分别为 0.3, 0.2, 0.1, 0.4. 若坐火车来, 则迟到的概率是 0.25; 若坐船来, 则迟到的概率是 0.3; 若坐汽车来, 则迟到的概率是 0.1; 若坐飞机来, 则不会迟到. 求他迟到的概率.

14. 两台车床加工同样的零件, 第一台出现废品的概率为 0.03, 第二台出现废品的概率为 0.02, 两台车床加工的零件放在一起, 并且已知第一台加工的零件比第二台的零件多一倍, 则 (1) 任取一个零件是合格品的概率是多少? (2) 如果取出的零件是废品, 那么是第二台加工的概率是多少?

15. 已知某厂生产的灯泡能用到 1 000 h 的概率为 0.8, 能用到 1 500 h 的概率为 0.4, 求已用到 1 000 h 的灯泡能用到 1 500 h 的概率.

16. 3 人独立地破译一密码, 已知每人能破译的概率分别为 $\frac{1}{5}, \frac{1}{3}, \frac{1}{4}$, 求 3 人中至少有一人能将密码破译的概率.

17. 某种灯泡使用 1 000 h 以上的概率为 0.2, 求 3 个灯泡在使用 1 000 h 后:
(1) 都没有坏的概率; (2) 坏了一个的概率; (3) 最多只有一个坏了的概率.

18. 已知事件 A 和 B 独立, 且 $P(\overline{A}\,\overline{B}) = \frac{1}{9}$, $P(A\overline{B}) = P(\overline{A}B)$. 求 $P(A)$, $P(B)$.

19. 将一枚均匀硬币连续独立抛掷 10 次, 恰有 5 次出现正面的概率是多少? 有 4 至 6 次出现正面的概率是多少?

20. 某宾馆大厦有 4 部电梯, 通过检查, 知道在某时刻, 各电梯正在运行的概率均为 0.75, 求:
(1) 在此时刻至少有 1 部电梯在运行的概率;
(2) 在此时刻恰好有一半电梯在运行的概率;
(3) 在此时刻所有电梯都在运行的概率.

第 6 章

随机变量及其分布

【学习目标】

- 了解随机变量的概念
- 了解随机变量分布函数的定义, 掌握分布函数
- 了解离散型随机变量的定义, 掌握离散型随机变量的概率分布
- 掌握两点分布、二项分布、泊松分布, 会利用已知分布解决问题
- 掌握连续型随机变量的定义及性质
- 掌握均匀分布、指数分布、正态分布, 会利用已知分布解决问题
- 掌握数学期望的定义及性质, 会求随机变量的数学期望
- 掌握方差的定义及性质, 会求随机变量的方差

在概率论中，随机变量是一个与事件及概率同样重要的基本概念. 引入了随机变量之后，就可以用微积分来研究概率问题. 本章先介绍随机变量的有关概念，再分别讨论离散型随机变量与连续型随机变量，最后讨论随机变量常见的数字特征.

【情境与问题】

科学决策助脱贫 在中国共产党成立 100 周年的重要时刻，我国脱贫攻坚战取得全面胜利，创造了又一个彪炳史册的人间奇迹. 习近平总书记指出："脱贫摘帽不是终点，而是新生活、新奋斗的起点." 某农户计划年初开始种植某新型农作物，已知该农作物每年单位面积的种植成本为 2 000 元，根据前期各方面调查发现，该农作物的市场价格和单位面积产量均具有随机性，且两者互不影响，其具体情况如表 6.1:

表 6.1

该农作物单位面积产量/kg	900	1 200
概率	0.5	0.5
该农作物市场价格/(元/kg)	30	40
概率	0.4	0.6

试分析: (1) 设该年该农户种植该农作物单位面积的纯收入为 X 元，求 X 的预期值;

(2) 若该农户从今年开始，连续 3 年种植该农作物，假设 3 年内各方面条件基本不变，求这 3 年中该农户种植该农作物单位面积至少有两年的纯收入不少于 30 000 元的概率.

我们可以运用本章知识，帮助该农户做出科学决策.

6.1 随机变量及其分布

6.1.1 随机变量

随机变量的概念

在第 5 章中我们看到一些随机试验，它们的结果可以用数来表示. 此时样本空间 Ω 的元素是一个数，但有些则不然. 当样本空间 Ω 的元素不是一个数时，引入一个法则，将随机试验的每一个结果，即将 Ω 的每个元素 ω，与实数 x 对应起来，从而引入了随机变量的概念. 我们从例题开始讨论.

例 1 设有 10 件产品，其中正品 5 件，次品 5 件. 从中任取 3 件产品，则这 3 件产品中的次品件数是多少?

解 用 X 表示取到的 3 件产品中的次品件数，则可用 $X=0,1,2,3$ 分别表示 3 件中没有次品、有 1 件次品、有 2 件次品、有 3 件次品. 这里 X 是变量，它的取值与试验结果有关，即与试验的样本空间中的基本事件有关. 用 Ω 表示试验的样本空间，用 ω 表示样本空间中的元素，即样本点，记为 $\Omega=\{\omega\}$，则

$$\Omega=\{\omega\}=\{\text{没有次品, 有 1 件次品, 有 2 件次品, 有 3 件次品}\},$$

可把变量 X 看成定义在样本空间 Ω 上的函数:

$$X=\begin{cases}0, & \omega=\text{“没有次品”},\\ 1, & \omega=\text{“有 1 件次品”},\\ 2, & \omega=\text{“有 2 件次品”},\\ 3, & \omega=\text{“有 3 件次品”},\end{cases}$$

可以记为 $X=X(\omega)$, 由于基本事件的出现是随机的, 因此 $X(\omega)$ 的取值也是随机的, 称 $X(\omega)$ 为随机变量.

例 2　抛掷一枚硬币, 观察出现正反面的情况.

解　该试验有两个可能结果, 即 $\Omega=\{\omega\}$ ={出现正面, 出现反面}, 我们把以上非数量的样本点数量化, 设

$$X=\begin{cases}0, & \omega=\text{“出现正面”},\\ 1, & \omega=\text{“出现反面”},\end{cases}$$

则 X 为定义在样本空间 Ω 上的函数, 也是随机变量.

下面给出随机变量的定义:

定义 6.1.1　设试验 E 的样本空间 $\Omega=\{\omega\}$, 如果对每一个 $\omega\in\Omega$, 都有一个实数 $X(\omega)$ 与之对应, 将得到一个定义在 Ω 上的单值实值函数 $X(\omega)$, 称 $X(\omega)$ 为随机变量, 并简记为 X. 通常用大写的英文字母表示随机变量, 用小写的英文字母表示其取值. 假如一个随机变量仅可能取有限个或可列无穷多个值, 则称其为离散型随机变量. 假如一个随机变量的可能取值充满数轴上的一个区间 (a,b) (或若干个区间的并), 则称其为连续型随机变量, 其中 a 可以是 $-\infty$, b 也可以是 $+\infty$.

小点睛

随机变量与普通函数是有差别的: 普通函数是定义在实数轴上的, 而随机变量是定义在样本空间上的, 样本空间上的元素不一定是实数. 另外, 随机变量的取值随试验结果而定, 由于试验的各个结果的发生有一定的概率, 因而随机变量取各个值也有一定的概率. 与微积分中的变量不同, 概率论中的随机变量 X 是一种 “随机取值的变量且伴随一个分布”.

6.1.2　随机变量的分布函数

下面引入随机变量的分布函数的概念.

定义 6.1.2　设 X 是一个随机变量, x 是任意实数, 称定义域为 $(-\infty,+\infty)$, 函数值在

区间 $[0,1]$ 上的实值函数

$$F(x)=P(X\leqslant x), x\in(-\infty,+\infty)$$

为随机变量 X 的分布函数.

对于任意实数 x_1, x_2 $(x_1<x_2)$, 有

$$P(x_1<X\leqslant x_2)=P(X\leqslant x_2)-P(X\leqslant x_1)=F(x_2)-F(x_1).$$

因此, 如果已知 X 的分布函数, 我们就知道 X 落在任一区间 $(x_1,x_2]$ 上的概率, 从这个意义上说, 分布函数完整地描述了随机变量的统计规律性.

小贴士

分布函数是一个普通的函数, 如果将 X 看成是数轴上的随机点的坐标, 那么分布函数 $F(x)$ 在 x 处的函数值就表示随机变量 X 的取值落在区间 $(-\infty,x]$ 上的概率.

例 3 设一口袋中有依次标记 $-1,2,2,2,3,3$ 数字的 6 个球. 从中任取 1 球, 记随机变量 X 为取得的球上标有的数字, 求 X 的分布函数.

解 X 可能取的值为 $-1,2,3$, 由古典概型的计算公式, 可知 X 取这些值的概率依次为 $\frac{1}{6},\frac{1}{2},\frac{1}{3}$.

当 $x<-1$ 时, $\{X\leqslant x\}$ 是不可能事件, 因此 $F(x)=0$;

当 $-1\leqslant x<2$ 时, $\{X\leqslant x\}$ 等同于 $\{X=-1\}$, 因此 $F(x)=\frac{1}{6}$;

当 $2\leqslant x<3$ 时, $\{X\leqslant x\}$ 等同于 $\{X=-1$ 或 $X=2\}$, 因此 $F(x)=\frac{1}{6}+\frac{1}{2}=\frac{2}{3}$;

当 $x\geqslant 3$ 时, $\{X\leqslant x\}$ 为必然事件, 因此 $F(x)=1$.

综上,

$$F(x)=\begin{cases}0, & x<-1,\\ \frac{1}{6}, & -1\leqslant x<2,\\ \frac{2}{3}, & 2\leqslant x<3,\\ 1, & x\geqslant 3.\end{cases}$$

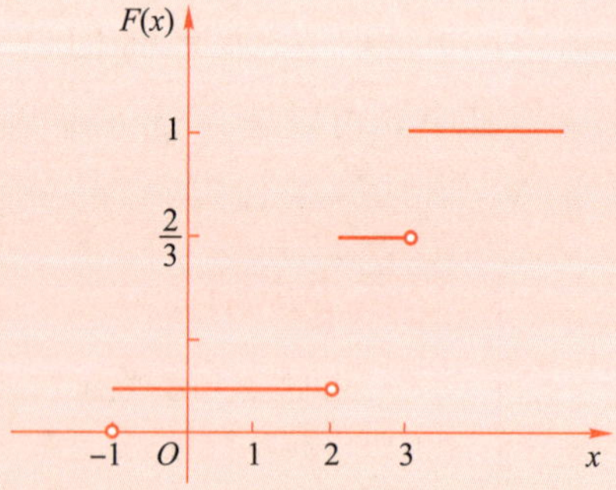

图 6.1

其图像如图 6.1 所示.

电子作业本

分布函数 $F(x)$ 具有以下的基本性质:

性质 1 $F(x)$ 是变量 x 的不减函数.

性质 2 $0\leqslant F(x)\leqslant 1$ $(-\infty<x<+\infty)$.

性质 3 $F(-\infty)=\lim\limits_{x\to-\infty}F(x)=0$, $F(+\infty)=\lim\limits_{x\to+\infty}F(x)=1$.

性质 4 $\lim\limits_{x \to x_0^+} F(x) = F(x_0)\ (-\infty < x < +\infty)$, 即分布函数是一个右连续函数.

例 4 设随机变量 X 的分布函数为 $F(x) = A + B\arctan x\ (-\infty < x < +\infty)$, 求:

(1) A, B 的值; (2) $P(-1 < X \leqslant 1)$.

解 (1) 由性质 3, 得 $\begin{cases} \lim\limits_{x \to -\infty} (A + B\arctan x) = 0, \\ \lim\limits_{x \to +\infty} (A + B\arctan x) = 1, \end{cases}$ 即

$$\begin{cases} A - \dfrac{\pi}{2}B = 0, \\ A + \dfrac{\pi}{2}B = 1, \end{cases} \text{可推得} \begin{cases} A = \dfrac{1}{2}, \\ B = \dfrac{1}{\pi}, \end{cases}$$

即

$$F(x) = \frac{1}{2} + \frac{1}{\pi}\arctan x.$$

(2) $P(-1 < X \leqslant 1) = F(1) - F(-1) = \left(\dfrac{1}{2} + \dfrac{1}{\pi} \times \dfrac{\pi}{4}\right) - \left[\dfrac{1}{2} + \dfrac{1}{\pi} \times \left(-\dfrac{\pi}{4}\right)\right] = \dfrac{1}{2}$.

习题 6.1

1. 设随机变量 X 的分布函数为

$$F(x) = \begin{cases} 0, & x < 1, \\ \ln x, & 1 \leqslant x < \mathrm{e}, \\ 1, & x \geqslant \mathrm{e}, \end{cases}$$

求 $P(X < 2), P(1 < X \leqslant 4), P\left(X > \dfrac{3}{2}\right)$.

2. 向半径为 r 的圆内随机抛一点, 求此点到圆心距离 X 的分布函数 $F(x)$, 并求 $P\left(X > \dfrac{2}{3}r\right)$.

6.2 离散型随机变量

对于离散型随机变量, 它全部可能取到的值是有限多个或可列无穷多个, 其分布称为离散型分布.

离散型随机变量

6.2.1 离散型随机变量的分布律

通常用下面规定的分布律来表达离散型分布.

定义 6.2.1 设离散型随机变量 X 所有可能取的值是 $x_1, x_2, \cdots, x_k, \cdots$, 为完全描述 X, 除知道 X 的可能取值外, 还要知道 X 取各个值的概率, 设

$$P(X=x_k)=p_k\ (k=1,2,\cdots),$$

称上式为离散型随机变量 X 的概率分布或分布律.

分布律也可用如下列表方式来表示 (表 6.2):

表 6.2

X	x_1	x_2	$\cdots$	x_k	$\cdots$
P	p_1	p_2	$\cdots$	p_k	$\cdots$

表 6.2 直观地表示出了随机变量 X 取各个值以及取值对应的概率. X 取各个值各占一些概率, 这些概率合起来是 1. 可以想象成: 概率 1 以一定的规律分布在各个可能值上. 这就是上表称为分布律的缘故.

分布律的基本性质:

性质 1 (非负性) $p_k \geqslant 0\ (k=1,2,\cdots)$.

性质 2 (归一性) $\sum\limits_{k} p_k=1$.

例 1 一只筐中装有 7 只篮球, 编号为 1, 2, 3, 4, 5, 6, 7, 在筐中同时取出 3 只篮球, 以 X 表示取出的 3 只球中编号最小的数, 写出随机变量 X 的概率分布.

解 X 的可能取值是 1, 2, 3, 4, 5, 因

$$P(X=1)=\frac{\mathrm{C}_6^2}{\mathrm{C}_7^3}=\frac{15}{35}=\frac{3}{7},\quad P(X=2)=\frac{\mathrm{C}_5^2}{\mathrm{C}_7^3}=\frac{10}{35}=\frac{2}{7},$$

$$P(X=3)=\frac{\mathrm{C}_4^2}{\mathrm{C}_7^3}=\frac{6}{35},\quad P(X=4)=\frac{\mathrm{C}_3^2}{\mathrm{C}_7^3}=\frac{3}{35},$$

$$P(X=5)=\frac{\mathrm{C}_2^2}{\mathrm{C}_7^3}=\frac{1}{35}.$$

故得 X 的概率分布 (表 6.3):

表 6.3

X	1	2	3	4	5
P	$\frac{3}{7}$	$\frac{2}{7}$	$\frac{6}{35}$	$\frac{3}{35}$	$\frac{1}{35}$

例 2 设有 10 件产品, 其中正品 5 件, 次品 5 件. 从中任取 3 件产品, 求这 3 件产品中的次品件数的分布律和分布函数.

解 设 X 是取出的 3 件产品中的次品数, 则 X 的可能取值为 0, 1, 2, 3.

$$P(X=0)=\frac{\mathrm{C}_5^3}{\mathrm{C}_{10}^3}=\frac{1}{12},\quad P(X=1)=\frac{\mathrm{C}_5^1\mathrm{C}_5^2}{\mathrm{C}_{10}^3}=\frac{5}{12},$$

$$P(X=2)=\frac{C_5^2C_5^1}{C_{10}^3}=\frac{5}{12},\quad P(X=3)=\frac{C_5^3}{C_{10}^3}=\frac{1}{12}.$$

故得 X 的概率分布 (表 6.4):

表 6.4

X	0	1	2	3
P	$\frac{1}{12}$	$\frac{5}{12}$	$\frac{5}{12}$	$\frac{1}{12}$

当 $x<0$ 时, $\{X\leqslant x\}$ 是不可能事件, 因此 $F(x)=0$;

当 $0\leqslant x<1$ 时, $\{X\leqslant x\}$ 等同于 $\{X=0\}$, 因此 $F(x)=P(X=0)=\frac{1}{12}$;

当 $1\leqslant x<2$ 时, $\{X\leqslant x\}$ 等同于 $\{X=0$ 或 $X=1\}$, 因此

$$F(x)=P(X=0)+P(X=1)=\frac{1}{12}+\frac{5}{12}=\frac{1}{2};$$

当 $2\leqslant x<3$ 时, $\{X\leqslant x\}$ 等同于 $\{X=0$ 或 $X=1$ 或 $X=2\}$, 因此

$$F(x)=P(X=0)+P(X=1)+P(X=2)=\frac{1}{12}+\frac{5}{12}+\frac{5}{12}=\frac{11}{12};$$

当 $x\geqslant 3$ 时, $\{X\leqslant x\}$ 为必然事件, 因此 $F(x)=1$.

综上,

$$F(x)=\begin{cases}0, & x<0,\\ \frac{1}{12}, & 0\leqslant x<1,\\ \frac{1}{2}, & 1\leqslant x<2,\\ \frac{11}{12}, & 2\leqslant x<3,\\ 1, & x\geqslant 3.\end{cases}$$

例 3 电子线路中有两个并联的继电器, 设这两个继电器是否接通具有随机性且彼此独立. 已知每个继电器接通的概率为 0.8, 记 X 为线路中接通的继电器的个数, 求:

(1) X 的分布律, 并写出概率分布; (2) 线路接通的概率.

解 (1) 随机变量 X 的可能取值是 0, 1, 2.

设 $A_i=\{$第 i 个继电器接通$\}$ $(i=1,2)$, 则 A_1, A_2 相互独立且 $P(A_1)=P(A_2)=0.8$.

$$P(X=0)=P(\overline{A}_1\overline{A}_2)=P(\overline{A}_1)P(\overline{A}_2)=(1-0.8)(1-0.8)=0.04,$$

$$\begin{aligned}P(X=1)&=P(A_1\overline{A}_2\cup\overline{A}_1A_2)=P(A_1\overline{A}_2)+P(\overline{A}_1A_2)\\&=0.8\times0.2+0.2\times0.8=0.32,\end{aligned}$$

或用伯努利概型计算

$$P(X=1)=\mathrm{C}_2^1\cdot 0.8^1\cdot 0.2^1=0.32.$$

$$P(X=2)=P(A_1A_2)=P(A_1)P(A_2)=0.8\times 0.8=0.64.$$

故 X 的概率分布 (表 6.5) 为

表 6.5

X	0	1	2
P	0.04	0.32	0.64

(2) 即求 $P(X\geqslant 1)$.

$$P(X\geqslant 1)=P(X=1)+P(X=2)=0.32+0.64=0.96.$$

6.2.2 常用离散型分布

1. 两点分布

常见离散型随机变量的概率分布

如果随机变量 X 只可能取 0 和 1 两个值, 且它的概率分布为

$$P(X=0)=1-p,\quad P(X=1)=p\ (0<p<1).$$

则称 X 服从参数为 p 的两点分布, 或称 $0-1$ 分布.

例如, 在一批产品中分次品、合格品和优质品, 从中随机抽取一件, 我们只关心抽到的是否是次品, 则可设: 当抽到的是次品时 $X=1$; 其他情况 $X=0$. 此时 X 就服从 $0-1$ 分布.

2. 二项分布

在 n 重伯努利试验中, 如果以随机变量 X 表示 n 次试验中事件 A 发生的次数, 则 X 的可能取值为 $0,1,2,\cdots,n$, 且由二项概率得到 X 取 k 值的概率为

$$P(X=k)=\mathrm{C}_n^k p^k(1-p)^{n-k}\ (k=0,1,2,\cdots,n),$$

其中 $0<p<1$, $p=P(A)$, 则称 X 服从参数为 n, p 的二项分布, 记作 $X\sim B(n,p)$.

特别地, 当 $n=1$ 时, 二项分布 $B(1,p)$ 就表示两点分布.

在概率论中, 二项分布是一个非常重要的分布, 很多随机现象都可用二项分布来描述.

例 4　楼中装有 5 个同类型的供水设备, 调查表明在任一时刻每个设备被使用的概率为 0.1, 求: (1) 在同一时刻恰有 2 个设备被使用的概率; (2) 至少有 3 个设备被使用的概率.

解　设 X 为同一时刻被使用的设备数, 则 $X \sim B(5,0.1)$,

(1) 所求概率为 $P(X=2)=\mathrm{C}_5^2(0.1)^2(0.9)^3=0.072\,90$;

(2) 所求概率为 $P(X \geqslant 3)$,

$$\begin{aligned}P(X \geqslant 3)&=P(X=3)+P(X=4)+P(X=5)\\&=\mathrm{C}_5^3(0.1)^3(0.9)^2+\mathrm{C}_5^4(0.1)^4(0.9)+\mathrm{C}_5^5(0.1)^5\\&=0.008\,10+0.000\,45+0.000\,01=0.008\,56.\end{aligned}$$

在用二项概率公式进行计算时, 如果 n 很大, p 很小, 则计算起来是相当麻烦的. 下面介绍一种简便的近似算法, 即二项分布的逼近:

设 $X \sim B(n,p)$, 当 $n>10$, $p<0.1$ 时, 有近似公式

$$\mathrm{C}_n^k p^k(1-p)^{n-k} \approx \frac{(np)^k\mathrm{e}^{-np}}{k!}\ (k=0,1,2,\cdots,n)\quad \text{(二项分布的泊松近似)}.$$

例 5　某人射击一个目标, 设每次射击的命中率为 0.02, 独立射击 500 次, 命中的次数记为 X, 求至少命中两次的概率.

解　由题意可得 $X \sim B(500,0.02)$, 所求概率为 $P(X \geqslant 2)$.

$$P(X \geqslant 2)=1-P(X<2)=1-P(X=0)-P(X=1).$$

利用近似公式计算, 其中 $np=500\times0.02=10$, 所以

$$P(X=0)=\mathrm{C}_{500}^0(0.02)^0(0.98)^{500}\approx\frac{10^0\mathrm{e}^{-10}}{0!}=0.000\,04,$$

$$P(X=1)=\mathrm{C}_{500}^1(0.02)(0.98)^{499}\approx\frac{10\mathrm{e}^{-10}}{1!}=0.000\,45,$$

因此 $P(X \geqslant 2)=1-0.000\,04-0.000\,45=0.999\,51$.

3. 泊松分布

如果随机变量 X 的分布律为

$$P(X=k)=\frac{\lambda^k}{k!}\mathrm{e}^{-\lambda}\ (k=0,1,2,\cdots),$$

则称 X 服从参数为 λ 的泊松分布, 其中 $\lambda>0$ 是常数, 记为 $X \sim P(\lambda)$.

关于泊松分布, 有如下几点说明:

(1) 服从泊松分布的随机变量 X 所有可能取非负整数, 是可列无穷多个;

(2) 由无穷级数知识, 得

$$\sum_{k=0}^{\infty}P(X=k)=\sum_{k=0}^{\infty}\frac{\lambda^k}{k!}\mathrm{e}^{-\lambda}$$

小贴士

泊松分布是一种常用的离散分布, 它常与单位时间 (或单位面积、单位产品等) 上的计数过程相联系, 譬如在一天内来到某商场的顾客数; 一平方米内玻璃上的气泡数; 一铸件上的砂眼数等.

$$=\mathrm{e}^{-\lambda}\sum_{k=0}^{\infty}\frac{\lambda^k}{k!}=\mathrm{e}^{-\lambda}\mathrm{e}^{\lambda}=1.$$

(3) 泊松分布的计算可以查附表 2.

例 6 某电话总机每分钟接到的呼叫次数服从参数为 5 的泊松分布, 求:

(1) 每分钟恰好接到 7 次呼叫的概率;

(2) 每分钟接到的呼叫次数大于 4 的概率.

解 设每分钟总机接到的呼叫次数为 X, 则 $X\sim P(5)$.

(1) $P(X=7)=\dfrac{5^7\mathrm{e}^{-5}}{7!}$, 查表得 $P(X=7)=0.104\,4$;

电子作业本

(2) $P(X>4)=1-P(X\leqslant 4)$

$$=1-P(X=0)-P(X=1)-P(X=2)-P(X=3)-P(X=4),$$

查表得

$$P(X=0)=0.006\,7,\quad P(X=1)=0.033\,7,\quad P(X=2)=0.084\,2,$$

$$P(X=3)=0.140\,4,\quad P(X=4)=0.175\,5,$$

所以 $P(X>4)=0.559\,5$.

例 7 由某商店过去的销售记录知道, 某种商品每月销售数可以用参数 $\lambda=10$ 的泊松分布来描述, 为了有 95% 以上的把握保证不脱销, 则商店在月底至少应进该种商品多少件?

解 设该商店每月销售某种商品 X 件, 月底的进货为 a 件, 则当 $X\leqslant a$ 时就不会脱销, 因而按题意要求为 $P(X\leqslant a)\geqslant 0.95$.

又 $X\sim P(10)$, 故 $\displaystyle\sum_{k=0}^{a}\frac{10^k}{k!}\mathrm{e}^{-10}\geqslant 0.95$.

查泊松分布表得 $\displaystyle\sum_{k=0}^{14}\frac{10^k}{k!}\mathrm{e}^{-10}\approx 0.916\,6<0.95$, $\displaystyle\sum_{k=0}^{15}\frac{10^k}{k!}\mathrm{e}^{-10}\approx 0.951\,3>0.95$.

于是这家商店只要在月底进某种商品 15 件 (假定上月没有存货) 就能以 95% 以上的概率保证这种商品在下个月不会脱销.

4. 几何分布

在伯努利试验中, 每次试验成功的概率为 p, 失败的概率为 $q=1-p$, 设试验进行到第 X 次才出现成功, 则 X 的概率分布为

$$P(X=k)=pq^{k-1}\ (k=1,2,\cdots).$$

称 X 服从几何分布, 记为 $X\sim G(p)$.

5. **超几何分布**

设有 N 件产品, 其中有 M 件不合格品. 若从中不放回地随机抽取 n 件, 则其中含有的不合格品的件数 X 的概率分布为

$$P(X=k)=\frac{\mathrm{C}_M^k\mathrm{C}_{N-M}^{n-k}}{\mathrm{C}_N^n}\ (k=0,1,\cdots,l),$$

其中 N, M, n 为正整数, $l=\min\{n,M\}$, 我们称 X 服从参数为 N, M, n 的超几何分布, 记为 $X\sim H(N,M,n)$.

习题 6.2

1. 已知随机变量 X 的取值是 $-1,0,1,2$, 随机变量 X 取这 4 个数值的概率依次是 $\frac{1}{2b}$, $\frac{3}{4b}$, $\frac{5}{8b}$, $\frac{2}{16b}$, 则 $b=$________.

2. 设随机变量 $X\sim B(2,p)$, $Y\sim B(3,p)$, 若 $P(X\geqslant 1)=\frac{5}{9}$, 则 $P(Y\geqslant 1)=$________.

3. 重复独立地抛掷一枚均匀硬币, 直到出现正面向上为止, 则抛掷次数 Y 的分布为 $P(Y=k)=$________ $(k=1,2,3,\cdots)$.

4. 设随机变量 X 服从 $\lambda=2$ 的泊松分布, 则 $P(X\geqslant 1)=$________.

5. 已知盒子中有 4 个白球和 2 个红球, 现从中任意取出 3 个, 设 X 表示其中白球的个数, 求出 X 的分布律, 写出概率分布.

6.3 连续型随机变量

6.2 节中讨论的离散型随机变量只可能取有限多个或可列无穷多个值. 而实际问题中, 还有一些随机变量可能的取值可充满一个区间 (或若干个区间的并), 这就是连续型随机变量. 由于它们可能的取值不能一一列出, 因此不能用离散型随机变量的分布律来描述它们的统计规律. 下面我们将用另外一种形式来刻画连续型随机变量取值的统计规律.

6.3.1 概率密度函数及其性质

定义 6.3.1 如果对于随机变量 X 的分布函数 $F(x)$, 存在非负可积函数 $f(x)$, 使对于任意实数 x 有

$$F(x)=\int_{-\infty}^{x}f(t)\mathrm{d}t,$$

则称 X 为连续型随机变量, $f(x)$ 称为 X 的概率密度函数, 简称为概率密度或密度函数.

连续型随机变量的概念

由定义知道, 概率密度 $f(x)$ 具有以下性质:

性质 1 (非负性) $f(x)\geqslant 0$.

性质 2 (归一性) $\int_{-\infty}^{+\infty}f(x)\mathrm{d}x=1$.

性质 3　对于任意实数 $a, b\ (a \leqslant b)$, $P\ (a < X \leqslant b) = \int_a^b f(x)\mathrm{d}x$.

$P\ (a < X \leqslant b) = \int_a^b f(x)\mathrm{d}x$ 的几何意义: 在区间 (a, b) 上, $f(x)$ 图形之下 x 轴上方的曲边梯形的面积.

例 1　设随机变量 X 的概率密度为

$$f(x) = \begin{cases} a(1-x^2), & |x| < 1, \\ 0, & |x| \geqslant 1. \end{cases}$$

确定常数 a.

解　由归一性,

$$\int_{-\infty}^{+\infty} f(x)\mathrm{d}x = \int_{-1}^{1} a(1-x^2)\mathrm{d}x = a\left[x - \frac{1}{3}x^3\right]\Bigg|_{-1}^{1} = \frac{4}{3}a = 1,$$

所以 $a = \dfrac{3}{4}$.

由分布函数与密度函数的性质可以得到下面的结论:

设 X 是任意一个连续型随机变量, $F(x)$ 与 $f(x)$ 分别是它的分布函数与密度函数, 则

(1) $F(x)$ 是连续函数, 且在 $f(x)$ 的连续点处有 $F'(x) = f(x)$.

(2) 对任意一个常数 c, $-\infty < c < +\infty$, 有 $P(X = c) = 0$.

(3) 对任意两个常数 a, b, $-\infty < a < b < +\infty$, 有

$$P(a < X < b) = P(a \leqslant X < b) = P(a < X \leqslant b) = P(a \leqslant X \leqslant b) = \int_a^b f(x)\mathrm{d}x.$$

小贴士

对连续型随机变量而言, 取任一个常数值的概率恒为 0. 而离散型随机变量取某个常数值的概率或为 0, 或不为 0.

例 2　设随机变量 X 的概率密度为

$$f(x) = \begin{cases} A\mathrm{e}^{-2x}, & x > 0, \\ 0, & x \leqslant 0. \end{cases}$$

(1) 确定常数 A;　　(2) 求 $P(X > 1)$, $P(2 < X < 3)$.

解　(1) 由归一性,

$$\int_{-\infty}^{+\infty} f(x)\mathrm{d}x = \int_{0}^{+\infty} A\mathrm{e}^{-2x}\mathrm{d}x = A\left[-\frac{1}{2}\mathrm{e}^{-2x}\right]\Bigg|_{0}^{+\infty} = \frac{A}{2} = 1,$$

所以 $A=2$.

(2) $$P(X>1)=\int_1^{+\infty}f(x)\mathrm{d}x=2\int_1^{+\infty}\mathrm{e}^{-2x}\mathrm{d}x=\mathrm{e}^{-2},$$

$$P(2<X<3)=\int_2^3 f(x)\mathrm{d}x=2\int_2^3\mathrm{e}^{-2x}\mathrm{d}x=\mathrm{e}^{-4}-\mathrm{e}^{-6}.$$

例 3　设随机变量 X 的概率密度为

$$f(x)=\frac{c}{1+x^2}\ (-\infty<x<+\infty),$$

求: (1) 常数 c; (2) X 的分布函数; (3) $P\ (0\leqslant X\leqslant 1)$.

解　(1) 由概率密度的归一性可知 $\displaystyle\int_{-\infty}^{+\infty}\frac{c}{1+x^2}\mathrm{d}x=1$, 所以 $c=\dfrac{1}{\pi}$.

于是概率密度为 $f(x)=\dfrac{1}{\pi(1+x^2)}\ (-\infty<x<+\infty)$.

(2) $F(x)=\displaystyle\int_{-\infty}^{x}f(t)\mathrm{d}t=\int_{-\infty}^{x}\frac{1}{\pi(1+t^2)}\mathrm{d}t=\frac{1}{\pi}\arctan t\Big|_{-\infty}^{x}=\frac{1}{\pi}\arctan x+\frac{1}{2}$.

(3) $P\ (0\leqslant X\leqslant 1)=F(1)-F(0)=\dfrac{1}{4}$.

例 4　设随机变量 X 的概率密度为

$$f(x)=\begin{cases}k(1-x)^2, & -1<x<1,\\ 0, & |x|\geqslant 1.\end{cases}$$

求: (1) 常数 k; (2) 分布函数 $F(x)$; (3) $P\ (0\leqslant X\leqslant 0.5), P(X>2)$.

解　(1) 由概率密度的归一性,

$$\begin{aligned}\int_{-\infty}^{+\infty}f(x)\mathrm{d}x&=\int_{-1}^{1}k(1-x)^2\mathrm{d}x\\&=\left[-\frac{k}{3}(1-x)^3\right]\Big|_{-1}^{1}=\frac{8}{3}k=1,\end{aligned}$$

得 $k=\dfrac{3}{8}$.

(2) 分布函数 $F(x)=P(X\leqslant x)$:

当 $x\leqslant -1$ 时,

$$F(x)=0;$$

当 $-1<x<1$ 时,

$$\begin{aligned}F(x)&=\int_{-\infty}^{x}f(t)\mathrm{d}t\\&=\frac{3}{8}\int_{-1}^{x}(1-t)^2\mathrm{d}t=1-\frac{1}{8}(1-x)^3;\end{aligned}$$

当 $x \geqslant 1$ 时,

$$F(x)=\int_{-\infty}^{x} f(t)\mathrm{d}t$$

$$=\frac{3}{8}\int_{-1}^{1}(1-t)^2\mathrm{d}t=1.$$

所以 X 的分布函数为

$$F(x)=\begin{cases}0, & x \leqslant -1,\\ 1-\dfrac{1}{8}(1-x)^3, & -1<x<1,\\ 1, & x \geqslant 1.\end{cases}$$

(3) $P(0 \leqslant X \leqslant 0.5)=F(0.5)-F(0)$

$$=\left[1-\frac{1}{8}\left(1-\frac{1}{2}\right)^3\right]-\left[1-\frac{1}{8}(1-0)^3\right]=\frac{7}{64},$$

$P(X>2)=1-P(X \leqslant 2)=1-F(2)=0.$

或 $P\{0 \leqslant x \leqslant 0.5\}=\displaystyle\int_{0}^{0.5}\frac{3}{8}(1-x)^2\mathrm{d}x=-\frac{1}{8}(1-x)^3\Big|_{0}^{0.5}=\frac{7}{64},$

$P\{x>2\}=\displaystyle\int_{2}^{+\infty} f(x)\mathrm{d}x=\int_{2}^{+\infty} 0\mathrm{d}x=0.$

小贴士

概率分布或概率密度与分布函数都可以刻画随机变量的统计性规律.

例 5 设随机变量 X 的分布函数为

$$F(x)=\begin{cases}0, & x<1,\\ \ln x, & 1 \leqslant x<\mathrm{e},\\ 1, & x \geqslant \mathrm{e}.\end{cases}$$

求: (1) 概率密度 $f(x)$; (2) $P(X \leqslant 2)$, $P\left(X>\dfrac{3}{2}\right)$, $P(1<X \leqslant 4)$.

解 (1) $f(x)=F'(x)=\begin{cases}0, & 其他,\\ \dfrac{1}{x}, & 1<x<\mathrm{e}.\end{cases}$

(2) $P(X \leqslant 2)=F(2)=\ln 2;$

$$P\left(X>\frac{3}{2}\right)=1-F\left(\frac{3}{2}\right)=1-\ln\frac{3}{2};$$

$$P(1<X \leqslant 4)=F(4)-F(1)=1.$$

6.3.2 常用连续型分布

1. 均匀分布

若连续型随机变量的概率密度为

$$f(x)=\begin{cases}\dfrac{1}{b-a}, & a<x<b,\\ 0, & \text{其他},\end{cases}$$

则称 X 服从区间 (a,b) 内的均匀分布, 记作 $X\sim U(a,b)$.

常见连续型随机变量的概率密度(一)

设随机变量 X 服从区间 (a,b) 内的均匀分布, 因其概率密度为

$$f(x)=\begin{cases}\dfrac{1}{b-a}, & a<x<b,\\ 0, & \text{其他}.\end{cases}$$

故当 $x\leqslant a$ 时,

$$F(x)=\int_{-\infty}^{x}f(t)\mathrm{d}t=\int_{-\infty}^{x}0\mathrm{d}t=0;$$

当 $a<x<b$ 时,

$$F(x)=\int_{-\infty}^{x}f(t)\mathrm{d}t=\int_{a}^{x}\frac{1}{b-a}\mathrm{d}t=\frac{x-a}{b-a};$$

当 $x\geqslant b$ 时,

$$F(x)=\int_{-\infty}^{x}f(t)\mathrm{d}t=\int_{a}^{b}\frac{1}{b-a}\mathrm{d}t=1.$$

所以随机变量 X 的分布函数为

$$F(x)=\begin{cases}0, & x\leqslant a,\\ \dfrac{x-a}{b-a}, & a<x<b,\\ 1, & x\geqslant b.\end{cases}$$

电子作业本

小点睛

在区间 (a,b) 内服从均匀分布的随机变量 X, 具有下述意义的等可能性, 即它落在区间 (a,b) 内任意等长度的子区间内的可能性是相同的. 或者说它落在 (a,b) 的子区间内的概率只依赖于子区间的长度而与子区间的位置无关.

事实上, 对于任一满足 $a<c<d<b$ 的 c, d, 都有

$$P(c<X<d)=\int_{c}^{d}f(x)\mathrm{d}x=\frac{d-c}{b-a}.$$

例 6 设某种灯泡的使用寿命 X 是一随机变量, 均匀分布在 1 000 h 到 1 200 h 内. 求:
(1) X 的概率密度; (2) X 取值于 1 060 到 1 150 h 内的概率.

解 (1) 由题意可得 $a=1\,000, b=1\,200$, 则 X 的概率密度为

$$f(x)=\begin{cases}\dfrac{1}{200}, & 1\,000<x<1\,200,\\ 0, & 其他.\end{cases}$$

(2) $P(1\,060<X<1\,150)=\int_{1\,060}^{1\,150}f(x)\mathrm{d}x=\int_{1\,060}^{1\,150}\frac{1}{200}\mathrm{d}x=\frac{1\,150-1\,060}{200}=\frac{9}{20}$.

2. **指数分布**

若连续型随机变量 X 的概率密度为

$$f(x)=\begin{cases}\lambda \mathrm{e}^{-\lambda x}, & x>0,\\ 0, & x\leqslant 0,\end{cases}$$

其中 $\lambda>0$ 为常数, 则称随机变量 X 服从参数为 λ 的指数分布, 记为 $X\sim E(\lambda)$.

设随机变量 X 服从参数为 λ 的指数分布, 因其密度函数是

$$f(x)=\begin{cases}\lambda \mathrm{e}^{-\lambda x}, & x>0,\\ 0, & x\leqslant 0.\end{cases}$$

故当 $x\leqslant 0$ 时,

$$F(x)=0;$$

当 $x>0$ 时,

$$F(x)=\int_{-\infty}^{x}f(t)\mathrm{d}t=\int_{0}^{x}\lambda \mathrm{e}^{-\lambda t}\mathrm{d}t=\left[-\mathrm{e}^{-\lambda t}\right]\Big|_0^x=1-\mathrm{e}^{-\lambda x},$$

所以随机变量 X 的分布函数为

$$F(x)=\begin{cases}0, & x\leqslant 0,\\ 1-\mathrm{e}^{-\lambda x}, & x>0.\end{cases}$$

小贴士

指数分布在实际中有着重要的应用, 如在可靠性问题中, 电子元件的寿命常常服从指数分布; 随机服务系统中的服务时间也可以认为是服从指数分布的.

例 7 设某产品的使用寿命 X (单位: h) 服从参数 $\lambda=0.000\,2$ 的指数分布, 求该产品的使用寿命超过 3 000 h 的概率.

解 由题意可得随机变量 X 的概率密度为

$$f(x)=\begin{cases}0.000\,2\mathrm{e}^{-0.000\,2x}, & x>0,\\ 0, & x\leqslant 0.\end{cases}$$

所以 $$P(X>3\,000)$$
$$=\int_{3\,000}^{+\infty} f(x)\mathrm{d}x=\int_{3\,000}^{+\infty} 0.000\,2\mathrm{e}^{-0.000\,2x}\mathrm{d}x=\mathrm{e}^{-0.6}\approx 0.548\,8.$$
即该产品的使用寿命超过 3 000 h 的概率大约为 0.548 8.

3. 正态分布

在许多实际问题中, 考察指标都受到为数众多的相互独立的随机因素的影响, 而每一个因素的影响都是微小的. 例如, 电灯泡在指定条件下的耐用时间受到原料、工艺、保管条件等因素的影响, 而每种因素在正常情形下都是相互独立的, 且它们的影响都是均匀的、微小的. 具有上述特点的随机变量一般都可以认为是服从正态分布的. 因此很多随机变量可以用正态分布描述或近似描述, 譬如测量误差、产品质量、人的身高、年降雨量等都可以用正态分布描述.

常见连续型随机变量的概率密度（二）

若随机变量 X 的概率密度为
$$f(x)=\frac{1}{\sqrt{2\pi}\sigma}\mathrm{e}^{-\frac{(x-\mu)^2}{2\sigma^2}}\ (-\infty<x<+\infty),$$
其中 $-\infty<\mu<+\infty$, $\sigma>0$, 则称 X 服从参数为 μ, σ 的正态分布或高斯分布, 称 X 为正态变量, 记作 $X\sim N(\mu,\sigma^2)$.

特别地, 当 $\mu=0$, $\sigma=1$ 时, 称 X 服从标准正态分布, 记作 $X\sim N(0,1)$, 此时 X 的概率密度记为 $\varphi(x)$,
$$\varphi(x)=\frac{1}{\sqrt{2\pi}}\mathrm{e}^{-\frac{x^2}{2}}\ (-\infty<x<+\infty).$$

记服从标准正态分布的随机变量 X 的分布函数为 $\Phi(x)$, 由分布函数定义知
$$\Phi(x)=\int_{-\infty}^{x} f(t)\mathrm{d}t=\int_{-\infty}^{x}\frac{1}{\sqrt{2\pi}}\mathrm{e}^{-\frac{t^2}{2}}\mathrm{d}t.$$
服从标准正态分布的随机变量 X 的密度函数 $\varphi(x)$ 及分布函数 $\Phi(x)$ 见图 6.2.

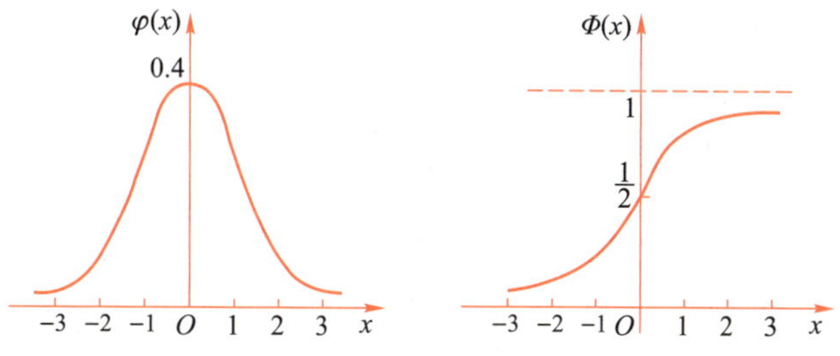

图 6.2

对于正态分布的密度函数 $f(x)$, 有如下性质:

性质 1　曲线 $f(x)$ 关于 $x=\mu$ 对称 (图 6.3).

性质 2　当 $x=\mu$ 时取到最大值 $f(\mu)=\dfrac{1}{\sqrt{2\pi}\sigma}$.

x 离 μ 越远, $f(x)$ 的值越小. 这表明对于同样长度的区间, 当区间离 μ 越远, X 落在这个区间上的概率越小.

性质 3 在 $x=\mu\pm\sigma$ 处曲线有拐点, 曲线以 x 轴为渐近线.

另外, 如果固定 σ, 改变 μ 的值, 则图形沿着 x 轴平移, 而不改变其形状 (图 6.3), 可见正态分布的概率密度曲线 $f(x)$ 的位置完全由参数 μ 所确定, μ 称为位置参数.

如果固定 μ, 改变 σ, 由最大值 $f(\mu)=\dfrac{1}{\sqrt{2\pi}\sigma}$ 可知, 当 σ 越小时图形形状变得越尖 (图 6.4), 因而 X 落在 μ 附近的概率越大.

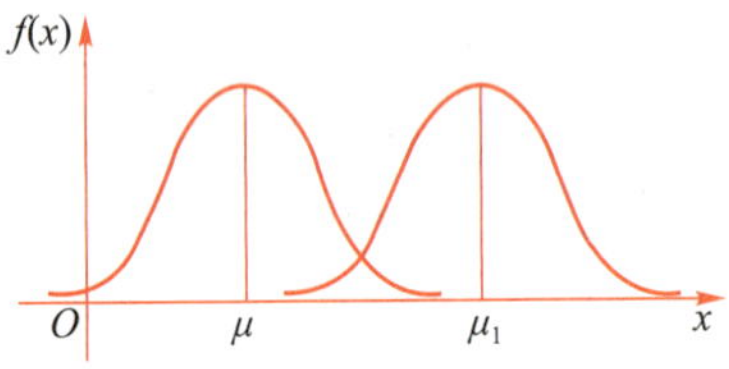

图 6.3

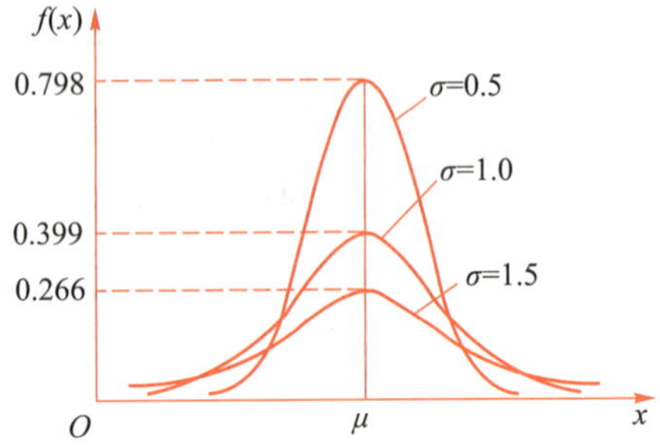

图 6.4

下面我们介绍正态分布的计算:

(1) $X\sim N(0,1)$

书末附有 $\Phi(x)$ 的函数表 (附表 3). 可以从附表 3 中查出服从 $N(0,1)$ 的随机变量取小于等于指定值 $x(x>0)$ 的概率 $P(X\leqslant x)=\Phi(x)$.

查表计算, 其概率密度为 $\varphi(x)$, 令 $\Phi(x)=\int_{-\infty}^{x}\varphi(t)\mathrm{d}t=\int_{-\infty}^{x}\frac{1}{\sqrt{2\pi}}\mathrm{e}^{-\frac{t^2}{2}}\mathrm{d}t$, 因而对 $X\sim N(0,1)$, 有

$$P(a<X<b)=\int_{a}^{b}\varphi(x)\mathrm{d}x=\int_{-\infty}^{b}\varphi(x)\mathrm{d}x-\int_{-\infty}^{a}\varphi(x)\mathrm{d}x=\Phi(b)-\Phi(a),$$

$$P(X>a)=\int_{a}^{+\infty}\varphi(x)\mathrm{d}x=\int_{-\infty}^{+\infty}\varphi(x)\mathrm{d}x-\int_{-\infty}^{a}\varphi(x)\mathrm{d}x=1-\Phi(a),$$

$$P(X<b)=\int_{-\infty}^{b}\varphi(x)\mathrm{d}x=\Phi(b).$$

注意到, 标准正态密度函数 $f(x)$ 为偶函数, 所以对任意 x, 都有

$$\Phi(-x)=\int_{-\infty}^{-x}f(t)\mathrm{d}t=\int_{x}^{+\infty}f(t)\mathrm{d}t=\int_{-\infty}^{+\infty}f(t)\mathrm{d}t-\int_{-\infty}^{x}f(t)\mathrm{d}t=1-\Phi(x),$$

故当 $x<0$ 时, 可以利用关系式 $\Phi(x)=1-\Phi(-x)$, 并通过查表得 $\Phi(-x)$ 的值来算出 $\Phi(x)$ 的值.

(2) $X\sim N(\mu,\sigma^2)$

一般地, 若 $X\sim N(\mu,\sigma^2)$, 我们只要通过一个线性变换就能将它化成标准正态分布.

若 $X\sim N(\mu,\sigma^2)$, 则 $Z=\dfrac{X-\mu}{\sigma}\sim N(0,1)$. 故当 $X\sim N(\mu,\sigma^2)$ 时,

$$P(a<X<b)=\Phi\left(\frac{b-\mu}{\sigma}\right)-\Phi\left(\frac{a-\mu}{\sigma}\right).$$

注意到上式右端有书末附表 3 可查, 无须计算积分.

例 8　设 $X\sim N(0,1)$, 查表计算: (1) $P(X<3)$; (2) $P(X>2)$.

解　(1) $P(X<3)=\Phi(3)=0.998\,7$;

(2) $P(X>2)=1-\Phi(2)=1-0.977\,2=0.022\,8$.

例 9　设 $X\sim N(0,1)$, 计算:

(1) $P(1<X<2)$; (2) $P(X\leqslant 1.5)$; (3) $P(|X|<2.48)$.

解　(1) $P(1<X<2)=\Phi(2)-\Phi(1)=0.977\,2-0.841\,3=0.135\,9$;

(2) $P(X\leqslant 1.5)=\Phi(1.5)=0.933\,2$;

(3)
$$\begin{aligned}P(|X|<2.48)&=P(-2.48<X<2.48)=\Phi(2.48)-\Phi(-2.48)\\&=\Phi(2.48)-[1-\Phi(2.48)]=2\Phi(2.48)-1\\&=2\times 0.993\,4-1=0.986\,8.\end{aligned}$$

例 10　设 $X\sim N(2,4)$, 计算:

(1) $P(-1<X<2)$; (2) $P(|X|>1)$.

解　(1)
$$\begin{aligned}P(-1<X<2)&=\Phi\left(\frac{2-2}{2}\right)-\Phi\left(\frac{-1-2}{2}\right)=\Phi(0)-\Phi(-1.5)\\&=\Phi(0)-[1-\Phi(1.5)]=0.5-1+0.933\,2=0.433\,2;\end{aligned}$$

(2)
$$\begin{aligned}P(|X|>1)&=1-P(|X|\leqslant 1)=1-P(-1\leqslant X\leqslant 1)=1-\left[\Phi\left(\frac{1-2}{2}\right)-\Phi\left(\frac{-1-2}{2}\right)\right]\\&=1-[\Phi(-0.5)-\Phi(-1.5)]=1-[(1-\Phi(0.5))-(1-\Phi(1.5))]\\&=1+\Phi(0.5)-\Phi(1.5)\\&=1+0.691\,5-0.933\,2=0.758\,3.\end{aligned}$$

例 11　设 $X\sim N(\mu,\sigma^2)$, 计算:

(1) $P(\mu-\sigma<X<\mu+\sigma)$;　(2) $P(\mu-2\sigma<X<\mu+2\sigma)$;

(3) $P(\mu-3\sigma<X<\mu+3\sigma)$.

解　(1)
$$\begin{aligned}P(\mu-\sigma<X<\mu+\sigma)&=\Phi\left(\frac{\mu+\sigma-\mu}{\sigma}\right)-\Phi\left(\frac{\mu-\sigma-\mu}{\sigma}\right)\\&=\Phi(1)-\Phi(-1)=2\Phi(1)-1=2\times 0.841\,3-1=0.682\,6;\end{aligned}$$

(2)
$$\begin{aligned}P(\mu-2\sigma<X<\mu+2\sigma)&=\Phi\left(\frac{\mu+2\sigma-\mu}{\sigma}\right)-\Phi\left(\frac{\mu-2\sigma-\mu}{\sigma}\right)\\&=\Phi(2)-\Phi(-2)=2\times 0.977\,2-1=0.954\,4;\end{aligned}$$

(3) $P(\mu-3\sigma<X<\mu+3\sigma)=\Phi(3)-\Phi(-3)=2\times 0.998\,7-1=0.997\,4$.

一般地, $P(|X-\mu|\leqslant k\sigma)=P\left(-k\leqslant\dfrac{X-\mu}{\sigma}\leqslant k\right)=2\Phi(k)-1$, 这个概率与 σ 无关.

小贴士

这一结果反映了正态随机变量的一个十分引人注目的性质. 我们已经知道, 正态分布 $N(\mu,\sigma^2)$ 的密度函数处处为正, 所以正态随机变量 X 在任何区间中取值的概率都为正数. 但是上述结果告诉我们, X 以大于 0.9974 的概率落在区间 $(\mu-3\sigma,\mu+3\sigma)$ 内. 在一般情形下, X 在一次试验中落在区间 $(\mu-3\sigma,\mu+3\sigma)$ 以外的概率可以忽略不计, 这就是通常所说的 "3σ" 法则. "3σ" 法则已被广泛地运用到企业的质量管理上.

例 12 设某地区成年男性的身高 (单位: cm) $X\sim N(170,7.69^2)$, 在该地区随机地抽取一名成年男性, 求其身高超过 175 cm 的概率.

解 所求概率为

$$P(X>175)=1-\Phi\left(\frac{175-170}{7.69}\right)\approx 1-\Phi(0.65)=1-0.7422=0.2578,$$

即该成年男性身高超过 175 cm 的概率为 0.2578.

为了便于今后在数理统计中的应用, 对于标准正态随机变量, 我们引入上侧分位数的定义:

设 $X\sim N(0,1)$, 其概率密度为 $\varphi(x)$, 对于给定的数 α: $0<\alpha<1$, 称满足条件

$$P(X>u_\alpha)=\int_{u_\alpha}^{+\infty}\varphi(x)\mathrm{d}x=\alpha$$

的数 u_α 为标准正态分布的上侧分位数.

对于给定的 α, u_α 的值, 由定义 $P(X>u_\alpha)=\displaystyle\int_{u_\alpha}^{+\infty}\varphi(x)\mathrm{d}x=1-\Phi(u_\alpha)=\alpha$ 有

$$\Phi(u_\alpha)=1-\alpha.$$

另外, 由 $\varphi(x)$ 图形的对称性知 $u_{1-\alpha}=-u_\alpha$.

例 13 求上侧分位数:

(1) $\alpha=0.05$; (2) $\alpha=0.01$.

解 (1) $\Phi(u_{0.05})=1-0.05=0.95$ 查表得

$$\Phi(1.64)=0.9495,\quad \Phi(1.65)=0.9505,$$

求其算术平均值得 $u_{0.05}=1.645$;

(2) $\Phi(u_{0.01}) = 1 - 0.01 = 0.99$ 查表得

$$\Phi(2.32) = 0.989\,8, \quad \Phi(2.34) = 0.990\,4,$$

求其算术平均值得 $u_{0.01} = 2.33$.

习题 6.3

1. 设随机变量 X 在区间 $[-1,2]$ 上服从均匀分布, 则

(1) $P(-6 < X < -1) =$________;　　(2) $P(-4 < X < 1) =$ ________;

(3) $P(-2 < X < 3) =$ ________;　　(4) $P(1 < X < 6) =$ ________.

2. 设连续型随机变量 X 的密度函数为 $f(x) = \begin{cases} cx, & 0 \leqslant x < 3, \\ 2 - \dfrac{x}{2}, & 3 \leqslant x \leqslant 4, \\ 0, & \text{其他}. \end{cases}$

求: (1) 常数 c; (2) $P(2 < X < 6)$.

3. 设随机变量 $X \sim N(1,4)$, 已知 $\Phi(0.5) = 0.691\,5$, $\Phi(1.5) = 0.933\,2$, 求:

(1) $P(|X| < 2)$; (2) $P(0 \leqslant X < 2)$.

6.4 随机变量的数字特征

随机变量的分布全面描述了随机现象的统计规律, 然而在许多实际问题中, 随机变量的分布并不容易求得; 另外, 有一些实际问题往往并不需要了解分布, 而只关心分布的少数几个特征指标即可, 例如分布的中心位置分散程度等, 称之为随机变量的数字特征. 本节讨论两种最主要的数字特征: 数学期望和方差.

6.4.1 数学期望

(一) 离散型随机变量数学期望的定义

先看一个例子. 某服装公司生产两种套装, 一种是大众装, 每套 200 元, 每月生产 1 000 套; 另一种是高档装, 每套 1 800 元, 每月生产 10 套. 则该公司生产的套装平均价格是多少? 我们考虑两种方法:

期望的定义

(1) 将两种套装的价格做平均, 即 $\dfrac{200 + 1\,800}{2} = 1\,000$.

(2) 加权平均法, 即

$$\frac{200 \times 1\,000 + 1\,800 \times 10}{1\,010} = 200 \times \frac{1\,000}{1\,010} + 1\,800 \times \frac{10}{1\,010} \approx 200 \times 0.99 + 1\,800 \times 0.01 = 216.$$

两种方法作对比, 很明显第二种方法更合理.

我们引入随机变量, 设随机变量 X 为该公司生产的套装的单价, 任取一套套装, 则

$$X=\begin{cases}200, & \text{取到的是大众装},\\ 1\,800, & \text{取到的是高档装}.\end{cases}$$

因为

$$P(X=200)=\frac{1\,000}{1\,010},\quad P(X=1\,800)=\frac{10}{1\,010},$$

所以第二种计算方法可写成

$$200\times P(X=200)+1\,800\times P(X=1\,800)=216.$$

定义 6.4.1 设离散型随机变量 X 的分布律为

$$P(X=x_i)=p_i(i=1,2,\cdots).$$

若级数 $\sum\limits_{i=1}^{\infty}x_ip_i$ 绝对收敛, 则称 $\sum\limits_{i}x_ip_i$ 为随机变量 X 的数学期望, 简称期望或均值, 记为 $E(X)$, 即

$$E(X)=\sum_{i=1}^{\infty}x_ip_i.$$

小贴士

从上述离散型随机变量期望的定义可以看出, 期望就是随机变量 X 的取值 x_i, 以它们的概率为权的加权平均.

例 1 甲、乙二人在相同的条件下进行射击, 击中的环数分别为 X, Y, 概率分布 (表 6.6、表 6.7) 分别为

表 6.6

X	8	9	10
P	0.3	0.1	0.6

表 6.7

Y	8	9	10
P	0.2	0.5	0.3

比较二人谁的成绩好?

解 $E(X)=8\times 0.3+9\times 0.1+10\times 0.6=9.3,$

$E(Y)=8\times 0.2+9\times 0.5+10\times 0.3=9.1.$

因为 $E(X)>E(Y)$, 故可以认为甲比乙的成绩好.

我们运用所学知识, 来解决本章开头提出的案例, 帮助农户做出科学决策.

(1) 由题意知:

$$900\times 30-2\,000=25\,000,\quad 1\,200\times 30-2\,000=34\,000,$$
$$900\times 40-2\,000=34\,000,\quad 1\,200\times 40-2\,000=46\,000.$$

所以 X 的所有可能值为: 25 000, 34 000, 46 000.

设 A 表示事件 "作物单位面积产量为 900 kg", 则 $P(A)=0.5$;

B 表示事件 "作物市场价格为 30 元/kg", 则 $P(B)=0.4$.

$P(X=25\,000)=P(AB)=0.5\times 0.4=0.2,$

$P(X=34\,000)=P(\overline{A}B)+P(A\overline{B})=(1-0.5)\times 0.4+0.5\times(1-0.4)=0.5,$

$P(X=46\,000)=P(\overline{A}\,\overline{B})=(1-0.4)(1-0.5)=0.3,$

所以 X 的分布律为 (表 6.8):

表 6.8

X	25 000	34 000	46 000
P	0.2	0.5	0.3

$$E(X)=25\,000\times 0.2+34\,000\times 0.5+46\,000\times 0.3=35\,800.$$

(2) 设 C 表示事件 "种植该农作物单位面积一年的纯收入不少于 30 000 元", 则

$$P(C)=P(X\geqslant 30\,000)=P(X=34\,000)+P(X=46\,000)=0.5+0.3=0.8.$$

设这 3 年中有 Y 年的纯收入不少于 30 000 元, 则

$$P(Y\geqslant 2)=\mathrm{C}_3^2\times 0.8^2\times 0.2+\mathrm{C}_3^3\times 0.8^3=0.896.$$

数学运算的结果表明, 该农户种植该农作物单位面积的年纯收入预期为 35 800 元. 连续种植 3 年, 至少有两年单位面积的纯收入不低于 30 000 元的概率为 89.6%.

(二) **几种常用的离散型随机变量的期望**:

(1) 两点分布

设 X 服从参数为 p 的两点分布, 即

$$P(X=0)=1-p,\quad P(X=1)=p(0<p<1),$$

则 $E(X)=1\times p+0\times(1-p)=p.$

(2) 二项分布

设 $X\sim B(n,p)$, 其概率分布为

$$P(X=k)=\mathrm{C}_n^k p^k(1-p)^{n-k}\ (k=0,1,2,\cdots,n,0<p<1),$$

则

$$\begin{aligned}E(X)&=\sum_{k=0}^{n}k\mathrm{C}_n^k p^k(1-p)^{n-k}\\&=\sum_{k=1}^{n}\frac{n!}{(k-1)!(n-k)!}p^k(1-p)^{n-k}\\&=np\sum_{k=1}^{n}\frac{(n-1)!}{(k-1)![(n-1)-(k-1)]!}p^{k-1}(1-p)^{(n-1)-(k-1)}\\&=np\sum_{k=1}^{n}\mathrm{C}_{n-1}^{k-1}p^{k-1}(1-p)^{(n-1)-(k-1)},\end{aligned}$$

令 $m=k-1$, 则

$$\begin{aligned}E(X)&=np\sum_{k=1}^{n}\mathrm{C}_{n-1}^{k-1}p^{k-1}(1-p)^{(n-1)-(k-1)}\\&=np\sum_{m=0}^{n-1}\mathrm{C}_{n-1}^{m}p^{m}(1-p)^{(n-1)-m}\\&=np[p+(1-p)]^{n-1}\\&=np.\end{aligned}$$

(3) 泊松分布

设 $X\sim P(\lambda)$, 其概率分布为

$$P(X=k)=\frac{\lambda^k}{k!}\mathrm{e}^{-\lambda}\ (k=0,1,2,\cdots;\lambda>0),$$

则

$$E(X)=\sum_{k=0}^{\infty}k\frac{\lambda^k}{k!}\mathrm{e}^{-\lambda}=\lambda\mathrm{e}^{-\lambda}\sum_{k=1}^{\infty}\frac{\lambda^{k-1}}{(k-1)!},$$

令 $m=k-1$, 则

$$E(X)=\lambda\mathrm{e}^{-\lambda}\sum_{k=1}^{\infty}\frac{\lambda^{k-1}}{(k-1)!}=\lambda\mathrm{e}^{-\lambda}\sum_{m=0}^{\infty}\frac{\lambda^m}{m!}=\lambda\mathrm{e}^{-\lambda}\mathrm{e}^{\lambda}=\lambda.$$

例 2　设离散型随机变量 X 的概率分布 (表 6.9) 为

表 6.9

X	-1	0	2	3
P	$\frac{1}{8}$	$\frac{1}{4}$	$\frac{3}{8}$	$\frac{1}{4}$

试计算: $E(X)$, $E(X^2)$.

解 由数学期望的定义可得

$$E(X) = (-1) \times \frac{1}{8} + 0 \times \frac{1}{4} + 2 \times \frac{3}{8} + 3 \times \frac{1}{4} = \frac{11}{8},$$
$$E(X^2) = (-1)^2 \times \frac{1}{8} + 0^2 \times \frac{1}{4} + 2^2 \times \frac{3}{8} + 3^2 \times \frac{1}{4} = \frac{31}{8}.$$

例 3 袋中有 N 只球, 其中白球数为随机变量 X, 且 $E(X) = n$, 求从袋中任取一球是白球的概率.

解 设 X 的分布律为 $P(X = k) = p_k \geqslant 0\ (k = 0, 1, 2, \cdots, N)$, 依题意知

$$E(X) = \sum_{k=0}^{N} kp_k = n.$$

令 B ={从袋中任取一球是白球}, $A_k = \{X = k\}\ (k = 0,1,2,\cdots,N)$, 则 $A_0, A_1, A_2, \cdots, A_n$ 两两互斥, 且 $A_0 + A_1 + A_2 + \cdots + A_n = \Omega$.

又

$$P(A_k) = P(X = k) = p_k, P(B|A_k) = \frac{k}{N},$$

故由全概率公式得

$$P(B) = \sum_{k=0}^{N} P(A_k) P(B|A_k) = \frac{1}{N} \sum_{k=0}^{N} kp_k = \frac{n}{N}.$$

例 4 高尔顿板是英国生物统计学家高尔顿设计用来研究随机现象的模型. 在一块木板上钉着若干排相互平行但相互错开的圆柱形小木块, 小木块之间留有适当的空隙作为通道, 前面挡有一块玻璃, 让一个小球从高尔顿板上方的通道口落下, 小球在下落的过程中与层层小木块碰撞, 且等可能向左或向右滚下, 最后掉入高尔顿板下方的某一球槽内. 如图 6.5 所示的高尔顿板有 7 层小木块, 小球从通道口落下, 第一次与第 2 层中间的小木块碰撞, 以 $\frac{1}{2}$ 的概率向左或向右滚下, 依次经过 6 次与小木块的碰撞, 最后掉入编号为 $1, 2, \cdots, 7$ 的球槽内. 例如小球要掉入 3 号球槽, 则在 6 次碰撞中有 2 次向右, 4 次向左滚下.

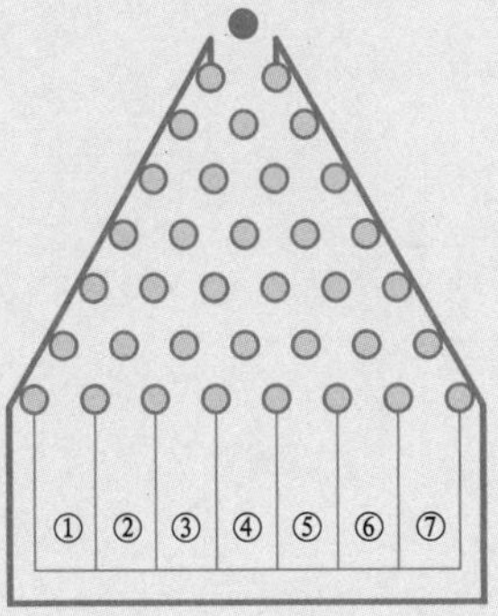

图 6.5

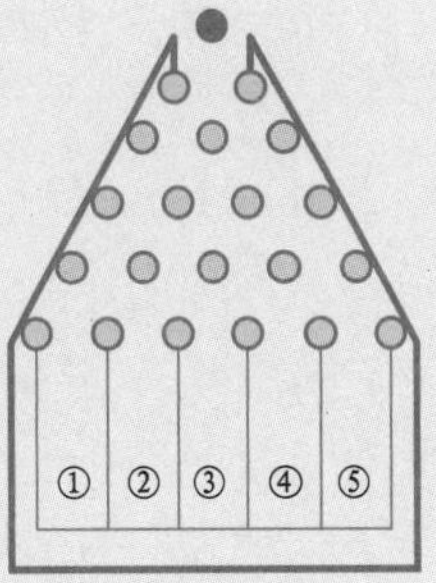

图 6.6

(1) 如图 6.5, 进行一次高尔顿板试验, 求小球落入 5 号球槽的概率;

(2) 小红、小明同学在研究了高尔顿板后, 利用高尔顿板来到社团文化节上进行盈利性"抽奖"活动. 小红使用图 6.5 所示的高尔顿板, 付费 6 元可以玩一次游戏, 小球掉入 m 号球槽得到的奖金为 ξ 元, 其中 $\xi=|16-4m|$. 小明改进了高尔顿板 (图 6.6), 首先将小木块减少成 5 层, 然后使小球在下落的过程中与小木块碰撞时, 有 $\dfrac{1}{3}$ 的概率向左, $\dfrac{2}{3}$ 的概率向右滚下, 最后掉入编号为 $1,2,\cdots,5$ 的球槽内, 改进高尔顿板后只需付费 4 元就可以玩一次, 小球掉入 n 号球槽得到的奖金为 η 元, 其中 $\eta=(n-4)^2$. 两位同学的高尔顿板游戏火爆进行中, 很多同学参加了游戏, 你觉得小红和小明同学谁的盈利多?

解 (1) 设这个小球掉入 5 号球槽为事件 A, 掉入 5 号球槽, 需要向右 4 次、向左 2 次, 所以 $P(A)=\mathrm{C}_6^2\left(\dfrac{1}{2}\right)^2\left(\dfrac{1}{2}\right)^4=\dfrac{15}{64}$, 故这个小球掉入 5 号球槽的概率为 $\dfrac{15}{64}$.

(2) 小红的收益计算如下: 在每一次游戏中, ξ 的可能取值为 0, 4, 8, 12.

$$P(\xi=0)=P(m=4)=\mathrm{C}_6^3\left(\frac{1}{2}\right)^3\left(\frac{1}{2}\right)^3=\frac{5}{16},$$

$$P(\xi=4)=P(m=3)+P(m=5)=\mathrm{C}_6^2\left(\frac{1}{2}\right)^2\left(\frac{1}{2}\right)^4+\mathrm{C}_6^4\left(\frac{1}{2}\right)^4\left(\frac{1}{2}\right)^2=\frac{15}{32},$$

$$P(\xi=8)=P(m=2)+P(m=6)=\mathrm{C}_6^1\left(\frac{1}{2}\right)\left(\frac{1}{2}\right)^5+\mathrm{C}_6^5\left(\frac{1}{2}\right)^5\left(\frac{1}{2}\right)=\frac{3}{16},$$

$$P(\xi=12)=P(m=1)+P(m=7)=\mathrm{C}_6^0\left(\frac{1}{2}\right)^6+\mathrm{C}_6^6\left(\frac{1}{2}\right)^6=\frac{1}{32}.$$

ξ	0	4	8	12
P	$\frac{5}{16}$	$\frac{15}{32}$	$\frac{3}{16}$	$\frac{1}{32}$

一次游戏付出的奖金 $E(\xi)=0\times\dfrac{5}{16}+4\times\dfrac{15}{32}+8\times\dfrac{3}{16}+12\times\dfrac{1}{32}=\dfrac{15}{4}$, 则小红的收益为 $6-\dfrac{15}{4}=\dfrac{9}{4}$ (元).

小明的收益计算如下: 在每一次游戏中, η 的可能取值为 0, 1, 4, 9.

$$P(\eta=0)=P(n=4)=\mathrm{C}_4^3\left(\frac{1}{3}\right)\left(\frac{2}{3}\right)^3=\frac{32}{81},$$

$$P(\eta=1)=P(n=3)+P(n=5)=\mathrm{C}_4^2\left(\frac{1}{3}\right)^2\left(\frac{2}{3}\right)^2+\mathrm{C}_4^4\left(\frac{2}{3}\right)^4=\frac{40}{81},$$

$$P(\eta=4)=P(n=2)=\mathrm{C}_4^1\left(\frac{1}{3}\right)^3\left(\frac{2}{3}\right)=\frac{8}{81},$$

$$P(\eta=9)=P(n=1)=\left(\frac{1}{3}\right)^4=\frac{1}{81}.$$

η	0	1	4	9
P	$\frac{32}{81}$	$\frac{40}{81}$	$\frac{8}{81}$	$\frac{1}{81}$

一次游戏付出的奖金 $E(\eta)=0\times\frac{32}{81}+1\times\frac{40}{81}+4\times\frac{8}{81}+9\times\frac{1}{81}=1$, 则小明的收益为 $4-1=3$ (元).

所以小明的盈利多.

(三) 连续型随机变量数学期望的定义

定义 6.4.2 设连续型随机变量 X 的概率密度为 $f(x)$, 若积分

$$\int_{-\infty}^{+\infty} xf(x)\mathrm{d}x$$

绝对收敛, 则称积分 $\int_{-\infty}^{+\infty} xf(x)\mathrm{d}x$ 的值为随机变量 X 的数学期望, 简称期望或均值, 记为 $E(X)$, 即

$$E(X)=\int_{-\infty}^{+\infty} xf(x)\mathrm{d}x.$$

数学期望 $E(X)$ 完全由随机变量 X 的概率分布确定. 若 X 服从某一分布, 也称 $E(X)$ 是这一分布的数学期望.

例 5 设随机变量 X 的概率密度为 $f(x)=\frac{1}{2}\mathrm{e}^{-|x|}\ (-\infty<x<+\infty)$, 求 $E(X)$.

解 $E(X)=\int_{-\infty}^{+\infty}\frac{1}{2}x\mathrm{e}^{-|x|}\mathrm{d}x=\int_{-\infty}^{0}\frac{1}{2}x\mathrm{e}^{x}\mathrm{d}x+\int_{0}^{+\infty}\frac{1}{2}x\mathrm{e}^{-x}\mathrm{d}x=0.$

(四) 常用连续型随机变量的期望

(1) 均匀分布

设 $X\sim U(a,b)$, 概率密度为

$$f(x)=\begin{cases}\dfrac{1}{b-a}, & a<x<b,\\ 0, & \text{其他}.\end{cases}$$

则 $E(X)=\int_{-\infty}^{+\infty} xf(x)\mathrm{d}x=\int_a^b\frac{x}{b-a}\mathrm{d}x=\frac{1}{2}(a+b).$

(2) 指数分布

设 $X\sim E(\lambda)$, 概率密度为

$$f(x)=\begin{cases}\lambda\mathrm{e}^{-\lambda x}, & x>0,\\ 0, & x\leqslant 0\end{cases}\quad(\lambda>0).$$

则

$$
\begin{aligned}
E(X) &= \int_{-\infty}^{+\infty} x f(x)\mathrm{d}x = \int_{0}^{+\infty} \lambda x \mathrm{e}^{-\lambda x}\mathrm{d}x \\
&= [-x\mathrm{e}^{-\lambda x}]\Big|_0^{+\infty} + \int_0^{+\infty} \mathrm{e}^{-\lambda x}\mathrm{d}x \\
&= \left[-\frac{1}{\lambda}\mathrm{e}^{-\lambda x}\right]\Bigg|_0^{+\infty} = \frac{1}{\lambda}.
\end{aligned}
$$

(3) 正态分布

设 $X \sim N(\mu, \sigma^2)$, 概率密度为

$$
f(x) = \frac{1}{\sqrt{2\pi}\sigma}\mathrm{e}^{-\frac{(x-\mu)^2}{2\sigma^2}}(-\infty < x < +\infty).
$$

则

$$
\begin{aligned}
E(X) &= \int_{-\infty}^{+\infty} x f(x)\mathrm{d}x \\
&= \int_{-\infty}^{+\infty} \frac{x}{\sqrt{2\pi}\sigma}\mathrm{e}^{-\frac{(x-\mu)^2}{2\sigma^2}}\mathrm{d}x,
\end{aligned}
$$

作变量代换, 令 $t = \dfrac{x-\mu}{\sigma}$, 则

$$
\begin{aligned}
&\int_{-\infty}^{+\infty} \frac{x}{\sqrt{2\pi}\sigma}\mathrm{e}^{-\frac{(x-\mu)^2}{2\sigma^2}}\mathrm{d}x \\
&= \frac{1}{\sqrt{2\pi}}\int_{-\infty}^{+\infty}(\mu+\sigma t)\mathrm{e}^{-\frac{t^2}{2}}\mathrm{d}t \\
&= \frac{1}{\sqrt{2\pi}}\int_{-\infty}^{+\infty}\mu\mathrm{e}^{-\frac{t^2}{2}}\mathrm{d}t = \mu,
\end{aligned}
$$

因而 $E(X) = \mu$.

期望的性质

(五) 期望的性质

性质 1　设 C 是常数, 则 $E(C) = C$.

性质 2　设 k 是常数, 则 $E(kX) = kE(X)$.

性质 3　$E(X+Y) = E(X) + E(Y)$.

推广: $E(aX+bY) = aE(X) + bE(Y)$.

性质 4　设 X 与 Y 相互独立, 则 $E(XY) = E(X)E(Y)$.

例 6　考虑伯努利概型, 对 n 次重复独立试验, 令

$$
X_i = \begin{cases} 1, & \text{第 } i \text{ 次试验中事件 } A \text{ 发生}, \\ 0, & \text{第 } i \text{ 次试验中事件 } A \text{ 不发生} \end{cases} \quad (i = 1, 2, \cdots, n).
$$

并且 $P(X_i = 1) = p(0 < p < 1)$, 则 $X_1, X_2, \cdots, X_n$ 相互独立且都服从参数为 p 的两点分布.

记 $X = X_1 + X_2 + \cdots + X_n$, 则 X 是 n 次重复试验中事件 A 发生的次数, 因此 X 服从参数为 n, p 的二项分布 $B(n,p)$.

电子作业本

因 $E(X_i) = p\ (i = 1, 2, \cdots, n)$, 则由性质 3 可得

$$E(X) = E(X_1) + E(X_2) + \cdots + E(X_n) = np.$$

例 7 若 $X \sim P(3), Y \sim B(2, 0.5)$, 求: $E(3X-5), E(2X+Y)$.

解 $E(3X-5) = 3E(X) - 5 = 4$;

$E(2X+Y) = 2E(X) + E(Y) = 7$.

6.4.2 方差

(一) 方差的定义

我们知道, 随机变量的数学期望可以反映随机变量取值的平均程度, 但仅用数学期望描述一个随机变量的取值情况是远远不够的. 先看一个例子.

方差的定义

甲乙两射手各发 10 枪, 击中目标靶的环数见表 6.10.

表 6.10

甲	9	8	9	8	9	9	8	9	10	9
乙	6	7	9	10	10	9	10	8	9	10

容易算得, 二人击中环数的平均值都是 8.8 环, 那么甲、乙二人哪一个发挥得更稳定些呢?

直观来看, 两位选手哪一个击中的环数偏离平均值更小, 这个选手发挥就更稳定一些. 为此我们利用两人每枪击中的环数距平均值偏差的均值来比较. 为了防止偏差和的计算中出现正、负偏差相抵的情况, 应由偏差的绝对值之和求平均更合适.

对于甲选手, 偏差绝对值之和为 $|9-8.8| + |8-8.8| + \cdots + |9-8.8| = 4.8$ (环).

对于乙选手, 容易算得偏差绝对值之和为 10.8 环, 所以甲、乙二人平均每枪偏离平均值为 0.48 环和 10.8 环, 因而可以说甲选手发挥得更稳定些.

类似地, 为了避免运算式中出现绝对值符号, 我们也可以采用偏差平方的平均值进行比较. 为此我们引入以下定义:

定义 6.4.3 设 X 为一随机变量, 如果 $E\{[X-E(X)]^2\}$ 存在, 则称其为 X 的方差, 记为 $D(X)$ 或 $\mathrm{Var}(X)$, 即

$$D(X) = \mathrm{Var}(X) = E\{[X-E(X)]^2\},$$

并称 $\sqrt{D(X)}$ 为 X 的标准差或均方差, 记为 $\sigma(X)$.

小点睛

按定义，随机变量 X 的方差表达了 X 的取值与其数学期望的偏离程度. 若 $D(X)$ 较小意味着 X 的取值比较集中在 $E(X)$ 的附近，反之，若 $D(X)$ 较大则表示 X 的取值比较分散. 因此，$D(X)$ 是刻画 X 取值分散程度的一个量.

依期望的性质：

$$\begin{aligned}
&E\{[X-E(X)]^2\}\\
&=E\{X^2-2XE(X)+[E(X)]^2\}\\
&=E(X^2)-2E(X)E(X)+[E(X)]^2\\
&=E(X^2)-[E(X)]^2,
\end{aligned}$$

小贴士

此公式是计算随机变量 X 的方差的重要公式.

即 $D(X)=E(X^2)-[E(X)]^2$.

例 8 设离散型随机变量 X 的概率分布为

$$P(X=0)=0.2,\quad P(X=1)=0.5,\quad P(X=2)=0.3.$$

求 $D(X)$.

解 $E(X)=0\times0.2+1\times0.5+2\times0.3=1.1$,

$E(X^2)=0^2\times0.2+1^2\times0.5+2^2\times0.3=1.7$.

所以 $D(X)=E(X^2)-[E(X)]^2=1.7-1.1^2=0.49$.

例 9 设连续型随机变量 X 的概率密度为

$$f(x)=\begin{cases}2x, & 0\leqslant x\leqslant 1,\\ 0, & \text{其他},\end{cases}$$

求 $D(X)$.

解 $E(X)=\int_0^1 x2x\mathrm{d}x=\frac{2}{3}$,

$E(X^2)=\int_0^1 x^2 2x\mathrm{d}x=\frac{1}{2}$.

所以 $D(X)=E(X^2)-[E(X)]^2=\frac{1}{2}-\left(\frac{2}{3}\right)^2=\frac{1}{18}$.

(二) 几种常用随机变量的方差

(1) 两点分布

设 X 服从参数为 p 的两点分布，因

$$E(X)=p,\quad E(X^2)=1^2\times p+0^2\times(1-p)=p,$$

故
$$D(X)=E(X^2)-[E(X)]^2=p(1-p).$$

(2) 二项分布

设 $X\sim B(n,p)$, 因 $E(X)=np$,

$$\begin{aligned}E(X^2)&=\sum_{k=0}^{n}k^2\mathrm{C}_n^kp^k(1-p)^{n-k}=\sum_{k=1}^{n}k^2\frac{n!}{(n-k)!k!}p^k(1-p)^{n-k}\\&=\sum_{k=1}^{n}\frac{k\cdot n!}{(n-k)!(k-1)!}p^k(1-p)^{n-k}=\sum_{k=1}^{n}\frac{[(k-1)+1]n!}{(n-k)!(k-1)!}p^k(1-p)^{n-k}\\&=\sum_{k=1}^{n}\frac{(k-1)n!}{(n-k)!(k-1)!}p^k(1-p)^{n-k}+np\sum_{k=1}^{n}\frac{(n-1)!p^{k-1}(1-p)^{(n-1)-(k-1)}}{(k-1)![(n-1)-(k-1)]!}\\&=n(n-1)p^2\sum_{k=1}^{n}\frac{(n-2)!}{[(n-2)-(k-2)]!(k-2)!}p^{k-2}(1-p)^{(n-2)-(k-2)}+np\\&=n(n-1)p^2+np,\end{aligned}$$

所以 $D(X)=E(X^2)-[E(X)]^2=np(1-p)$.

(3) 泊松分布

设 $X\sim P(\lambda)$, 因 $E(X)=\lambda$, 而

$$\begin{aligned}E(X^2)&=\sum_{k=0}^{\infty}k^2\frac{\lambda^k}{k!}\mathrm{e}^{-\lambda}=\sum_{k=1}^{\infty}\frac{[(k-1)+1]\lambda^k}{(k-1)!}\mathrm{e}^{-\lambda}\\&=\lambda^2\mathrm{e}^{-\lambda}\sum_{k=2}^{\infty}\frac{\lambda^{k-2}}{(k-2)!}+\lambda\mathrm{e}^{-\lambda}\sum_{k=1}^{\infty}\frac{\lambda^{k-1}}{(k-1)!}=\lambda^2+\lambda,\end{aligned}$$

所以 $D(X)=E(X^2)-[E(X)]^2$

$\qquad=\lambda^2+\lambda-\lambda^2=\lambda.$

(4) 均匀分布

设 $X\sim U(a,b)$, 因 $E(X)=\dfrac{a+b}{2}$, 而

$$E(X^2)=\int_{-\infty}^{+\infty}x^2f(x)\mathrm{d}x=\int_a^b\frac{x^2}{b-a}\mathrm{d}x=\frac{1}{3}(a^2+ab+b^2),$$

所以

$$\begin{aligned}D(X)&=E(X^2)-[E(X)]^2\\&=\frac{1}{3}(a^2+ab+b^2)-\left(\frac{a+b}{2}\right)^2=\frac{(b-a)^2}{12}.\end{aligned}$$

(5) 指数分布

设 $X\sim E(\lambda)$, 因 $E(X)=\dfrac{1}{\lambda}$, 而

$$E(X^2)=\int_{-\infty}^{+\infty}x^2f(x)\mathrm{d}x=\lambda\int_0^{+\infty}x^2\mathrm{e}^{-\lambda x}\mathrm{d}x=\frac{2}{\lambda^2},$$

所以

$$D(X)=E(X^2)-[E(X)]^2$$
$$=\frac{2}{\lambda^2}-\left(\frac{1}{\lambda}\right)^2=\frac{1}{\lambda^2}.$$

(6) 正态分布

设 $X\sim N(\mu,\sigma^2)$, 则

$$D(X)=\int_{-\infty}^{+\infty}[x-E(X)]^2 f(x)\mathrm{d}x$$
$$=\int_{-\infty}^{+\infty}(x-\mu)^2\frac{1}{\sqrt{2\pi}\sigma}\mathrm{e}^{-\frac{(x-\mu)^2}{2\sigma^2}}\mathrm{d}x=\frac{1}{\sqrt{2\pi}\sigma}\int_{-\infty}^{+\infty}(x-\mu)^2\mathrm{e}^{\frac{-(x-\mu)^2}{2\sigma^2}}\mathrm{d}x.$$

令 $t=\dfrac{x-\mu}{\sigma}$, 得

$$D(X)=\frac{\sigma^2}{\sqrt{2\pi}}\int_{-\infty}^{+\infty}t^2\mathrm{e}^{-\frac{t^2}{2}}\mathrm{d}t,$$

利用分部积分法计算上式的积分

$$\int_{-\infty}^{+\infty}t^2\mathrm{e}^{-\frac{t^2}{2}}\mathrm{d}t=-t\mathrm{e}^{-\frac{t^2}{2}}\Big|_{-\infty}^{+\infty}+\int_{-\infty}^{+\infty}\mathrm{e}^{-\frac{t^2}{2}}\mathrm{d}t=\sqrt{2\pi}.$$

所以得到 $D(X)=\sigma^2$.

(三) 方差的性质

方差的性质

性质 1　设 C 是常数, 则 $D(C)=0$.

性质 2　设 k 是常数, 则 $D(kX)=k^2D(X)$.

性质 3　设 X 与 Y 相互独立, 则 $D(X\pm Y)=D(X)+D(Y)$.

推广: 若 X 与 Y 相互独立, 则 $D(aX\pm bY)=a^2D(X)+b^2D(Y)$.

例 10　设随机变量 X 的期望和方差分别为 $E(X)$ 和 $D(X)$ 且 $D(X)>0$, 求 $Y=\dfrac{X-E(X)}{\sqrt{D(X)}}$ 的期望和方差.

解　由随机变量期望和方差的性质, 有

$$E(Y)=E\left[\frac{X-E(X)}{\sqrt{D(X)}}\right]=\frac{1}{\sqrt{D(X)}}E[X-E(X)]=0,$$

$$D(Y)=D\left[\frac{X-E(X)}{\sqrt{D(X)}}\right]=\frac{1}{\sqrt{D(X)}}D[X-E(X)]=\frac{1}{D(X)}D(X)=1.$$

注意: (1) 称 $Y=\dfrac{X-E(X)}{\sqrt{D(X)}}$ 为标准化的随机变量;

(2) 对 $X\sim N(\mu,\sigma^2)$, $E(X)=\mu$, $D(X)=\sigma^2$, 则 X 的标准化随机变量为 $Y=\dfrac{X-\mu}{\sigma}$, 从而 $Y=\dfrac{X-\mu}{\sigma}\sim N(0,1)$.

例 11　设随机变量 $X_1, X_2, \cdots, X_n$ 相互独立, 且 $E(X_k)=\mu$, $D(X_k)=\sigma^2\ (k=1,2,\cdots,n)$, 求 $Z=\frac{1}{n}(X_1+X_2+\cdots+X_n)$ 的期望和方差.

解

$$\begin{aligned}E(Z)&=E\left[\frac{1}{n}(X_1+X_2+\cdots+X_n)\right]\\&=\frac{1}{n}[E(X_1)+E(X_2)+\cdots+E(X_n)]\\&=\mu,\\D(Z)&=D\left[\frac{1}{n}(X_1+X_2+\cdots+X_n)\right]\\&=\frac{1}{n^2}[D(X_1)+D(X_2)+\cdots+D(X_n)]\\&=\frac{\sigma^2}{n}.\end{aligned}$$

例 12　设 $X\sim B(n,p)$, 求 $D(X)$.

解　由已知 $X=X_1+X_2+\cdots+X_n$, 这里 $X_1,X_2,\cdots,X_n$ 相互独立, 并且都服从参数为 p 的两点分布. 由方差的性质

$$D(X)=D(X_1)+D(X_2)+\cdots+D(X_n),$$

因为 $D(X_i)=p(1-p)\ (i=1,2,\cdots,n)$, 所以 $D(X)=np(1-p)$.

例 13　掷两颗骰子, 用 X,Y 分别表示第一、第二颗骰子出现的点数, 求两颗骰子出现点数之差的方差.

解　因为 X,Y 分别表示第一、第二颗骰子出现的点数, 故 X 与 Y 同分布, 概率分布为

$$P(X=k)=P(Y=k)=\frac{1}{6}(k=1,2,3,4,5,6).$$

$$E(X)=E(Y)=\frac{7}{2},\quad E(X^2)=(1^2+2^2+3^2+4^2+5^2+6^2)\times\frac{1}{6}=\frac{91}{6},$$

$$D(Y)=D(X)=E(X^2)-(E(X))^2=\frac{91}{6}-\left(\frac{7}{2}\right)^2=\frac{35}{12},$$

故 $D(X-Y)=2\times\frac{35}{12}=\frac{35}{6}$.

例 14　设随机变量 X、Y 相互独立, $X\sim N(10,1^2)$, $Y\sim N(7,2^2)$.

求: (1) $E\left(\frac{1}{3}X+2Y-1\right), E\left(\frac{1}{3}X-2Y-1\right)$;

(2) $D\left(\frac{1}{3}X+2Y-1\right), D\left(\frac{1}{3}X-2Y-1\right)$.

解 (1) $E\left(\frac{1}{3}X+2Y-1\right)=\frac{1}{3}E(X)+2E(Y)-1=\frac{1}{3}\times 10+2\times 7-1=16\frac{1}{3}$,

$$E\left(\frac{1}{3}X-2Y-1\right)=\frac{1}{3}E(X)-2E(Y)-1=\frac{1}{3}\times 10-2\times 7-1=-\frac{35}{3};$$

(2) $D\left(\frac{1}{3}X+2Y-1\right)=\frac{1}{9}D(X)+4D(Y)=\frac{1}{9}+4\times 4=16\frac{1}{9}$,

$$D\left(\frac{1}{3}X-2Y-1\right)=\frac{1}{9}D(X)+4D(Y)=\frac{1}{9}+4\times 4=16\frac{1}{9}.$$

例 15 有一种速度叫中国速度, 有一种骄傲叫中国高铁. 中国高铁经过十几年的发展, 取得了举世瞩目的成就. 我国完成了从 "追赶" 到 "领跑" 的跨越式转变. 中国的高铁技术不但越来越成熟, 而且还走向国外, 帮助了不少国家, 高铁可以说是中国一张行走的名片. 为了庆祝中国高铁近几年的飞速发展, 学校将举行高铁知识竞赛. 第一轮选拔共设有 A,B,C,D 4 个问题, 规则如下: ① 每位参加者计分器的初始分均为 10 分, 答对问题 A,B,C,D 分别加 1 分,2 分,3 分,6 分, 答错任一题减 2 分; ② 每回答一题, 计分器显示累计分数, 当累计分数小于 8 分时, 答题结束, 淘汰出局; 当累计分数大于或等于 14 分时, 答题结束, 进入下一轮; 当答完 4 题, 若累计分数仍不足 14 分时, 答题结束, 淘汰出局, 若累计分数大于或等于 14 分时, 答题结束, 进入下一轮; ③ 每位参加者按问题 A,B,C,D 顺序作答, 直至答题结束. 假设某位同学对问题 A,B,C,D 回答正确的概率依次为 $\frac{3}{5},\frac{1}{2},\frac{1}{3},\frac{1}{4}$, 且各题回答正确与否相互之间没有影响.

(1) 求该同学能进入下一轮的概率;

(2) 用 X 表示该同学本轮答题结束时答题的个数, 求 X 的分布律、数学期望 $E(X)$ 和方差 $D(X)$.

解 用 $M_i\ (i=1,2,3,4)$ 表示该同学第 i 个问题回答正确, $N_i\ (i=1,2,3,4)$ 表示该同学第 i 个问题回答错误, 则

$$P(M_1)=\frac{3}{5},\quad P(M_2)=\frac{1}{2},\quad P(M_3)=\frac{1}{3},\quad P(M_4)=\frac{1}{4};$$

$$P(N_1)=\frac{2}{5},\quad P(N_2)=\frac{1}{2},\quad P(N_3)=\frac{2}{3},\quad P(N_4)=\frac{3}{4}.$$

(1) 记事件 $A=${该同学能进入下一轮}, 则

$$\begin{aligned}P(A)&=P(M_1M_2M_3)+P(N_1M_2M_3M_4)+P(M_1N_2M_3M_4)+P(M_1M_2N_3M_4)+P(N_1M_2N_3M_4)\\&=\frac{3}{5}\times\frac{1}{2}\times\frac{1}{3}+\frac{2}{5}\times\frac{1}{2}\times\frac{1}{3}\times\frac{1}{4}+\frac{3}{5}\times\frac{1}{2}\times\frac{1}{3}\times\frac{1}{4}+\frac{3}{5}\times\frac{1}{2}\times\frac{2}{3}\times\frac{1}{4}+\frac{2}{5}\times\frac{1}{2}\times\frac{2}{3}\times\frac{1}{4}\\&=\frac{9}{40}.\end{aligned}$$

即该同学能进入下一轮的概率为 $\frac{9}{40}$.

(2) 由题意知 X 的可能取值为: $2, 3, 4$, 所以

$$P(X=2)=P(N_1N_2)=\frac{2}{5}\times\frac{1}{2}=\frac{1}{5};$$

$$P(X=3)=P(M_1M_2M_3)+P(M_1N_2N_3)=\frac{3}{5}\times\frac{1}{2}\times\frac{1}{3}+\frac{3}{5}\times\frac{1}{2}\times\frac{2}{3}=\frac{3}{10};$$

$$P(X=4)=1-\frac{1}{5}-\frac{3}{10}=\frac{1}{2}.$$

所以分布律为

X	2	3	4
P	0.2	0.3	0.5

从而 $E(X)=2\times0.2+3\times0.3+4\times0.5=3.3$, 即数学期望 $E(X)$ 为 3.3 .

$$E(X^2)=2^2\times0.2+3^2\times0.3+4^2\times0.5=11.5,$$

所以 $D(X)=E(X^2)-[E(X)]^2=11.5-3.3^2=0.61$, 即方差 $D(X)$ 为 0.61.

习题 6.4

1. 设 X 的分布律为

X	-1	0	0.5	1	2
P	$\frac{1}{3}$	$\frac{1}{6}$	$\frac{1}{6}$	$\frac{1}{12}$	$\frac{1}{4}$

求 $E(X)$ 和 $D(X)$.

2. 设随机变量 X 服从参数为 λ 的泊松分布 $(\lambda>0)$, 且已知 $E[(X-2)(X-3)]=2$, 求 λ 的值.

6.5 知识拓展

指数分布是一种常见的连续型随机变量的分布. 服从指数分布的随机变量 X 具有以下有趣的性质: 对于任意 $s, t>0$, 有

$$P\{X>s+t|X>s\}=P\{X>t\}. \tag{$*$}$$

事实上

$$P\{X>s+t|X>s\}=\frac{P\{(X>s+t)\cap(X>s)\}}{P\{X>s\}}$$

$$
\begin{aligned}
&= \frac{P\{X > s+t\}}{P\{X > s\}} = \frac{1-F(s+t)}{1-F(s)} \\
&= \frac{\mathrm{e}^{-\lambda(s+t)}}{\mathrm{e}^{-\lambda s}} = \mathrm{e}^{-\lambda t} \\
&= P\{X > t\}.
\end{aligned}
$$

性质 $(*)$ 称为无记忆性. 如果 X 是某一元件的寿命, 那么 $(*)$ 式表明: 已知元件已使用了 s h, 它总共能使用至少 $s+t$ h 的条件概率, 与从开始使用时算起它至少能使用 t h 的概率相等. 这就是说, 元件对它已使用过 s h 没有记忆. 具有这一性质是指数分布有广泛应用的重要原因.

指数分布在可靠性理论与排队论中有广泛的应用.

本章小结

随机变量是定义在样本空间上的单实值函数. 也就是说, 它是随机试验结果的函数. 它的取值随试验的结果而定, 是不能预先确定的, 它的取值有一定的概率. 随机变量的引入, 使概率论的研究由个别随机事件扩大为随机变量所表征的随机现象的研究. 今后, 我们主要研究随机变量和它的分布.

一个随机变量, 如果它所有可能的值是有限个或可列无限个, 这种随机变量称为离散型随机变量, 不是这种情况则称为非离散型的. 不论是离散型的或非离散型的随机变量 X, 都可以借助分布函数 $F(x)=P(X\leqslant x), -\infty<x<+\infty$ 来描述. 若已知随机变量 X 的分布函数, 就能知道 X 落在任一区间 $(x_1,x_2]$ 内的概率 $P(x_1<X\leqslant x_2)=F(x_2)-F(x_1)$. 这样, 分布函数就能完整地描述随机变量取值的统计规律性.

对于离散型随机变量, 我们需要掌握的是它可能取哪些值, 以及它以怎样的概率取这些值, 这就是离散型随机变量取值的统计规律性. 因而, 对于离散型随机变量, 用分布律

$$P(X=x_k)=p_k\ (k=1,2,\cdots)$$

或写成表 6.11 来描述它的取值的统计规律性较为直观和简洁.

表 6.11

X	x_1	x_2	$\cdots$	x_k	$\cdots$
P	p_1	p_2	$\cdots$	p_k	$\cdots$

分布律与分布函数有以下的关系

$$F(x)=P(X\leqslant x)=\sum_{x_k\leqslant x}P(X=x_k),$$

它们是一一对应的.

设随机变量 X 的分布函数为 $F(x)$, 如果存在非负可积函数 $f(x)$, 使得对任意 x, 有

$$F(x)=\int_{-\infty}^{x}f(t)\mathrm{d}t,$$

则称 X 是连续型随机变量, 其中 $f(x)\geqslant 0$ 称为 X 的概率密度.

给定 X 的概率密度 $f(x)$ 就能确定 $F(x)$, 由于 $f(x)$ 位于积分号内, 故改变 $f(x)$ 在个

别点上的函数值并不改变 $F(x)$ 的值. 因此, 改变 $f(x)$ 在个别点的值, 是无关紧要的.

连续型随机变量 X 的分布函数是连续的; 连续型随机变量取任一指定实值 a 的概率为 0, 即 $P(X=a)=0$. 这两点性质是离散型随机变量不具备的.

我们将随机变量分成

$$\text{随机变量}\begin{cases}\text{离散型}\\ \text{非离散型}\begin{cases}\text{连续型}\\ \text{其他}\end{cases}\end{cases}$$

读者不要误以为一个随机变量如果不是离散型的那就一定是连续型的. 本书只讨论其中两类重要的随机变量: 离散型随机变量和连续型随机变量.

随机变量的数字特征是由随机变量的分布确定的, 能描述随机变量某一个方面的特征的常数. 最重要的数字特征是数学期望和方差. 数学期望 $E(X)$ 描述随机变量 X 取值的平均大小, 方差 $D(X)=E\{[X-E(X)]^2\}$ 描述随机变量 X 与它自己的数学期望 $E(X)$ 的偏离程度. 数学期望和方差在应用和理论上都非常重要.

复习题 6

1. 设离散型随机变量 X 的概率分布为 $P(X=k)=\dfrac{a}{2^k}$, $k=1,2,\cdots$, 试确定常数 a 的值.

2. 盒中有 6 个乒乓球, 分别编号为 1, 2, 3, 4, 5, 6, 从中同时取出 3 个球, 用 X 表示取出的 3 个球中的最大编号, 写出 X 的概率分布.

3. 在相同条件下独立地进行 5 次射击, 每次射击时击中目标的概率为 0.6, 求击中目标次数 X 的分布律.

4. 设随机变量 $X\sim B(6,p)$, 已知 $P(X=1)=P(X=5)$, 求 p 与 $P(X=2)$.

5. 掷一枚均匀的硬币 4 次, 设随机变量 X 表示出现国徽的次数, 求 X 的分布函数.

6. 某商店出售某种物品, 根据以往经验, 每月销售量 X 服从参数为 4 的泊松分布, 问在月初进货时, 要进多少才能以 99% 的概率充分满足顾客的需要?

7. 某试验的成功概率为 0.75, 失败概率为 0.25, 若以 X 表示试验者获得首次成功所进行的试验次数, 写出 X 的分布律.

8. 设随机变量 X 的概率密度为

$$f(x)=\begin{cases}\dfrac{A}{\sqrt{1-x^2}}, & -\dfrac{\sqrt{2}}{2}<x<\dfrac{\sqrt{2}}{2},\\[2ex] 0, & \text{其他},\end{cases}$$

确定常数 A, 并求 $P\left(-\dfrac{1}{2}\leqslant X\leqslant\dfrac{1}{2}\right)$.

9. 设 $X\sim N(0,1)$, 借助于标准正态分布的分布函数表 (附表 3) 计算: (1) $P(X<2.2)$; (2) $P(X>1.76)$; (3) $P(X<-0.78)$; (4) $P(|X|<1.55)$; (5) $P(|X|>2.5)$.

10. 设 $X\sim N(-1,16)$, 借助于标准正态分布的分布函数表 (附表 3) 计算: (1) $P(X<2.44)$; (2) $P(X>-1.5)$; (3) $P(X<-2.8)$; (4) $P(|X|<4)$; (5) $P(-5<X<2)$; (6) $P(|X-1|>1)$.

11. 设随机变量 X 在 (1,6) 内服从均匀分布, 求方程 $t^2+Xt+1=0$ 有实根的概率.

12. 设随机变量 X 的分布函数为

$$F(x)=\begin{cases}0, & x\leqslant 0,\\ Ax^2, & 0<x\leqslant 1,\\ 1, & x>1.\end{cases}$$

求: (1) 常数 A; (2) X 的概率密度函数; (3) X 落在 $\left[-1,\dfrac{1}{2}\right)$ 内的概率.

13. 设顾客在某银行的窗口等待服务的时间 (单位: min) 服从 $\lambda=\dfrac{1}{5}$ 的指数分布. 某顾客在窗口等待服务, 若超过 10 min 他就离开.

(1) 设该顾客某天去银行, 求他未等到服务就离开的概率;

(2) 设该顾客一个月要去银行 5 次, 求他 5 次中至多有一次未等到服务而离开的概率.

14. 某人上班所需时间 $X\sim N(30,100)$ (单位: min), 已知上班时间是 8:30, 他每天 7:50 出门, 求: (1) 某天迟到的概率; (2) 一周 (以 5 天计) 最多迟到一次的概率.

15. 设 $X\sim N(1,4)$, $Y\sim N(2,9)$, 且 X,Y 相互独立, 求: (1) $E(2X+3Y)$; (2) $D(2X-3Y)$.

16. 已知随机变量 $X\sim B(n,p)$, 且 $E(X)=12$, $D(X)=8$, 求 n,p.

17. 某人打靶, 有 3 发子弹, 每一次射击命中的概率都为 $\dfrac{2}{3}$, 如果命中了就停止射击, 否则一直射击到子弹用尽为止. 求: (1) 所用子弹数 X 的分布; (2) $E(X)$; (3) $D(X)$.

18. 设随机变量 X 的密度函数为 $f(x)=\begin{cases}a+bx, & 0\leqslant x\leqslant 1,\\ 0, & \text{其他},\end{cases}$ 且 $E(X)=\dfrac{7}{12}$, 求:

(1) 常数 a,b 的值; (2) $P\left(X>\dfrac{1}{2}\right)$.

19. 设 X 表示 10 次独立重复射击命中目标的次数, 每次命中目标的概率为 0.4, 求 X^2 的数学期望 $E(X^2)$.

第 7 章 数理统计初步

【学习目标】

- 了解样本与统计量的概念
- 了解统计学三大分布
- 了解正态总体样本均值与样本方差分布的有关结论
- 掌握矩估计与极大似然估计的基本思想与方法
- 了解估计量的评选标准
- 掌握区间估计的基本思想与方法
- 掌握假设检验的基本思想与方法

数理统计作为一门学科，诞生于 19 世纪末 20 世纪初，是具有广泛应用的一个数学分支，以概率论为基础，根据试验或观察得到的数据，研究随机现象，以便对研究对象的客观规律性作出合理的估计和判断.

在概率论中，我们研究的随机变量的分布都是假设已知的，在这一前提下研究随机变量的性质与统计规律，例如求出它的数字特征等，在数理统计中，我们研究的随机变量的分布是未知的，或者不完全知道，通过对研究的随机变量进行重复独立的观察，再对观察值进行统计分析，从而对所研究随机变量的分布作出种种推断.

统计推断的基本问题分为两大类：一类是估计问题，另一类是假设检验问题，其中估计又分为点估计和区间估计. 本章我们先介绍统计量及抽样分布等基本概念，然后介绍矩估计和极大似然估计两种点估计的方法，再介绍区间估计，最后讨论假设检验的方法.

本章主要培养数据分析的能力，学会基于数据分析的方法来提取信息，运用统计思维来看待与分析问题，形成统计决策，并在此过程中体会统计思维与确定性思维的差异、归纳推理与演绎证明的差异.

我们先看一个应用例子.

【情境与问题】

［检验包装机工作状态］ 建设质量强国是推动高质量发展、促进我们经济由大向强转变的重要举措，是满足人民美好生活需要的重要途径.《质量强国建设纲要》对认证与检测行业提出了更高标准.

某车间用一台包装机包装葡萄糖. 袋装糖的净重是一个随机变量，服从正态分布. 当机器正常时，其均值为 0.5 kg，标准差为 0.015 kg. 某日开工后为检验包装机是否正常，随机地抽取它所包装的 9 袋糖，称得净重为 (kg)

0.497　0.506　0.518　0.524　0.498　0.511　0.520　0.515　0.512

问能否由这组数据判断机器工作是否正常?

这个问题，就要用到本章即将学习的统计推断方法来进行判断.

7.1 样本与统计量

7.1.1 总体、样本与统计量

(一) 总体与样本

在数理统计中把研究对象的全体称为总体，组成总体的每一个对象称为个体，被抽取到的所有个体的集合称为样本，抽取到个体的个数称为样本容量.

例如，某工厂为了检测出厂的十万只灯泡的寿命，随机抽取了 1 000 只灯泡进行检测. 其中“十万只灯泡”就是总体，“每一个灯泡”就是个体. 被抽取到的“1 000 只灯泡”就是样本，样本容量就是 1 000. 数理统计的主要任务就是通过对样本的观测统计，来推断总体的性质，例如，我们希望通过调查这 1 000 只灯泡的寿命来确定这批产品（十万只灯泡）是否合格.

从总体中抽取样本时, 为了使抽取的样本具有代表性, 通常要求:

1. 抽取方法应使总体中每一个个体被抽到的机会是均等的;

2. 每次抽取是独立的, 即每次抽样结果不影响其他各次抽样结果, 也不受其他各次抽样结果的影响.

满足以上两点的抽样方法称为简单随机抽样, 由简单随机抽样得到的样本叫作简单随机样本.

总体中的每一个个体都是随机试验的一个观察值, 因此它是某一随机变量 X 的值, 这样, 一个总体对应于一个随机变量 X.

从总体抽取一个个体, 就是对总体进行一次观察并记录结果, 其结果是个随机变量 X_i, 并且与总体 X 有相同的分布. 在相同条件下, 对总体 X 进行 n 次重复的、独立的试验或观察, 将结果按顺序记为 $X_1, X_2, \cdots, X_n$. 根据上面抽样的要求, 有理由认为 $X_1, X_2, \cdots, X_n$ 相互独立, 并且都与总体 X 有相同的分布.

综上所述, 我们给出以下定义.

定义 7.1.1 随机地抽取 n 个个体, 得到 n 个随机变量 $X_1, X_2, \cdots, X_n$, 称 $X_1, X_2, \cdots, X_n$ 为总体 X 的一个样本, 其中 n 为样本容量. 在一次抽取中得到的 n 个具体数据 $x_1, x_2, \cdots, x_n$ 叫作一组样本 (观测) 值, $X_1, X_2, \cdots, X_n$ 的所有可能取值的集合叫作样本空间, 而样本的一个观测值 $x_1, x_2, \cdots, x_n$ 就是样本空间的一个样本点.

定义 7.1.2 设 $X_1, X_2, \cdots, X_n$ 为总体 X 的容量为 n 的样本, 若 $X_1, X_2, \cdots, X_n$ 相互独立, 且每一个 $X_i (i = 1, 2, \cdots, n)$ 都与总体 X 同分布, 则称 $X_1, X_2, \cdots, X_n$ 为简单随机样本.

今后我们凡提到抽样及样本都是指简单随机抽样和简单随机样本.

(二) 统计量

样本来自总体, 自然带有总体的信息, 样本是总体的代表与反映. 但在抽取样本后, 我们并不立即利用样本进行推断, 而需对样本进行一番 "加工" 和 "提炼", 把样本中包含的人们关心的信息集中起来, 这便是针对不同问题构造出样本的某种函数, 利用这些样本的函数进行统计推断. 这种函数在统计中称为统计量.

定义 7.1.3 设 $X_1, X_2, \cdots, X_n$ 为总体 X 的一个容量为 n 的样本, $T(x_1, x_2, \cdots, x_n)$ 是样本的一个实值函数, 它不包含任何未知参数, 则称样本 $X_1, X_2, \cdots, X_n$ 的函数 $T(X_1, X_2, \cdots, X_n)$ 为一个统计量.

统计量不含未知参数, 而且作为随机变量的函数, 它也是一个随机变量.

常用的统计量有:

样本均值 $\overline{X} = \dfrac{1}{n}\sum\limits_{i=1}^{n} X_i$, 其观测值为 $\overline{x} = \dfrac{1}{n}\sum\limits_{i=1}^{n} x_i$.

样本方差 $S^2 = \dfrac{1}{n-1}\sum\limits_{i=1}^{n}(X_i - \overline{X})^2$, 其观测值为 $s^2 = \dfrac{1}{n-1}\sum\limits_{i=1}^{n}(x_i - \overline{x})^2$.

样本标准差 $S = \sqrt{\dfrac{1}{n-1}\sum\limits_{i=1}^{n}(X_i - \overline{X})^2}$, 其观测值为 $s = \sqrt{\dfrac{1}{n-1}\sum\limits_{i=1}^{n}(x_i - \overline{x})^2}$.

它们的观测值用相应的小写字母表示. 通常, $\overline{X}$ 反映总体 X 取值的平均水平, S^2 或 S 反映总体 X 取值的离散程度.

小贴士

从结构关系上讲: 总体是指所要研究的全部事物; 样本从总体中随机抽取, 样本在一定程度上反映总体; 统计量是样本的函数, 描述样本, 同时, 借助于统计量对总体进行统计推断.

总体、样本、统计量的关系:

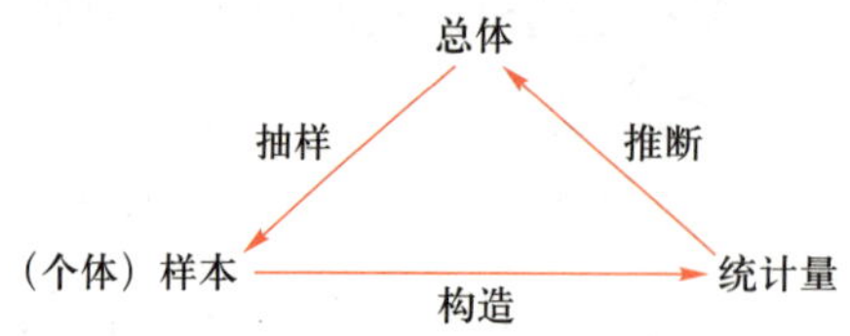

例 1　设我们获得了如下 3 个样本:

$$样本\ A: 3,4,5,6,7;\quad 样本\ B: 1,3,5,7,9;\quad 样本\ C: 1,5,9.$$

它们的 "分散" 程度是不同的: 样本 A 在这 3 个样本中比较密集, 而样本 C 比较分散.

这一直觉可以用样本方差来表示. 这 3 个样本的均值都是 5, 即 $\overline{x}_A=\overline{x}_B=\overline{x}_C=5$, 而样本容量 $n_A=5$, $n_B=5$, $n_C=3$, 从而它们的样本方差分别为

$$s_A^2=\frac{1}{5-1}[(3-5)^2+(4-5)^2+(5-5)^2+(6-5)^2+(7-5)^2]=\frac{10}{4}=2.5,$$
$$s_B^2=\frac{1}{5-1}[(1-5)^2+(3-5)^2+(5-5)^2+(7-5)^2+(9-5)^2]=\frac{40}{4}=10,$$
$$s_C^2=\frac{1}{3-1}[(1-5)^2+(5-5)^2+(9-5)^2]=\frac{32}{2}=16.$$

由此可见 $s_C^2>s_B^2>s_A^2$, 这与直觉是一致的. 它们反映了取值的分散程度.

用样本标准差表示

$$s_A=1.58,\quad s_B=3.16,\quad s_C=4,$$

同样有

$$s_C>s_B>s_A.$$

7.1.2　统计学三大分布

统计量通常不含未知参数, 而且作为随机变量的函数, 它也是一个随机变量, 服从一定的分布. 统计量的分布称为抽样分布, 下面来介绍统计学三大分布, 这些分布在数理统计中起着重要作用.

1. χ^2 **分布**

定义 7.1.4　设 $X_1,X_2,\cdots,X_n$ 为取自正态总体 $X\sim N(0,1)$ 的样本, 则称统计量 $\chi^2=X_1^2+X_2^2+\cdots+X_n^2$ 为服从自由度为 n 的 χ^2 分布, 记作 $\chi^2\sim\chi^2(n)$.

χ^2 分布的概率密度函数为

$$f(x)=\begin{cases}\dfrac{1}{2^{\frac{n}{2}}\Gamma\left(\dfrac{n}{2}\right)}x^{\frac{n}{2}-1}\mathrm{e}^{-\frac{x}{2}}, & x\geqslant 0,\\ 0, & x<0.\end{cases}$$

其中 $\Gamma(x)=\int_0^{+\infty}t^{x-1}\mathrm{e}^{-t}\mathrm{d}t\ (x>0)$.

χ^2 分布的概率密度函数图形如图 7.1 所示.

显然用 χ^2 分布的概率密度计算有关事件概率是困难的, 我们可以制作类似于正态分布的分布函数表, 供查表计算. 对不同的自由度 n 及不同的数 $\alpha(0<\alpha<1)$, 书末附有 χ^2 分布表 (附表 5). 我们称满足

$$P(\chi^2(n)>\chi^2_\alpha(n))=\int_{\chi^2_\alpha(n)}^{+\infty}f(x)\mathrm{d}x=\alpha$$

的点 $\chi^2_\alpha(n)$ 为 χ^2 分布的上侧分位数, 其几何意义如图 7.2 所示. 这里 $f(x)$ 是 χ^2 分布的概率密度, 阴影部分表示随机变量的取值落在上 α 分位点 $\chi^2_\alpha(n)$ 右侧的概率.

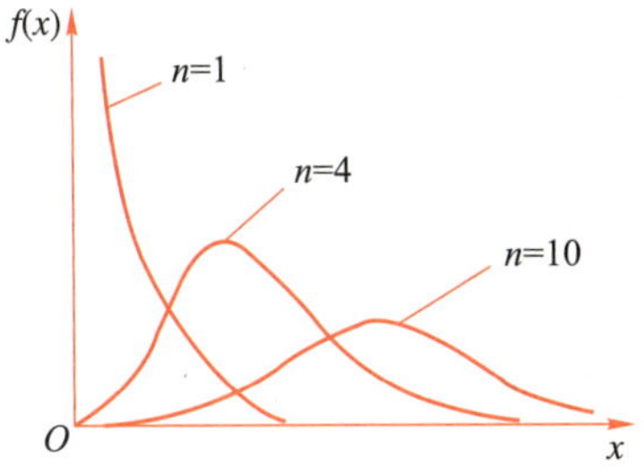

图 7.1

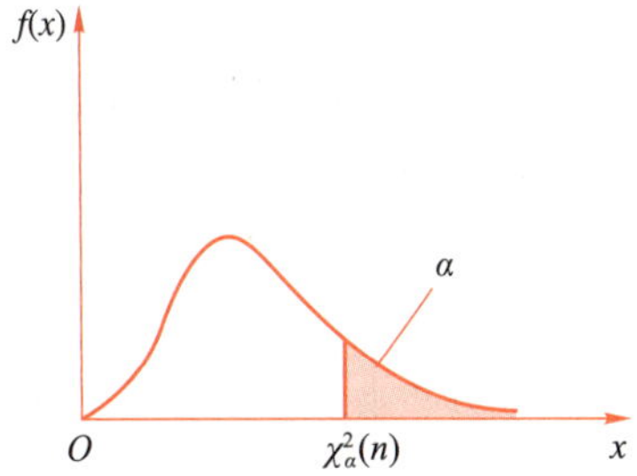

图 7.2

小点睛

类比正态分布的上侧分位数的概念, 可以很轻松地推出 χ^2 分布上侧分位数. 学习中要善用这种类比迁移的能力, 这对掌握新知识点会起到事半功倍的效果.

例 2 当 $n=21$, $\alpha=0.05$ 时, 查附表 5 可得, $\chi^2_{0.05}(21)=32.671$.

该式所表示的含义为, 有一个随机变量 X 满足自由度为 21 的 χ^2 分布, 即 $X\sim\chi^2(21)$, 那么随机变量 X 的取值大于 32.671 的概率约为 0.05, 即 $P(X>32.671)=0.05$.

例 3 设 $X_1,X_2,\cdots,X_n$ 为来自总体 $N(\mu,\sigma^2)$ 的样本, μ,σ^2 为已知常数, 令 $\eta_i=\dfrac{X_i-\mu}{\sigma}, i=1,2,\cdots,n$, 则 $\eta_1,\eta_2,\cdots,\eta_n$ 相互独立且服从 $N(0,1)$, 由定义知统计量 $U=\dfrac{1}{\sigma^2}\sum\limits_{i=1}^{n}(X_i-\mu)^2=\sum\limits_{i=1}^{n}\eta_i^2$, 服从自由度为 n 的 χ^2 分布.

2. t 分布

定义 7.1.5　设 $X_1 \sim N(0,1), X_2 \sim \chi^2(n)$, 且 X_1 与 X_2 相互独立, 则称随机变量

$$t = \frac{X_1}{\sqrt{\dfrac{X_2}{n}}}$$

为服从自由度为 n 的 t 分布, 记作 $t \sim t(n)$.

t 分布的概率密度函数为

$$f(x) = \frac{\Gamma\left(\dfrac{n+1}{2}\right)}{\sqrt{n\pi}\Gamma\left(\dfrac{n}{2}\right)}\left(1+\frac{x^2}{n}\right)^{-\frac{n+1}{2}} \quad (-\infty < x < +\infty).$$

概率密度函数的图形 (图 7.3), 其形状类似标准正态分布的概率密度的图形. 当 n 较大时, t 分布近似于标准正态分布.

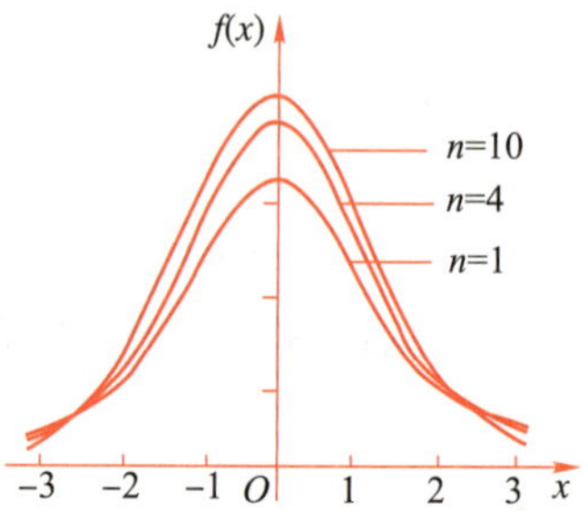

图 7.3

对于给定的 $\alpha(0<\alpha<1)$, 称满足条件

$$P(t(n) > t_\alpha(n)) = \int_{t_\alpha(n)}^{+\infty} f(x)\mathrm{d}x = \alpha$$

的点 $t_\alpha(n)$ 为 t 分布的上侧分位数.

由 t 分布上侧分位数的概念以及 t 分布概率密度函数图形的对称性, 可知

$$t_{1-\alpha}(n) = -t_\alpha(n),$$

t 分布上侧分位数可查附表 4, 当 $n > 45$ 时, 对于常用的 α 的值, 就用正态分布近似:

$$t_\alpha(n) \approx u_\alpha.$$

例 4　当 $n=15$, $\alpha=0.05$ 时, 查 t 分布表有

$$t_{0.05}(15) = 1.753\,1, \quad t_{\frac{0.05}{2}}(15) = 2.131\,5,$$

其中 $t_{\frac{0.05}{2}}(15)$ 由 $P(t(15) > t_{0.025}(15)) = 0.025$ 查得.

例 5　设 $t \sim t(50)$, 求满足 $P(|t| \leqslant c) = 0.80$ 的 c 值.

解　由 $P(|t| \leqslant c) = 0.80$, 及由 t 分布的对称性 (图 7.4) 知: $P(t \geqslant c) = 0.10$. 所以 $c = t_{0.1}(50) = 1.28$.

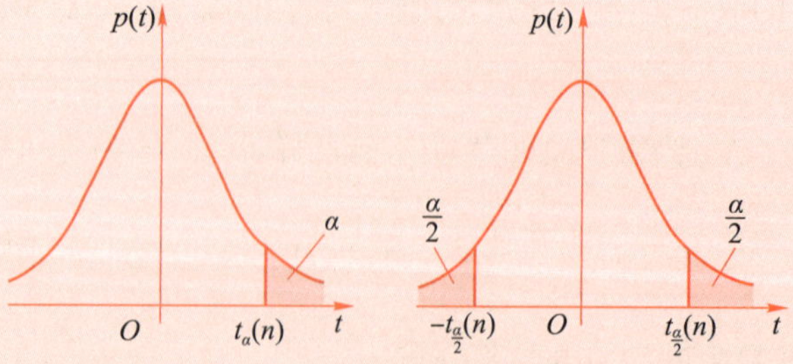

图 7.4

3. F 分布

定义 7.1.6 设 $X_1 \sim \chi^2(n_1), X_2 \sim \chi^2(n_2)$, 且 X_1 与 X_2 相互独立, 则称随机变量

$$F = \frac{\frac{X_1}{n_1}}{\frac{X_2}{n_2}}$$

为服从自由度为 n_1, n_2 的 F 分布, 记作 $F \sim F(n_1, n_2)$.

F 分布的概率密度函数为

$$f(x) = \begin{cases} \dfrac{\Gamma\left(\dfrac{n_1+n_2}{2}\right)}{\Gamma\left(\dfrac{n_1}{2}\right)\Gamma\left(\dfrac{n_2}{2}\right)}\left(\dfrac{n_1}{n_2}\right)^{\frac{n_1}{2}} x^{\frac{n_1}{2}-1}\left(1+\dfrac{n_1}{n_2}x\right)^{-\frac{n_1+n_2}{2}}, & x > 0, \\ 0, & x \leqslant 0, \end{cases}$$

其中 n_1 称为第一自由度, n_2 称为第二自由度, 由于 n_1, n_2 在 $f(x)$ 表达式中的位置并不对称, 因此, 一般 $F(n_1, n_2)$ 与 $F(n_2, n_1)$ 并不相同.

F 分布的概率密度图形如图 7.5 所示.

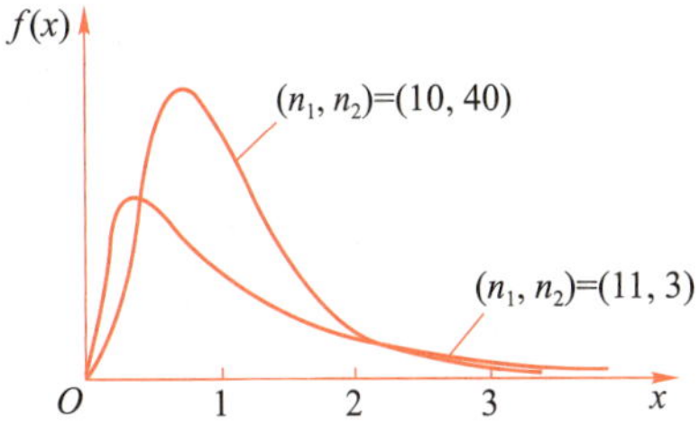

图 7.5

设 $F \sim F(n_1, n_2)$, $f(x)$ 是概率密度, 对于给定的数 $\alpha : 0 < \alpha < 1$, 我们称满足

$$P(F > F_\alpha(n_1, n_2)) = \int_{F_\alpha(n_1,n_2)}^{+\infty} f(x)\mathrm{d}x = \alpha$$

的点 $F_\alpha(n_1, n_2)$ 为 F 分布的上侧分位数.

$F_\alpha(n_1, n_2)$ 的值可以由附表 6 查得, 对于 $\alpha = 0.90, 0.95, 0.975, 0.99, 0.995, 0.999$ 时的值, 可用下面的公式计算:

$$F_{1-\alpha}(n_1, n_2) = \frac{1}{F_\alpha(n_2, n_1)}.$$

小贴士

对上述三大抽样分布, 同学们只要知道它们的概率密度函数图形以及它们的上侧分位数就可以了.

7.1.3 关于正态总体的抽样分布

定理 7.1.1 设 $X_1, X_2, \cdots, X_n$ 为来自总体 $X \sim N(\mu, \sigma^2)$ 的样本, 则

(1) $\overline{X} \sim N\left(\mu, \dfrac{\sigma^2}{n}\right)$;

(2) $\dfrac{\overline{X}-\mu}{\frac{S}{\sqrt{n}}} \sim t(n-1)$;

(3) $\dfrac{(n-1)S^2}{\sigma^2} = \dfrac{\sum\limits_{i=1}^{n}(X_i-\overline{X})^2}{\sigma^2} \sim \chi^2(n-1)$;

(4) 样本均值 $\overline{X}$ 与样本方差 S^2 相互独立.

定理 7.1.2 设 $X_1, X_2, \cdots, X_m$ 和 $Y_1, Y_2, \cdots, Y_n$ 是分别来自正态总体 $X \sim N(\mu_1, \sigma_1^2)$

电子作业本

和 $Y \sim N(\mu_2, \sigma_2^2)$ 的样本，且它们相互独立，则统计量

(1) $\dfrac{\dfrac{S_1^2}{\sigma_1^2}}{\dfrac{S_2^2}{\sigma_2^2}} \sim F(m-1, n-1)$;

(2) 当 $\sigma_1^2 = \sigma_2^2 = \sigma^2$ 时，

$$\frac{\overline{X} - \overline{Y} - (\mu_1 - \mu_2)}{S_0\sqrt{\dfrac{1}{m} + \dfrac{1}{n}}} \sim t(m+n-2),$$

其中 $S_0 = \sqrt{\dfrac{(m-1)S_1^2 + (n-1)S_2^2}{m+n-2}}$，$S_1^2, S_2^2$ 分别为两总体的样本方差.

小贴士

以上两个定理，在后续讲述统计方法时经常用到. 同学们只要在用到时，会调用这些定理的结论来学习掌握统计推断的方法即可，不要求证明这些定理.

例 6　在总体 $X \sim N(80, 400)$ 中随机抽取容量为 100 的样本，求样本均值与总体均值之差的绝对值大于 3 的概率.

解　由 $X \sim N(80, 400)$，可得 $\overline{X} \sim N(80, 4)$，故所求概率为

$$\begin{aligned} P(|\overline{X} - 80| > 3) &= P(\overline{X} > 83) + P(\overline{X} < 77) \\ &= 1 - \Phi\left(\frac{83-80}{2}\right) + \Phi\left(\frac{77-80}{2}\right) \\ &= 1 - \Phi(1.5) + \Phi(-1.5) = 0.1336. \end{aligned}$$

习题 7.1

1. 设总体 $X \sim N(\mu, \sigma^2)$，其中 μ 已知，X_1, X_2, X_3, X_4 是 X 的样本，则下列不是统计量的是（　　）.

A. $X_1 + 5X_4$　　B. $\sum\limits_{i=1}^{4} X_i - \mu$　　C. $X_1 - \sigma$　　D. $\sum\limits_{i=1}^{4} X_i^2$

2. 设总体 $X \sim N(2, 9)$，$X_1, X_2, \cdots, X_{10}$ 是 X 的样本，则（　　）.

A. $\overline{X} \sim N(20, 90)$　　B. $\overline{X} \sim N(2, 0.9)$

C. $\overline{X} \sim N(2, 9)$　　D. $\overline{X} \sim N(20, 9)$

3. 设总体 $X \sim N(1, 9)$，$X_1, X_2, \cdots, X_9$ 是 X 的样本，则（　　）.

A. $\dfrac{\overline{X} - 1}{3} \sim N(0, 1)$　　B. $\dfrac{\overline{X} - 1}{1} \sim N(0, 1)$

C. $\dfrac{\overline{X} - 1}{9} \sim N(0, 1)$　　D. $\dfrac{\overline{X} - 1}{\sqrt{3}} \sim N(0, 1)$

4. 设总体 $X \sim N(\mu, \sigma^2)$，样本容量为 n，则 $\overline{X} \sim$ ________，$\dfrac{(n-1)S^2}{\sigma^2} \sim$ ________.

5. 设总体 $X \sim N(\mu,\sigma^2)$, 样本容量为 n, 则 $\dfrac{\overline{X}-\mu}{\sqrt{\dfrac{\sigma^2}{n}}} \sim$ ________, $\dfrac{\overline{X}-\mu}{\sqrt{\dfrac{S^2}{n}}} \sim$ ________.

6. 设有一组样本观测值, 求样本均值 $\overline{x}$ 和样本方差 s^2.

$$33 \quad 36 \quad 36 \quad 34 \quad 36 \quad 35 \quad 31 \quad 27 \quad 33 \quad 35$$

7. 在总体 $X \sim N(52, 6.3^2)$ 中随机抽取一容量为 36 的样本, 求样本均值 $\overline{X}$ 落在 50.8 至 53.8 之间的概率.

8. 在总体 $N(50, 20^2)$ 中随机抽取一容量为 100 的样本, 求样本均值与总体均值之差的绝对值大于 2 的概率.

7.2 点估计

在许多实际问题中, 总体 X 的分布形式是已知的, 但分布中的参数却是未知的, 这时, 只要对参数作出推断, 即可确定总体的分布. 例如, 泊松分布完全由参数 λ 确定, 只要参数 λ 确定了, 整个分布也就清晰了. 参数估计, 就是通过总体的样本构造恰当的统计量, 对未知参数进行估计. 参数估计分为点估计和区间估计. 本节我们介绍点估计, 讲述两种常用的点估计的方法——矩估计法和极大似然估计法, 7.3 节介绍区间估计.

7.2.1 矩估计法

我们先在一般意义上陈述点估计问题的提法: 设总体 X 的分布函数 $F(x,\theta)$ 的形式已知, 其中参数 θ 未知 (可以是一个或者多个未知参数, 多个未知参数时, θ 为一向量), $X_1, X_2, \cdots, X_n$ 为来自总体 X 的样本, 对一个参数 θ 进行点估计, 就是构造一个恰当的统计量 $\hat{\theta}(X_1, X_2, \cdots, X_n)$, 用它的观测值 $\hat{\theta}(x_1, x_2, \cdots, x_n)$ 估计 θ, 称 $\hat{\theta}(X_1, X_2, \cdots, X_n)$ 为 θ 的估计量, $\hat{\theta}(x_1, x_2, \cdots, x_n)$ 为 θ 的估计值, 并都简记为 $\hat{\theta}$.

显然, 问题的关键是利用来自总体的样本 $X_1, X_2, \cdots, X_n$, 构造一个恰当的统计量 $\hat{\theta}(X_1, X_2, \cdots, X_n)$. 这种构造的方法比较多, 其中以矩估计法和极大似然估计法最为常用.

矩估计法的实质是使用样本矩作为相应总体矩的估计量. 我们先介绍一下矩和样本矩的概念.

定义 7.2.1 对随机变量 X, 若 $E(X^k)(k=1,2,3,\cdots)$ 存在, 则称它为随机变量 X 的 k 阶原点矩, 简称为 k 阶矩, 记为 μ_k, 即

$$\mu_k = E(X^k) \quad (k=1,2,3,\cdots)$$

小贴士

由上一节内容可知, 总体是一个随机变量 X, 所以上述定义可视为给出了总体矩的概念. 我们前面学过的随机变量的数学期望 $E(X)$ 其实就是 X 的一阶矩 μ_1.

定义 7.2.2 设来自总体 X 的一组样本为 $X_1, X_2, \cdots, X_n$, 记

$$A_k = \frac{1}{n}\sum_{i=1}^{n} X_i^k \quad (k = 1, 2, 3, \cdots),$$

称 $A_k = \frac{1}{n}\sum_{i=1}^{n} X_i^k (k = 1, 2, 3, \cdots)$ 为 k 阶样本原点矩, 简称为 k 阶样本矩.

> **小贴士**
>
> 样本矩是样本不含参数的函数, 所以样本矩是统计量, 并且 $A_1 = \frac{1}{n}\sum_{i=1}^{n} X_i = \overline{X}$.

样本矩是统计量, 是可测的; 总体矩是不可测的, 是总体中待估参数的函数. 从总体中抽取样本的目的是 "以少代多", 用样本来近似估计总体的特征. 我们用样本矩作为相应的总体矩的估计量, 而以样本矩的连续函数作为相应的总体矩的连续函数的估计量, 这种估计方法称为矩估计法, 即在矩估计法中, 令

$$\mu_k = A_k,$$

即令 $E(X^k) = \frac{1}{n}\sum_{i=1}^{n} X_i^k (k = 1, 2, 3, \cdots), k$ 最大取值为 X 的分布中未知参数的个数.

上式的左端与未知参数有关, 右端是由样本算出的统计量, 上式是关于未知参数的方程或方程组, 其解为未知参数的估计量, 称之为矩估计量, 在矩估计量中, 将样本换为样本观测值, 即可得到矩估计值.

当然, 上述这种直观的想法, 是需要严谨的理论支撑的. 我们不加证明地给出下述定理.

定理 7.2.1 设来自总体 X 的一组样本为 $X_1, X_2, \cdots, X_n$, 记总体 k 阶矩

$$\mu_k = E(X^k) \quad (k = 1, 2, 3, \cdots),$$

k 阶样本矩

$$A_k = \frac{1}{n}\sum_{i=1}^{n} X_i^k (k = 1, 2, 3, \cdots),$$

则有 (1) k 阶样本矩依概率收敛于 k 阶总体矩, 记作 $A_k \xrightarrow{P} \mu_k \ (k = 1, 2, 3, \cdots)$;

(2) 样本矩的连续函数依概率收敛于总体矩的连续函数, 即

$$g(A_1, A_2, \cdots, A_k) \xrightarrow{P} g(\mu_1, \mu_2, \cdots, \mu_k)$$
$$(k = 1, 2, 3, \cdots).$$

此处, 依概率收敛的含义, 可以直观理

> **小贴士**
>
> 矩估计的步骤如下:
>
> 第一步 计算总体的前 k 阶矩;
>
> 第二步 计算样本的前 k 阶矩;
>
> 第三步 令总体的前 k 阶矩等于样本的前 k 阶矩, 得到 k 个方程构成的方程组. 解方程组, 从而把 k 个参数解出.

解为，随着样本容量 n 越来越大，k 阶样本矩 $A_k=\frac{1}{n}\sum_{i=1}^{n}X_i^k\ (k=1,2,3,\cdots)$ 这个随机变量的取值为常数 $\mu_k=E(X^k)$ 所对应的概率越来越接近 1，其他可能的取值的总概率越来越接近 0. 因为样本矩是由样本观测来的，所以，我们用样本矩作为相应的总体矩的估计.

例 1 设总体 X 服从参数为 p 的两点分布，求 p 的矩估计量.

解 只有一个未知参数，取 $k=1$，

$$\mu_1=E(X)=p,\quad A_1=\overline{X},$$

令 $\mu_1=A_1$，得

$$p=\overline{X},$$

从而矩估计量 $\hat{p}=\overline{X}$.

例 2 设总体 $X\sim U(a,b)$，求 a,b 的矩估计量.

解 $k=2$，

$$\mu_1=E(X)=\frac{a+b}{2},$$
$$\mu_2=E\left(X^2\right)=D(X)+[E(X)]^2=\frac{(b-a)^2}{12}+\frac{(a+b)^2}{4},$$
$$A_1=\overline{X},\quad A_2=\frac{1}{n}\sum_{i=1}^{n}X_i^2,$$

令 $\mu_k=A_k\ (k=1,2)$，

$$\begin{cases}\dfrac{a+b}{2}=\overline{X},\\ \dfrac{(b-a)^2}{12}+\dfrac{(a+b)^2}{4}=\dfrac{1}{n}\displaystyle\sum_{i=1}^{n}X_i^2,\end{cases}$$

$$\begin{cases}b+a=2\overline{X},\\ b-a=2\sqrt{3\left(\dfrac{1}{n}\displaystyle\sum_{i=1}^{n}X_i^2-\overline{X}^2\right)},\end{cases}$$

其解即为 a, b 的矩估计量

$$\begin{cases}\hat{a}=\overline{X}-\sqrt{3\left(\dfrac{1}{n}\displaystyle\sum_{i=1}^{n}X_i^2-\overline{X}^2\right)},\\ \hat{b}=\overline{X}+\sqrt{3\left(\dfrac{1}{n}\displaystyle\sum_{i=1}^{n}X_i^2-\overline{X}^2\right)}.\end{cases}$$

7.2.2 极大似然估计法

极大似然估计

一般来说, 若总体 X 是离散型随机变量, 其概率分布为 $P(X=x)=p(x,\theta)(\theta\in\Theta)$, 则概率分布形式是已知的, 但其中 θ 是待估参数, Θ 是 θ 的取值范围.

设总体 X 的一组样本为 $X_1,X_2,\cdots,X_n$, 观测值为 $x_1,x_2,\cdots,x_n$. 则样本正好取到这一组观测值的概率为

$$\begin{aligned}P(X_1=x_1,X_2=x_2,\cdots,X_n=x_n)&=P(X_1=x_1)P(X_2=x_2)\cdots P(X_n=x_n)\\&=\prod_{i=1}^{n}P(X_i=x_i)=\prod_{i=1}^{n}p(x_i,\theta).\end{aligned}$$

这个概率与 θ 的取值有关, 是 θ 的函数, 记为 $L(\theta)$:

$$L(\theta)=\prod_{i=1}^{n}p(x_i,\theta),$$

称 $L(\theta)$ 为样本的似然函数.

根据极大似然估计法的基本思想, θ 的选取应使抽样的具体结果, 即取到样本观测值 $x_1,x_2,\cdots,x_n$ 的概率最大, 即使 $L(\theta)$ 取最大值, 使 $L(\theta)$ 取最大值的 θ 记为 $\hat{\theta}$:

$$L(\hat{\theta})=\max_{\theta\in\Theta}L(\theta),$$

用 $\hat{\theta}$ 估计 θ, 显然 $\hat{\theta}$ 与 $x_1,x_2,\cdots,x_n$ 有关, 记作 $\hat{\theta}(x_1,x_2,\cdots,x_n)$, 相应的统计量为 $\hat{\theta}(X_1,X_2,\cdots,X_n)$, 称 $\hat{\theta}(X_1,X_2,\cdots,X_n)$ 为 θ 的极大似然估计量, $\hat{\theta}(x_1,x_2,\cdots,x_n)$ 为 θ 的极大似然估计值.

若总体 X 是连续型随机变量, 其概率密度形式为 $f(x,\theta)$ $(\theta\in\Theta)$, X 的样本为 $X_1,X_2,\cdots,X_n$, 则样本的似然函数为

$$L(\theta)=\prod_{i=1}^{n}f(x_i,\theta).$$

其他均和离散型情况相同.

小点睛

极大似然估计法的统计思想实际上很简单直观, 是符合实际推断原理的. 实际推断原理认为, 概率很小的事件在一次试验中实际上几乎是不发生的. 在一次试验中, 我们得到了一组样本观测值, 有理由认为这一组样本观测值在所有的观测值中出现的概率最大, 因为根据实际推断原理, 如果这一组观测值出现的概率很小的话, 那么在一次试验中是不可能观测到的.

为了得到 θ 的极大似然估计量 $\hat{\theta}$, 需要求解 $L(\hat{\theta})=\max\limits_{\theta\in\Theta}L(\theta)$. 至此, 问题就转化为求似然函数 $L(\theta)$ 的最大值点. 如果 $L(\theta)$ 关于 θ 的导数存在, 则方程 $\dfrac{\mathrm{d}L(\theta)}{\mathrm{d}\theta}=0$ 的解可能是 $\hat{\theta}$. 因为 $L(\theta)$ 是 n 个函数的乘积, 对 θ 求导数比较麻烦, 取 $L(\theta)$ 的对数 $\ln L(\theta)$, $\ln L(\theta)$ 是 n 个函数之和, 对 θ 求导数就方便多了, 并且对数函数 $y=\ln x$ 是单调递增函数, 所以 $\ln L(\theta)$ 与 $L(\theta)$ 在相同的 θ 处取极值, 即 $\dfrac{\mathrm{d}\ln L(\theta)}{\mathrm{d}\theta}=0$ 与 $\dfrac{\mathrm{d}L(\theta)}{\mathrm{d}\theta}=0$ 有相同的解.

小贴士

极大似然估计法的步骤:

1. 计算似然函数;
2. 取对数得到对数似然函数;
3. 求对数似然函数的最大值点, 即为待估参数的值.

例 3 设 X 服从参数为 p 的两点分布:

$$P(X=1)=p,\quad P(X=0)=1-p(0<p<1),$$

X 的一个样本为 $X_1,X_2,\cdots,X_n$, 求参数 p 的极大似然估计量.

解 设 $x_1,x_2,\cdots,x_n$ 是样本 $X_1,X_2,\cdots,X_n$ 的观测值, X 的概率分布又可以写为

$$P(X=x)=p^x(1-p)^{1-x}(x=0,1),$$

则似然函数 $L(p)=\prod\limits_{i=1}^{n}p^{x_i}(1-p)^{1-x_i}=p^{\sum\limits_{i=1}^{n}x_i}(1-p)^{n-\sum\limits_{i=1}^{n}x_i}$.

取对数

$$\ln L(p)=\left(\sum_{i=1}^{n}x_i\right)\ln p+\left(n-\sum_{i=1}^{n}x_i\right)\ln(1-p).$$

令

$$\frac{\mathrm{d}\ln L(p)}{\mathrm{d}p}=\frac{\sum\limits_{i=1}^{n}x_i}{p}-\frac{n-\sum\limits_{i=1}^{n}x_i}{1-p}=0,$$

解得 p 的极大似然估计值 $\hat{p}=\frac{1}{n}\sum\limits_{i=1}^{n}x_i=\overline{x}$. p 的极大似然估计量 $\hat{p}=\frac{1}{n}\sum\limits_{i=1}^{n}X_i=\overline{X}$, 正是样本均值.

上面讨论的是分布中只含有一个未知参数 θ 的情况, 对于分布中含有多个参数的情况, 极大似然估计法也适用, 常见的是两个未知参数 θ_1 和 θ_2 的情况, 这时似然函数是 θ_1 和 θ_2 的函数 $L(\theta_1,\theta_2)$, 和前面似然方程对应的是似然方程组.

$$\begin{cases}\dfrac{\partial L(\theta_1,\theta_2)}{\partial\theta_1}=0,\\ \dfrac{\partial L(\theta_1,\theta_2)}{\partial\theta_2}=0.\end{cases}$$

取 $L(\theta_1,\theta_2)$ 的对数 $\ln L(\theta_1,\theta_2)$, 有方程组

$$\begin{cases}\dfrac{\partial \ln L(\theta_1,\theta_2)}{\partial\theta_1}=0,\\ \dfrac{\partial \ln L(\theta_1,\theta_2)}{\partial\theta_2}=0.\end{cases}$$

解上述方程组, 即可得到 θ_1 和 θ_2 的极大似然估计值 $\hat{\theta}_1$ 和 $\hat{\theta}_2$.

对多个参数的情形, 可以类似处理.

例 4　设 $X \sim N(\mu,\sigma^2),\mu,\sigma^2$ 为未知参数, $X_1,X_2,\cdots,X_n$ 为 X 的一个样本, 求 μ,σ^2 的极大似然估计量.

解　设 $x_1,x_2,\cdots,x_n$ 是样本 $X_1,X_2,\cdots,X_n$ 的观测值, X 的概率密度为

$$f(x,\mu,\sigma^2)=\frac{1}{\sqrt{2\pi}\sigma}\mathrm{e}^{-\frac{(x-\mu)^2}{2\sigma^2}}\ (-\infty<x<\infty),$$

则似然函数

$$L(\mu,\sigma^2)=\prod_{i=1}^{n}\frac{1}{\sqrt{2\pi}\sigma}\mathrm{e}^{-\frac{(x_i-\mu)^2}{2\sigma^2}}=(2\pi)^{-\frac{n}{2}}(\sigma^2)^{-\frac{n}{2}}\mathrm{e}^{-\frac{1}{2\sigma^2}\sum\limits_{i=1}^{n}(x_i-\mu)^2}.$$

取对数

$$\ln L(\mu,\sigma^2)=-\frac{n}{2}\ln(2\pi)-\frac{n}{2}\ln\sigma^2-\frac{1}{2\sigma^2}\sum_{i=1}^{n}(x_i-\mu)^2,$$

$$令\begin{cases}\dfrac{\partial\ln L(\mu,\sigma^2)}{\partial\mu}=\dfrac{1}{\sigma^2}\displaystyle\sum_{i=1}^{n}(x_i-\mu)=0,\\[2ex]\dfrac{\partial\ln L(\mu,\sigma^2)}{\partial\sigma^2}=-\dfrac{n}{2\sigma^2}+\dfrac{1}{2\sigma^4}\displaystyle\sum_{i=1}^{n}(x_i-\mu)^2=0,\end{cases}$$

其解为 $\hat{\mu}=\frac{1}{n}\sum\limits_{i=1}^{n}x_i=\overline{x}$, $\hat{\sigma}^2=\frac{1}{n}\sum\limits_{i=1}^{n}(x_i-\overline{x})^2$, 从而 μ,σ^2 的极大似然估计量分别为

$$\hat{\mu}=\frac{1}{n}\sum_{i=1}^{n}X_i=\overline{X},\quad \hat{\sigma}^2=\frac{1}{n}\sum_{i=1}^{n}(X_i-\overline{X})^2.$$

7.2.3　估计量的评选标准

对于同一个未知参数, 使用不同的估计方法, 可能得到不同的估计量, 如对正态分布 $N(\mu,\sigma^2)$, 到底是选用样本方差 $S^2=\frac{1}{n-1}\sum\limits_{i=1}^{n}(X_i-\overline{X})^2$, 还是如上述例题 4, 选 $\hat{\sigma}^2=\frac{1}{n}\sum\limits_{i=1}^{n}(X_i-\overline{X})^2$ 作为 σ^2 的估计量呢? 有一些评选估计量好坏的标准, 常用的有无偏性、有效性和一致性等. 下面重点对无偏性和有效性进行讨论:

(一) **无偏性**

未知参数的估计量 $\hat{\theta}$ 是一个随机变量, 对于不同的样本观测值, $\hat{\theta}$ 取不同的观测值. 衡量一个估计量的好与差, 不能由一次具体的抽样的结果作出定论, 而要从多次具体抽样所得到的估计值与真实值 θ 的偏差大小评定 $\hat{\theta}$ 的好与差. 因此, 一个好的估计量 $\hat{\theta}$ 的取值应在 θ 的真实值附近徘徊, $\hat{\theta}$ 的期望应为真实值 θ, 这是因为估计量具有无偏性.

定义 7.2.3　设 $\hat{\theta}=\hat{\theta}(X_1,X_2,\cdots,X_n)$ 是未知参数 θ 的估计量, 若 $E(\hat{\theta})$ 存在, 并且对

于任意 $\theta \in \Theta$, $E(\hat{\theta}) = \theta$, 则称 $\hat{\theta}$ 是 θ 的无偏估计量.

小贴士

估计量的无偏性是说对于某些样本值, 由这一估计量得到的估计值相对于真实值来说偏大, 有些则偏小. 反复将这一估计量使用多次, 就"平均"意义而言其偏差为零. 在科学技术中 $E(\hat{\theta}) - \theta$ 称为以 $\hat{\theta}$ 作为 θ 的估计的系统误差. 无偏估计的实际意义就是无系统误差.

下面证明一个重要的结论.

定理 7.2.2 设总体 X 的数学期望 $E(X)$ 和方差 $D(X)$ 存在, $X_1, X_2, \cdots, X_n$ 为来自总体 X 的一组样本, 则

$$E(\overline{X}) = E(X), \quad E(S^2) = D(X).$$

证明
$$E(\overline{X}) = E\left(\frac{1}{n}\sum_{i=1}^{n} X_i\right) = \frac{1}{n}\sum_{i=1}^{n} E(X_i) = E(X).$$

$$D(\overline{X}) = D\left(\frac{1}{n}\sum_{i=1}^{n} X_i\right) = \frac{1}{n^2}\sum_{i=1}^{n} D(X_i) = \frac{D(X)}{n},$$

$$\begin{aligned}\sum_{i=1}^{n}(X_i - \overline{X})^2 &= \sum_{i=1}^{n}\left(X_i^2 - 2\overline{X}X_i + \overline{X}^2\right) \\ &= \sum_{i=1}^{n} X_i^2 - 2\overline{X}\sum_{i=1}^{n} X_i + n\overline{X}^2 \\ &= \sum_{i=1}^{n} X_i^2 - 2n\overline{X}^2 + n\overline{X}^2 \\ &= \sum_{i=1}^{n} X_i^2 - n\overline{X}^2,\end{aligned}$$

所以

$$\begin{aligned}E(S^2) &= E\left(\frac{1}{n-1}\sum_{i=1}^{n}(X_i - \overline{X})^2\right) \\ &= \frac{1}{n-1}\left[E\left(\sum_{i=1}^{n} X_i^2\right) - nE(\overline{X}^2)\right] \\ &= \frac{1}{n-1}\left\{\sum_{i=1}^{n} E(X_i^2) - n[D(\overline{X}) + [E(\overline{X})]^2]\right\} \\ &= \frac{1}{n-1}\left\{\sum_{i=1}^{n}[D(X) + [E(X)]^2] - n\left[\frac{D(X)}{n} + [E(X)]^2\right]\right\} \\ &= \frac{1}{n-1}[nD(X) + n[E(X)]^2 - D(X) - n[E(X)]^2] \\ &= D(X),\end{aligned}$$

即 $E(S^2) = D(X)$.

小贴士

定理 7.2.2 表明, 样本平均值 $\overline{X}$ 是总体期望 $E(X)$ 的无偏估计, 样本方差 S^2 是总体方差 $D(X)$ 的无偏估计.

如果 $E(X)$ 和 $D(X)$ 与未知参数有关, 例如, 对正态分布 $N(\mu,\sigma^2), E(X)=\mu$, $D(X)=\sigma^2$, 则 $\overline{X}$ 作为 μ 的估计量, S^2 作为 σ^2 的估计量, 都是无偏估计量.

而前面提到的 $\hat{\sigma}^2=\dfrac{1}{n}\sum\limits_{i=1}^{n}(X_i-\overline{X})^2$ 中的 $\hat{\sigma}^2$ 不是 σ^2 的无偏估计量.

因为

$$
\begin{aligned}
E(\hat{\sigma}^2)&=E\left(\frac{1}{n}\sum_{i=1}^{n}(X_i-\overline{X})^2\right)\\
&=E\left[\frac{n-1}{n}\cdot\frac{1}{n-1}\sum_{i=1}^{n}(X_i-\overline{X})^2\right]\\
&=\frac{n-1}{n}E(S^2)\\
&=\frac{n-1}{n}\sigma^2,
\end{aligned}
$$

所以本节开头提出的问题, 答案就出来了, 用 $S^2=\dfrac{1}{n-1}\sum\limits_{i=1}^{n}(X_i-\overline{X})^2$ 比用 $\hat{\sigma}^2=\dfrac{1}{n}\sum\limits_{i=1}^{n}(X_i-\overline{X})^2$ 作为 σ^2 的估计量更好.

例 5 证明: 对服从参数为 p 的两点分布的总体 X, p 的极大似然估计量具有无偏性.

证明 p 的极大似然估计量 $\hat{p}=\overline{X}$, 根据定理 7.2.2, $E(\hat{p})=E(\overline{X})=E(X)=p$, 从而 $\hat{p}$ 是 p 的无偏估计量.

例 6 设 $X_1,X_2,\cdots,X_n$ 为 X 的一个样本, $E(X)=\mu$, 则 $\hat{\mu}_1=X_1,\hat{\mu}_2=\dfrac{X_1+X_2}{2},\hat{\mu}_3=\overline{X}$ 都是 μ 的无偏估计量.

解 $E(\hat{\mu}_1)=E(\hat{\mu}_2)=E\left(\hat{\mu}_3\right)=\mu$.

由此可见, 一个未知参数可以有不同的无偏估计量.

(二) **有效性**

定义 7.2.4 设 $\hat{\theta}_1=\hat{\theta}_1(X_1,X_2,\cdots,X_n)$ 和 $\hat{\theta}_2=\hat{\theta}_2(X_1,X_2,\cdots,X_n)$ 是 θ 的两个无偏估计量, 若 $D\left(\hat{\theta}_1\right)<D\left(\hat{\theta}_2\right)$, 则称 $\hat{\theta}_1$ 比 $\hat{\theta}_2$ 有效.

有效性可以这样理解: 对于未知参数 θ, 它的无偏估计量尽管取值都在 θ 的真值附近, 并且期望都是 θ 的真值, 但是它们之间还可能有区别, 有的无偏估计量所取的值可能密集在 θ 的真值附近, 有的则可能稍远些, 即无偏估计量所取的值在 θ 的真值附近的密集程度不一样. 当然, $\hat{\theta}$ 所取的值对于 θ 的真值的分散程度越小越好, 对于 θ 的真值的分散程度可以用 $E\left[(\hat{\theta}-\theta)^2\right]$ 描述, 由于 $\hat{\theta}$ 是无偏估计量, $E(\hat{\theta})=\theta$, 因此,

$$E[(\hat{\theta}-\theta)^2]=E\{[\hat{\theta}-E(\hat{\theta})]^2\}=D(\hat{\theta}).$$

从而, 可以用 $\hat{\theta}$ 的方差描述 $\hat{\theta}$ 所取的值对于真值的分散程度, 方差越小越好.

例 7 设 $X_1,X_2,\cdots,X_n$ 为 X 的一个样本, $E(X)=\mu, \hat{\mu}_1=X_1, \hat{\mu}_2=\dfrac{X_1+X_2}{2}, \hat{\mu}_3=\overline{X}$ 都是 μ 的无偏估计量, 试回答在这三个无偏估计量中, 哪个最有效?

解

$$D(\hat{\mu}_1)=D(X_1)=D(X),$$

$$D(\hat{\mu}_2)=D\left(\frac{X_1+X_2}{2}\right)=\frac{1}{4}D(X_1)+\frac{1}{4}D(X_2)=\frac{1}{2}D(X),$$

$$D(\hat{\mu}_3)=D(\overline{X})=D\left(\frac{1}{n}\sum_{i=1}^{n}X_i\right)=\frac{1}{n^2}\sum_{i=1}^{n}D(X_i)=\frac{1}{n}D(X),$$

显然, 当 $n>2$ 时, $D(\hat{\mu}_1)>D(\hat{\mu}_2)>D(\hat{\mu}_3)$, 所以 $\hat{\mu}_3$ 最有效.

习题 7.2

1. 设 $X_1,X_2,\cdots,X_n$ 是总体 X 的样本, 并且 $D(X)=\sigma^2, Y=\dfrac{1}{n}\sum\limits_{i=1}^{n}(X_i-\overline{X})^2$, 则 (　　).

A. $E(Y)=\dfrac{1}{n}\sigma^2$　　B. $E(Y)=\dfrac{n-1}{n}\sigma^2$

C. $E(Y)=\sigma^2$　　D. $E(Y)=\dfrac{n}{n-1}\sigma^2$

2. 设 X_1,X_2,X_3 是总体 X 的一个样本, 则 $E(X)$ 的无偏估计是 (　　).

A. $\hat{\mu}_1=\dfrac{1}{2}X_1-\dfrac{1}{4}X_2+\dfrac{1}{3}X_3$　　B. $\hat{\mu}_2=\dfrac{1}{6}X_1+\dfrac{11}{12}X_2-\dfrac{1}{4}X_3$

C. $\hat{\mu}_3=\dfrac{1}{3}X_1+\dfrac{1}{2}X_2+\dfrac{1}{6}X_3$　　D. $\hat{\mu}_4=\dfrac{2}{3}X_1+\dfrac{3}{2}X_2-\dfrac{5}{6}X_3$

3. 设 $X_1,X_2,\cdots,X_n$ 是来自参数为 λ 的泊松分布总体 X 的一个样本, 求 λ 的矩估计量和极大似然估计量.

4. 设 $X_1,X_2,\cdots,X_n$ 是来自参数为 λ 的指数分布总体 X 的一个样本, 求 λ 的极大似然估计量.

5. 设某种设备的使用寿命 (单位: 天) 服从参数为 λ 的指数分布, 现随机地抽取 20 台设备, 测得使用寿命的数据如下:

20,	25,	39,	52,	69,	105,	136,	150,	280,	300,
330,	420,	460,	510,	630,	180,	200,	230,	820,	1 150

求 λ 的极大似然估计值.

6. 设 X_1,X_2 是正态总体 $X\sim N(\mu,1)$ 的一个容量为 2 的样本, 证明以下 3 个估计量都是 μ 的无偏估计量:

$$\hat{\mu}_1=\frac{2}{3}X_1+\frac{1}{3}X_2,\quad \hat{\mu}_2=\frac{1}{4}X_1+\frac{3}{4}X_2,\quad \hat{\mu}_3=\frac{1}{2}X_1+\frac{1}{2}X_2,$$

并指出其中哪一个更有效.

7.3 区间估计

区间估计

点估计对未知参数的近似给出了明确的数量描述, 但对这种估计的误差, 我们希望能够估计出一个范围, 并且知道这个范围包含参数真值的可信程度, 这种范围通常用区间的形式给出, 并同时给出此区间包含参数真值的可信程度, 这就是参数的区间估计问题.

7.3.1 置信区间和置信水平

定义 7.3.1 设 θ 是总体 X 的分布函数 $F(x;\theta)$ 中的未知参数, 对于给定的概率值 $\alpha(0<\alpha<1)$, 若由样本 $X_1,X_2,\cdots,X_n$ 确定两个统计量 $\underline{\theta}=\underline{\theta}(X_1,X_2,\cdots,X_n)$ 与 $\overline{\theta}=\overline{\theta}(X_1,X_2,\cdots,X_n)$, 满足 $P\{\underline{\theta}<\theta<\overline{\theta}\}\geqslant 1-\alpha$, 则称随机区间 $(\underline{\theta},\overline{\theta})$ 是 θ 的置信水平为 $1-\alpha$ 的置信区间, 分别称 $\underline{\theta},\overline{\theta}$ 为置信下限和置信上限, 称 $1-\alpha$ 为置信水平或置信度.

小贴士

当 X 是连续型随机变量时, 对任意给定的 α, 我们可以按 $P\{\underline{\theta}<\theta<\overline{\theta}\}=1-\alpha$ 求出置信区间. 而当 X 是离散型随机变量时, 常常找不到区间 $(\underline{\theta},\overline{\theta})$ 使得 $P\{\underline{\theta}<\theta<\overline{\theta}\}$ 恰好等于 $1-\alpha$, 只能尽可能接近 $1-\alpha$.

因为 $\underline{\theta},\overline{\theta}$ 是随机变量, 而 θ 不是随机变量, 是一个具体的数值. 所以置信区间的含义是指, 若反复抽样多次, 每次的样本容量都是 n, 则每一次抽样得到的样本观测值 $x_1,x_2,\cdots,x_n$, 可确定一个区间 $(\underline{\theta}(x_1,x_2,\cdots,x_n),\overline{\theta}(x_1,x_2,\cdots,x_n))$, 这个区间或者包含 θ 的真实值, 或者不包含 θ 的真实值. 在多次抽样后得到的多个区间中, 包含 θ 的真实值的区间约占 $100(1-\alpha)\%$, 不包含 θ 的真实值的区间约占 $100\alpha\%$.

例如, 取 $\alpha=0.01$, 反复抽样 1000 次, 得到 1000 组样本观测值, 代入置信区间得到 1000 个区间, 其中约有 10 个区间不包含 θ 的真值.

下面重点讨论正态总体期望的区间估计问题, 研究如何构造置信区间.

7.3.2 正态总体期望的区间估计

1. 单个总体 $X\sim N(\mu,\sigma^2)$ 期望 μ 的区间估计, 可分方差 σ^2 已知和方差 σ^2 未知两种情况进行讨论.

(1) 第一种情况, 方差 σ^2 已知, 对期望 μ 进行区间估计.

用 $\overline{X}$ 作为 μ 的点估计, 由于 $\overline{X}\sim N\left(\mu,\dfrac{\sigma^2}{n}\right)$, 从而 $\dfrac{\overline{X}-\mu}{\sqrt{\dfrac{\sigma^2}{n}}}\sim N(0,1)$, 将该随机变量

记为 U:

$$U=\frac{\overline{X}-\mu}{\sqrt{\frac{\sigma^2}{n}}}\sim N(0,1),$$

$\dfrac{\overline{X}-\mu}{\sqrt{\frac{\sigma^2}{n}}}$ 中含有待估参数 μ, 其服从的分布 $N(0,1)$ 是已知的且不依赖任何未知参数.

如图 7.6 所示, 按照标准正态分布上侧分位数的定义, 对给定的 α $(0<\alpha<1)$,

$$P\left(|U|<u_{\frac{\alpha}{2}}\right)=P\left(\left|\frac{\overline{X}-\mu}{\sqrt{\frac{\sigma^2}{n}}}\right|<u_{\frac{\alpha}{2}}\right)=1-\alpha,$$

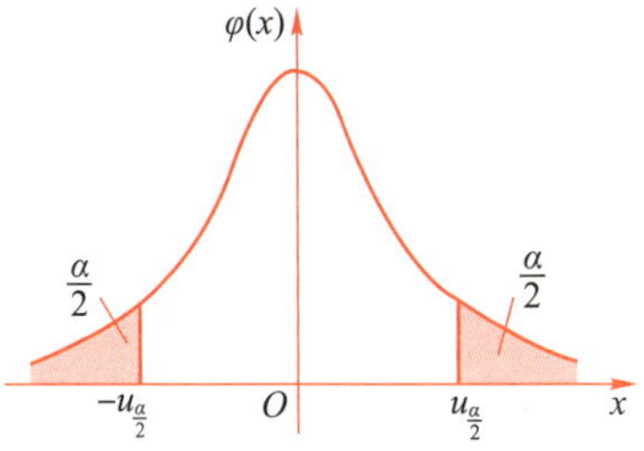

图 7.6

所以

$$P\left(-u_{\frac{\alpha}{2}}<\frac{\overline{X}-\mu}{\sqrt{\frac{\sigma^2}{n}}}<u_{\frac{\alpha}{2}}\right)=1-\alpha,$$

即

$$P\left(\overline{X}-u_{\frac{\alpha}{2}}\sqrt{\frac{\sigma^2}{n}}<\mu<\overline{X}+u_{\frac{\alpha}{2}}\sqrt{\frac{\sigma^2}{n}}\right)=1-\alpha.$$

于是, μ 的置信水平为 $1-\alpha$ 的置信区间为 $\left(\overline{X}-u_{\frac{\alpha}{2}}\sqrt{\frac{\sigma^2}{n}},\overline{X}+u_{\frac{\alpha}{2}}\sqrt{\frac{\sigma^2}{n}}\right)$.

例如, 当 $\alpha=0.05$ 时, 查附表 3 可得 $u_{\frac{\alpha}{2}}=u_{0.025}=1.96$, μ 的置信度为 0.95 的置信区间为 $\left(\overline{X}-1.96\sqrt{\frac{\sigma^2}{n}},\overline{X}+1.96\sqrt{\frac{\sigma^2}{n}}\right)$.

电子作业本

例 1 某厂生产的化纤纤度 (表示纤维粗细程度的量) $X\sim N(\mu,\sigma^2)$, 已知 $\sigma^2=0.048^2$, 今抽取 9 根纤维, 测得其纤度为

1.36, 1.49, 1.43, 1.41, 1.37, 1.40, 1.32, 1.42, 1.47,

求期望 μ 的置信水平为 0.95 的置信区间.

解 $n=9$, $\sigma^2=0.048^2$, 计算得到 $\overline{x}=1.408$, 期望 μ 的置信水平为 0.95 的置信区间为 (1.377,1.439).

小贴士

现在根据抽样结果得到置信区间 (1.377,1.439), 则该区间属于那些包含 μ 的真实值的区间的可信水平为 95%, 或者解释为 “区间 (1.377,1.439) 包含 μ 的真实值” 这一说法的可信度为 95%.

对于相同的置信水平, 置信区间不唯一.

例如, 当 $\alpha=0.05$ 时, 置信区间是由 $P\left(-u_{0.025}<\frac{\overline{X}-\mu}{\sqrt{\frac{\sigma^2}{n}}}<u_{0.025}\right)=0.95$ 推导出来的, 如果由关系式 $P\left(-u_{0.04}<\frac{\overline{X}-\mu}{\sqrt{\frac{\sigma^2}{n}}}<u_{0.01}\right)=0.95$, 也可推导出

$$P\left(\overline{X}-u_{0.01}\sqrt{\frac{\sigma^2}{n}}<\mu<\overline{X}+u_{0.04}\sqrt{\frac{\sigma^2}{n}}\right)=0.95,$$

即得到 μ 的置信水平为 0.95 的另一置信区间

$$\left(\overline{X}-u_{0.01}\sqrt{\frac{\sigma^2}{n}},\quad \overline{X}+u_{0.04}\sqrt{\frac{\sigma^2}{n}}\right).$$

由附表 3 可查得 $u_{0.01}=2.33$, $u_{0.04}=1.75$, 则置信区间为

$$\left(\overline{X}-2.33\sqrt{\frac{\sigma^2}{n}},\quad \overline{X}+1.75\sqrt{\frac{\sigma^2}{n}}\right),$$

这个区间不再以 $\overline{X}$ 为中心, 其长度为 $4.08\sqrt{\frac{\sigma^2}{n}}$, 显然比前一个求出的区间长度大, 还可以类似得到其他置信水平为 0.95 的置信区间. 对于相同的置信水平, 置信区间的长度越小越好, 表示估计的精度高.

显然, 像 $N(0,1)$ 分布那样, 其概率密度的图形是单峰且对称的情形, 当 n 固定时, $\left(\overline{X}-u_{\frac{\alpha}{2}}\sqrt{\frac{\sigma^2}{n}},\overline{X}+u_{\frac{\alpha}{2}}\sqrt{\frac{\sigma^2}{n}}\right)$ 是所有置信区间中长度最短的, 因此, 用它作为 μ 的置信水平为 $1-\alpha$ 的置信区间.

小贴士

寻找未知参数 θ 的置信区间的步骤如下:

第一步　寻找一个关于样本 $X_1,X_2,\cdots,X_n$ 和待估参数 θ 的函数 $F(X_1,X_2,\cdots,X_n;\theta)$, 使得 F 服从的分布是已知的, 不依赖于 θ 或其他未知参数. 这一步往往从待估参数 θ 的无偏估计入手, 并结合定理 7.1.1 和定理 7.1.2 来考虑;

第二步　对于给定的置信水平 $1-\alpha$, 结合上侧分位数的概念, 画出 F 服从的分布的图像, 定出两个常数 a,b, 使得

$$P(a<F(X_1,X_2,\cdots,X_n;\theta)<b)=1-\alpha;$$

第三步　从不等式 $a<F(X_1,X_2,\cdots,X_n;\theta)<b$ 中解出与之等价的不等式 $\underline{\theta}<\theta<\overline{\theta}$, 其中 $\underline{\theta}=\underline{\theta}(X_1,X_2,\cdots,X_n)$ 和 $\overline{\theta}=\overline{\theta}(X_1,X_2,\cdots,X_n)$ 都是统计量, 即

$$P(\underline{\theta}(X_1,X_2,\cdots,X_n)<\theta<\overline{\theta}(X_1,X_2,\cdots,X_n))=1-\alpha,$$

那么 $(\underline{\theta},\overline{\theta})$ 就是 θ 的一个置信水平为 $1-\alpha$ 的置信区间.

(2) 第二种情况, 方差 σ^2 未知, 对期望 μ 进行区间估计.

前面我们用的是随机变量 $U=\dfrac{\overline{X}-\mu}{\sqrt{\dfrac{\sigma^2}{n}}}\sim N(0,1)$, 现在用样本方差 S^2 代替 σ^2, 得到的随机变量为 t, 由定理 7.1.1, t 服从自由度为 $n-1$ 的 t 分布:

$$t=\frac{\overline{X}-\mu}{\sqrt{\dfrac{S^2}{n}}}\sim t(n-1),$$

根据 t 分布上侧分位数的定义, 对给定的 $\alpha(0<\alpha<1)$,

$$P\left(|t|<t_{\frac{\alpha}{2}}(n-1)\right)=P\left(\left|\frac{\overline{X}-\mu}{\sqrt{\dfrac{S^2}{n}}}\right|<t_{\frac{\alpha}{2}}(n-1)\right)=1-\alpha,$$

$$P\left(-t_{\frac{\alpha}{2}}(n-1)<\frac{\overline{X}-\mu}{\sqrt{\dfrac{S^2}{n}}}<t_{\frac{\alpha}{2}}(n-1)\right)=1-\alpha,$$

即

$$P\left(\overline{X}-t_{\frac{\alpha}{2}}(n-1)\sqrt{\frac{S^2}{n}}<\mu<\overline{X}+t_{\frac{\alpha}{2}}(n-1)\sqrt{\frac{S^2}{n}}\right)=1-\alpha,$$

得到 μ 的置信水平为 $1-\alpha$ 的置信区间是 $\left(\overline{X}-t_{\frac{\alpha}{2}}(n-1)\sqrt{\dfrac{S^2}{n}},\overline{X}+t_{\frac{\alpha}{2}}(n-1)\sqrt{\dfrac{S^2}{n}}\right)$.

例 2 对飞机的飞行速度进行 15 次独立测试, 测得飞机的最大飞行速度如下 (单位: m/s):

422.2, 418.7, 425.6, 420.3, 425.8, 423.1, 431.5, 428.2,

438.3, 434.0, 412.3, 417.2, 413.5, 441.3, 423.7.

根据长期经验, 可以认为飞机的最大飞行速度服从正态分布, 试对最大飞行速度的期望进行区间估计, 置信水平为 0.95.

解 用 X 表示飞机的最大飞行速度, 则 $X\sim N(\mu,\sigma^2)$, 现在未知 σ^2, 求 μ 的置信水平为 0.95 的置信区间, $\alpha=0.05$, $n=15$, 计算得到 $\overline{x}=425.047$, $s^2=71.881$. 查表得到 $t_{\frac{\alpha}{2}}(n-1)=t_{0.025}(14)=2.1448$, 所求 μ 的置信水平为 0.95 的置信区间为

$$\left(425.047\pm 2.1448\sqrt{\frac{71.881}{15}}\right)=(420.351,429.743).$$

2. 两个总体 $X\sim N(\mu_1,\sigma_1^2)$, $Y\sim N(\mu_2,\sigma_2^2)$ 的期望差 $\mu_1-\mu_2$ 的区间估计

在实际中经常遇到这样的问题, 已知产品的某一项质量指标服从正态分布, 但由于原料、设备、操作人员不同, 引起总体期望、方差的改变, 为了知道这些变化有多大, 需要考

虑两个正态总体期望差和方差比的估计问题, 下面我们重点就期望差的问题进行谈论.

对总体 $X \sim N(\mu_1, \sigma_1^2)$ 抽取容量为 n_1 的样本 $X_1, X_2, \cdots, X_{n_1}$, 对总体 $Y \sim N(\mu_2, \sigma_2^2)$, 抽取容量为 n_2 的样本 $Y_1, Y_2, \cdots, Y_{n_2}$, 并且设 X 与 Y 相互独立, 对给定的置信度 $1-\alpha$, 期望差 $\mu_1 - \mu_2$ 的置信度为 $1-\alpha$ 的置信区间是指由两个样本构成的统计量 $\underline{\theta}, \overline{\theta}$ 构成的区间 $(\underline{\theta}, \overline{\theta})$, 满足 $P(\underline{\theta} < \mu_1 - \mu_2 < \overline{\theta}) = 1-\alpha$, 用 $\overline{X}, \overline{Y}$ 分别表示两个总体的样本平均值, 用 S_1^2, S_2^2 分别表示两个总体的样本方差, 仍然分已知方差和未知方差两种情况进行讨论:

(1) 第一种情形, 已知方差 σ_1^2, σ_2^2.

由于 $\overline{X}, \overline{Y}$ 分别是 μ_1, μ_2 的无偏估计量, 因此 $\overline{X} - \overline{Y}$ 是 $\mu_1 - \mu_2$ 的无偏估计量, 因为 $\overline{X} \sim N\left(\mu_1, \dfrac{\sigma_1^2}{n_1}\right), \overline{Y} \sim N\left(\mu_2, \dfrac{\sigma_2^2}{n_2}\right)$, 从而 $\overline{X} - \overline{Y} \sim N\left(\mu_1 - \mu_2, \dfrac{\sigma_1^2}{n_1} + \dfrac{\sigma_2^2}{n_2}\right)$, 即

$$\frac{(\overline{X} - \overline{Y}) - (\mu_1 - \mu_2)}{\sqrt{\dfrac{\sigma_1^2}{n_1} + \dfrac{\sigma_2^2}{n_2}}} \sim N(0,1),$$

类似于单个总体的情形, 对于给定的 α $(0 < \alpha < 1)$,

$$P\left(\left|\frac{(\overline{X} - \overline{Y}) - (\mu_1 - \mu_2)}{\sqrt{\dfrac{\sigma_1^2}{n_1} + \dfrac{\sigma_2^2}{n_2}}}\right| < u_{\frac{\alpha}{2}}\right) = 1-\alpha,$$

由此得到, $P\left(\overline{X} - \overline{Y} - u_{\frac{\alpha}{2}}\sqrt{\dfrac{\sigma_1^2}{n_1} + \dfrac{\sigma_2^2}{n_2}} < \mu_1 - \mu_2 < \overline{X} - \overline{Y} + u_{\frac{\alpha}{2}}\sqrt{\dfrac{\sigma_1^2}{n_1} + \dfrac{\sigma_2^2}{n_2}}\right) = 1-\alpha$, 于是, $\mu_1 - \mu_2$ 的置信水平为 $1-\alpha$ 的置信区间为

$$\left(\overline{X} - \overline{Y} - u_{\frac{\alpha}{2}}\sqrt{\frac{\sigma_1^2}{n_1} + \frac{\sigma_2^2}{n_2}},\ \overline{X} - \overline{Y} + u_{\frac{\alpha}{2}}\sqrt{\frac{\sigma_1^2}{n_1} + \frac{\sigma_2^2}{n_2}}\right).$$

(2) 第二种情形, 未知方差 σ_1^2, σ_2^2, 但是要求 $\sigma_1^2 = \sigma_2^2 = \sigma^2$.

根据定理 7.1.2 可知,

$$\frac{(\overline{X} - \overline{Y}) - (\mu_1 - \mu_2)}{S_0\sqrt{\dfrac{1}{n_1} + \dfrac{1}{n_2}}} \sim t(n_1 + n_2 - 2),$$

其中 $S_0^2 = \dfrac{(n_1 - 1)S_1^2 + (n_2 - 1)S_2^2}{n_1 + n_2 - 2}$, 于是

$$P\left(\left|\frac{(\overline{X} - \overline{Y}) - (\mu_1 - \mu_2)}{S_0\sqrt{\dfrac{1}{n_1} + \dfrac{1}{n_2}}}\right| < t_{\frac{\alpha}{2}}(n_1 + n_2 - 2)\right) = 1-\alpha,$$

$$P\left(\overline{X} - \overline{Y} - t_{\frac{\alpha}{2}}(n_1 + n_2 - 2)S_0\sqrt{\frac{1}{n_1} + \frac{1}{n_2}} < \mu_1 - \mu_2 < \overline{X} - \overline{Y} + t_{\frac{\alpha}{2}}(n_1 + n_2 - 2)S_0\sqrt{\frac{1}{n_1} + \frac{1}{n_2}}\right)$$
$$= 1-\alpha,$$

所以 $\mu_1 - \mu_2$ 的置信水平为 $1-\alpha$ 的置信区间为

$$\left(\overline{X}-\overline{Y}-t_{\frac{\alpha}{2}}(n_1+n_2-2)S_0\sqrt{\frac{1}{n_1}+\frac{1}{n_2}},\overline{X}-\overline{Y}+t_{\frac{\alpha}{2}}(n_1+n_2-2)S_0\sqrt{\frac{1}{n_1}+\frac{1}{n_2}}\right).$$

例 3 为了比较甲、乙两种型号步枪子弹的枪口速度, 随机地取甲型子弹 10 发, 得到枪口速度的平均值 $\overline{x}=500$ m/s, 标准差 $s_1=1.10$ m/s, 随机地取乙型子弹 20 发, 得到枪口速度的平均值 $\overline{x}=496$ m/s, 标准差 $s_1=1.20$ m/s, 设两个总体都可以近似地服从正态分布, 并且由生产过程可以认为它们的方差相等, 求两个总体期望差 $\mu_1-\mu_2$ 的置信水平为 0.95 的置信区间.

解 按实际情况, 可以认为两个总体相互独立, $\alpha=0.05$, $n_1=10$, $n_2=20$, 查表得

$$t_{\frac{\alpha}{2}}(n_1+n_2-2)=t_{0.025}(28)=2.0484,$$

计算得到 $S_0=1.1688$, 所以, $\mu_1-\mu_2$ 的置信水平为 0.95 的置信区间为 (3.07,4.93).

小贴士

这个结果说明, "区间 (3.07,4.93) 包含 $\mu_1-\mu_2$ 的真实值" 这一说法的可信度达 95%.

进一步, 因为这个置信区间的下限大于零, 在实际中我们就认为 μ_1 比 μ_2 大, 即认为甲型子弹枪口平均速度比乙型子弹要快.

如果得到的置信区间的右端点小于零, 则可以认为 μ_1 比 μ_2 小. 如果置信区间包含零, 则可以认为 μ_1 和 μ_2 没有显著区别.

习题 7.3

1. 随机地从一批钉子中抽取 16 个, 测得钉子长度为 (单位: cm)

2.14, 2.10, 2.13, 2.15, 2.13, 2.12, 2.13, 2.10,
2.15, 2.12, 2.14, 2.10, 2.13, 2.7, 2.14, 2.7.

设钉长服从正态分布, 已知 $\sigma=0.01$ cm, 求总体期望 μ 的置信水平为 0.90 的置信区间.

2. 设总体 $X\sim N(\mu,\sigma^2)$, 测得一组样本值为 12.6, 13.4, 12.8, 13.2. 求总体期望 μ 的置信水平为 0.95 的置信区间.

3. 随机地从甲批导线中抽取 4 根, 从乙批导线中抽取 4 根, 测得电阻为 (单位: Ω)

甲批导线: 0.143, 0.142, 0.143, 0.137,
乙批导线: 0.140, 0.142, 0.136, 0.140.

设测量数据分别服从正态分布 $N(\mu_1,\sigma^2)$, $N(\mu_2,\sigma^2)$, 并且两个总体相互独立, 求 $\mu_1-\mu_2$ 的置信水平为 0.95 的置信区间.

4. 从正态分布总体 X 中抽取容量为 14 的样本, 观测值为

11, 13, 12, 12, 13, 16, 11, 11, 15, 12, 12, 13, 11, 11.

求 σ^2 的置信水平为 0.90 的置信区间.

7.4 假设检验

假设检验

统计推断的另一类重要问题是假设检验问题. 在总体的分布函数完全未知或只知其形式, 但不知其参数的情况下, 为了推断总体的某些未知特性, 提出某些关于总体的假设. 例如, 提出总体服从正态分布的假设, 或者对泊松分布提出参数 $\lambda = \lambda_0$ 的假设等. 我们要根据样本对所提出的假设作出是接受还是拒绝的决策. 假设检验就是作出这一决策的数学过程, 分为参数的假设检验和分布函数的假设检验两类, 本书讨论参数的假设检验.

7.4.1 假设检验及其方法

我们来看本章一开始提出的实际问题.

例 1 某车间用一台包装机包装葡萄糖. 袋装糖的净重是一个随机变量, 它服从正态分布. 当机器正常时, 其均值为 0.5 kg, 标准差为 0.015 kg. 某日开工后为检验包装机是否正常, 随机地抽取它所包装的 9 袋糖, 称得净重为 (kg)

$$0.497, 0.506, 0.518, 0.524, 0.498, 0.511, 0.520, 0.515, 0.512,$$

问机器是否正常?

以 μ, σ 分别表示这一天袋装糖的净重总体 X 的均值和标准差. 由于长期实践表明标准差比较稳定, $\sigma = 0.015$. 于是 $X \sim N(\mu, 0.015^2)$, 这里 μ 未知. 问题是根据样本值来判断 $\mu = 0.5$ 还是 $\mu \neq 0.5$. 为此, 我们提出两个相互对立的假设.

$$H_0 : \mu = \mu_0 = 0.5$$

和

$$H_1 : \mu \neq \mu_0.$$

然后, 我们给出一个合理的法则, 根据这一法则, 利用已知样本作出决策是接受假设 H_0 (即拒绝假设 H_1), 还是拒绝假设 H_0 (即接受假设 H_1), 如果作出的决策是接受 H_0, 则认为 $\mu = \mu_0$, 即认为机器工作是正常的; 拒绝 H_0 则认为机器工作是不正常的.

由于要检验的假设涉及总体均值 μ, 故先想到是否可借助样本均值 $\overline{X}$ 这一统计量来进行判断. 我们知道, $\overline{X}$ 是 μ 的无偏估计, $\overline{X}$ 的观测值 $\overline{x}$ 的大小在一定程度上反映 μ 的大小. 因此, 如果假设 H_0 为真, 则观测值 $\overline{x}$ 与 μ_0 的偏差 $|\overline{x} - \mu_0|$ 一般不应太大. 若 $|\overline{x} - \mu_0|$ 过分大, 我们就怀疑假设 H_0 的正确性而拒绝 H_0, 并考虑到当 H_0 为真时 $\dfrac{\overline{X} - \mu_0}{\frac{\sigma}{\sqrt{n}}} \sim N(0, 1)$, 而衡量 $|\overline{X} - \mu_0|$ 的大小可归结为衡量 $\left|\dfrac{\overline{X} - \mu_0}{\frac{\sigma}{\sqrt{n}}}\right|$ 的大小, 基于上面的想法, 我们可适当选

定一正数 k, 使当观测值 $\overline{x}$ 满足 $\left|\dfrac{\overline{x}-\mu_0}{\dfrac{\sigma}{\sqrt{n}}}\right| \geqslant k$ 时就拒绝假设 H_0; 反之, 当 $\left|\dfrac{\overline{x}-\mu_0}{\dfrac{\sigma}{\sqrt{n}}}\right| < k$ 时, 就接收假设 H_0.

然而, 由于作出决策的依据是一个样本, 当实际上 H_0 为真时仍可能作出拒绝 H_0 的决策, 这是一种错误, 犯这种错误的概率记为

$$P(\text{当 } H_0 \text{ 为真拒绝 } H_0).$$

我们无法排除这类错误的可能性, 因此自然希望将犯这类错误的概率控制在一定限度之内, 即给出一个较小的数 α $(0<\alpha<1)$, 使犯这类错误的概率不超过 α, 即使得

$$P(\text{当 } H_0 \text{ 为真拒绝 } H_0) \leqslant \alpha.$$

为了确定常数 k, 对连续型随机变量 $\dfrac{\overline{X}-\mu_0}{\dfrac{\sigma}{\sqrt{n}}}$, 由于只允许犯这类错误的概率最大为 α, 令上式右端取等号, 即令

$$P(\text{当 } H_0 \text{ 为真拒绝 } H_0) = P\left(\left|\dfrac{\overline{X}-\mu_0}{\dfrac{\sigma}{\sqrt{n}}}\right| \geqslant k\right) = \alpha,$$

由于当 H_0 为真时, $U=\dfrac{\overline{X}-\mu_0}{\dfrac{\sigma}{\sqrt{n}}} \sim N(0,1)$, 由标准正态分布上侧分位数的定义得

$$k = u_{\frac{\alpha}{2}}.$$

因此, 若 U 的观测值满足

$$|u| = \left|\dfrac{\overline{x}-\mu_0}{\dfrac{\sigma}{\sqrt{n}}}\right| \geqslant k = u_{\frac{\alpha}{2}},$$

则拒绝 H_0, 而若

$$|u| = \left|\dfrac{\overline{x}-\mu_0}{\dfrac{\sigma}{\sqrt{n}}}\right| < k = u_{\frac{\alpha}{2}},$$

则接受 H_0.

例如, 在本例中取 $\alpha=0.05$, 则有 $k=u_{\frac{0.05}{2}}=u_{0.025}=1.96$, 又已知 $n=9$, $\sigma=0.015$, 再由样本算得 $\overline{x}=0.511$, 即有

$$\left|\dfrac{\overline{x}-\mu_0}{\dfrac{\sigma}{\sqrt{n}}}\right| = 2.2 > 1.96,$$

小点睛

通过收集数据, 基于数据来进行统计推断, 从而作出决策. 这种基于数据的科学决策方法, 通过数据来认识事物的思维品质, 是我们需要领悟并在日常生活中应用的.

于是拒绝 H_0, 认为这天包装机工作不正常.

上例中所采用的检验法则是符合实际推断原理的, 因通常 α 总是取得较小, 一般取 $\alpha=0.01$ 或 0.05 等, 因而若 H_0 为真, 即当 $\mu=\mu_0$ 时, $\left(\left|\dfrac{\overline{X}-\mu_0}{\dfrac{\sigma}{\sqrt{n}}}\right|\geqslant k=u_{\frac{\alpha}{2}}\right)$ 是一个小概率事件, 根据实际推断原理, 就可以认为: 如果 H_0 为真, 则由一次试验得到的观测值 $\overline{x}$ 满足不等式 $\left|\dfrac{\overline{x}-\mu_0}{\dfrac{\sigma}{\sqrt{n}}}\right|\geqslant u_{\frac{\alpha}{2}}$ 几乎是不会发生的. 现在在一次观察中, 竟然出现了满足 $\left|\dfrac{\overline{x}-\mu_0}{\dfrac{\sigma}{\sqrt{n}}}\right|\geqslant u_{\frac{\alpha}{2}}$ 的 $\overline{x}$, 那么我们有理由怀疑原来的假设 H_0 的正确性, 因而拒绝 H_0. 若出现的观测值 $\overline{x}$ 满足 $\left|\dfrac{\overline{x}-\mu_0}{\dfrac{\sigma}{\sqrt{n}}}\right|<u_{\frac{\alpha}{2}}$, 此时没有理由拒绝假设 H_0, 因而只能接受假设 H_0.

在上例的做法中, 我们看到样本容量固定时, 选定 α 后, 数 k 就可以确定, 然后按照统计量 $u=\dfrac{\overline{X}-\mu_0}{\dfrac{\sigma}{\sqrt{n}}}$ 的观测值的绝对值 $|u|$ 大于等于 k 还是小于 k 来作出决策, 数 k 是检验上述假设的一个门槛值. 如果 $|u|=\left|\dfrac{\overline{x}-\mu_0}{\dfrac{\sigma}{\sqrt{n}}}\right|\geqslant k$, 则称 $\overline{x}$ 与 μ_0 的差异是显著的, 这时拒绝 H_0; 反之, 如果 $|u|=\left|\dfrac{\overline{x}-\mu_0}{\dfrac{\sigma}{\sqrt{n}}}\right|<k$, 则称 $\overline{x}$ 与 μ_0 的差异是不显著的, 这时接受 H_0, 数 α 称为显著性水平, 上面关于 $\overline{x}$ 与 μ_0 有无显著差异的判断是在显著性水平 α 之下作出的. 统计量 $U=\dfrac{\overline{X}-\mu_0}{\dfrac{\sigma}{\sqrt{n}}}$ 称为检验统计量.

小贴士

以上讨论的假设检验方法称为临界值法, 通过比较检验统计量的观测值和上侧分位数的大小, 来决定是拒绝还是接受原假设.

在现代统计软件中, 一般会给出假设检验问题的 p 值, p 值定义为

$$p\text{ 值 }=P(|U|>\text{检验统计量的观测值}).$$

p 值表示反对原假设 H_0 的依据的强度, p 值越小, 反对 H_0 的依据越充分.

根据这个定义, 对于任意指定的显著性水平 α, 就有

(1) 若 p 值 $\leqslant\alpha$, 则在显著性水平 α 下拒绝原假设 H_0;

(2) 若 p 值 $>\alpha$, 则在显著性水平 α 下接受原假设 H_0.

这样就可以方便地确定是否拒绝 H_0, 而不用去查上侧分位数表. 这种利用 p 值来确定是否拒绝 H_0 的方法, 称为 p 值法.

前面的检验问题通常叙述成: 在显著性水平 α 下, 检验假设

$$H_0: \mu = \mu_0, \quad H_1: \mu \neq \mu_0$$

也常说成“在显著性水平 α 下，针对 H_1 检验 H_0”. H_0 称为原假设或零假设，H_1 称为备择假设（意指在原假设被拒绝后可供选择的假设）. 我们要进行的工作是，根据样本，按上述检验方法作出决策，在 H_0 和 H_1 两者之间接受其一.

当检验统计量取某个区域 C 中的值时，我们拒绝原假设 H_0，则称区域 C 为拒绝域.

由于检验法则是根据样本作出的，有可能作出错误的决策. 如上面所说的那样，在假设 H_0 实际上为真时，我们可能犯拒绝 H_0 的错误，称这类“弃真”的错误为第 Ⅰ 类错误. 又当 H_0 实际上不真时，我们也有可能接受 H_0，称这类“取伪”的错误为第 Ⅱ 类错误. 犯第 Ⅱ 类错误的概率记为

$$P(\text{当 } H_0 \text{ 不真接受 } H_0).$$

为此，在确定检验法则时，我们应尽可能使犯两类错误的概率都较小. 但是，进一步讨论可知，一般来说，当样本容量固定时，若减小犯一类错误的概率，则犯另一类错误的概率往往增大. 若要使犯两类错误的概率都减小，除非增加样本容量. 在给定样本容量的情况下，一般来说，我们总是控制犯第 Ⅰ 类错误的概率，使它不大于 α，α 的大小视具体情况而定，通常 α 取 $0.1, 0.05, 0.01, 0.005$ 等较小的值. 这种只对犯第 Ⅰ 类错误的概率加以控制，而不考虑犯第 Ⅱ 类错误的概率的检验，称为显著性检验.

小贴士

参数的假设检验问题的步骤如下：

1. 根据实际问题的要求，提出原假设 H_0 及备择假设 H_1；
2. 给定显著性水平 α 以及样本容量 n；
3. 确定检验统计量以及拒绝域的形式；
4. 按 P（当 H_0 为真拒绝 H_0）$\leqslant \alpha$ 求出拒绝域.

7.4.2 正态总体期望和方差的假设检验

由于正态随机变量经常出现，因此，主要介绍关于正态总体期望的假设检验问题，当涉及两个正态总体时，均假设它们相互独立，所用样本的符号同区间估计.

1. 单个总体 $X \sim N(\mu, \sigma^2)$ 期望 μ 的检验

检验假设 $H_0: \mu = \mu_0, H_1: \mu \neq \mu_0, \mu_0$ 是已知数，分已知方差 σ^2 和未知方差 σ^2 两种情况讨论.

(1) 第一种情况　已知方差 σ^2

本章的引例（本节例 1）就是这种情况，$\mu_0 = 0.5$，$\sigma^2 = 0.015^2$. 一般地，检验统计量为

$$U = \frac{\overline{X} - \mu_0}{\sqrt{\dfrac{\sigma^2}{n}}}.$$

当 H_0 成立时，$U \sim N(0,1)$，拒绝域为 $|U| = \dfrac{|\overline{X} - \mu_0|}{\sqrt{\dfrac{\sigma^2}{n}}} \geqslant u_{\frac{\alpha}{2}}$，由于使用的检验统计量 U 在 H_0 成立时，服从标准正态分布，因此，这种检验方法称为 U 检验法.

(2) 第二种情况　未知方差 σ^2

因为样本方差 S^2 是 σ^2 的无偏估计量，所以用 S^2 代替 σ^2，得到检验统计量 $t=\dfrac{\overline{X}-\mu_0}{\sqrt{\dfrac{S^2}{n}}}$，当 H_0 成立时，$t\sim t(n-1)$.

与第一种情况类似，当 H_0 成立时，$|t|$ 不应过大，若 $|t|$ 过大，则应拒绝 H_0，依据

$$P(\text{当 } H_0 \text{ 为真拒绝} H_0)=P\left(\frac{|\overline{X}-\mu_0|}{\sqrt{\dfrac{S^2}{n}}}\geqslant k\right)=\alpha$$

和分布的上侧分位数的定义，可得 $k=t_{\frac{\alpha}{2}}(n-1)$，从而拒绝域为

$$|t|=\frac{|\overline{X}-\mu_0|}{\sqrt{\dfrac{S^2}{n}}}\geqslant t_{\frac{\alpha}{2}}(n-1).$$

由于使用的检验统计量 t 在 H_0 成立时服从 t 分布，因此，这种检验方法称为 t 检验法.

例 2　5 个人彼此独立地测量同一块土地，分别测得其面积为 (单位: km^2)

$$1.27, 1.24, 1.21, 1.28, 1.23.$$

设测量值服从正态分布，试根据这些数据假设检验 H_0: 这块土地的实际面积为 $1.23\ \mathrm{km}^2$，取 $\alpha=0.05$.

解　设这块土地的测量面积为 X，$X\sim N(\mu,\sigma^2)$，本题是在显著性水平 $\alpha=0.05$ 下，检验假设

$$H_0:\mu=1.23,\quad H_1:\mu\neq 1.23,$$

由于未知方差 σ^2，使用 t 检验法，计算得到 $\overline{x}=1.246$，$s^2=0.000\,83$，$\dfrac{|\overline{x}-\mu_0|}{\sqrt{\dfrac{s^2}{n}}}=\dfrac{|1.246-1.23|}{\sqrt{\dfrac{0.000\,83}{5}}}=1.241$，查表得到，$t_{\frac{\alpha}{2}}(n-1)=t_{0.025}(4)=2.776\,4$，由于 $1.241<2.776\,4$，因此，接受假设 H_0，即可以认为这块土地的实际面积为 $1.23\ \mathrm{km}^2$.

统计软件报告 p 值 $=0.282\,1$，远大于 $\alpha=0.05$，故在显著性水平 α 下，接受原假设，认可土地实际面积为 $1.23\ \mathrm{km}^2$.

2. 两个总体 $X\sim N(\mu_1,\sigma_1^2)$，$Y\sim N(\mu_2,\sigma_2^2)$ 期望差 $\mu_1-\mu_2$ 的检验假设

$$H_0:\mu_1-\mu_2=0,\quad H_1:\mu_1-\mu_2\neq 0,$$

分已知方差和未知方差两种情况讨论.

(1) 第一种情况　已知方差 σ_1^2 和 σ_2^2

使用检验统计量

$$U=\frac{\overline{X}-\overline{Y}}{\sqrt{\dfrac{\sigma_1^2}{n_1}+\dfrac{\sigma_2^2}{n_2}}},$$

由于 $\dfrac{(\overline{X}-\overline{Y})-(\mu_1-\mu_2)}{\sqrt{\dfrac{\sigma_1^2}{n_1}+\dfrac{\sigma_2^2}{n_2}}}\sim N(0,1)$, 当 H_0 成立时, $U\sim N(0,1)$.

与单个总体已知方差的情况类似, 可得拒绝域为

$$\frac{|\overline{X}-\overline{Y}|}{\sqrt{\dfrac{\sigma_1^2}{n_1}+\dfrac{\sigma_2^2}{n_2}}}\geqslant u_{\frac{\alpha}{2}},$$

这种检验方法也是 U 检验法.

例 3　在两种工艺条件下各纺得细纱, 其强力分别服从 $\sigma_1=28$ g 和 $\sigma_2=28.5$ g 的正态分布, 现各抽取容量为 100 的样本, 由样本观测值得到 $\overline{x}=280$ g, $\overline{y}=286$ g, 问在这两种工艺条件下细纱的平均强力有无差异? 取 $\alpha=0.05$.

解　设两种工艺条件下细纱的强力分别为 X 和 Y, 则 $X\sim N(\mu_1,\sigma_1^2)$, $Y\sim N(\mu_2,\sigma_2^2)$, $\sigma_1^2=28^2$, $\sigma_2^2=28.5^2$, 本题是在显著性水平 $\alpha=0.05$ 下, 检验假设:

$$H_0:\mu_1-\mu_2=0,\quad H_1:\mu_1-\mu_2\neq 0,$$

拒绝域是 $\dfrac{|\overline{X}-\overline{Y}|}{\sqrt{\dfrac{\sigma_1^2}{n_1}+\dfrac{\sigma_2^2}{n_2}}}\geqslant u_{\frac{\alpha}{2}}$, 计算得到

$$\frac{|\overline{x}-\overline{y}|}{\sqrt{\dfrac{\sigma_1^2}{n_1}+\dfrac{\sigma_2^2}{n_2}}}=\frac{|280-286|}{\sqrt{\dfrac{28^2}{100}+\dfrac{28.5^2}{100}}}=1.50,$$

$$u_{\frac{\alpha}{2}}=u_{0.025}=1.96,\quad 1.50<1.96,$$

因此, 接受 H_0, 即认为这两种工艺条件下细纱的强力没有差异.

(2) 第二种情况　未知方差 σ_1^2 和 σ_2^2, 这时, 要求 $\sigma_1^2=\sigma_2^2=\sigma^2$

使用检验统计量

$$t=\frac{\overline{X}-\overline{Y}}{S_0\sqrt{\dfrac{1}{n_1}+\dfrac{1}{n_2}}},$$

式中 $S_0^2=\dfrac{(n_1-1)S_1^2+(n_2-1)S_2^2}{n_1+n_2-2}$.

根据定理 7.1.2, $\dfrac{(\overline{X}-\overline{Y})-(\mu_1-\mu_2)}{S_0\sqrt{\dfrac{1}{n_1}+\dfrac{1}{n_2}}} \sim t(n_1+n_2-2)$, 因此, 当 H_0 成立时, $t \sim t(n_1+n_2-2)$.

与单个总体未知方差的情况相类似, 可得拒绝域为

$$\frac{|\overline{X}-\overline{Y}|}{S_0\sqrt{\dfrac{1}{n_1}+\dfrac{1}{n_2}}} \geqslant t_{\frac{\alpha}{2}}(n_1+n_2-2),$$

这种方法也是 t 检验法.

例 4　在针织品的漂白工艺过程中, 要考虑温度对针织品断裂强力的影响, 为了比较 70 ℃ 和 80 ℃ 的影响有无差别, 在这两个温度下, 分别做了 8 次重复试验, 得到的数据如下 (单位: kg):

70 ℃ 时的断裂强力

$$20.5, 18.8, 19.8, 20.9, 21.5, 19.5, 21.0, 21.2.$$

80 ℃ 时的断裂强力

$$17.7, 20.3, 20.0, 18.8, 19.0, 20.1, 20.2, 19.1.$$

设断裂强力服从正态分布, 且方差不变, 问 70 ℃ 时的断裂强力与 80 ℃ 时的断裂强力有没有显著差别? 取 $\alpha=0.05$.

解　设在 70 ℃ 和 80 ℃ 时的断裂强力分别为 X 和 Y, 则 $X \sim N(\mu_1,\sigma^2), Y \sim N(\mu_2,\sigma^2)$, 本题是在显著性水平 $\alpha=0.05$ 下, 检验假设:

$$H_0: \mu_1-\mu_2=0, \quad H_1: \mu_1-\mu_2 \neq 0,$$

拒绝域是

$$\frac{|\overline{X}-\overline{Y}|}{S_0\sqrt{\dfrac{1}{n_1}+\dfrac{1}{n_2}}} \geqslant t_{\frac{\alpha}{2}}(n_1+n_2-2),$$

计算得到

$$\frac{|\overline{x}-\overline{y}|}{s_0\sqrt{\dfrac{1}{n_1}+\dfrac{1}{n_2}}} = \frac{|20.4-19.4|}{0.926\times\sqrt{\dfrac{1}{8}+\dfrac{1}{8}}} = 2.160.$$

查表得 $t_{\frac{\alpha}{2}}(n_1+n_2-2)=t_{0.025}(14)=2.1448$, $2.160>2.1448$, 因此, 拒绝 H_0, 即 70 ℃ 时的断裂强力与 80 ℃ 时的断裂强力有区别.

软件报告 p 值 $=0.0486$, 小于 $\alpha=0.05$, 即在显著性水平 $\alpha=0.05$ 下, 拒绝原假设 H_0, 认为 70 ℃ 时与 80 ℃ 时断裂强力有区别.

习题 7.4

1. 某产品用自动包装机装箱, 额定标准为 $\mu_0 = 100$ kg, 设每箱重量 X 服从正态分布 $X \sim N(\mu, \sigma^2)$, 现随机抽取 $n = 10$ 箱, 称得重量为 (单位: kg)

$$99.8, 99.4, 102.0, 101.5, 100.1, 99.2, 102.7, 101.3, 100.3, 101.4.$$

在下面两种情况下, 检验包装机工作是否正常 (取 $\alpha = 0.05$).

(1) 方差 $\sigma^2 = 1.15^2$ 已知; (2) 方差 σ^2 未知.

2. 在两座矿山开采的铁矿石, 其含铁量 (%) 分别服从 $\sigma_1^2 = 2.8^2$ 和 $\sigma_2^2 = 3.2^2$ 的正态分布, 现各抽取容量为 10 的样本, 由样本观测值得到 $\overline{x} = 22.1$, $\overline{y} = 20.1$, 问这两座矿山铁矿石的含铁量有无显著差异? 取 $\alpha = 0.05$.

3. 某机器在正常工作时, 生产的产品平均质量应为 50 g, 从该机器生产的一批产品中抽取 9 个, 分别称得重量为 (单位: g)

$$52.1, 50.5, 51.2, 49.7, 49.5, 50.5, 58.7, 50.5, 48.3.$$

设产品重量服从正态分布, 问这批产品质量是否正常? 取 $\alpha = 0.05$.

4. 正常人的脉搏平均 72 次/min, 某医生测得 10 例慢性中毒者的脉搏为 (单位: 次/min)

$$54, 67, 68, 78, 70, 66, 67, 70, 65, 69.$$

设中毒者脉搏服从正态分布, 问中毒者和正常人的脉搏有无显著性差异? 取 $\alpha = 0.05$.

7.5 知识拓展

7.5.1 单侧置信区间

前面讨论的都是求未知参数 θ 的双侧置信区间 $(\underline{\theta}, \overline{\theta})$. 但在某些实际问题中, 例如, 对于产品的使用寿命, 希望平均寿命长, 我们所关心的是平均寿命 θ 的下限; 与之相反, 在考虑产品的次品率时, 所关心的则是次品率 p 的上限. 这就引出了单侧置信区间的概念.

定义 设 θ 是总体 X 的分布函数 $F(x, \theta)$ 中的一个未知参数, 对于给定 $\alpha(0 < \alpha < 1)$, 若由样本确定的统计量 $\underline{\theta} = \underline{\theta}(X_1, X_2, \cdots, X_n)$ 满足

$$P(\theta > \underline{\theta}) = 1 - \alpha,$$

则称随机区间 $(\underline{\theta}, \infty)$ 是 θ 的置信度为 $1 - \alpha$ 的单侧置信区间, 称 $\underline{\theta}$ 为单侧置信下限. 若由样本确定的统计量 $\underline{\theta} = \underline{\theta}(X_1, X_2, \cdots, X_n)$ 满足

$$P(\theta < \overline{\theta}) = 1 - \alpha,$$

则称随机区间 $(-\infty, \overline{\theta})$ 是 θ 的置信度为 $1 - \alpha$ 的单侧置信区间, 称 $\overline{\theta}$ 为单侧置信上限.

求单侧置信区间的方法与求双侧置信区间的方法类似, 下面仅以求单个正态总体 $X \sim N(\mu,\sigma^2)$ 的期望 μ (未知方差 σ^2) 的单侧置信区间为例说明.

按照 t 分布上侧分位数的定义, 可得

$$P\left(\frac{\overline{X}-\mu}{\sqrt{\frac{S^2}{n}}} < t_\alpha(n-1)\right) = 1-\alpha,$$

于是

$$P\left(\mu > \overline{X} - t_\alpha(n-1)\sqrt{\frac{S^2}{n}}\right) = 1-\alpha,$$

得到 μ 的置信区间 $1-\alpha$ 的单侧置信区间为

$$\left(\overline{X} - t_\alpha(n-1)\sqrt{\frac{S^2}{n}}, +\infty\right).$$

同样,

$$P\left\{\frac{\overline{X}-\mu}{\sqrt{\frac{S^2}{n}}} > -t_\alpha(n-1)\right\} = 1-\alpha,$$

于是 $P\left\{\mu < \overline{X} + t_\alpha(n-1)\sqrt{\frac{S^2}{n}}\right\} = 1-\alpha$, 得到 μ 的置信度为 $1-\alpha$ 的单侧置信区间为

$$\left(-\infty,\ \overline{X} + t_\alpha(n-1)\sqrt{\frac{S^2}{n}}\right).$$

7.5.2 单边假设检验

在前面讨论的内容中, 备择假设 H_1, 表示 μ 可能大于 μ_0, 也可能小于 μ_0, 称为双边备择假设.

有时, 我们只关心总体均值是否增大, 例如, 试验新工艺以提高材料的强度. 这时, 所考虑的总体的均值应该越大越好. 如果我们能判断在新工艺下总体均值较以往正常生产的大, 则可考虑采用新工艺, 此时, 我们需要检验假设

$$H_0: \mu \leqslant \mu_0, \quad H_1: \mu > \mu_0.$$

上述形式的假设检验, 称为右边检验.

类似地, 我们把检验假设

$$H_0: \mu \geqslant \mu_0, \quad H_1: \mu < \mu_0,$$

称为左边检验. 右边检验和左边检验统称为单边检验.

下面来讨论单边检验的拒绝域.

设总体 $X \sim N(\mu, \sigma^2)$, μ 未知、σ 为已知, $X_1, X_2, \cdots, X_n$ 是来自总体 X 的样本, 给定显著性水平 α. 我们来求检验

$$H_0: \mu \leqslant \mu_0, \quad H_1: \mu > \mu_0$$

的拒绝域.

因 H_0 中的全部 μ 都比 H_1 中的 μ 要小, 当 H_1 为真时, 观测值 $\overline{x}$ 往往偏大, 因此, 拒绝域的形式为

$$\overline{x} \geqslant k \ (k \text{ 是某一正常数}).$$

下面来确定常数 k, 其做法与 7.4 节例 1 中的做法类似.

$$\begin{aligned} P(\text{ 当 } H_0 \text{ 为真拒绝 } H_0) &= P_{\mu \in H_0}(\overline{x} \geqslant k) \\ &= P_{\mu \leqslant \mu_0}\left(\frac{\overline{x}-\mu_0}{\frac{\sigma}{\sqrt{n}}} \geqslant \frac{k-\mu_0}{\frac{\sigma}{\sqrt{n}}}\right) \\ &\leqslant P_{\mu \leqslant \mu_0}\left(\frac{\overline{x}-\mu}{\frac{\sigma}{\sqrt{n}}} \geqslant \frac{k-\mu_0}{\frac{\sigma}{\sqrt{n}}}\right) \end{aligned}$$

$\left(\text{上式不等号成立是由于 } \mu \leqslant \mu_0, \frac{\overline{x}-\mu}{\frac{\sigma}{\sqrt{n}}} \geqslant \frac{\overline{x}-\mu_0}{\frac{\sigma}{\sqrt{n}}}, \text{事件} \left\{\frac{\overline{x}-\mu_0}{\frac{\sigma}{\sqrt{n}}} \geqslant \frac{k-\mu_0}{\frac{\sigma}{\sqrt{n}}}\right\} \subset \left\{\frac{\overline{x}-\mu}{\frac{\sigma}{\sqrt{n}}} \geqslant \frac{k-\mu_0}{\frac{\sigma}{\sqrt{n}}}\right\}\right)$. 要控制 P(当 H_0 为真时拒绝 H_0) $\leqslant \alpha$, 只需令

$$P_{\mu \leqslant \mu_0}\left(\frac{\overline{x}-\mu}{\frac{\sigma}{\sqrt{n}}} \geqslant \frac{k-\mu_0}{\frac{\sigma}{\sqrt{n}}}\right) = \alpha.$$

由于 $\frac{\overline{x}-\mu}{\frac{\sigma}{\sqrt{n}}} \sim N(0,1)$, 得到 $\frac{k-\mu_0}{\frac{\sigma}{\sqrt{n}}} = u_\alpha, k = \mu_0 + \frac{\sigma}{\sqrt{n}} u_\alpha$, 即得到拒绝域 $\overline{x} \geqslant \mu_0 + \frac{\sigma}{\sqrt{n}} u_\alpha$, 最终, $u = \frac{\overline{x}-\mu_0}{\frac{\sigma}{\sqrt{n}}} \geqslant u_\alpha$.

类似地, 可得左边检验问题

$$H_0: \mu \geqslant \mu_0, \quad H_1: \mu < \mu_0$$

的拒绝域为

$$u = \frac{\overline{x}-\mu_0}{\frac{\sigma}{\sqrt{n}}} \leqslant -u_\alpha.$$

例　公司从生产商购买牛奶. 公司怀疑生产商在牛奶中掺水以谋利. 通过测定牛奶的冰点, 可以检验出牛奶是否掺水. 天然牛奶的冰点温度近似服从正态分布, 均值 $\mu_0 = -0.545$ ℃, 标准差 $\sigma = 0.008$ ℃. 牛奶掺水可使冰点温度升高而接近于水的冰点温度 (0 ℃). 测得生产商提交的 5 批牛奶的冰点温度, 其均值为 $\overline{x} = -0.535$ ℃, 问是否可以认为生产商在牛奶中掺了水? 取 $\alpha = 0.05$.

解　按题意需检验假设

$H_0 : \mu \leqslant \mu_0 = -0.535$ ℃ (即设牛奶未掺水),

$H_1 : \mu \geqslant \mu_0$ (即设牛奶已掺水).

这是右边检验问题, 其拒绝域为

$$u = \frac{\overline{x} - \mu_0}{\frac{\sigma}{\sqrt{n}}} \geqslant u_{0.05} = 1.645,$$

现在 $u = \dfrac{-0.535 - (-0.545)}{\frac{0.008}{\sqrt{5}}} = 2.795\,1 > 1.645$, u 的值落在拒绝域中, 所以我们在显著性水平 $\alpha = 0.05$ 下拒绝 H_0, 即认为牛奶商在牛奶中掺了水.

本章小结

在数理统计中往往研究有关对象的某一项数量指标, 对这一数量指标进行试验或观察, 将试验的全部可能的观测值称为总体, 每个观测值称为个体. 总体中的每个个体是某一随机变量 X 的值, 因此一个总体对应一个随机变量 X.

在相同的条件下, 对总体 X 进行 n 次重复的、独立的观察, 得到 n 个结果 $X_1, X_2, \cdots, X_n$, 称随机变量 $X_1, X_2, \cdots, X_n$ 为来自总体 X 的简单随机样本, 具有两条性质:

1. $X_1, X_2, \cdots, X_n$ 都与总体具有相同的分布;

2. $X_1, X_2, \cdots, X_n$ 相互独立.

我们就是利用来自样本的信息推断总体, 得到有关总体分布的种种结论的.

若样本 $X_1, X_2, \cdots, X_n$ 的函数 $T(X_1, X_2, \cdots, X_n)$ 不包含未知参数, 则称为统计量. 统计量是一个随机变量, 是完全由样本所确定的. 统计量是进行统计推断的工具. 样本均值 $\overline{X} = \dfrac{1}{n}\sum\limits_{k=1}^{n} X_k$ 和样本方差 $S^2 = \dfrac{1}{n-1}\sum\limits_{k=1}^{n}(X_k - \overline{X})^2$ 是两个最重要的统计量. 统计量的分布称为抽样分布. χ^2 分布, t 分布, F 分布是三个来自正态分布的抽样分布. 这三个分布称为统计学的三大分布, 它们在数理统计中有着广泛的应用, 对于这三个分布, 要求读者掌握它们的定义和密度函数图形的轮廓, 还要会使用分位点表写出分位点. 关于样本均值 $\overline{X}$, 样本方差 S^2, 我们给出了一些统计推断中常用的结论.

统计推断就是由样本来推断总体, 包括两个基本问题: 参数估计和假设检验.

参数估计问题分为点估计和区间估计. 点估计是适当地选择一个统计量作为未知参数的估计 (称为估计量), 若已取得一样本, 将样本值代入估计量, 得到估计量的值, 以估计量的值作为未知参数的近似值 (称为估计值). 本章介绍了两种求点估计的方法: 矩估计和最大似然估计. 矩估计的做法是, 以样本矩作为总体矩的估计量, 而以样本矩的连续函数作为相应的总体矩的连续函数的估计量, 从而得到总体未知参数的估计. 最大似然估计法的基本想法是, 若已观察到样本 $(X_1, X_2, \cdots, X_n)$ 的样本值 $(x_1, x_2, \cdots, x_n)$, 而取到这一样本值的概率为 p, 而 p 与未知参数有关, 我们就取 θ 的估计值使概率 p 取得最大.

对于一个未知参数可以提出不同的估计量, 因此自然提出比较估计量好坏的问题, 这就需要给出评定估计量好坏的标准. 本章介绍了两个标准, 无偏性和有效性.

点估计不能反映估计的精度, 我们引入区间估计. 置信区间是一个随机区间 $(\underline{\theta}, \overline{\theta})$, 覆盖未知参数, 具有预先给定的高概率 (置信水平), 即对于任意 $\theta \in \Theta$, 有

$$P(\underline{\theta} < \theta < \overline{\theta}) \geqslant 1-\alpha.$$

例如, 对于正态分布 $N(\mu,\sigma^2)$, σ^2 未知, 可得 μ 的一个置信水平为 $1-\alpha$ 的置信区间为

$$\left(\overline{X} - t_{\frac{\alpha}{2}}(n-1)\frac{S}{\sqrt{n}},\ \overline{X} + t_{\frac{\alpha}{2}}(n-1)\frac{S}{\sqrt{n}}\right),$$

就是说这一随机区间覆盖 μ 的概率 $\geqslant 1-\alpha$, 一旦有了一个样本值 $x_1, x_2, \cdots, x_n$, 将它代入上式, 得到一个数字区间

$$\left(\overline{X} - t_{\frac{\alpha}{2}}(n-1)\frac{s}{\sqrt{n}},\ \overline{X} + t_{\frac{\alpha}{2}}(n-1)\frac{s}{\sqrt{n}}\right) \xlongequal{\text{记成}} (-c, c),$$

$(-c,c)$ 也称为 μ 的置信水平为 $1-\alpha$ 的置信区间, 意指 "$(-c,c)$ 包含 μ" 这一陈述的可信程度为 $1-\alpha$.

有关总体分布的未知参数或未知分布形式的种种论断叫统计假设, 人们要根据样本所提供的信息对所考虑的假设作出接受或拒绝的决策. 假设检验就是作出这一决策的过程.

一般人们总是对原假设 H_0 作出接受或拒绝的决策. 由于作出判断原假设 H_0 是否为真的依据是一个样本, 由于样本的随机性, 当 H_0 为真时, 检验统计量的观测值也会落入拒绝域, 致使我们作出拒绝 H_0 的错误决策; 而当 H_0 为不真时, 检验统计量的观测值也会未落入拒绝域, 致使我们作出接受 H_0 的错误决策.

假设检验的两类错误

真实情况 (未知)	所作决策	
	接受 H_0	拒绝 H_0
H_0 为真	正确	犯 Ⅰ 类错误
H_0 不真	犯 Ⅱ 类错误	正确

当样本容量 n 固定时, 减小犯第 Ⅰ 类错误的概率, 就会增大犯第 Ⅱ 类错误的概率, 反之亦然. 我们的做法是控制犯第 Ⅰ 类错误的概率, 使

$$P(\text{ 当 } H_0 \text{ 为真拒绝 } H_0) \leqslant \alpha,$$

其中 $0<\alpha<1$ 是给定的很小的数. α 称为检验的显著性水平. 这种只对犯第 Ⅰ 类错误的概率加以控制而不考虑犯第 Ⅱ 类错误的概率的检验称为显著性检验.

复习题 7

1. 设有一组样本值, 求样本均值和样本方差.

$$10\,215,\ 10\,362,\ 10\,221,\ 10\,211,\ 10\,463,\ 10\,351,\ 10\,235,\ 10\,452,\ 10\,332,\ 10\,210.$$

2. 设总体 $X \sim N(61, 4.9)$, 从 X 中抽取容量为 10 的一个样本, 求样本平均值小于 60 的概率.

3. 在总体 $N(80, 20^2)$ 中随机抽取一容量为 100 的样本, 求样本均值与总体均值的差的绝对值大于 3 的概率.

4. 设 $(X_1, X_2, \cdots, X_{10})$ 为总体 $N(0, 0.3^2)$ 的一个样本, 求 $P\left(\sum\limits_{i=1}^{10} X_i > 1.44\right)$.

5. 查表计算:

(1) $\chi^2_{0.05}(9)$, $\chi^2_{0.99}(21)$, $\chi^2_{0.9}(18)$;　　(2) $t_{0.05}(30)$, $t_{0.025}(16)$, $t_{0.01}(34)$.

6. 设 $X_1, X_2, \cdots, X_n$ 是来自参数为 λ 的指数分布总体 X 的一个样本, 求 λ 的极大似然估计量.

7. 设总体 $X \sim N\left(0, \sigma^2\right), X_1, X_2, \cdots, X_n$ 为样本, 求未知参数 σ^2 的极大似然估计量.

8. 设总体 X 服从参数为 λ 的泊松分布, $X_1, X_2, \cdots, X_n$ 是 X 的样本, 证明: 对任一值 $\alpha: 0 \leqslant \alpha \leqslant 1, \alpha\overline{X} + (1-\alpha)S^2$ 是 λ 的无偏估计量.

9. 设 X_1, X_2 是正态总体 $X \sim N(\mu, 4)$ 的一个容量为 2 的样本, 证明以下 3 个估计量都是 μ 的无偏估计量:

$$\hat{\mu}_1 = \frac{1}{3}X_1 + \frac{2}{3}X_2, \quad \hat{\mu}_2 = \frac{1}{5}X_1 + \frac{4}{5}X_2, \quad \hat{\mu}_3 = \frac{1}{2}X_1 + \frac{1}{2}X_2,$$

并指出其中哪一个方差最小.

10. 随机地从一批钉子中抽取 16 个, 测得钉子长度为 (单位: cm)

$$2.14,\ 2.10,\ 2.13,\ 2.15,\ 2.13,\ 2.12,\ 2.13,\ 2.10,$$
$$2.15,\ 2.12,\ 2.14,\ 2.10,\ 2.13,\ 2.11,\ 2.14,\ 2.11.$$

设钉长服从正态分布, 求总体期望 μ 的置信水平为 0.90 的置信区间:

(1) 若已知 $\sigma = 0.01$ cm;　　(2) 若 σ 未知.

11. 由经验知某产品质量 $X \sim N(15, 0.05)$, 现抽取 6 个样本, 测得质量为 (单位: g)

$$14.7, \quad 15.1, \quad 14.8, \quad 15.0, \quad 15.2, \quad 14.6.$$

设方差不变, 问平均质量是否仍为 15 g? 取 $\alpha = 0.05$.

12. 设总体 X 与 Y 相互独立, 均服从正态分布: $X \sim N(\mu_1, \sigma_1^2), Y \sim N(\mu_2, \sigma_2^2)$, 并且 $\sigma_1^2 = \sigma_2^2$, 其样本观测值为

$$\begin{aligned} X: &\quad 86, \quad 68.5, \quad 123, \quad 88, \quad 95; \\ Y: &\quad 102, \quad 123, \quad 137, \quad 117, \quad 104.5. \end{aligned}$$

试检验这两个总体的期望 μ_1 和 μ_2 是否相等, 取 $\alpha = 0.05$.

附录 1 数学实验

数学实验 (一) 行列式

在 MATLAB 中, 计算方阵行列式最简单的方法是调用函数 `det()`. 它既适用于数字矩阵, 又适用于符号矩阵, 其结果从数值上和正负号上来看都是正确的, 缺点是看不到内部计算原理, 在使用时, 先输入方阵 A, 再调用格式 `D=det(A)` 进行求解.

例 1 计算下列行列式

$$D=\begin{vmatrix}2&0&1&-1\\-5&1&3&-4\\1&-5&3&-3\\3&1&-1&2\end{vmatrix}.$$

解 在 MATLAB 命令窗口输入:

```
>>A=[2 0 1 -1;-5 1 3 -4;1 -5 3 -3;3 1 -1 2];
>>format rat,D=det(A)
```

运行结果如下:

```
D=40
```

当然, 也可调用 `lu` 函数求解, 基本原理是将 A 分解为 A=LU, 其中 L 为准下三角形矩阵, U 为上三角形矩阵, 且 `det(L)=1`, 因而 `det(A)=det(U)`, 进一步在 MATLAB 命令窗口输入:

```
>>format rat; [L,U]=lu(A)
>>D1=prod(diag(U)) % 求上三角形矩阵 U 中主对角元素的连乘积
```

运行结果如下:

```
L = -2/5    -1/12    1      0      U = -5     1       3      -4
      1       0      0      0           0   -24/5   18/5   -19/5
    -1/5      1      0      0           0     0      5/2   -35/12
    -3/5    -1/3    4/5    10           0     0      0       2/3
D1 = 40
```

可见两种方法运行结果一致, 相比较而言, 上述方法概念相对清晰, 但不能用于符号矩阵运算, 因此在实际计算中我们总习惯调用 `det()` 函数.

例 2　验证如下三阶范德蒙德行列式:

$$D=\begin{vmatrix}1&1&1&1\\a&b&c&d\\a^2&b^2&c^2&d^2\\a^3&b^3&c^3&d^3\end{vmatrix}=(b-a)(c-a)(d-a)(c-b)(d-b)(d-c).$$

解　在 MATLAB 命令窗口输入:

```
>>syms a b c d;                      % 定义符号变量
>> V=[a b c d];
>> A=[ones(1,4);V;V.^ 2;V.^ 3]; % 由向量 V 定义矩阵 A
>> D=det(A);
>> simplify(D)                       % 化简行列式结果, 最短表达式为因式分解形式
```

运行结果如下:

```
ans =(a - b)*(a - c)*(a - d)*(b - c)*(b - d)*(c - d)
```

例 3　用克拉默法则求解下列线性方程组

$$\begin{cases}5x_1+6x_2=1,\\x_1+5x_2+6x_3=0,\\x_2+5x_3+6x_4=0,\\x_3+5x_4+6x_5=0,\\x_4+5x_5=1.\end{cases}$$

解　在 MATLAB 命令窗口输入:

```
>> a1=[5 1 0 0 0]';a2=[6 5 1 0 0]';a3=[0 6 5 1 0]';a4=[0 0 6 5 1]';
   a5=[0 0 0 6 5]';b=[1 0 0 0 1]';
>>D=det([a1,a2,a3,a4,a5]);D1=det([b,a2,a3,a4,a5]);D2=det([a1,b,a3,a4,a5]);
>>D3=det([a1,a2,b,a4,a5]);D4=det([a1,a2,a3,b,a5]);D5=det([a1,a2,a3,a4,b]);
>>x1=D1/ D;x2=D2/ D;x3=D3/ D;x4=D4/ D;x5=D5/ D;
>>format rat, X=[x1,x2,x3,x4,x5]
```

运行结果如下:

```
X =1507/665    -229/133    37/35    -79/133    212/665
```

例 4　求经过 $\left(1,\dfrac{4\sqrt{2}}{3}\right)$, $\left(-\dfrac{3\sqrt{7}}{4},\dfrac{3}{2}\right)$ 两点, 且焦点在 x 轴上的椭圆方程.

解　设所求椭圆方程为 $\dfrac{x^2}{a^2}+\dfrac{y^2}{b^2}=1$, 若椭圆上两点坐标分别为 (x_1,y_1), (x_2,y_2), 则

$$\begin{cases} x^2\dfrac{1}{a^2}+y^2\dfrac{1}{b^2}-1=0,\\ x_1^2\dfrac{1}{a^2}+y_1^2\dfrac{1}{b^2}-1=0,\\ x_2^2\dfrac{1}{a^2}+y_2^2\dfrac{1}{b^2}-1=0. \end{cases}$$

上述方程可看成关于 $\dfrac{1}{a^2}$, $\dfrac{1}{b^2}$ 和 -1 的齐次线性方程组, 显然有非零解, 因此系数行列式满足

$$\begin{vmatrix} x^2 & y^2 & 1\\ x_1^2 & y_1^2 & 1\\ x_2^2 & y_2^2 & 1 \end{vmatrix}=0,$$

代入本题给定两点坐标, 即求得椭圆方程. 借助于 MATLAB 求解, 可在命令窗口输入:

```
>>x1=1; y1=4*sqrt(2)/3; x2=-3*sqrt(7)/4; y2=3/2;
>>syms x y
>>A=[x^2  y^2  -1; x1^2  y1^2  -1; x2^2  y2^2  -1];
>>det(A)
```

运行结果如下:

```
ans =47/4 - (47*y^2)/16 - (47*x^2)/36.
```

由运行结果可知, 所求椭圆方程为 $\dfrac{x^2}{9}+\dfrac{y^2}{4}=1$.

数学实验 (二) 矩阵及其运算

矩阵的基本操作, 主要包含矩阵的构建、矩阵结构改变等. 下面介绍一些常用的指令 (表 1):

表 1

命令	含义	命令	含义
`A(i, j)`	返回矩阵 $\boldsymbol{A}$ 第 i 行第 j 列元素	`[A,B]`	矩阵 $\boldsymbol{A},\boldsymbol{B}$ 左右合并成新矩阵
`A(i,:)`	返回矩阵 $\boldsymbol{A}$ 第 i 行行向量	`[A;B]`	矩阵 $\boldsymbol{A},\boldsymbol{B}$ 上下合并成新矩阵
`A(:,j)`	返回矩阵 $\boldsymbol{A}$ 第 j 列列向量	`ones(n)`	建立一个 $n\times n$ 的元素为 1 的矩阵
`A(:)`	返回矩阵 $\boldsymbol{A}$ 每列合并成一个列向量	`ones(size(A))`	建立与矩阵 $\boldsymbol{A}$ 同型的元素为 1 的矩阵
`tril(A)`	返回矩阵 $\boldsymbol{A}$ 下三角部分	`zeros(n)`	建立一个 $n\times n$ 的零矩阵
`triu(A)`	返回矩阵 $\boldsymbol{A}$ 上三角部分	`zeros(size(A))`	建立一个与矩阵 $\boldsymbol{A}$ 同型的零矩阵
`A'`	返回矩阵 $\boldsymbol{A}$ 的共轭转置	`eye(n)`	建立一个 $n\times n$ 的单位阵
`A.'`	返回矩阵 $\boldsymbol{A}$ 的转置	`rref(A)`	返回矩阵 $\boldsymbol{A}$ 的最简行阶梯形

例 1 设 $\boldsymbol{A}=\begin{pmatrix}1&3&-2\\1&-1&4\end{pmatrix}$, $\boldsymbol{B}=\begin{pmatrix}-3&1&2\\2&3&-1\end{pmatrix}$, 求 $\boldsymbol{A}-2\boldsymbol{B}$.

解 在 MATLAB 命令窗口输入:

```
>> A=[1 3 -2;1 -1 4]; B=[-3,1,2;2,3,-1];     % 注意 A,B 矩阵的不同输入方法
>>A-2*B
```

运行结果如下:

```
ans =  7    1   -6
      -3   -7    6
```

例 2 矩阵 $\boldsymbol{A}=\begin{pmatrix}1&1\\-2&-1\end{pmatrix}$, $\boldsymbol{B}=\begin{pmatrix}1&-1\\1&1\end{pmatrix}$, $\boldsymbol{C}=\begin{pmatrix}1&-1&2\\0&1&-1\end{pmatrix}$.

(1) 求 $\boldsymbol{AB},\boldsymbol{BA},\boldsymbol{A}.\boldsymbol{B}$ (矩阵对应元素相乘), $\boldsymbol{B}^3,\boldsymbol{CA}$;

(2) 验证 $\det(\boldsymbol{AB})=\det(\boldsymbol{A})\det(\boldsymbol{B})$.

解　(1) 在 MATLAB 命令窗口输入:

```
>> A=[1 1; -2 -1]; B=[1 -1; 1 1]; C=[1 -1 2; 0 1 -1];
>>D1=A*B, D2=B*A, D3=A.*B, D4=B^3
```

运行结果如下:

```
D1= 2   0       D2 =3   2     D3 =1   -1     D4=-2   -2
   -3   1          -1   0        -2   -1         2   -2
```

注意: ① '. *' 为点乘运算, 指矩阵对应元素相乘, 注意与矩阵乘法 ' * ' 相区别;

② 由 $\boldsymbol{AB} \neq \boldsymbol{BA}$ 可见, 矩阵乘法一般不满足交换律.

在 MATLAB 命令窗口输入:

```
>>C * A
```

错误提示: 矩阵乘法维度不正确, 请检查并确保第一个矩阵列数与第二个矩阵行数相匹配.

(2) 在 MATLAB 命令窗口输入:

```
>>det(A * B),det(A) * det(B)
```

运行结果如下:

```
ans=2   ans= 2
```

由此可见 det(AB)=det(A)det(B), 从而验算了方阵行列式的乘积定理.

例 3　矩阵 $\boldsymbol{A}=\begin{pmatrix}1+\mathrm{i} & 1+3\mathrm{i}\\ 2-\mathrm{i} & 3-2\mathrm{i}\end{pmatrix}$, 试求 $\boldsymbol{A}$ 的共轭转置和转置.

解　在 MATLAB 命令窗口输入:

```
>>format rat
>> A=[1 + i  1 + 3i;2 - i   3 - 2i];
>>A', A.'
```

运行结果如下:

```
ans =1 - 1i   2 + 1i      ans =1 + 1i   2 - 1i
     1 - 3i   3 + 2i           1 + 3i   3 - 2i
```

注意: 对于复数矩阵, A′ 表示转置该矩阵, 同时每个复值元素取共轭, 而 A. ' 仅作转置运算.

对于实矩阵而言, 两者运算结果一致.

例 4　矩阵 $\boldsymbol{A}=\begin{pmatrix}1 & 2 & 3\\ 2 & 2 & 1\\ 3 & 4 & 3\end{pmatrix}$, $\boldsymbol{B}=\begin{pmatrix}3 & 6 & 2\\ 2 & 4 & 1\\ 1 & 2 & 1\end{pmatrix}$, 求 $\boldsymbol{A}, \boldsymbol{B}$ 的逆矩阵.

解　(1) 可借助于 MATLAB 几种函数或运算符求逆矩阵.

在 MATLAB 命令窗口输入:

```
>>A=[1 2 3;2 2 1;3 4 3]; B=[3 6 2; 2 4 1; 1 2 1];
>>inv(A),A^ -1,A\ eye(3),eye(3)/ A
```

运行结果均显示如下:

```
ans =   1          3          -2
     -3/2         -3          5/2
        1          1          -1
```

注意: “inv()” 为逆函数, “A^-1” 为负指数运算, “\” 和 “/” 分别为左除和右除运算.

进一步在 MATLAB 命令窗口输入:

```
>>inv(B)
```

警告: 此矩阵接近奇异, 数据尺度很差, 结果可能不准确, 逆条件数 RCOND= 9.251 859e^{-18}, 其中 “逆条件数” 是标志精度下降程度的数量指标, 此时可由 pinv(B) 求其伪逆.

(2) 按初等行变换的思想, 求 $\boldsymbol{A}, \boldsymbol{B}$ 的逆矩阵.

在 MATLAB 命令窗口输入:

```
>>C=[A,eye(3)];UC=rref(C)
>>D=[B,eye(3)];UD=rref(D)
```

运行结果分别显示如下:

```
UC= 1   0   0   1      3     -2        UD =1   2   0   0    1   -1
    0   1   0   -3/2  -3     5/2           0   0   1   0   -1    2
    0   0   1   1      1     -1            0   0   0   1   -1   -1
```

注意: UC 前三列变换为单位阵, 后三列则为 A 的逆. 由 UD 前三列可知, det(D)=0, 从而矩阵 B 不可逆.

例 5　某服装集团总公司有甲、乙、丙、丁 4 个服装厂, 每月产量情况见表 2, 根据实际工作情况, 甲厂每年生产 8 个月, 乙厂生产 10 个月, 丙厂生产 5 个月, 丁厂生产 9 个月, 则该集团全年分别生产帽子、衣服、裤子各多少?

表 2　该服装集团每月产量

单位: 万件

	甲厂	乙厂	丙厂	丁厂
帽子	20	4	2	7
衣服	10	18	5	6
裤子	5	7	16	3

解　该服装集团每月生产情况可用矩阵 $\boldsymbol{A}$ 表示，不同行表示不同品类，不同列表示不同工厂，每年生产时间可用列向量 $\boldsymbol{B}$ 表示，即

$$\boldsymbol{A}=\begin{pmatrix}20 & 4 & 2 & 7\\10 & 18 & 5 & 6\\5 & 7 & 16 & 3\end{pmatrix},\quad \boldsymbol{B}=\begin{pmatrix}8\\10\\5\\9\end{pmatrix}.$$

在 MATLAB 命令窗口输入:

```
>> A=[20 4 2 7;10 18 5 6;5 7 16 3]; B=[8 10 5 9]';
>> C=A * B
```

运行结果分别显示如下:

```
C =    273
       339
       217
```

根据运行结果可知，该集团每年生产帽子 273 万件，衣服 339 万件，裤子 217 万件.

数学实验 (三) 线性方程组

例 1　在三维空间中, 由 $\boldsymbol{v}_1, \boldsymbol{v}_2, \boldsymbol{v}_3, \boldsymbol{v}_4$ 构成的向量组

$$\boldsymbol{v}_1 = \begin{pmatrix} -9 \\ 7 \\ -3 \end{pmatrix}, \quad \boldsymbol{v}_2 = \begin{pmatrix} 3 \\ 34 \\ -24 \end{pmatrix}, \quad \boldsymbol{v}_3 = \begin{pmatrix} -6 \\ -4 \\ -9 \end{pmatrix}, \quad \boldsymbol{v}_4 = \begin{pmatrix} 4 \\ 9 \\ -7 \end{pmatrix}.$$

求该向量组的秩以及一个极大线性无关组, 并用该极大线性无关组表示其余向量.

解　在 MATLAB 命令窗口输入:

```
>>format rat
>>V1=[-9 7 -3]';V2=[3 34 -24]';V3=[-6 -4 -9]';V4=[4 9 -7]'; V=[V1,V2,V3,V4];
>>r=rank(V),    V0=rref(V)
```

运行结果显示如下:

```
r=3
V0= 1   0   0      -1/3
    0   1   0       1/3
    0   0   1        0
```

结果显示, 该向量组的秩为 3, 由 $\boldsymbol{v}_1, \boldsymbol{v}_2, \boldsymbol{v}_3$ 可构成原向量组的一个极大线性无关组, 此时

$$\boldsymbol{v}_4 = -\frac{1}{3}\boldsymbol{v}_1 + \frac{1}{3}\boldsymbol{v}_2.$$

在 MATLAB 中, 关于齐次线性方程组的求解, 可调用函数 `null(A,'r')`, 其中 `A` 为系数矩阵, `'r'` 表示基础解取整数.

例 2　求解下列齐次线性方程组

$$\begin{cases} x_1 + 2x_2 + x_3 - x_4 = 0, \\ 3x_1 + 6x_2 - x_3 - 3x_4 = 0, \\ 5x_1 + 10x_2 + x_3 - 5x_4 = 0. \end{cases}$$

解　在 MATLAB 命令窗口输入:

```
>> A=[1 2 1 -1;3 6 -1 -3;5 10 1 -5];
>>x=null(A,'r')
```

运行结果显示如下:

```
x =     -2      1
         1      0
         0      0
         0      1
```

进一步, 在 MATLAB 命令窗口输入:

```
>>syms k1 k2                    % k1,k2 为符号变量
>>X=k1*x(:,1)+k2*x(:,2)
```

运行结果显示如下:

```
X =k2-2 * k1
    k1
    0
    k2
```

上述运行结果中, $\boldsymbol{X}$ 即为所求齐次方程组通解.

例 3　　求解下列非齐次线性方程组

$$\begin{cases} x_1-2x_2+3x_3-x_4=1, \\ 3x_1-x_2+5x_3-3x_4=2, \\ 2x_1+x_2+2x_3-2x_4=3. \end{cases}$$

解　　我们可以通过以下命令和程序判断方程组解的情况:

```
>> A=[1 -2 3 -1;3 -1 5 -3;2 1 2 -2];b=[1 2 3]'; B=[A,b];
>>n=4;R_A=rank(A);R_B=rank(B);  % R_A 为系数矩阵的秩,R_B 为增广矩阵的秩
>>if R_A==R_B&R_A==n,           % 方程组存在唯一解
     X=A\ b
elseif R_A==R_B&R_A<n,          % 方程组存在无穷多个解
       C=rref(B)
    else X=' 该方程组无解.'
end
```

运行后得到如下结果:

```
X =' 该方程组无解.'
```

例 4　　求解下列非齐次线性方程组 (欠定方程组)

$$\begin{cases} 2x_1+x_2-x_3+x_4=1, \\ 2x_1+x_2-x_3-x_4=1, \\ 4x_1+2x_2-2x_3+x_4=2. \end{cases}$$

解　　非齐次方程组的通解可由它的一个特解与其导出组的通解构成, 下面分两部分求解:

(1) 首先, 我们求解非齐次方程组的一个特解, 在 MATLAB 命令窗口输入:

```
>>a=[2 1 -1 1;2 1 -1 -1;4 2 -2 1];b=[1 1 2]';
>>a\ b
```

警告: 秩亏, 秩 = 2, tol =4.351168e-15.

注意：运用左除“\”计算线性方程组时，请确保系数矩阵的秩等于行数，否则需对增广矩阵先作初等行变换，去掉全零行后再求解. 在 MATLAB 命令窗口输入:

```
>>C=rref([a,b]); A=C(1:2,1:4); B=C(1:2,5);  % A 取为 C 的前 2 行前 4 列;
>>x0=A\ B
```

运行结果显示如下:

```
C=   1      1/2     -1/2      0     1/2          x0=   1/2
     0       0       0        1      0                  0
     0       0       0        0      0                  0
                                                        0
```

(2) 其次，我们求解其导出齐次线性方程组的通解，在 MATLAB 命令窗口输入:

```
>>x=null(A,'r')
```

运行结果显示如下:

```
ans =   -1/2      1/ 2
          1        0
          0        1
          0        0
>>syms k1 k2
>>X=x0+k1 * x(:,1)+k2 * x(:,2)
```

运行结果显示如下:

```
X = k2/ 2 - k1/ 2 + 1/ 2
         k1
         k2
         0
```

上述运行结果中，$\boldsymbol{X}$ 即为所求非齐次方程组的通解.

例 5 求解下列非齐次线性方程组（超定方程组）

$$\begin{cases}2x_1+4x_2=11,\\3x_1-5x_2=3,\\x_1+2x_2=6,\\2x_1+x_2=7\end{cases}$$

的最小二乘解.

解 在 MATLAB 命令窗口输入:

```
>>A=[2 4;3 -5;1 2;2 1]; b=[11 3 6 7 ]';
>>rref([A,b]), r1=rank(A), r2=rank([A,b])
```

运行结果显示如下:

```
ans =   1    0    0     r1=2     r2=3
        0    1    0
        0    0    1
        0    0    0
```

结果显示 rank(A)<rank([A,b]), 由此可知该线性方程组为矛盾方程组. 事实上, 超定方程组通常是由干扰因素或测量误差在同一物理模型中反复不断出现造成的, 我们可以得到其最小二乘解 (最优近似解), 在 MATLAB 命令窗口输入:

```
>>pinv(A)*b,A\ b
```

运行结果显示如下:

```
ans = 830/273
      113/91
```

注意: 根据最小二乘解的原理, 基本语句应为 $(\boldsymbol{A}^{\mathrm{T}}\boldsymbol{A})^{-1}\boldsymbol{A}^{\mathrm{T}}\boldsymbol{b}$, 事实上 MATLAB 将 $(\boldsymbol{A}^{\mathrm{T}}\boldsymbol{A})^{-1}\boldsymbol{A}^{\mathrm{T}}$ 编译成一个子程序, 称为 pinv 函数, 其全称为 psuedoinverse (伪逆或广义逆).

事实上, MATLAB 系统内部的左除 "\" 运算, 针对一般的线性方程组进行了精心设计, 可随方程组类型不同而不同, 因此亦可使用语句 "A \ b", 此时矩阵 $\boldsymbol{A}$ 必须非奇异, 即 $\boldsymbol{A}$ 的行数或列数最小者等于 $\boldsymbol{A}$ 的秩, 否则提示出错警告.

数学实验 (四) 特征值与特征向量

特征值和特征向量在图像处理、人脸识别、数据流挖掘分析、网页排名算法以及层次分析法等领域中均有着广泛的应用. 在 MATLAB 中, 函数 `eig()` 可用来求解矩阵特征值, 如果同时求特征值和对应的特征向量, 可调用命令 `[P,1 ambda]=eig()` 完成, 其中 `lambda` 是以特征值作为对角元素的对角阵, `P` 以特征向量作为列所构成的规范变换矩阵, 其特征向量已作归一化 (单位化) 处理. 如需求解未经单位化的特征向量, 可按格式 `A=sym([12;21])` 输入矩阵.

例 1　求下列矩阵的特征值与对应的特征向量

$$\boldsymbol{A}=\begin{pmatrix}1&2&2\\2&1&2\\2&2&1\end{pmatrix}.$$

解　在 MATLAB 命令窗口输入:

```
>>A=sym([1 2 2;2 1 2;2 2 1]);
>>x=eig(A),[Y,Z]=eig(A)
```

运行结果显示如下:

```
x=-1.000 0
  -1.000 0
   5.000 0
y=1 -1 -1
  1  1  0
  1  0  1
z=5  0  0
  0 -1  0
  0  0 -1
```

由向量 $\boldsymbol{x}$ 和对角阵 $\boldsymbol{Z}$ 可知, 矩阵 $\boldsymbol{A}$ 的特征值为 -1 (二重) 和 5 , 由矩阵 $\boldsymbol{Y}$ 可知, 属于特征值 5 的特征向量为 $\begin{pmatrix}1\\1\\1\end{pmatrix}$, 属于特征值 -1 的特征单位向量为 $\begin{pmatrix}-1\\1\\0\end{pmatrix}$, $\begin{pmatrix}-1\\0\\1\end{pmatrix}$.

矩阵 $\boldsymbol{A}$ 可对角化是指, 存在可逆矩阵 $\boldsymbol{P}$, 使得 $\boldsymbol{P}^{-1}\boldsymbol{AP}=\boldsymbol{D}$, 其中 $\boldsymbol{D}=\mathrm{diag}\{\lambda_1,\lambda_2,\cdots,\lambda_n\}$.

例 2　设矩阵 $\boldsymbol{A}=\begin{pmatrix}4&6&0\\-3&-5&0\\-3&-6&1\end{pmatrix}$, 则试借助 MATLAB 将矩阵 $\boldsymbol{A}$ 对角化.

解　在 MATLAB 命令窗口输入:

```
>>A=sym ([4 6 0;-3 -5 0;-3 -6 1]);
>>[P,L]=eig(A)
```

运行结果显示如下:

```
P = -1  -2  0   L = -2   0   0
     1   1  0        0   1   0
     1   0  1        0   0   1
```

由特征值和特征向量知识可知 $\boldsymbol{AP}=\boldsymbol{PL}$, 从而 $\boldsymbol{P}^{-1}\boldsymbol{AP}=\boldsymbol{L}$, 在 MATLAB 命令窗口输入:

```
>>inv(P)*A*P
```

运行结果显示如下:

```
ans = -2  0  0
       0  1  0
       0  0  1
```

由运行结果和对角化概念可知, 矩阵 $\boldsymbol{P}$ 即为所求的可逆矩阵, 且 $\boldsymbol{L}=\boldsymbol{P}^{-1}\boldsymbol{AP}$ 为对角阵.

已知数列相邻项之间的递推关系, 求解相应数列的通项是数学中一类有趣的问题. 下面我们应用特征值和特征向量的方法, 并借助 MATLAB 求解下列问题.

例 3　设数列 $\{x_n\}$ 通项满足条件: $x_n=2x_{n-1}+x_{n-2}-2x_{n-3}$, $n\geqslant 4$, 且 $x_1=1$, $x_2=-2$, $x_3=3$, 试求通项 x_n.

解　根据相邻通项之间的关系, 构造如下线性方程组:

$$\begin{cases} x_n=2x_{n-1}+x_{n-2}-2x_{n-3}, \\ x_{n-1}=x_{n-1}, \\ x_{n-2}=x_{n-2}, \end{cases}$$

可改写成如下矩阵形式

$$\begin{pmatrix} x_n \\ x_{n-1} \\ x_{n-2} \end{pmatrix}=\boldsymbol{A}\begin{pmatrix} x_{n-1} \\ x_{n-2} \\ x_{n-3} \end{pmatrix}, \text{其中 } \boldsymbol{A}=\begin{pmatrix} 2 & 1 & -2 \\ 1 & 0 & 0 \\ 0 & 1 & 0 \end{pmatrix}.$$

可进一步推导以下关系

$$\begin{pmatrix} x_n \\ x_{n-1} \\ x_{n-2} \end{pmatrix}=\boldsymbol{A}\begin{pmatrix} x_{n-1} \\ x_{n-2} \\ x_{n-3} \end{pmatrix}=\boldsymbol{A}^2\begin{pmatrix} x_{n-2} \\ x_{n-3} \\ x_{n-4} \end{pmatrix}=\cdots=\boldsymbol{A}^{n-3}\begin{pmatrix} x_3 \\ x_2 \\ x_1 \end{pmatrix}.$$

下面借助 MATLAB 求解 $\boldsymbol{A}^{n-3}$, 在 MATLAB 命令窗口输入:

```
>>A=sym([2 1 -2;1 0 0;0 1 0]);
>>[P,L]=eig(A)  % L 为 A 的特征值作为对角线元素的对角阵
```

运行结果显示如下:

```
P = 1   4   1        L = 1   0   0
    1   2  -1            0   2   0
    1   1   1            0   0  -1
```

此时, 矩阵 $\boldsymbol{A}^{n-3}$ 可表示为: $\boldsymbol{A}^{n-3}=(\boldsymbol{PLP}^{-1})^{n-3}=\boldsymbol{PL}^{n-3}\boldsymbol{P}^{-1}$, 可在 MATLAB 命令窗口输入:

```
>>syms n
>>P*L^(n-3)*inv(P)*[3 -2 1]'
```

运行结果显示如下:

```
ans =(11*(-1)^(n - 3))/ 6 +(8*2^(n - 3))/ 3 - 3/ 2
   (4*2^(n - 3))/ 3 -(11*(-1)^(n - 3))/ 6 - 3/ 2
     (11*(-1)^(n - 3))/ 6 +(2*2^(n - 3))/ 3 - 3/ 2
```

由上述运行结果第一行可知, 数列的通项为

$$x_n=\frac{11}{6}\times(-1)^{n-3}+\frac{8}{3}\times 2^{n-3}-\frac{3}{2}.$$

例 4　设某城市建国初期从事农、工、商工作总人数 30 万, 且假定这个总人数在若干年内保持不变, 经调查表明: ①当前总人数中, 15 万从事农业, 9 万从事工业, 6 万从事经商; ②从事农业人员中, 每年约 20% 改从工,10% 改为经商; ③从事工业人员中, 每年约 20% 改为从农, 10% 改为经商; ④从事经商人员中, 每年约 10% 改为从农, 10% 改为从工. 现问若干年后, 分别从事三大行业的人数发展趋势如何?

解　先将现有三大行业人数表示为 3 维列向量 $\boldsymbol{x}^0$, 每年它们之间的相互转换关系表示为矩阵 $\boldsymbol{A}$:

$$\boldsymbol{x}^0=\begin{pmatrix}15\\9\\6\end{pmatrix},\quad \boldsymbol{A}=\begin{pmatrix}0.7&0.2&0.1\\0.2&0.7&0.1\\0.1&0.1&0.8\end{pmatrix}.$$

我们先将矩阵 $\boldsymbol{A}$ 对角化, 在 MATLAB 命令窗口输入:

```
>>x0=[15 9 6]'; A=sym([0.7 0.2 0.1;0.2 0.7 0.1;0.1 0.1 0.8]);
>>[P,L]=eig(A)
```

运行结果显示如下:

```
P = -1 / 2   1   -1    L = 7 / 10   0    0
    -1 / 2   1    1           0     1    0
       1     1    0           0     0   1 / 2
```

由此可知 $\boldsymbol{A}=\boldsymbol{PLP}^{-1}$, 从而 n 年后三大行业从业人数 $\boldsymbol{x}^n$ 为: $\boldsymbol{x}^n=\boldsymbol{A}^n\boldsymbol{x}^0=\boldsymbol{PL}^n\boldsymbol{P}^{-1}\boldsymbol{x}^0$, 且

$$\boldsymbol{L}^0=\lim_{n\to\infty}\boldsymbol{L}^n=\lim_{n\to\infty}\begin{pmatrix}0.7^n & 0 & 0\\ 0 & 1 & 0\\ 0 & 0 & 0.5^n\end{pmatrix}=\begin{pmatrix}0 & 0 & 0\\ 0 & 1 & 0\\ 0 & 0 & 0\end{pmatrix},$$

因此, $\lim\limits_{n\to\infty}\boldsymbol{x}^n=\boldsymbol{PL}^0\boldsymbol{P}^{-1}\boldsymbol{x}^0$, 我们在 MATLAB 命令窗口输入:

```
>>L0=[0 0 0;0 1 0;0 0 0];
>> P*L0*inv(P)*x0
```

运行结果显示如下:

```
ans = 10
      10
      10
```

由此可知, 若干年后, 三大行业从业人数趋于相等, 均为 10 万人.

数学实验 (五) 数理统计

在实际问题中计算离散型随机变量的数学期望, 如果随机变量有有限个取值, 设其概率分布为

$$P(X=x_i)=p_i \quad (i=1,2,\cdots,n),$$

在 MATLAB 中, 可按如下格式计算:

```
X= [x1,x2,… ,xn] ;P= [p1,p2,… ,pn] ;EX=X*P'.
```

如果随机变量取值有无穷多个, 数学期望计算公式为 $E(X)=\sum_{i=0}^{\infty} x_i p_i$, 可按如下程序计算:

```
EX=symsum(xipi,0,inf).
```

例 1　设一批产品中有一、二、三等品和次品共计 4 种, 相应概率分别为 0.7, 0.1, 0.1 和 0.1, 且对应产值分别为 6 元, 5 元, 4 元和 0 元, 试求产值平均值.

解　这批产品用随机变量 X 表示, 则 X 的分布列 (表 3) 为

表 3

X	6	5	4	0
P	0.7	0.1	0.1	0.1

在 MATLAB 命令窗口输入:

```
>>X=[6,5,4,0];P=[0.7,0.1,0.1,0.1];EX=X * P'
```

运行结果显示如下:

```
EX=5.100 0
```

因此, 这批产品平均产值为 5.1 元.

例 2　已知随机变量 Y 的分布列如下:

$$P(Y=k)=\frac{1}{2^k}, \quad k=1,2,\cdots,n,\cdots$$

试计算数学期望 $E(Y)$.

解　在 MATLAB 命令窗口输入:

```
>>syms k
>>EY=symsum(k * (1/ 2)^k,k,1,inf)
```

运行结果显示如下:

```
EY=2
```

如果 X 是连续型随机变量, 其数学期望计算公式为: $E(X)=\int_{-\infty}^{\infty} xf(x)\,\mathrm{d}x$, 在 MATLAB 中相应计算程序如下: `EX=int(x * f(x),-inf,inf)`.

例 3　已知均匀分布概率密度为

$$f(x)=\begin{cases}\dfrac{1}{b-a}, & a \leqslant x \leqslant b,\\ 0, & \text{其他}.\end{cases}$$

试计算数学期望 $E(X)$.

解　事实上 $E(X)=\int_{-\infty}^{\infty} xf(x)\,\mathrm{d}x=\int_{-\infty}^{\infty} x\frac{1}{b-a}\,\mathrm{d}x$, 因此, 在 MATLAB 命令窗口输入:

```
>>clear
>>syms x a b
>> EX=int(x/(b-a),x,a,b)
```

运行结果显示如下:

```
EX= a/ 2 + b/ 2.
```

在计算方差时, 我们常借助公式 $D(X)=E(X^2)-[E(X)]^2$, 其中 $E(X^2)$ 可参考上述求解数学期望的方法进行计算.

例 4　设离散型随机变量 X 的概率分布列 (表 4) 为

表 4

X	0	1	2
P	0.2	0.5	0.3

试求方差 $D(X)$.

解　在 MATLAB 命令窗口输入:

```
>>X=[0 1 2]; P=[0.2,0.5,0.3]; EX=X * P';
>>DX=X.^2 * P'-EX^2
```

运行结果显示如下:

```
DX = 0.490 0
```

例 5　在例 3 中, 对均匀分布随机变量 X, 试进一步求解方差 $D(X)$.

解　在 MATLAB 命令窗口中, 进一步输入程序:

```
>>DX=simplify(int(x^2/(b-a),x,a,b)-EX^2)  % 命令 simplify 可化简多项式
```

运行结果显示如下:

```
DX =(a - b)^2/12.
```

对于常见分布函数的数学期望和方差，亦可在 MATLAB 中调用下列函数直接求解(表 5).

表 5

分布类型	调用格式
二项分布	[E,D]= binostat(N,P)
泊松分布	[E,D]= poisstat(λ)
几何分布	[E,D]= geostat(P)
超几何分布	[E,D]= hygestat(M,K,N)
均匀分布	[E,D]=unifstat(a,b)
正态分布	[E,D]=normstat(MU,SiGMA)
指数分布	[E,D]=expstat(MU)
t 分布	[E,D]=tstat(V)
χ^2 分布	[E,D]=chi2stat(V)
F 分布	[E,D]=fstat(V1,V2)

例 6　求二项分布 $X \sim B(100, 0.2)$，求数学期望和方差.

解　在 MATLAB 命令窗口输入:

```
>> n=100; p=0.2; [E,D]= binostat(n,p)
```

运行结果显示如下:

```
E=20,D=16
```

一、样本均值与方差

有关样本的均值、方差和标准差等，可调用以下函数进行求解 (表 6).

表 6

函数名	含义	函数名	含义
mean(X)	返回随机变量 X 的样本均值	var(x)	返回随机变量 X 的样本方差 (1)
std(x)	返回随机变量 X 的样本标准差 (1)	var(x,1)	返回随机变量 X 的样本方差 (2)
std(x,1)	返回随机变量 X 的样本标准差 (2)	median (X)	返回随机变量 X 的中位数

样本方差: (1) $S^2 = \dfrac{1}{n-1}\sum_{i=1}^{n}(x_i - \overline{x})^2$;　　(2) $S^2 = \dfrac{1}{n}\sum_{i=1}^{n}(x_i - \overline{x})^2$.

样本标准差: (1) $S = \sqrt{\dfrac{1}{n-1}\sum_{i=1}^{n}(x_i - \overline{x})^2}$;　　(2) $S = \sqrt{\dfrac{1}{n}\sum_{i=1}^{n}(x_i - \overline{x})^2}$.

例 7　一组样本观察值为 $\boldsymbol{X}=[174.5\quad 172\quad 176\quad 180.6\quad 174.5\quad 179\quad 165\quad 163\quad 190\quad 177.9]$, 试求该样本均值、方差、标准差、中位数.

解　在 MATLAB 命令窗口输入:

```
>>X=[174.5  172  176  180.6  174.5  179  165  163  190  177.9]
>>m=mean(X),v=var(X),s=std(X),me=median(X)
```

运行结果显示如下:

```
m=175.2500, v= 59.4050, s= 7.7075,  me= 175.2500
```

二、点估计与区间估计

正态分布总体 X 的均值 μ 和方差 σ^2 均存在, 且 $\sigma^2>0$, 但 μ,σ^2 未知, 设 $X_1,X_2,\cdots,X_n$ 是一个样本, 则参数 μ,σ^2 的矩估计量分别为

$$\overline{x}=\frac{1}{n}\sum_{i=1}^{n}x_i,\quad B_2=\frac{1}{n}\sum_{i=1}^{n}(x_i-\overline{x})^2.$$

在 MATLAB 中, 相应参数的矩估计命令为 `mean(X),var(X,1)`.

例 8　有一大批糖果, 现从中抽取 16 袋, 称得质量 (单位: g) 如下: 506, 508, 499, 503, 504, 510, 497, 512, 514, 505, 493, 496, 506, 502, 509, 496. 若袋装糖果的质量近似服从正态分布 $N(\mu,\sigma^2)$, μ,σ^2 未知. 求 μ,σ^2 的矩估计.

解　在 MATLAB 命令窗口输入:

```
>>X=[506  508 499 503 504 510 497 512 514 505 493 496 506 502 509 496];
>>m=mean(X); v=var(X,1);A=[m,v]
```

运行结果显示如下:

```
A= 503.7500    36.0625
```

对不同类型的分布函数, 可调用下列函数 (表 7) 求解参数的极大似然估计和相应置信水平下的置信区间估计.

表 7

分布类型	函数
正态分布	`[muhat,sigmahat,muci,sigmaci] = normfit(X,alpha)`
二项分布	`[PHAT,PCI]= binofit(X,N,alpha)`
泊松分布	`[Lambdahat,Lambdaci]= poissfit(X,alpha)`
均匀分布	`[ahat,bhat,ACI,BCI]=unifit(X,alpha)`
指数分布	`[muhat,muci] = expfit(X,alpha)`

其中正态分布参数估计命令 [muhat, sigmahat, muci, sigmaci] = normfit (x, alpha) 中, muha, sigmahat 分别为参数 μ,σ 的极大似然估计, muci, sigmaci 分别为参数 μ,σ 的置信水平为 alpha 的置信区间估计.

例 9 从某厂生产的一种钢球中随机抽取 7 个, 测得它们的直径 (单位: mm) 为 5.52, 5.41, 5.18, 5.32, 5.64, 5.22, 5.76. 若钢球直径服从正态分布 $N(\mu,\sigma^2)$, 求这种钢球平均直径和方差的极大似然估计值和置信水平为 0.95 的置信区间.

解 在 MATLAB 命令窗口输入:

```
>>x=[5.52   5.41   5.18   5.32   5.64   5.22   5.76];
>>[mu,sigma,muci,sigmaci]=normfit(x,0.05)
```

运行结果显示如下:

```
mu =  5.4357,              sigma = 0.2160
muci =  5.2359             sigmaci = 0.1392
        5.6355                       0.4757
```

由运行结果可知, 这种钢球平均直径为 5.435 7 mm, 方差为 $0.216\,0^2$, 平均直径的置信区间为 [5.235 9, 5.635 5], σ 的置信区间为 [0.139 2, 0.475 7].

例 10 为估计制造某种产品所需的单件平均工时 (单位: h), 现制造 8 件, 记录每件所需工时如下: 10.5, 11, 11.2, 12.5, 12.8, 9.9, 10.8, 9.4. 设制造单件产品所需工时服从指数分布, 求平均工时 μ 的 95% 的置信区间.

解 在 MATLAB 命令窗口输入:

```
>>x=[10.5   11   11.2   12.5   12.8   9.9   10.8   9.4];
>>[MU,MUCI]=expfit(x,0.05)
```

运行结果显示如下:

```
MU =11.0125   MUCI =6.1084
```

附录 2　附表

附表 1　二项分布累积概率值表

$$P\{X \leqslant x\} = \sum_{k=0}^{x} \mathrm{C}_n^k p^k (1-p)^{n-k}$$

n	x	p												
		0.001	0.002	0.003	0.005	0.01	0.02	0.03	0.05	0.10	0.15	0.20	0.25	0.30
2	0	0.998 0	0.996 0	0.994 0	0.990 0	0.980 1	0.960 4	0.940 9	0.902 5	0.810 0	0.722 5	0.640 0	0.562 5	0.490 0
2	1	1.000 0	1.000 0	1.000 0	1.000 0	0.999 9	0.999 6	0.999 1	0.997 5	0.990 0	0.977 5	0.960 0	0.937 5	0.910 0
3	0	0.997 0	0.994 0	0.991 0	0.985 1	0.970 3	0.941 2	0.912 7	0.857 4	0.729 0	0.614 1	0.512 0	0.421 9	0.343 0
3	1	1.000 0	1.000 0	1.000 0	0.999 9	0.999 7	0.998 8	0.997 4	0.992 8	0.972 0	0.939 3	0.896 0	0.843 8	0.784 0
3	2				1.000 0	1.000 0	1.000 0	1.000 0	0.999 9	0.999 0	0.996 6	0.992 0	0.984 4	0.973 0
4	0	0.996 0	0.992 0	0.988 1	0.980 1	0.960 6	0.922 4	0.885 3	0.814 5	0.656 1	0.522 0	0.409 6	0.316 4	0.240 1
4	1	1.000 0	1.000 0	0.999 9	0.999 9	0.999 4	0.997 7	0.994 8	0.986 0	0.947 7	0.890 5	0.819 2	0.738 3	0.651 7
4	2			1.000 0	1.000 0	1.000 0	1.000 0	0.999 9	0.999 5	0.996 3	0.988 0	0.972 8	0.949 2	0.916 3
4	3							1.000 0	1.000 0	0.999 9	0.999 5	0.998 4	0.996 1	0.991 9
5	0	0.995 0	0.990 0	0.985 1	0.975 2	0.951 0	0.903 9	0.858 7	0.773 8	0.590 5	0.443 7	0.327 7	0.237 3	0.168 1
5	1	1.000 0	1.000 0	0.999 9	0.999 8	0.999 0	0.996 2	0.991 5	0.977 4	0.918 5	0.835 2	0.737 3	0.632 8	0.528 2
5	2			1.000 0	1.000 0	1.000 0	0.999 9	0.999 7	0.998 8	0.991 4	0.973 4	0.942 1	0.896 5	0.836 9
5	3						1.000 0	1.000 0	1.000 0	0.999 5	0.997 8	0.993 3	0.984 4	0.969 2
5	4									1.000 0	0.999 9	0.999 7	0.999 0	0.997 6
6	0	0.994 0	0.988 1	0.982 1	0.970 4	0.941 5	0.885 8	0.833 0	0.735 1	0.531 4	0.377 1	0.262 1	0.178 0	0.117 6
6	1	1.000 0	0.999 9	0.999 9	0.999 6	0.998 5	0.994 3	0.987 5	0.967 2	0.885 7	0.776 5	0.655 4	0.533 9	0.420 2
6	2		1.000 0	1.000 0	1.000 0	1.000 0	0.999 8	0.999 5	0.997 8	0.984 2	0.952 7	0.901 1	0.830 6	0.744 3
6	3						1.000 0	1.000 0	0.999 9	0.998 7	0.994 1	0.983 0	0.962 4	0.929 5
6	4								1.000 0	0.999 9	0.999 6	0.998 4	0.995 4	0.989 1
6	5									1.000 0	1.000 0	0.999 9	0.999 8	0.999 3
7	0	0.993 0	0.986 1	0.979 2	0.965 5	0.932 1	0.868 1	0.808 0	0.698 3	0.478 3	0.320 6	0.209 7	0.133 5	0.082 4
7	1	1.000 0	0.999 9	0.999 8	0.999 5	0.998 0	0.992 1	0.982 9	0.955 6	0.850 3	0.716 6	0.576 7	0.444 9	0.329 4
7	2		1.000 0	1.000 0	1.000 0	1.000 0	0.999 7	0.999 1	0.996 2	0.974 3	0.926 2	0.852 0	0.756 4	0.647 1
7	3						1.000 0	1.000 0	0.999 8	0.997 3	0.987 9	0.966 7	0.929 4	0.874 0
7	4								1.000 0	0.999 8	0.998 8	0.995 3	0.987 1	0.971 2
7	5									1.000 0	0.999 9	0.999 6	0.998 7	0.996 2
7	6										1.000 0	1.000 0	0.999 9	0.999 8
8	0	0.992 0	0.984 1	0.976 3	0.960 7	0.922 7	0.850 8	0.783 7	0.663 4	0.430 5	0.272 5	0.167 8	0.100 1	0.057 6

n	x	p												
		0.001	0.002	0.003	0.005	0.01	0.02	0.03	0.05	0.10	0.15	0.20	0.25	0.30
8	1	1.000 0	0.999 9	0.999 8	0.999 3	0.997 3	0.989 7	0.977 7	0.942 8	0.813 1	0.657 2	0.503 3	0.367 1	0.255 3
8	2		1.000 0	1.000 0	1.000 0	0.999 9	0.999 6	0.988 7	0.994 2	0.961 9	0.894 8	0.796 9	0.678 5	0.551 8
8	3					1.000 0	1.000 0	0.999 9	0.999 6	0.995 0	0.978 6	0.943 7	0.886 2	0.805 9
8	4							1.000 0	1.000 0	0.999 6	0.997 1	0.989 6	0.972 7	0.942 0
8	5									1.000 0	0.999 8	0.998 8	0.995 8	0.988 7
8	6										1.000 0	0.999 9	0.999 6	0.998 7
8	7											1.000 0	1.000 0	0.999 9
9	0	0.991 0	0.982 1	0.973 3	0.955 9	0.913 5	0.833 7	0.760 2	0.630 2	0.387 4	0.231 6	0.134 2	0.075 1	0.040 4
9	1	1.000 0	0.999 9	0.999 7	0.999 1	0.996 6	0.986 9	0.971 8	0.928 8	0.774 8	0.599 5	0.436 2	0.300 3	0.196 0
9	2		1.000 0	1.000 0	1.000 0	0.999 9	0.999 4	0.998 0	0.991 6	0.947 0	0.859 1	0.738 2	0.600 7	0.462 8
9	3					1.000 0	1.000 0	0.999 9	0.999 4	0.991 7	0.966 1	0.914 4	0.834 3	0.729 7
9	4							1.000 0	1.000 0	0.999 1	0.994 4	0.980 4	0.951 1	0.901 2
9	5									0.999 9	0.999 4	0.996 9	0.990 0	0.974 7
9	6									1.000 0	1.000 0	0.999 7	0.998 7	0.995 7
9	7											1.000 0	0.999 9	0.999 6
9	8												1.000 0	1.000 0
10	0	0.990 0	0.980 2	0.970 4	0.951 1	0.904 4	0.817 1	0.737 4	0.598 7	0.348 7	0.196 9	0.107 4	0.056 3	0.028 2
10	1	1.000 0	0.999 8	0.999 6	0.998 9	0.995 7	0.983 8	0.965 5	0.913 9	0.736 1	0.544 3	0.375 8	0.244 0	0.149 3
10	2		1.000 0	1.000 0	1.000 0	0.999 9	0.999 1	0.997 2	0.988 5	0.929 8	0.820 2	0.677 8	0.525 6	0.382 8
10	3					1.000 0	1.000 0	0.999 9	0.999 0	0.987 2	0.950 0	0.879 1	0.775 9	0.649 6
10	4							1.000 0	0.999 9	0.998 4	0.990 1	0.967 2	0.921 9	0.849 7
10	5								1.000 0	0.999 9	0.998 6	0.993 6	0.980 3	0.952 7
10	6									1.000 0	0.999 9	0.999 1	0.996 5	0.989 4
10	7										1.000 0	0.999 9	0.999 6	0.998 4
10	8											1.000 0	1.000 0	0.999 9
10	9													1.000 0
11	0	0.989 1	0.978 2	0.967 5	0.946 4	0.895 3	0.800 7	0.715 3	0.568 8	0.313 8	0.167 3	0.085 9	0.042 2	0.019 8
11	1	0.999 9	0.999 8	0.999 5	0.998 7	0.994 8	0.980 5	0.958 7	0.898 1	0.697 4	0.492 2	0.322 1	0.197 1	0.113 0
11	2	1.000 0	1.000 0	1.000 0	1.000 0	0.999 8	0.998 8	0.996 3	0.984 8	0.910 4	0.778 8	0.617 4	0.455 2	0.312 7
11	3					1.000 0	1.000 0	0.999 8	0.998 4	0.981 5	0.930 6	0.838 9	0.713 3	0.569 6
11	4							1.000 0	0.999 9	0.997 2	0.984 1	0.949 6	0.885 4	0.789 7
11	5								1.000 0	0.999 7	0.997 3	0.988 3	0.965 7	0.921 8
11	6									1.000 0	0.999 7	0.998 0	0.992 4	0.978 4
11	7										1.000 0	0.999 8	0.998 8	0.995 7
11	8											1.000 0	0.999 9	0.999 4
11	9												1.000 0	1.000 0
12	0	0.988 1	0.976 3	0.964 6	0.941 6	0.886 4	0.784 7	0.693 8	0.540 4	0.282 4	0.142 2	0.068 7	0.031 7	0.013 8
12	1	0.999 9	0.999 7	0.999 4	0.998 4	0.993 8	0.976 9	0.951 4	0.881 6	0.659 0	0.443 5	0.274 9	0.158 4	0.085 0
12	2	1.000 0	1.000 0	1.000 0	1.000 0	0.999 8	0.998 5	0.995 2	0.980 4	0.889 1	0.735 8	0.558 3	0.390 7	0.252 8

续表

n	x	p												
		0.001	0.002	0.003	0.005	0.01	0.02	0.03	0.05	0.10	0.15	0.20	0.25	0.30
12	3					1.000 0	0.999 9	0.999 7	0.997 8	0.974 4	0.907 8	0.794 6	0.648 8	0.492 5
12	4						1.000 0	1.000 0	0.999 8	0.995 7	0.976 1	0.927 4	0.842 4	0.723 7
12	5								1.000 0	0.999 5	0.995 4	0.980 6	0.945 6	0.882 2
12	6									0.999 9	0.999 3	0.996 1	0.985 7	0.961 4
12	7									1.000 0	0.999 9	0.999 4	0.997 2	0.990 5
12	8										1.000 0	0.999 9	0.999 6	0.998 3
12	9											1.000 0	1.000 0	0.999 8
12	10													1.000 0
13	0	0.987 1	0.974 3	0.961 7	0.936 9	0.877 5	0.769 0	0.673 0	0.513 3	0.254 2	0.120 9	0.055 0	0.023 8	0.009 7
13	1	0.999 9	0.999 7	0.999 3	0.998 1	0.992 8	0.973 0	0.943 6	0.864 6	0.621 3	0.398 3	0.233 6	0.126 7	0.063 7
13	2	1.000 0	1.000 0	1.000 0	1.000 0	0.999 7	0.998 0	0.993 8	0.975 5	0.866 1	0.692 0	0.501 7	0.332 6	0.202 5
13	3					1.000 0	0.999 9	0.999 5	0.996 9	0.965 8	0.882 0	0.747 3	0.584 3	0.420 6
13	4						1.000 0	1.000 0	0.999 7	0.993 5	0.965 8	0.900 9	0.794 0	0.654 3
13	5								1.000 0	0.999 1	0.992 5	0.970 0	0.919 8	0.834 6
13	6									0.999 9	0.998 7	0.993 0	0.975 7	0.937 6
13	7									1.000 0	0.999 8	0.998 8	0.994 4	0.981 8
13	8										1.000 0	0.999 8	0.999 0	0.996 0
13	9											1.000 0	0.999 9	0.999 3
13	10												1.000 0	0.999 9
13	11													1.000 0
14	0	0.986 1	0.972 4	0.958 8	0.932 2	0.868 7	0.753 6	0.652 8	0.487 7	0.228 8	0.102 8	0.044 0	0.017 8	0.006 8
14	1	0.999 9	0.999 6	0.999 2	0.997 8	0.991 6	0.969 0	0.935 5	0.847 0	0.584 6	0.356 7	0.197 9	0.101 0	0.047 5
14	2	1.000 0	1.000 0	1.000 0	1.000 0	0.999 7	0.997 5	0.992 3	0.969 9	0.841 6	0.647 9	0.448 1	0.281 1	0.160 8
14	3					1.000 0	0.999 9	0.999 4	0.995 8	0.955 9	0.853 5	0.698 2	0.521 3	0.355 2
14	4						1.000 0	1.000 0	0.999 6	0.990 8	0.953 3	0.870 2	0.741 5	0.584 2
14	5								1.000 0	0.998 5	0.988 5	0.956 1	0.888 3	0.780 5
14	6									0.999 8	0.997 8	0.988 4	0.961 7	0.906 7
14	7									1.000 0	0.999 7	0.997 6	0.989 7	0.968 5
14	8										1.000 0	0.999 6	0.997 8	0.991 7
14	9											1.000 0	0.999 7	0.998 3
14	10												1.000 0	0.999 8
14	11													1.000 0
15	0	0.985 1	0.970 4	0.955 9	0.927 6	0.860 1	0.738 6	0.633 3	0.463 3	0.205 9	0.087 4	0.035 2	0.013 4	0.004 7
15	1	0.999 9	0.999 6	0.999 1	0.997 5	0.990 4	0.964 7	0.927 0	0.829 0	0.549 0	0.318 6	0.167 1	0.080 2	0.035 3
15	2	1.000 0	1.000 0	1.000 0	0.999 9	0.999 6	0.997 0	0.990 6	0.963 8	0.815 9	0.604 2	0.398 0	0.236 1	0.126 8
15	3				1.000 0	1.000 0	0.999 8	0.999 2	0.994 5	0.944 4	0.822 7	0.648 2	0.461 3	0.296 9
15	4						1.000 0	0.999 9	0.999 4	0.987 3	0.938 3	0.835 8	0.686 5	0.515 5
15	5							1.000 0	0.999 9	0.997 8	0.983 2	0.938 9	0.851 6	0.721 6
15	6								1.000 0	0.999 7	0.996 4	0.981 9	0.943 4	0.868 9

n	x	p												
		0.001	0.002	0.003	0.005	0.01	0.02	0.03	0.05	0.10	0.15	0.20	0.25	0.30
15	7									1.000 0	0.999 4	0.995 8	0.982 7	0.950 0
15	8										0.999 9	0.999 2	0.995 8	0.984 8
15	9										1.000 0	0.999 9	0.999 2	0.996 3
15	10											1.000 0	0.999 9	0.999 3
15	11												1.000 0	0.999 9
15	12													1.000 0
16	0	0.984 1	0.968 5	0.953 1	0.922 9	0.851 5	0.723 8	0.614 3	0.440 1	0.185 3	0.074 3	0.028 1	0.010 0	0.003 3
16	1	0.999 9	0.999 5	0.998 9	0.997 1	0.989 1	0.960 1	0.918 2	0.810 8	0.514 7	0.283 9	0.140 7	0.063 5	0.026 1
16	2	1.000 0	1.000 0	1.000 0	0.999 9	0.999 5	0.996 3	0.988 7	0.957 1	0.789 2	0.561 4	0.351 8	0.197 1	0.099 4
16	3				1.000 0	1.000 0	0.999 8	0.998 9	0.993 0	0.931 6	0.789 9	0.598 1	0.405 0	0.245 9
16	4						1.000 0	0.999 9	0.999 1	0.983 0	0.920 9	0.798 2	0.630 2	0.449 9
16	5							1.000 0	0.999 9	0.996 7	0.976 5	0.918 3	0.810 3	0.659 8
16	6								1.000 0	0.999 5	0.994 4	0.973 3	0.920 4	0.824 7
16	7									0.999 9	0.998 9	0.993 0	0.972 9	0.925 6
16	8									1.000 0	0.999 8	0.998 5	0.992 5	0.974 3
16	9										1.000 0	0.999 8	0.998 4	0.992 9
16	10											1.000 0	0.999 7	0.998 4
16	11												1.000 0	0.999 7
16	12													1.000 0
17	0	0.983 1	0.966 5	0.950 2	0.918 3	0.842 9	0.709 3	0.595 8	0.418 1	0.166 8	0.063 1	0.022 5	0.007 5	0.002 3
17	1	0.999 9	0.999 5	0.998 8	0.996 8	0.987 7	0.955 4	0.909 1	0.792 2	0.481 8	0.252 5	0.118 2	0.050 1	0.019 3
17	2	1.000 0	1.000 0	1.000 0	0.999 9	0.999 4	0.995 6	0.986 6	0.949 7	0.761 8	0.519 8	0.309 6	0.163 7	0.077 4
17	3				1.000 0	1.000 0	0.999 7	0.998 6	0.991 2	0.917 4	0.755 6	0.548 9	0.353 0	0.201 9
17	4						1.000 0	0.999 9	0.998 8	0.977 9	0.901 3	0.758 2	0.573 9	0.388 7
17	5							1.000 0	0.999 9	0.995 3	0.968 1	0.894 3	0.765 3	0.596 8
17	6								1.000 0	0.999 2	0.991 7	0.962 3	0.892 9	0.775 2
17	7									0.999 9	0.998 3	0.989 1	0.959 8	0.895 4
17	8									1.000 0	0.999 7	0.997 4	0.987 6	0.959 7
17	9										1.000 0	0.999 5	0.996 9	0.987 3
17	10										1.000 0	0.999 9	0.999 4	0.996 8
17	11											1.000 0	0.999 9	0.999 3
17	12												1.000 0	0.999 9
17	13													1.000 0
18	0	0.982 2	0.964 6	0.947 4	0.913 7	0.834 5	0.695 1	0.578 0	0.397 2	0.150 1	0.053 6	0.018 0	0.005 6	0.001 6
18	1	0.999 8	0.999 4	0.998 7	0.996 4	0.986 2	0.950 5	0.899 7	0.773 5	0.450 3	0.224 1	0.099 1	0.039 5	0.014 2
18	2	1.000 0	1.000 0	1.000 0	0.999 9	0.999 3	0.994 8	0.984 3	0.941 9	0.733 8	0.479 7	0.271 3	0.135 3	0.060 0
18	3				1.000 0	1.000 0	0.999 6	0.998 2	0.989 1	0.901 8	0.720 2	0.501 0	0.305 7	0.164 6
18	4						1.000 0	0.999 8	0.998 5	0.971 8	0.879 4	0.716 4	0.518 7	0.332 7
18	5							1.000 0	0.999 8	0.993 6	0.958 1	0.867 1	0.717 5	0.534 4

n	x	p												
		0.001	0.002	0.003	0.005	0.01	0.02	0.03	0.05	0.10	0.15	0.20	0.25	0.30
18	6								1.000 0	0.998 8	0.988 2	0.948 7	0.861 0	0.721 7
18	7									0.999 8	0.997 3	0.983 7	0.943 1	0.859 3
18	8									1.000 0	0.999 5	0.995 7	0.980 7	0.940 4
18	9										0.999 9	0.999 1	0.994 6	0.979 0
18	10										1.000 0	0.999 8	0.998 8	0.993 9
18	11											1.000 0	0.999 8	0.998 6
18	12												1.000 0	0.999 7
18	13													1.000 0
19	0	0.981 2	0.962 7	0.944 5	0.909 2	0.826 2	0.681 2	0.560 6	0.377 4	0.135 1	0.045 6	0.014 4	0.004 2	0.001 1
19	1	0.999 8	0.999 3	0.998 5	0.996 0	0.984 7	0.945 4	0.890 0	0.754 7	0.420 3	0.198 5	0.082 9	0.031 0	0.010 4
19	2	1.000 0	1.000 0	1.000 0	0.999 9	0.999 1	0.993 9	0.981 7	0.933 5	0.705 4	0.441 3	0.236 9	0.111 3	0.046 2
19	3				1.000 0	1.000 0	0.999 5	0.997 8	0.986 8	0.885 0	0.684 1	0.455 1	0.263 1	0.133 2
19	4						1.000 0	0.999 8	0.998 0	0.964 8	0.855 6	0.673 3	0.465 4	0.282 2
19	5							1.000 0	0.999 8	0.991 4	0.946 3	0.836 9	0.667 8	0.473 9
19	6								1.000 0	0.998 3	0.983 7	0.932 4	0.825 1	0.665 5
19	7									0.999 7	0.995 9	0.976 7	0.922 5	0.818 0
19	8									1.000 0	0.999 2	0.993 3	0.971 3	0.916 1
19	9										0.999 9	0.998 4	0.991 1	0.967 4
19	10										1.000 0	0.999 7	0.997 7	0.989 5
19	11											1.000 0	0.999 5	0.997 2
19	12												0.999 9	0.999 4
19	13												1.000 0	0.999 9
19	14													1.000 0
20	0	0.980 2	0.960 8	0.941 7	0.904 6	0.817 9	0.667 6	0.543 8	0.358 5	0.121 6	0.038 8	0.011 5	0.003 2	0.000 8
20	1	0.999 8	0.999 3	0.998 4	0.995 5	0.983 1	0.940 1	0.880 2	0.735 8	0.391 7	0.175 6	0.069 2	0.024 3	0.007 6
20	2	1.000 0	1.000 0	1.000 0	0.999 9	0.999 0	0.992 9	0.979 0	0.924 5	0.676 9	0.404 9	0.206 1	0.091 3	0.035 5
20	3				1.000 0	1.000 0	0.999 4	0.997 3	0.984 1	0.867 0	0.647 7	0.411 4	0.225 2	0.107 1
20	4						1.000 0	0.999 7	0.997 4	0.956 8	0.829 8	0.629 6	0.414 8	0.237 5
20	5							1.000 0	0.999 7	0.988 7	0.932 7	0.804 2	0.617 2	0.416 4
20	6								1.000 0	0.997 6	0.978 1	0.913 3	0.785 8	0.608 0
20	7									0.999 6	0.994 1	0.967 9	0.898 2	0.772 3
20	8									0.999 9	0.998 7	0.990 0	0.959 1	0.886 7
20	9									1.000 0	0.999 8	0.997 4	0.986 1	0.952 0
20	10										1.000 0	0.999 4	0.996 1	0.982 9
20	11											0.999 9	0.999 1	0.994 9
20	12											1.000 0	0.999 8	0.998 7
20	13												1.000 0	0.999 7
20	14													1.000 0
25	0	0.975 3	0.951 2	0.927 6	0.882 2	0.777 8	0.603 5	0.467 0	0.277 4	0.071 8	0.017 2	0.003 8	0.000 8	0.000 1

n	x	p												
		0.001	0.002	0.003	0.005	0.01	0.02	0.03	0.05	0.10	0.15	0.20	0.25	0.30
25	1	0.999 7	0.998 8	0.997 4	0.993 1	0.974 2	0.911 4	0.828 0	0.642 4	0.271 2	0.093 1	0.027 4	0.007 0	0.001 6
25	2	1.000 0	1.000 0	0.999 9	0.999 7	0.998 0	0.986 8	0.962 0	0.872 9	0.537 1	0.253 7	0.098 2	0.032 1	0.009 0
25	3			1.000 0	1.000 0	0.999 9	0.998 6	0.993 8	0.965 9	0.763 6	0.471 1	0.234 0	0.096 2	0.033 2
25	4					1.000 0	0.999 9	0.999 2	0.992 8	0.902 0	0.682 1	0.420 7	0.213 7	0.090 5
25	5						1.000 0	0.999 9	0.998 8	0.966 6	0.838 5	0.616 7	0.378 3	0.193 5
25	6							1.000 0	0.999 8	0.990 5	0.930 5	0.780 0	0.561 1	0.340 7
25	7								1.000 0	0.997 7	0.974 5	0.890 9	0.726 5	0.511 8
25	8									0.999 5	0.992 0	0.953 2	0.850 6	0.676 9
25	9									0.999 9	0.997 9	0.982 7	0.928 7	0.810 6
25	10									1.000 0	0.999 5	0.994 4	0.970 3	0.902 2
25	11										0.999 9	0.998 5	0.989 3	0.955 8
25	12										1.000 0	0.999 6	0.996 6	0.982 5
25	13											0.999 9	0.999 1	0.994 0
25	14											1.000 0	0.999 8	0.998 2
25	15												1.000 0	0.999 5
25	16													0.999 9
25	17													1.000 0
30	0	0.970 4	0.941 7	0.913 8	0.860 4	0.739 7	0.545 5	0.401 0	0.214 6	0.042 4	0.007 6	0.001 2	0.000 2	0.000 0
30	1	0.999 6	0.998 3	0.996 3	0.990 1	0.963 9	0.879 5	0.773 1	0.553 5	0.183 7	0.048 0	0.010 5	0.002 0	0.000 3
30	2	1.000 0	1.000 0	0.999 9	0.999 5	0.996 7	0.978 3	0.939 9	0.812 2	0.411 4	0.151 4	0.044 2	0.010 6	0.002 1
30	3			1.000 0	1.000 0	0.999 8	0.997 1	0.988 1	0.939 2	0.647 4	0.321 7	0.122 7	0.037 4	0.009 3
30	4					1.000 0	0.999 7	0.998 2	0.984 4	0.824 5	0.524 5	0.255 2	0.097 9	0.030 2
30	5						1.000 0	0.999 8	0.996 7	0.926 8	0.710 6	0.427 5	0.202 6	0.076 6
30	6							1.000 0	0.999 4	0.974 2	0.847 4	0.607 0	0.348 1	0.159 5
30	7								0.999 9	0.992 2	0.930 2	0.760 8	0.514 3	0.281 4
30	8								1.000 0	0.998 0	0.972 2	0.871 3	0.673 6	0.431 5
30	9									0.999 5	0.990 3	0.938 9	0.803 4	0.588 8
30	10									0.999 9	0.997 1	0.974 4	0.894 3	0.730 4
30	11									1.000 0	0.999 2	0.990 5	0.949 3	0.840 7
30	12										0.999 8	0.996 9	0.978 4	0.915 5
30	13										1.000 0	0.999 1	0.991 8	0.959 9
30	14											0.999 8	0.997 3	0.983 1
30	15											0.999 9	0.999 2	0.993 6
30	16											1.000 0	0.999 8	0.997 9
30	17												0.999 9	0.999 4
30	18												1.000 0	0.999 8
30	19													1.000 0

附表 2　泊松分布数值表

$$P\{\xi=m\}=\frac{\lambda^m}{m!}\mathrm{e}^{-\lambda}$$

m	λ													
	0.1	0.2	0.3	0.4	0.5	0.6	0.7	0.8	0.9	1.0	1.5	2.0	2.5	3.0
0	0.904 8	0.818 7	0.740 8	0.670 3	0.606 5	0.548 8	0.496 6	0.449 3	0.406 6	0.367 9	0.223 1	0.135 3	0.082 1	0.049 8
1	0.090 5	0.163 7	0.222 3	0.268 1	0.303 3	0.329 3	0.347 6	0.359 5	0.365 9	0.367 9	0.334 7	0.270 7	0.205 2	0.149 4
2	0.004 5	0.016 4	0.033 3	0.053 6	0.075 8	0.098 8	0.121 6	0.143 8	0.164 7	0.183 9	0.251 0	0.270 7	0.256 5	0.224 0
3	0.000 2	0.001 1	0.003 3	0.007 2	0.012 6	0.019 8	0.028 4	0.038 3	0.049 4	0.061 3	0.125 5	0.180 5	0.213 8	0.224 0
4		0.000 1	0.000 3	0.000 7	0.001 6	0.003 0	0.005 0	0.007 7	0.011 1	0.015 3	0.047 1	0.090 2	0.133 6	0.168 1
5				0.000 1	0.000 2	0.000 3	0.000 7	0.001 2	0.002 0	0.003 1	0.014 1	0.036 1	0.066 8	0.100 8
6							0.000 1	0.000 2	0.000 3	0.000 5	0.003 5	0.012 0	0.027 8	0.050 4
7										0.000 1	0.000 8	0.003 4	0.009 9	0.021 6
8											0.000 2	0.000 9	0.003 1	0.008 1
9												0.000 2	0.000 9	0.002 7
10													0.000 2	0.000 8
11													0.000 1	0.000 2
12														0.000 1

续表

m	λ													
	3.5	4.0	4.5	5	6	7	8	9	10	11	12	13	14	15
0	0.030 2	0.018 3	0.011 1	0.006 7	0.002 5	0.000 9	0.000 3	0.000 1						
1	0.105 7	0.073 3	0.050 0	0.033 7	0.014 9	0.006 4	0.002 7	0.001 1	0.000 4	0.000 2	0.000 1			
2	0.185 0	0.146 5	0.112 5	0.084 2	0.044 6	0.022 3	0.010 7	0.005 0	0.002 3	0.001 0	0.000 4	0.000 2	0.000 1	
3	0.215 8	0.195 4	0.168 7	0.140 4	0.089 2	0.052 1	0.028 6	0.015 0	0.007 6	0.003 7	0.001 8	0.000 8	0.000 4	0.000 2
4	0.188 8	0.195 4	0.189 8	0.175 5	0.133 9	0.091 2	0.057 3	0.033 7	0.018 9	0.010 2	0.005 3	0.002 7	0.001 3	0.000 6
5	0.132 2	0.156 3	0.170 8	0.175 5	0.160 6	0.127 7	0.091 6	0.060 7	0.037 8	0.022 4	0.012 7	0.007 1	0.003 7	0.001 9
6	0.077 1	0.104 2	0.128 1	0.146 2	0.160 6	0.149 0	0.122 1	0.091 1	0.063 1	0.041 1	0.025 5	0.015 1	0.008 7	0.004 8
7	0.038 5	0.059 5	0.082 4	0.104 4	0.137 7	0.149 0	0.139 6	0.117 1	0.090 1	0.064 6	0.043 7	0.028 1	0.017 4	0.010 4
8	0.016 9	0.029 8	0.046 3	0.065 3	0.103 3	0.130 4	0.139 6	0.131 8	0.112 6	0.088 8	0.065 5	0.045 7	0.030 4	0.019 5
9	0.006 5	0.013 2	0.023 2	0.036 3	0.068 8	0.101 4	0.124 1	0.131 8	0.125 1	0.108 5	0.087 4	0.066 0	0.047 3	0.032 4
10	0.002 3	0.005 3	0.010 4	0.018 1	0.041 3	0.071 0	0.099 3	0.118 6	0.125 1	0.119 4	0.104 8	0.085 9	0.066 3	0.048 6
11	0.000 7	0.001 9	0.004 3	0.008 2	0.022 5	0.045 2	0.072 2	0.097 0	0.113 7	0.119 4	0.114 4	0.101 5	0.084 3	0.066 3
12	0.000 2	0.000 6	0.001 5	0.003 4	0.011 3	0.026 4	0.048 1	0.072 8	0.094 8	0.109 4	0.114 4	0.109 9	0.098 4	0.082 8
13	0.000 1	0.000 2	0.000 6	0.001 3	0.005 2	0.014 2	0.029 6	0.050 4	0.072 9	0.092 6	0.105 6	0.109 9	0.106 1	0.095 6
14		0.000 1	0.000 2	0.000 5	0.002 3	0.007 1	0.016 9	0.032 4	0.052 1	0.072 8	0.090 5	0.102 1	0.106 1	0.102 5
15			0.000 1	0.000 2	0.000 9	0.003 3	0.009 0	0.019 4	0.034 7	0.053 3	0.072 4	0.088 5	0.098 9	0.102 5
16				0.000 1	0.000 3	0.001 5	0.004 5	0.010 9	0.021 7	0.036 7	0.054 3	0.071 9	0.086 5	0.096 0
17					0.000 1	0.000 6	0.002 1	0.005 8	0.012 8	0.023 7	0.038 3	0.055 1	0.071 3	0.084 7
18						0.000 2	0.001 0	0.002 9	0.007 1	0.014 5	0.025 5	0.039 7	0.055 4	0.070 6
19						0.000 1	0.000 4	0.001 4	0.003 7	0.008 4	0.016 1	0.027 2	0.040 8	0.055 7
20							0.000 2	0.000 6	0.001 9	0.004 6	0.009 7	0.017 7	0.028 6	0.041 8
21							0.000 1	0.000 3	0.000 9	0.002 4	0.005 5	0.010 9	0.019 1	0.029 9
22								0.000 1	0.000 4	0.001 3	0.003 0	0.006 5	0.012 2	0.020 4
23									0.000 2	0.000 6	0.001 6	0.003 6	0.007 4	0.013 3
24									0.000 1	0.000 3	0.000 8	0.002 0	0.004 3	0.008 3
25										0.000 1	0.000 4	0.001 1	0.002 4	0.005 0
26											0.000 2	0.000 5	0.001 3	0.002 9
27											0.000 1	0.000 2	0.000 7	0.001 7
28												0.000 1	0.000 3	0.000 9
29													0.000 2	0.000 4
30													0.000 1	0.000 2
31														0.000 1

λ = 20						λ = 30					
m	p	m	p	m	p	m	p	m	p	m	p
5	0.000 1	20	0.088 9	35	0.000 7	10		25	0.051 1	40	0.013 9
6	0.000 2	21	0.084 6	36	0.000 4	11		26	0.059 0	41	0.010 2
7	0.000 6	22	0.076 9	37	0.000 2	12	0.000 1	27	0.065 5	42	0.007 3
8	0.001 3	23	0.066 9	38	0.000 1	13	0.000 2	28	0.070 2	43	0.005 1
9	0.002 9	24	0.055 7	39	0.000 1	14	0.000 5	29	0.072 7	44	0.003 5
10	0.005 8	25	0.044 6			15	0.001 0	30	0.072 7	45	0.002 3
11	0.010 6	26	0.034 3			16	0.001 9	31	0.070 3	46	0.001 5
12	0.017 6	27	0.025 4			17	0.003 4	32	0.065 9	47	0.001 0
13	0.027 1	28	0.018 3			18	0.005 7	33	0.059 9	48	0.000 6
14	0.038 2	29	0.012 5			19	0.008 9	34	0.052 9	49	0.000 4
15	0.051 7	30	0.008 3			20	0.013 4	35	0.045 3	50	0.000 2
16	0.064 6	31	0.005 4			21	0.019 2	36	0.037 8	51	0.000 1
17	0.076 0	32	0.003 4			22	0.026 1	37	0. 030 6	52	0.000 1
18	0.084 4	33	0.002 1			23	0.034 1	38	0.024 2		
19	0.088 9	34	0.001 2			24	0.042 6	39	0.018 6		

续表

$\lambda=40$						$\lambda=50$					
m	p	m	p	m	p	m	p	m	p	m	p
15		35	0.048 5	55	0.004 3	25		45	0.045 8	65	0.006 3
16		36	0.053 9	56	0.003 1	26	0.000 1	46	0.049 8	66	0.004 8
17		37	0.058 3	57	0.002 2	27	0.000 1	47	0.053 0	67	0.003 6
18	0.000 1	38	0.061 4	58	0.001 5	28	0.000 2	48	0.055 2	68	0.002 6
19	0.000 1	39	0.062 9	59	0.001 0	29	0.000 4	49	0.056 4	69	0.001 9
20	0.000 2	40	0.062 9	60	0.000 7	30	0.000 7	50	0.056 4	70	0.001 4
21	0.000 4	41	0.061 4	61	0.000 5	31	0.001 1	51	0.055 2	71	0.001 0
22	0.000 7	42	0.058 5	62	0.000 3	32	0.001 7	52	0.053 1	72	0.000 7
23	0.001 2	43	0.054 4	63	0.000 2	33	0.002 6	53	0.050 1	73	0.000 5
24	0.001 9	44	0.049 5	64	0.000 1	34	0.003 8	54	0.046 4	74	0.000 3
25	0.003 1	45	0.044 0	65	0.000 1	35	0.005 4	55	0.042 2	75	0.000 2
26	0.004 7	46	0.038 2			36	0.007 5	56	0.037 7	76	0.000 1
27	0.007 0	47	0.032 5			37	0.010 2	57	0.033 0	77	0.000 1
28	0.010 0	48	0.027 1			38	0.013 4	58	0.028 5	78	0.000 1
29	0.013 9	49	0.022 1			39	0.017 2	59	0.024 1		
30	0.018 5	50	0.017 7			40	0.021 5	60	0.020 1		
31	0.023 8	51	0.013 9			41	0.026 2	61	0.016 5		
32	0.029 8	52	0.010 7			42	0.031 2	62	0.013 3		
33	0.036 1	53	0.008 1			43	0.036 3	63	0.010 6		
34	0.042 5	54	0.006 0			44	0.041 2	64	0.008 2		

附表 3　标准正态分布表

$$\Phi(x)=\int_{-\infty}^{x}\frac{1}{\sqrt{2\pi}}\mathrm{e}^{-\frac{t^2}{2}}\,\mathrm{d}t=P(X<x)$$

x	0.00	0.01	0.02	0.03	0.04	0.05	0.06	0.07	0.08	0.09
0.0	0.500 0	0.504 0	0.508 0	0.512 0	0.516 0	0.519 9	0.523 9	0.527 9	0.531 9	0.535 9
0.1	0.539 8	0.543 8	0.547 8	0.551 7	0.555 7	0.559 6	0.563 6	0.567 5	0.571 4	0.575 3
0.2	0.579 3	0.583 2	0.587 1	0.591 0	0.594 8	0.598 7	0.602 6	0.606 4	0.610 3	0.614 1
0.3	0.617 9	0.621 7	0.625 5	0.629 3	0.633 1	0.636 8	0.640 4	0.644 3	0.648 0	0.651 7
0.4	0.655 4	0.659 1	0.662 8	0.666 4	0.670 0	0.673 6	0.677 2	0.680 8	0.684 4	0.687 9
0.5	0.691 5	0.695 0	0.698 5	0.701 9	0.705 4	0.708 8	0.712 3	0.715 7	0.719 0	0.722 4
0.6	0.725 7	0.729 1	0.732 4	0.735 7	0.738 9	0.742 2	0.745 4	0.748 6	0.751 7	0.754 9
0.7	0.758 0	0.761 1	0.764 2	0.767 3	0.770 3	0.773 4	0.776 4	0.779 4	0.782 3	0.785 2
0.8	0.788 1	0.791 0	0.793 9	0.796 7	0.799 5	0.802 3	0.805 1	0.807 8	0.810 6	0.813 3
0.9	0.815 9	0.818 6	0.821 2	0.823 8	0.826 4	0.828 9	0.835 5	0.834 0	0.836 5	0.838 9
1.0	0.841 3	0.843 8	0.846 1	0.848 5	0.850 8	0.853 1	0.855 4	0.857 7	0.859 9	0.862 1
1.1	0.864 3	0.866 5	0.868 6	0.870 8	0.872 9	0.874 9	0.877 0	0.879 0	0.881 0	0.883 0
1.2	0.884 9	0.886 9	0.888 8	0.890 7	0.892 5	0.894 4	0.896 2	0.898 0	0.899 7	0.901 5
1.3	0.903 2	0.904 9	0.906 6	0.908 2	0.909 9	0.911 5	0.913 1	0.914 7	0.916 2	0.917 7
1.4	0.919 2	0.920 7	0.922 2	0.923 6	0.925 1	0.926 5	0.927 9	0.929 2	0.930 6	0.931 9
1.5	0.933 2	0.934 5	0.935 7	0.937 0	0.938 2	0.939 4	0.940 6	0.941 8	0.943 0	0.944 1
1.6	0.945 2	0.946 3	0.947 4	0.948 4	0.949 5	0.950 5	0.951 5	0.952 5	0.953 5	0.953 5
1.7	0.955 4	0.956 4	0.957 3	0.958 2	0.959 1	0.959 9	0.960 8	0.961 6	0.962 5	0.963 3
1.8	0.964 1	0.964 8	0.965 6	0.966 4	0.967 2	0.967 8	0.968 6	0.969 3	0.970 0	0.970 6
1.9	0.971 3	0.971 9	0.972 6	0.973 2	0.973 8	0.974 4	0.975 0	0.975 6	0.976 2	0.976 7
2.0	0.977 2	0.977 8	0.978 3	0.978 8	0.979 3	0.979 8	0.980 3	0.980 8	0.981 2	0.981 7
2.1	0.982 1	0.982 6	0.983 0	0.983 4	0.983 8	0.984 2	0.984 6	0.985 0	0.985 4	0.985 7
2.2	0.986 1	0.986 4	0.986 8	0.987 1	0.987 4	0.987 8	0.988 1	0.988 4	0.988 7	0.989 0
2.3	0.989 3	0.989 6	0.989 8	0.990 1	0.990 4	0.990 6	0.990 9	0.991 1	0.991 3	0.991 6
2.4	0.991 8	0.992 0	0.992 2	0.992 5	0.992 7	0.992 9	0.993 1	0.993 2	0.993 4	0.993 6
2.5	0.993 8	0.994 0	0.994 1	0.994 3	0.994 5	0.994 6	0.994 8	0.994 9	0.995 1	0.995 2
2.6	0.995 3	0.995 5	0.995 6	0.995 7	0.995 9	0.996 0	0.996 1	0.996 2	0.996 3	0.996 4
2.7	0.996 5	0.996 6	0.996 7	0.996 8	0.996 9	0.997 0	0.997 1	0.997 2	0.997 3	0.997 4
2.8	0.997 4	0.997 5	0.997 6	0.997 7	0.997 7	0.997 8	0.997 9	0.997 9	0.998 0	0.998 1
2.9	0.998 1	0.998 2	0.998 2	0.998 3	0.998 4	0.998 4	0.998 5	0.998 5	0.998 6	0.998 6
x	0.0	0.1	0.2	0.3	0.4	0.5	0.6	0.7	0.8	0.9
3	0.998 7	0.999 0	0.999 3	0.999 5	0.999 7	0.999 8	0.999 8	0.999 9	0.999 9	1.000 0

附表 4 t 分布表

$$P\left(t(n)>t_{\alpha}(n)\right)=\alpha$$

n	α					
	0.25	0.10	0.05	0.025	0.01	0.005
1	1.000 0	3.077 7	6.313 8	12.706 2	31.820 7	63.657 4
2	0.816 5	1.885 6	2.920 0	4.303 7	6.964 6	9.924 8
3	0.764 9	1.637 7	2.353 4	3.182 4	4.540 7	5.840 9
4	0.740 7	1.533 2	2.131 8	2.776 4	3.764 9	4.604 1
5	0.726 7	1.475 9	2.015 0	2.570 6	3.364 9	4.032 2
6	0.717 6	1.439 8	1.943 2	2.446 9	3.142 7	3.707 4
7	0.711 1	1.414 9	1.894 6	2.364 6	2.998 0	3.499 5
8	0.706 4	1.396 8	1.859 5	2.306 0	2.896 5	3.355 4
9	0.702 7	1.383 0	1.833 1	2.262 2	2.821 4	3.249 8
10	0.699 8	1.372 2	1.812 5	2.228 1	2.763 8	3.169 3
11	0.697 4	1.363 4	1.795 9	2.201 0	2.718 1	3.105 8
12	0.695 5	1.356 2	1.782 3	2.178 8	2.681 0	3.054 5
13	0.693 8	1.350 2	1.770 9	2.164 0	2.650 3	3.012 3
14	0.692 4	1.345 0	1.761 3	2.144 8	2.624 5	2.976 8
15	0.691 2	1.340 6	1.753 1	2.131 5	2.602 5	2.946 7
16	0.690 1	1.336 8	1.745 9	2.119 9	2.583 5	2.920 8
17	0.689 2	1.333 4	1.739 6	2.109 8	2.566 9	2.898 2
18	0.688 4	1.330 4	1.734 1	2.100 9	2.552 4	2.878 4
19	0.687 6	1.327 7	1.729 1	2.093 0	2.539 5	2.860 9
20	0.687 0	1.325 3	1.724 7	2.086 0	2.528 0	2.845 3
21	0.686 4	1.323 2	1.720 7	2.079 6	2.517 7	2.831 4
22	0.685 8	1.321 2	1.717 1	2.073 9	2.508 3	2.818 8
23	0.685 3	1.319 5	1.713 9	2.068 7	2.499 9	2.807 3
24	0.684 8	1.317 8	1.710 9	2.063 9	2.492 2	2.796 9
25	0.684 4	1.316 3	1.708 1	2.059 5	2.485 1	2.787 4
26	0.684 0	1.315 0	1.705 6	2.055 5	2.478 6	2.778 7
27	0.683 7	1.313 7	1.703 3	2.051 8	2.472 7	2.770 7
28	0.683 4	1.312 5	1.701 1	2.048 4	2.467 1	2.763 3
29	0.683 0	1.311 4	1.699 1	2.045 2	2.462 0	2.756 4
30	0.682 8	1.310 4	1.687 3	2.042 3	2.457 3	2.750 0
31	0.682 5	1.309 5	1.695 5	2.039 5	2.452 8	2.744 0
32	0.682 2	1.308 6	1.693 9	2.036 9	2.448 7	2.738 5
33	0.682 0	1.307 7	1.692 4	2.034 5	2.444 8	2.733 3
34	0.681 8	1.307 0	1.690 9	2.032 2	2.441 1	2.728 4
35	0.681 6	1.306 2	1.689 6	2.030 1	2.437 7	2.723 8
36	0.681 4	1.305 5	1.688 3	2.028 1	2.434 5	2.719 5
37	0.681 2	1.304 9	1.687 1	2.026 2	2.431 4	2.715 4
38	0.681 0	1.304 2	1.686 0	2.024 4	2.428 6	2.711 6
39	0.680 8	1.303 6	1.684 9	2.022 7	2.425 8	2.707 9
40	0.680 7	1.303 1	1.683 9	2.021 1	2.423 3	2.704 5
41	0.680 5	1.302 5	1.682 9	2.019 5	2.420 8	2.701 2
42	0.680 4	1.302 0	1.682 0	2.018 1	2.418 5	2.698 1
43	0.680 2	1.301 6	1.681 1	2.016 7	2.416 3	2.695 1
44	0.680 1	1.301 1	1.680 2	2.015 4	2.414 1	2.692 3
45	0.680 0	1.300 6	1.679 4	2.014 1	2.412 1	2.689 6

附表 5　χ^2 分布表

$$P\left(\chi^2(n) > \chi_a^2(n)\right) = \alpha$$

n	α											
	0.995	0.990	0.975	0.950	0.900	0.750	0.250	0.100	0.050	0.025	0.010	0.005
1	—	—	0.001	0.004	0.016	0.102	1.323	2.706	3.841	5.024	6.365	7.879
2	0.010	0.020	0.051	0.103	0.211	0.575	2.773	4.605	5.991	7.378	9.210	10.597
3	0.072	0.115	0.216	0.352	0.584	1.213	4.108	6.251	7.815	9.348	11.345	12.838
4	0.207	0.297	0.484	0.711	1.064	1.923	5.385	7.779	9.448	11.143	13.277	14.860
5	0.412	0.554	0.831	1.145	1.610	2.675	6.626	9.236	11.071	12.833	15.086	16.750
6	0.676	0.872	1.237	1.635	2.204	3.455	7.814	10.645	12.592	14.449	16.812	18.548
7	0.989	1.239	1.690	2.167	2.833	4.255	9.037	12.017	14.067	16.013	18.475	20.278
8	1.344	1.646	2.180	2.733	3.490	5.071	10.219	13.362	15.507	17.535	20.090	21.995
9	1.735	2.088	2.700	3.325	4.168	5.899	11.389	14.684	16.919	19.023	21.666	23.589
10	2.156	2.558	3.247	3.940	4.865	6.737	12.549	15.987	18.307	20.483	23.209	25.188
11	2.603	3.053	3.816	4.575	5.578	7.584	13.701	17.275	19.675	21.920	24.725	26.757
12	3.074	3.571	4.404	5.226	6.304	8.438	14.854	18.549	21.026	23.337	26.217	28.299
13	3.565	4.107	5.009	5.892	7.042	9.299	15.984	19.812	22.362	24.736	27.688	29.819
14	4.705	4.660	5.629	6.571	7.790	10.165	17.117	21.064	23.685	26.119	29.141	31.319
15	4.601	5.229	6.262	7.261	8.547	11.037	18.245	22.307	24.996	27.488	30.578	32.801
16	5.142	5.812	6.908	7.962	9.312	11.912	19.369	23.542	26.296	28.845	32.000	34.267
17	5.697	6.408	7.564	8.672	10.085	12.792	20.489	24.769	27.587	30.191	33.409	35.718
18	6.265	7.015	8.231	9.930	10.865	13.675	21.605	25.989	28.869	31.526	34.805	37.156
19	6.884	7.633	8.907	10.117	11.651	14.562	22.718	27.204	30.144	32.852	36.191	38.582
20	7.434	8.260	9.591	10.851	12.443	15.452	23.828	28.412	31.410	34.170	37.566	39.997
21	8.034	8.897	10.283	11.591	13.240	16.344	24.935	29.615	32.671	35.479	38.932	41.401
22	8.643	9.542	10.982	12.338	14.042	17.240	26.039	30.813	33.924	36.781	40.289	42.796
23	9.260	10.196	11.689	13.091	14.848	18.137	27.141	32.007	35.172	38.076	41.638	44.181
24	9.886	10.856	12.401	13.848	15.659	19.037	28.241	33.196	36.415	39.364	42.980	45.559
25	10.520	11.524	13.120	14.611	16.473	19.939	29.339	34.382	37.652	40.646	44.314	46.928
26	11.160	12.198	13.844	15.379	17.292	20.843	30.435	35.563	38.885	41.923	45.642	48.290
27	11.808	12.879	14.573	16.151	18.114	21.749	31.528	36.741	40.113	43.194	46.963	49.654
28	12.461	13.565	15.308	16.928	18.939	22.657	32.620	37.916	41.337	44.461	48.273	50.993
29	13.121	14.257	16.047	17.708	19.768	23.567	33.711	39.087	42.557	45.722	49.588	52.336
30	13.787	14.954	16.791	18.493	20.599	24.478	34.800	40.256	43.773	46.979	50.892	53.672
31	14.458	15.655	17.539	19.281	21.431	25.390	35.887	41.422	44.985	48.232	52.191	55.003
32	15.131	16.362	18.291	20.072	22.271	26.304	36.973	42.585	46.194	49.480	53.486	56.328
33	15.815	17.074	19.047	20.867	23.110	27.219	38.058	43.745	47.400	50.725	54.776	57.648
34	16.501	17.789	19.806	21.664	23.952	28.136	39.141	44.903	48.602	51.966	56.061	58.964
35	17.192	18.509	20.569	22.465	24.797	29.054	40.223	46.059	49.802	53.203	57.342	60.275
36	17.887	19.233	21.336	23.269	25.643	29.973	41.304	47.212	50.998	54.437	58.619	61.581
37	18.586	19.960	22.106	24.075	26.492	30.893	42.383	48.363	52.192	55.668	59.892	62.883
38	19.289	20.691	22.878	24.884	27.343	31.815	43.462	49.513	53.384	56.896	61.162	64.181
39	19.996	21.426	23.654	25.695	28.196	32.737	44.539	50.660	54.572	58.120	62.428	65.476
40	20.707	22.164	24.433	26.509	29.051	33.660	45.616	51.805	55.758	59.342	63.691	66.766
41	21.421	22.906	25.215	27.326	29.907	34.585	46.692	52.949	56.942	60.561	64.950	68.053
42	22.138	23.650	25.999	28.144	30.765	35.510	47.766	54.090	58.124	61.777	66.206	69.336
43	22.859	24.398	26.785	28.965	31.625	36.436	48.840	55.230	59.304	62.990	67.459	70.616
44	23.584	25.148	27.575	29.787	32.487	37.363	49.913	56.369	60.481	64.201	68.710	71.393
45	24.311	25.901	28.366	30.612	33.350	38.291	50.985	57.505	61.656	65.410	69.957	73.166

附表 6　F 分布表

$$P(F(n_1,n_2) > F_\alpha(n_1,n_2)) = \alpha$$

$\alpha = 0.10$

n_2	n_1																		
	1	2	3	4	5	6	7	8	9	10	12	15	20	24	30	40	60	120	∞
1	39.86	49.50	53.59	55.33	57.24	58.20	58.91	59.44	59.86	60.19	60.71	61.22	61.74	62.06	62.26	62.53	62.79	63.06	63.33
2	8.53	9.00	9.16	9.24	6.29	9.33	9.35	9.37	9.38	9.39	9.41	9.42	9.44	9.45	9.46	9.47	9.47	9.48	9.49
3	5.54	5.46	5.39	5.34	5.31	5.28	5.27	5.25	5.24	5.23	5.22	5.20	5.18	5.18	5.17	5.16	5.15	5.14	5.13
4	4.54	4.32	4.19	4.11	4.05	4.01	3.98	3.95	3.94	3.92	3.90	3.87	3.84	3.83	3.82	3.80	3.79	3.78	3.76
5	4.06	3.78	3.62	3.52	3.45	3.40	3.37	3.34	3.32	3.30	3.27	3.24	3.21	3.19	3.17	3.16	3.14	3.12	3.10
6	3.78	3.46	3.29	3.18	3.11	3.05	3.01	2.98	2.96	2.94	2.90	2.87	2.84	2.82	2.80	2.78	2.76	2.74	2.72
7	3.59	3.26	3.07	2.96	2.88	2.83	2.78	2.75	2.72	2.70	2.67	2.63	2.59	2.58	2.56	2.54	2.51	2.49	2.47
8	3.46	3.11	2.92	2.81	2.73	2.67	2.62	2.59	2.56	2.54	2.50	2.46	2.42	2.40	2.38	2.36	2.34	2.32	2.29
9	3.36	3.01	2.81	2.69	2.61	2.55	2.51	2.47	2.44	2.42	2.38	2.34	2.30	2.28	2.25	2.23	2.21	2.18	2.16
10	3.20	2.92	2.73	2.61	2.52	2.46	2.41	2.38	2.35	2.32	2.28	2.24	2.20	2.18	2.16	2.13	2.11	2.08	2.06
11	3.23	2.86	2.66	2.54	2.45	2.39	2.34	2.30	2.27	2.25	2.21	2.17	2.12	2.10	2.08	2.05	2.03	2.00	1.97
12	3.18	2.81	2.61	2.48	2.39	2.33	2.28	2.24	2.21	2.19	2.15	2.10	2.06	2.04	2.01	1.99	1.96	1.93	1.90
13	3.14	2.76	2.56	2.43	2.35	2.28	2.23	2.20	2.16	2.14	2.10	2.05	2.01	1.98	1.96	1.93	1.90	1.88	1.85
14	3.10	2.73	2.52	2.39	2.31	2.24	2.19	2.15	2.12	2.10	2.05	2.01	1.96	1.94	1.91	1.89	1.82	1.83	1.80
15	3.07	2.70	2.49	2.36	2.27	2.21	2.16	2.12	2.09	2.06	2.02	1.97	1.92	1.90	1.87	1.85	1.82	1.79	1.76
16	3.05	2.67	2.46	2.33	2.24	2.18	2.13	2.09	2.06	2.03	1.99	1.94	1.89	1.87	1.84	1.81	1.78	1.75	1.72
17	3.03	2.64	2.44	2.31	2.22	2.15	2.10	2.06	2.03	2.00	1.96	1.91	1.86	1.84	1.81	1.78	1.75	1.72	1.69
18	3.01	2.62	2.42	2.29	2.20	2.13	2.08	2.04	2.00	1.98	1.93	1.89	1.84	1.81	1.78	1.75	1.72	1.69	1.66
19	2.99	2.61	2.40	2.27	2.18	2.11	2.06	2.02	1.98	1.96	1.91	1.86	1.81	1.79	1.76	1.73	1.7	1.67	1.63

续表

$\alpha = 0.10$

n_2	n_1=1	2	3	4	5	6	7	8	9	10	12	15	20	24	30	40	60	120	∞
20	2.97	2.50	2.38	2.25	2.16	2.09	2.04	2.00	1.96	1.94	1.89	1.84	1.79	1.77	1.74	1.71	1.68	1.64	1.61
21	2.96	9.57	2.36	2.23	2.14	2.08	2.02	1.98	1.95	1.92	1.87	1.83	1.78	1.75	1.72	1.69	1.66	1.62	1.59
22	2.95	2.56	2.35	2.22	2.13	2.06	2.01	1.97	1.93	1.90	1.86	1.81	1.76	1.73	1.70	1.67	1.64	1.6	1.57
23	2.94	2.55	2.34	2.21	2.11	2.05	1.99	1.95	1.92	1.89	1.84	1.80	1.74	1.72	1.69	1.66	1.62	1.59	1.55
24	2.93	2.54	2.33	2.19	2.10	2.04	1.98	1.94	1.91	1.88	1.83	1.78	1.73	1.70	1.67	1.64	1.61	1.57	1.53
25	2.92	2.53	2.32	2.18	2.09	2.02	1.97	1.93	1.89	1.87	1.82	1.77	1.72	1.69	1.66	1.63	1.59	1.56	1.52
26	2.91	2.52	2.31	2.17	2.08	2.01	1.96	1.92	1.88	1.86	1.81	1.76	1.71	1.68	1.65	1.61	1.58	1.54	1.50
27	2.90	2.51	2.30	2.17	2.07	2.00	1.95	1.91	1.87	1.85	1.80	1.75	1.7	1.67	1.64	1.6	1.57	1.53	1.49
28	2.89	2.50	2.29	2.16	2.16	2.00	1.94	1.90	1.87	1.84	1.79	1.74	1.69	1.66	1.63	1.59	1.56	1.52	1.48
29	2.89	2.50	2.28	2.15	2.06	1.99	1.93	1.89	1.86	1.83	1.78	1.73	1.68	1.65	1.62	1.58	1.55	1.51	1.47
30	2.88	2.49	2.22	2.14	2.05	1.98	1.93	1.88	1.85	1.82	1.77	1.72	1.67	1.64	1.61	1.57	1.54	1.5	1.46
40	2.84	2.41	2.23	2.00	2.00	1.93	1.87	1.83	1.79	1.76	1.71	1.66	1.61	1.57	1.54	1.51	1.47	1.42	1.38
60	2.79	2.39	2.18	2.04	1.95	1.87	1.82	1.77	1.74	1.71	1.66	1.60	1.54	1.51	1.48	1.44	1.4	1.35	1.29
120	2.75	2.35	2.13	1.99	1.90	1.82	1.77	1.72	1.68	1.65	1.60	1.55	1.48	1.45	1.41	1.37	1.32	1.26	1.19
∞	2.71	2.30	2.08	1.94	1.85	1.77	1.72	1.67	1.63	1.60	1.55	1.49	1.42	1.38	1.34	1.3	1.24	1.17	1.00

$\alpha = 0.05$

n_2	n_1=1	2	3	4	5	6	7	8	9	10	12	15	20	24	30	40	60	120	∞
1	161.40	199.50	215.70	224.60	230.20	234.00	236.80	238.90	240.50	241.90	243.90	245.90	248.00	249.10	250.10	251.10	252.20	253.30	254.30
2	18.51	19.00	19.16	19.25	19.30	19.33	19.35	19.37	19.38	19.40	19.41	19.43	19.45	19.45	19.46	19.47	19.48	19.49	19.50
3	10.13	9.55	9.28	9.12	9.90	8.94	8.89	8.85	8.81	8.79	8.74	8.70	8.66	8.64	8.62	8.59	8.57	8.55	8.53
4	7.71	6.94	6.59	6.39	6.26	6.16	6.09	6.04	6.00	5.96	5.91	5.86	5.80	5.77	5.75	5.72	5.69	5.66	5.63
5	6.61	5.79	5.41	5.19	5.05	4.95	4.88	4.82	4.77	4.74	4.68	4.62	4.56	4.53	4.50	4.46	4.43	4.40	4.36
6	5.99	5.14	4.76	4.53	4.39	4.28	4.21	4.15	4.10	4.06	4.00	3.94	3.87	3.84	3.81	3.77	3.74	3.70	3.67
7	5.59	4.74	4.35	4.12	3.97	3.87	3.79	3.73	3.68	3.64	3.57	3.51	3.44	3.41	3.38	3.34	3.30	3.27	3.23

续表

$\alpha = 0.05$

n_2	n_1																	
	1	2	3	4	5	6	7	8	9	10	12	15	20	24	30	40	60	120	∞
8	5.32	4.46	4.07	3.84	3.69	3.58	3.50	3.44	3.69	3.35	3.28	3.22	3.15	3.12	3.08	3.04	3.01	2.97	2.93
9	5.12	4.26	3.86	3.63	3.48	3.37	3.29	3.23	3.18	3.14	3.07	3.01	2.94	2.90	2.86	2.83	2.79	2.75	2.71
10	4.96	4.10	3.71	3.48	3.33	3.22	3.14	3.07	3.02	2.98	2.91	2.85	2.77	2.74	2.70	2.66	2.62	2.58	2.54
11	4.84	3.98	3.59	3.36	3.20	3.09	3.01	2.95	2.90	2.85	2.79	2.72	2.65	2.61	2.57	2.53	2.49	2.45	2.40
12	4.75	3.89	3.49	3.26	3.11	3.00	2.91	2.85	2.80	2.75	2.69	2.62	2.54	2.51	2.47	2.43	2.38	2.34	2.30
13	4.67	3.81	3.41	3.18	3.03	2.92	2.83	2.77	2.71	2.67	2.60	2.53	2.46	2.42	2.38	2.34	2.30	2.25	2.21
14	4.60	3.74	3.34	3.11	2.96	2.85	2.76	2.70	2.65	2.60	2.53	2.46	2.39	2.35	2.31	2.27	2.22	2.18	2.13
15	4.54	3.68	3.29	3.06	2.90	2.79	2.71	2.64	2.59	2.54	2.48	2.40	2.33	2.29	2.25	2.20	2.16	2.11	2.07
16	4.49	3.63	3.24	3.01	2.85	2.74	2.66	2.59	2.54	2.49	2.42	2.35	2.28	2.24	2.19	2.15	2.11	2.06	2.01
17	4.45	3.59	3.20	2.96	2.81	2.70	2.61	2.55	2.49	2.45	2.38	2.31	2.23	2.19	2.15	2.10	2.06	2.01	1.96
18	4.41	3.55	3.16	2.93	2.77	2.66	2.58	2.51	2.46	2.41	2.34	2.27	2.19	2.15	2.11	2.06	2.02	1.97	1.92
19	4.38	3.52	3.13	2.90	2.74	2.63	2.54	2.48	2.42	2.38	2.31	2.23	2.16	2.11	2.07	2.03	1.98	1.93	1.88
20	4.35	3.49	3.10	2.87	2.71	2.60	2.51	2.45	2.39	2.35	2.28	2.20	2.12	2.08	2.04	1.99	1.95	1.90	1.84
21	4.32	3.47	3.07	2.84	2.68	2.57	2.49	2.42	2.37	2.32	2.25	2.18	2.10	2.05	2.01	1.96	1.92	1.87	1.81
22	4.30	3.44	3.05	2.82	2.66	2.55	2.46	2.40	2.34	2.30	2.23	2.15	2.07	2.03	1.98	1.94	1.89	1.84	1.78
23	4.28	3.42	3.03	2.80	2.64	2.53	2.44	2.37	2.32	2.27	2.20	2.13	2.05	2.01	1.96	1.91	1.86	1.81	1.76
24	4.26	3.40	3.01	2.78	2.62	2.51	2.42	2.36	2.30	2.25	2.18	2.11	2.03	1.98	1.94	1.89	1.84	1.79	1.73
25	4.24	3.39	2.99	2.76	2.60	2.49	2.40	2.34	2.28	2.24	2.16	2.09	2.01	1.96	1.92	1.87	1.82	1.77	1.71
26	4.23	3.37	2.98	2.74	2.59	2.47	2.39	2.32	2.27	2.22	2.15	1.07	1.99	1.95	1.90	1.85	1.80	1.75	1.69
27	4.21	3.35	2.96	2.73	2.57	2.46	2.37	2.31	2.25	2.20	2.13	1.06	1.97	1.93	1.88	1.84	1.79	1.73	1.67
28	4.20	3.34	2.95	2.71	2.56	2.45	2.36	2.29	2.24	2.19	2.12	1.04	1.96	1.91	1.87	1.82	1.77	1.71	1.65
29	4.18	3.33	2.93	2.70	2.55	2.43	2.35	2.28	2.22	2.18	2.10	1.03	1.94	1.90	1.85	1.81	1.75	1.70	1.64
30	4.17	3.32	2.92	2.69	2.53	2.42	2.33	2.27	2.21	2.16	2.09	2.01	1.93	1.89	1.84	1.79	1.74	1.68	1.62
40	4.08	3.23	2.84	2.61	2.45	2.34	2.25	2.18	2.12	2.08	2.00	1.92	1.84	1.79	1.74	1.69	1.64	1.58	1.51
60	4.00	3.15	2.76	2.53	2.37	2.25	2.17	2.10	2.04	1.99	1.92	1.84	1.75	1.70	1.65	1.59	1.53	1.47	1.39

续表

$\alpha = 0.05$

n_2	n_1																		
	1	2	3	4	5	6	7	8	9	10	12	15	20	24	30	40	60	120	∞
120	3.92	3.07	2.68	2.45	2.29	2.17	2.09	2.02	1.96	1.91	1.83	1.75	1.66	1.61	1.55	1.50	1.43	1.35	1.25
∞	3.84	3.00	2.60	2.37	2.21	2.10	2.01	1.94	1.88	1.83	1.75	1.67	1.57	1.52	1.46	1.39	1.32	1.22	1.00

$\alpha = 0.01$

n_2	n_1																		
	1	2	3	4	5	6	7	8	9	10	12	15	20	24	30	40	60	120	∞
1	4 052	5 000	5 403	5 625	5 764	5 859	5 928	5 982	6 062	6 056	6 106	6 157	6 209	6 235	6 261	6 287	6 313	6 339	6 366
2	98.50	99.00	99.17	99.25	99.30	99.33	99.36	99.37	99.39	99.40	99.42	99.43	99.45	99.46	99.47	99.47	99.48	99.49	99.50
3	34.12	30.82	29.46	28.71	28.24	27.91	27.67	27.49	27.35	27.23	27.05	26.87	26.09	26.60	26.50	26.41	26.32	26.22	26.13
4	21.20	18.00	16.69	15.98	15.52	15.21	14.98	14.80	14.66	14.55	14.37	14.20	14.02	13.93	13.84	13.75	13.65	13.56	13.46
5	16.26	13.27	12.06	11.39	10.97	10.67	10.46	10.29	10.16	10.05	9.29	9.72	9.55	9.47	9.38	9.29	9.20	9.11	9.02
6	13.75	10.92	9.78	9.15	8.75	8.47	8.46	8.10	7.98	7.87	7.72	7.56	7.40	7.31	7.23	7.14	7.06	6.97	6.88
7	12.25	9.55	8.45	7.85	7.46	7.19	6.99	6.84	6.72	6.62	6.47	6.31	6.16	6.07	5.99	5.91	5.82	5.74	5.65
8	11.26	8.65	7.59	7.01	6.63	6.37	6.18	6.03	5.91	5.81	5.67	5.52	5.36	5.28	5.20	5.12	5.03	4.95	4.86
9	10.56	8.02	6.99	6.42	6.06	5.80	5.61	5.47	5.35	5.26	5.11	4.96	4.81	4.73	4.65	4.57	4.48	4.40	4.31
10	10.04	7.56	6.55	5.99	5.64	5.39	5.20	5.06	4.94	4.85	4.71	4.56	4.41	4.33	4.25	4.17	4.08	4.00	3.91
11	9.65	7.21	6.22	5.67	5.32	5.07	4.89	4.74	4.63	4.54	4.40	4.25	4.10	4.02	3.95	3.86	3.78	3.69	3.60
12	9.33	6.93	5.95	5.41	5.06	4.82	4.64	4.50	4.39	4.30	4.16	4.01	3.86	3.78	3.70	3.62	3.54	3.45	3.36
13	9.07	6.70	5.74	5.21	4.86	4.62	4.44	4.30	4.19	4.10	3.96	3.82	3.66	3.59	3.51	3.43	3.34	3.25	3.17
14	8.86	6.51	5.56	5.04	4.69	4.46	4.28	4.14	4.03	3.94	3.80	3.66	3.51	3.43	3.35	3.27	3.18	3.09	3.00
15	8.68	6.36	5.42	4.89	4.56	4.32	4.14	4.00	3.89	3.80	3.67	3.52	3.37	3.29	3.21	3.13	3.05	2.96	2.87
16	8.53	6.23	5.29	4.77	4.44	4.20	4.03	3.89	3.78	3.69	3.55	3.41	3.26	3.18	3.10	3.02	2.93	2.84	2.75
17	8.40	6.11	5.18	4.67	4.34	4.10	3.93	3.79	3.68	3.59	3.46	3.31	3.16	3.08	3.00	2.92	2.83	2.75	2.65
18	8.29	6.01	5.09	4.58	4.25	4.01	3.84	3.71	3.60	3.51	3.37	3.23	3.08	3.00	2.92	2.84	2.75	2.66	2.57
19	8.18	5.93	5.01	4.50	4.17	3.94	3.77	3.63	3.52	3.43	3.30	3.15	3.00	2.92	2.84	2.76	2.67	2.58	2.49
20	8.10	5.85	4.94	4.43	4.10	3.87	3.70	3.56	3.46	3.37	3.23	3.09	2.94	2.86	2.78	2.69	2.61	2.52	2.42

续表

$\alpha = 0.01$

n_2 \ n_1	1	2	3	4	5	6	7	8	9	10	12	15	20	24	30	40	60	120	∞
21	8.02	5.78	4.87	4.37	4.04	3.81	3.64	3.51	3.40	3.31	3.17	3.03	2.88	2.80	2.72	2.64	2.55	2.46	2.36
22	7.95	5.72	4.82	4.31	3.99	3.76	3.59	3.45	3.35	3.26	3.12	2.98	2.83	2.75	2.67	2.58	2.50	2.40	2.31
23	7.88	5.66	4.76	4.26	3.94	3.71	3.54	3.41	3.30	3.21	3.07	2.93	2.78	2.70	2.62	2.54	2.45	2.35	2.26
24	7.82	5.61	4.72	4.22	3.90	3.67	3.50	3.36	3.26	3.17	3.03	2.89	2.74	2.66	2.58	2.49	2.40	2.31	2.21
25	7.77	5.57	4.68	4.18	3.85	3.63	3.46	3.32	3.22	3.13	2.99	2.85	2.70	2.62	2.54	2.45	2.36	2.27	2.17
26	7.72	5.53	4.64	4.14	3.82	3.59	3.42	3.29	3.18	3.09	2.96	2.81	2.66	2.58	2.50	2.42	2.33	2.23	2.13
27	7.68	5.49	4.60	4.11	3.78	3.56	3.39	3.26	3.15	3.06	2.93	2.78	2.63	2.55	2.47	2.38	2.29	2.20	2.10
28	7.64	5.45	4.57	4.07	3.75	3.53	3.36	3.23	3.12	3.03	2.90	2.75	2.60	2.52	2.44	2.35	2.26	2.17	2.06
29	7.60	5.42	4.54	4.04	3.73	3.50	3.33	3.20	3.09	3.00	2.87	2.73	2.57	2.49	2.41	2.33	2.23	2.14	2.03
30	7.56	5.39	4.51	4.02	3.70	3.47	3.30	3.17	3.07	2.98	2.84	2.70	2.55	2.47	2.39	2.30	2.21	2.11	2.01
40	7.31	5.18	4.31	3.83	3.51	3.29	3.12	2.99	2.89	2.80	2.66	2.52	2.37	2.29	2.20	2.11	2.02	1.92	1.80
60	7.08	4.98	4.13	3.65	3.34	3.12	2.95	2.82	2.72	2.63	2.50	2.35	2.20	2.12	2.03	1.94	1.84	1.73	1.60
120	6.85	4.79	3.95	3.48	3.17	2.96	2.79	2.66	2.56	2.47	2.34	2.19	2.03	1.95	1.86	1.76	1.66	1.53	1.38
∞	6.63	4.61	3.78	3.32	3.02	2.80	2.64	2.51	2.41	2.32	2.18	2.04	1.88	1.79	1.70	1.59	1.47	1.32	1.00

部分习题答案与提示

第 1 章　　第 2 章　　第 3 章　　第 4 章

第 5 章　　第 6 章　　第 7 章

参考文献

[1] 骈俊生. 工程应用数学. 2 版. 南京: 南京大学出版社, 2013.

[2] 欧内斯特・戴维斯. 程序员的数学: 线性代数和概率统计. 侯亚君, 等, 译. 北京: 机械工业出版社, 2018.

[3] 李尚志. 线性代数 (数学专业用). 北京: 高等教育出版社, 2006.

[4] 江惠坤, 邵荣, 范红军. 线性代数讲义. 北京: 科学出版社, 2013.

[5] 盛骤, 谢式千, 潘承毅. 概率论与数理统计. 5 版. 北京: 高等教育出版社, 2020.

[6] 茆诗松, 程依明, 濮晓龙. 概率论与数理统计教程. 3 版. 北京: 高等教育出版社, 2019.

[7] 同济大学数学科学学院. 工程数学——概率统计简明教程. 3 版. 北京: 高等教育出版社, 2021.

[8] 史蒂文 J. 利昂. 线性代数. 9 版. 北京: 机械工业出版社, 2019.

[9] 戴维・C. 雷, 史蒂文・R. 雷, 朱迪・J. 麦克唐纳. 线性代数及其应用. 6 版. 北京: 机械工业出版社, 2023.

[10] 陈怀琛. 实用大众线性代数 (MATLAB 版). 西安: 西安电子科技大学出版社, 2014.

[11] 张志涌, 杨祖樱.MATLAB 教程 (R2018). 北京: 北京航空航天大学出版社, 2018.

读者意见反馈

为收集对教材的意见建议，进一步完善教材编写并做好服务工作，读者可将对本教材的意见建议通过如下渠道反馈至我社。

咨询电话　400-810-0598

反馈邮箱　gjdzfwb@pub.hep.cn

通信地址　北京市朝阳区惠新东街 4 号富盛大厦 1 座　高等教育出版社总编辑办公室

邮政编码　100029

资源服务提示

授课教师如需获得本书配套教学资源，请登录“高等教育出版社产品信息检索系统”（https://xuanshu.hep.com.cn/）搜索本书并下载资源，首次使用本系统的用户，请先注册并进行教师资格认证。